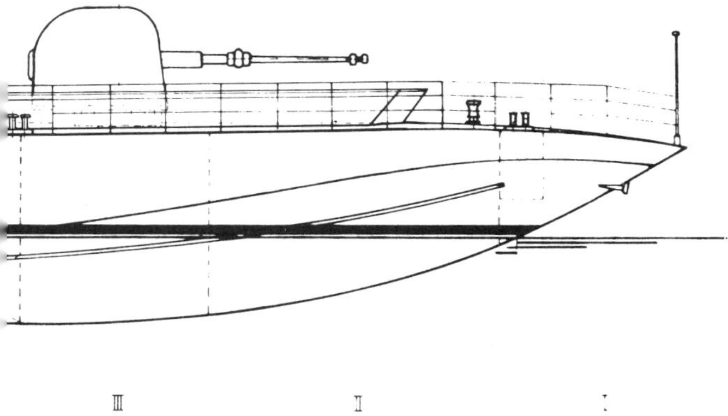

Sk 107
Schnellboottyp SAR 43 mit 1-76-mm, 1 × 2-40-mm, 4-MM-38-Exocet-SSM-Startern und Viermotorenantrieb (A&R); s. S. 178

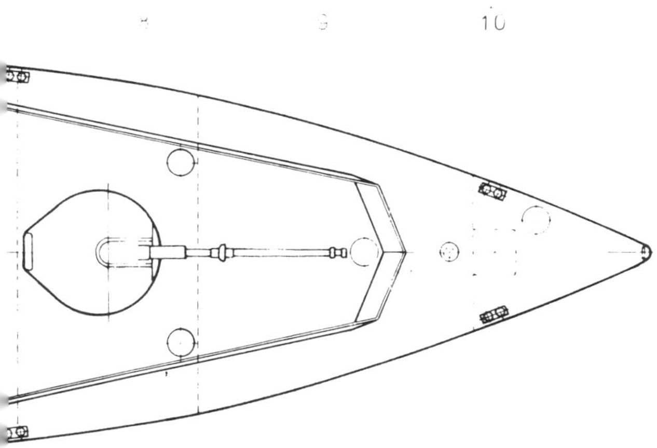

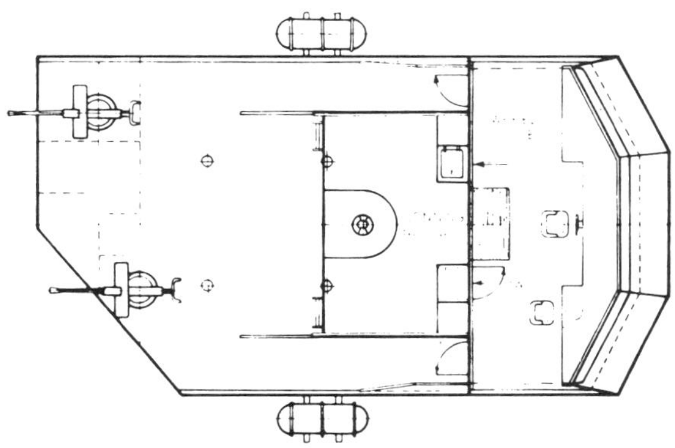

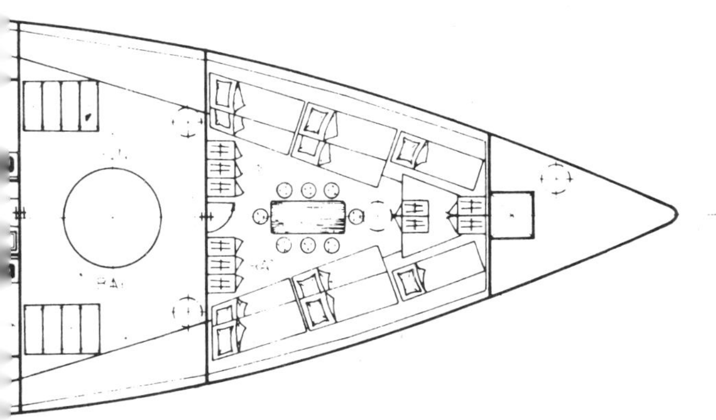

FOCK · *Schnellboote*

Harald Fock

Schnellboote

Die Entwicklung von 1974 bis heute

Band 4

Koehlers Verlagsgesellschaft mbH · Herford

CIP-Kurztitelaufnahme der Deutschen Bibliothek

Fock, Harald

Schnellboote / Harald Fock. – Herford: Koehler

Bd. 4. Die Entwicklung von 1974 bis heute. – 1986

ISBN 3 7822 0296 1

ISBN 3 7822 0296 1; Warengruppe Nr. 36

Schutzumschlag- und Innentitelgestaltung: Regina Daniel
unter Verwendung zweier Fotos von Singapur Shipbuilding (vorne)
und dem Bundesministerium der Verteidigung, Bonn (hinten)
Produktion und Layout: Heinz Kameier und Jörn Heese
Satz und Druck: Graphischer Betrieb Ernst Gieseking, Bielefeld
Bucheinband: Hunke + Schröder, Iserlohn
Printed in Germany

Inhaltsverzeichnis

Vorwort

Der vorliegende Band SCHNELLBOOTE führt die mit den 1973/74 erschienenen Bänden I bis III begonnene Darstellung der internationalen Entwicklung der Schnell- und Patrouillenboote fort. Obwohl dieser Band weitgehend als in sich abgeschlossener Folgeband konzipiert wurde, bildet er letztlich doch eine untrennbare Einheit mit den drei Vorlaufbänden. Erst die konsequente Überschau über das Woher und das Ist läßt erkennen, daß immer wieder Erkenntnisse der Vergangenheit Triebfeder der Entwicklung sind. Seekriegshistorie und -forschung ist nie Selbstzweck. Konsequente Nutzung von Erfahrungen zahlt sich aus. Darüber hinaus schien es sinnvoll, zahlreiche Bilder und Skizzen von Fahrzeugen, die bereits in Band III enthalten sind, hier aber wegen ihrer späteren Fertigstellung noch einmal ausführlicher bzw. ergänzend behandelt wurden, nicht noch einmal zu bringen und dadurch – ohne das angestrebte Volumen von Umfang und Kosten zu überschreiten – Platz für die eingehendere Behandlung neuerer Entwicklungen zu schaffen. Einige der in den Abschnitten 2 und 4 gebrachten Projekte verdeutlichen Entwicklungstendenzen.
Generell ist für die Patrouillenboote eine relativ stetige Weiterentwicklung zu erkennen. Schnelle Kampfboote besitzen heute das Zerstörungspotential von Kreuzern und Schlachtschiffen früherer Zeit. Aber das ihrer Größenordnung immanente Unvermögen, die den früheren großen Schiffen eigenen Schutz- und Verteidigungssysteme zu installieren, macht sie gegenüber Flugzeugen und Flugkörpern verwundbar.
Der Verfasser dankt vor allen jenen Firmen, die durch das Zurverfügungstellen von Material die Arbeit wesentlich förderten.
Hinweise und Ergänzungen werden stets dankbar entgegengenommen.

Damp, im Herbst 1986 *Harald Fock*

1 Einführung

Als 1974 der dritte Band der SCHNELLBOOTE erschien und die Entwicklung der Schnell- und Patrouillenboote von den ersten Anfängen bis zu diesem Zeitpunkt abschloß, war bereits zu übersehen, daß sich die Entwicklung dieser Fahrzeuge in schnellem Tempo fortsetzen würde. Entscheidende Triebkräfte waren und sind

- die fortschreitende Sensoren- und Waffentechnik und die sich daraus ableitenden immer größer werdenden Möglichkeiten der militärischen Verwendbarkeit von Fahrzeugen kleinerer Abmessungen als Kampfmittel in klein- und großräumigen Küsten- und Randmeergebieten,
- die Internationale Seerechtskonferenz mit der Festlegung der nationaler Aufsicht unterstehenden Wirtschaftszone von 200 sm, die das Bedürfnis nach schnellen Überwachungsfahrzeugen verstärkte bzw. auch erst auf breiter Front wachrief,
- das Prestigebedürfnis zahlreicher kleinerer Staaten der Dritten Welt, das – vielfach unter geschickter Ausnutzung der Ost-West-Rivalität – zur Beschaffung von oft äußerst hochwertigen Fahrzeugen führte,
- die konkurrierende Industrie, die auf internationaler Ebene ein breites Spektrum an Möglichkeiten und Alternativen anbot.

Ehe auf diese Faktoren näher eingegangen wird, scheint es sinnvoll, noch einige generelle Trendrichtungen herauszustellen, die sich in den letzten zwölf Jahren zeigten:

1. Der Schwerpunkt der internationalen Entwicklungs- und Fertigungsarbeiten lag – wie im gesamten Kriegsschiffbau – bei den großen Industrienationen des Westens (Bundesrepublik Deutschland, England, Frankreich, Italien, USA) und des Ostens (Sowjet-Union). Der Industrieriese Japan hielt sich dagegen, besonders was zu Kampfzwecken geeignete Fahrzeuge betrifft, erstaunlich zurück, obwohl Kriegsschiffe von Zerstörer/Fregattengröße dort in bemerkenswerter Qualität gebaut werden.

2. Während in der Sowjet-Union die Entwicklungs- und Fertigungskapazitäten beim Bau der hier zu behandelnden Fahrzeuge völlig unter dem Aspekt des Bedarfs der eigenen Marine arbeiten und die umfangreichen Exporte ausschließlich auf den für die sowjetische Marine entwickelten und gebauten Typen beruhen, ist dies bei den westlichen Staaten mit großen Marinen (England, Frankreich, Italien, USA) genau umgekehrt. Die Bauprogramme dieser Marinen sind fast ausschließlich auf die Hochseekriegsführung ausgerichtet. Schnell- und Patrouillenboote werden – von Ausnahmen im High-Tech-Bereich abgesehen – fast ausschließlich von der Industrie entwickelt und – unter geschickter Anpassung an die jeweiligen Vorstellungen der bestellenden ausländischen Marine – weltweit auf dem Exportmarkt angeboten. Eine Ausnahme ist die Bundesrepublik, deren Marine ihren Bedarf an sehr hochwertigen Schnellbooten nach dem vorübergehenden Einschalten einer französischen Werft wieder ausschließlich bei heimischen Werften ordert. Die quantitativ beschränkten und immer wieder erst nach mehrjährigen Pausen erfolgenden Bestellungen machen für die Erhaltung von Arbeitsplätzen und Know-how das Bemühen der Firmen um Exporte erforderlich. Der hohe technologische Stand der einschlägigen deutschen Werften hat auch in den letzten Jahren zu einem breiten Interessentenspektrum geführt.
In den letzten Jahren sind aber auch China und Nordkorea verstärkt als Exporteure von Schnell- und Patrouillenbooten in Erscheinung getreten. Im Gegensatz zu den westlichen Industrienationen, deren Exporte generell durch eine breite, auf alle spezifischen Forderungen der Auftraggeber eingehende Vielfalt charakterisiert sind, exportieren auch China und Nordkorea – wie die Sowjet-Union – fast ausschließlich die in der eigenen Marine eingeführten Typen. Bemerkenswert jedoch, daß China neuerdings ein relativ breites Spektrum von Schnell- und Patrouillenbooten für den Export anbietet, die z. T. speziell für diesen Zweck von den vorhandenen Typen abgeleitet bzw. neu entwickelt wurden (s. Abschnitt 6.2).

3. Neben die klassischen Hersteller und Exporteure von Schnell- und Patrouillenbooten aller Qualitäten und Größenordnungen sind im Verlauf der letzten Jahre zunehmend Konkurrenten getreten. Nachdem zunächst Israel aufgrund einiger Lieferboykotts bewährter Hersteller eine eigene und in kürzester Zeit auf sehr hohen technischen Stand gebrachte Entwicklung und Fertigung von Schnell- und Patrouillenbooten aufnahm, setzte sich dieser – auch auf vielen anderen Gebieten zu beobachtende – Trend selbst bei Entwicklungs- und Schwellenländern fort. Für den Bau von Schnell- und Patrouillenbooten sind vor allem zu nennen: Algerien, Australien, China, Indonesien, Jugoslawien, Nordkorea, Südkorea, Rumänien, Singapore, Südafrika, Taiwan, Türkei. In fast allen Fällen begann es mit Lizenzbauten europäischer und asiatischer Hersteller und führte dann – mehr oder minder schnell – über Derivate zu Eigenentwicklungen. Einige bedeutende europäische und US-amerikanische Hersteller kamen dieser Trendrichtung durch den Aufbau von Fertigungsstätten im ostasiatischen Raum entgegen (Lürssen, Tacoma, Vosper). Dieser Trend nach Selbständigkeit ist genauso unverkennbar wie die deutliche Schwerpunktbildung im asiatisch-pazifischen Raum. Für die klassischen Industrienationen bedeutet das schon heute und auf längere Sicht zunehmend einen sukzessiven Abbau von Fertigungsaufträgen. Für einen bestimmten Zeitraum ist die Verlagerung auf Entwicklungs- und Entwurfsaufträge, gegebenenfalls mit dem Bau von ein oder zwei Prototypbooten, und – im weiteren Verlauf – mit dem Wegfall der letzteren zu rechnen – mit allen daraus resultierenden arbeitspolitischen Konsequenzen. Dieser Trend betrifft z. Z. vorherrschend Boote mit konventionellen Rumpfformen wie Verdränger und Gleiter. Bei den neuen und auf längere Sicht sicher zukunftsträchtigen Technologien wie Tragflügelboote, Luftkissenfahrzeuge, WIG usw. sehen die Verhältnisse im Augenblick noch anders aus. Die

hohen Entwicklungskosten und das technische Wissen für derartige Geräte können nur die großen Industrienationen in Ost und West aufbringen. Hinzu kommt, daß sich derartige Fahrzeuge einerseits aus Kosten- und Logistikgründen, vielfach aber auch wegen der fehlenden Bereitschaft zum Umdenken hinsichtlich des operativen Einsatzes, der Wartung, Instandhaltung usw. selbst bei den großen Marinen in Ost und West nur zögernd durchsetzen können. Es mag fast charakteristisch erscheinen, daß Kampf-Tragflügelboote im Westen – abgesehen von einigen Versuchsfahrzeugen – nur in zwei kleinen Serien gebaut wurden (USA sechs, Italien sieben Boote). Diese befinden sich allerdings auf hohem technologischen Stand, während die in der Sowjet-Union und in China bereits in größeren Stückzahlen vertretenen Halbtragflügelboote technisch relativ einfache Konstruktionen sind, die die potentiell in diesen Fahrzeugen liegenden Möglichkeiten nur sehr bedingt ausnutzen. Auch Israel versucht durch Ankauf und Lizenzbau einer amerikanischen High-Tech-Konstruktion die in diesem Fahrzeugtyp liegenden operativen Möglichkeiten auszuloten.
Luftkissenfahrzeuge der beiden Konstruktionsprinzipien ACV (Air Cushion Vehicle) und Surface Effect Ship (SES) sind trotz interessanter Angebote der einschlägigen Industrien bisher noch nicht in echten Kampfversionen gebaut worden. Der Schwerpunkt der existenten bzw. in Bau befindlichen Fahrzeuge in West (USA) und Ost (Sowjet-Union) liegt bisher – von einigen Versuchsausführungen hier wie bei anderen Marinen abgesehen – bei den Geräten für amphibische Operationen. Interessanterweise waren es einige kleinere »ölpotente« Marinen, die derartige Fahrzeuge für Sicherungs- und Überwachungsaufgaben beschafften.

4. Die von Land zu Land höchst unterschiedlichen Einsatz- und Verwendungsvorstellungen und die jeweils für diesen Zweck zur Verfügung stehenden Mittel haben bei den als Schnell- und Patrouillenboote zu klassifizierenden Fahrzeugen in den letzten Jahren zu einem breiten Typenspektrum geführt.
Faßt man die Gesamtheit dieser Fahrzeuge unter dem sehr zweckmäßigen englischen Oberbegriff »Light Forces« zusammen, so sind zunächst zu unterscheiden

a) **nach Bauart**
- Verdrängungsboote
- Gleitboote
- Tragflügelboote
- Air Cushion Vehicles (ACV)
- Surface Effect Ships (SES)
- Spezialfahrzeuge wie Wing-in-Ground-Effect-Geräte (WIG)

b) **nach Verwendungszweck**
- Schnellboote, d. h. für taktisch offensive Zwecke vorgesehene Fahrzeuge mit Artillerie-, FK- und z. T. auch noch Torpedobewaffnung, deren den Aufgaben entsprechende Geschwindigkeit ausnahmslos über 30 kn liegt. Die Größenordnung derartiger Fahrzeuge liegt heute zwischen 150 und 450 t. Unterschreitungen dieses Größenbereichs kommen heute nur noch vereinzelt vor (z. B. DDR, Israel), und berücksichtigen meist die Landtransportfähigkeit. Allgemein ist eine Tendenz zur weiteren Größensteigerung unverkennbar, womit sich zwangsläufig die Frage ergibt, von welcher Größe an derartige Fahrzeuge als »Korvetten« zu bezeichnen sind. Da international Klassifizierungen von Kriegsschiffen nach dem Vorbild des Washington-Abkommens von 1922 und der Londoner Verträge von 1930 und 1936 heute nicht existieren, kann jede Grenzziehung Schnellboot/Korvette immer nur willkürlich sein. Ähnliches gilt heute ja auch für Korvette/Fregatte, Fregatte/Zerstörer und Zerstörer/Kreuzer. Derzeit scheint es sinnvoll, den Typenschnitt Schnellboot/Korvette bei etwa 500 t anzusetzen. Der Größe der Fahrzeuge entsprechend sind Verdrängungsformen dominant, obwohl gerade in jüngerer Zeit einige Hersteller mit interessanten neuartigen Gleitbootformen hervorgetreten sind.
- Patrouillenboote für militärische Zwecke, d. h. Fahrzeuge zwischen 80 und 300 t mit Geschwindigkeiten zwischen etwa 25 und 32 kn. Sie sind vorherrschend mit kleinkalibrigen Rohrwaffen (20–76 mm) ausgerüstet. Gelegentlich sind auch Kurzstrecken-FK-Waffen vorhanden. Derartige Boote sind vorherrschend bei den Marinen der Dritten Welt anzutreffen, die sich aufwendige Hochleistungs-Schnellboote aus Kosten- und personellen Gründen (noch) nicht leisten können oder wollen. Aufgrund der mäßigen Geschwindigkeitsforderungen werden sie vorherrschend als Verdrängungsboote ausgeführt.
- Patrouillenboote für Küstenwach-, Fischereischutz-, Polizei- oder Zollzwecke, d. h. Fahrzeuge zwischen 10 und 300 t, die teils wenige kleinkalibrige Rohrwaffen, teils keinerlei fest eingebaute Bewaffnung tragen. Ihre Geschwindigkeit ist meist umgekehrt proportional zur Größe: Kleine Boote, oft als Gleiter ausgeführt, laufen bis zu 30 kn, große, ausschließlich Verdränger, oft nur 15 kn. Einige Länder (Indonesien, Saudi-Arabien usw.) verwenden für diese Zwecke bereits ACV, die USA in Kürze sogar SES.
- ACV für amphibische Operationen. In größerer Zahl sind sie z. Z. in der Sowjet-Union, in den USA und – in geringerer Zahl – im Iran im Einsatz.
- Versuchsboote aller Konstruktionsarten.

Die einschlägigen Hersteller des Westens, des Ostblocks, Chinas sowie einige jüngere Hersteller im europäischen und ostasiatischen Raum bieten auf dem internationalen Markt das gesamte Fahrzeugspektrum vom Hochleistungs-Schnellboot bis zum kleinen Patrouillenboot an. Der Bau von Tragflügelbooten, ACV und SES konzentriert sich jedoch z. Z. noch auf wenige Spezialbetriebe der westlichen Industrienationen, der Sowjet-Union und Chinas.

5. Die Gesamtzahl der Länder, die Schnell- und Patrouillenboote unterhalten, hat sich auf derzeit 148 erhöht. Da viele junge Marinen bei der Bestellung der Boote noch nicht über entsprechend qualifiziertes Fachpersonal für den Bordbetrieb und Voraussetzungen für eine angemessene Logistik verfügen, ist es zunehmend zur Regel geworden, daß das Schaffen entsprechender Qualifikationen in die Bauverträge mit aufgenommen wird. Bei der Personalausbildung werden die Bauwerften in vielen Fällen von der jeweiligen nationalen Marine unterstützt.

2 Die Grundlagen der technischen Entwicklung

Wie bei allen Kriegsschiffen wird auch die Entwicklung der Light Forces unabhängig von Typ und Größe nachhaltig geprägt von der technischen Entwicklung auf den Gebieten

- Bootsform
- Bauweise des Bootskörpers
- Antrieb
- Vortrieb
- Sensoren- und Waffentechnik
- Taktik und Einsatz
- Wartung und Instandhaltung
- Logistik

2.1 **Zur Bootsform** (s. auch Band 1 und 3)

Als Bootsformen kommen in Frage
- Verdrängungsboote
- Gleitboote
- Zweirumpfboote (Katamarane) und sonstige Sonderformen
- Tragflügelboote
- Luftkissenfahrzeuge als ACV oder SES
- WIG

Die Entscheidung, welcher Bootsform für den vorgesehenen Verwendungszweck der Vorzug zu geben ist, ist im wesentlichen eine Funktion der geforderten Geschwindigkeit, der Seefähigkeit und der Kosten für Erstellung und Unterhalt. Generell hat man sich bei allen Arten von Schnell- und Patrouillenbooten fast immer um höhere Geschwindigkeit, angemessene Seefähigkeit und geringe Geschwindigkeitsverluste beim Fahren im Seegang bemüht.

2.11 Das Verdrängungsboot

Das Rundspant-Verdrängungsboot ist bei allen Größenordnungen recht kostengünstig und besitzt im Rahmen der jeweiligen Größenordnung stets eine angemessene Seefähigkeit. Die Widerstandsverhältnisse für Schnell- und Patrouillenboote in Frage kommender Bootsformen sind mittels Modellversuchen in Schiffbau-Versuchsanstalten bis ins Letzte optimiert worden. Problematisch ist der mit zunehmender Geschwindigkeit rapide wachsende Formwiderstand (Wellen- und Wirbelwiderstand), der bei Geschwindigkeiten über 30 kn zu einem gewaltig ansteigenden Leistungsbedarf der Antriebsanlage führt. Darüber hinaus beeinträchtigen bei starkem Seegang mit kurzer, steiler See große Stampf- und Rollwinkel und durch Seegang hervorgerufene vertikale und laterale Beschleunigungen die Konzentrationsfähigkeit der Besatzung und u. U. auch die Leistungsfähigkeit der Bootsoperations- und Waffensysteme. Allgemein sind Verdränger die bis zu Geschwindigkeiten von 40 kn vorherrschende Bootsform.

2.12 Das Gleitboot

Das in unterschiedlichen Konfigurationen auftretende Gleitboot ist mit seinen relativ graden Boden- und Seitenflächen kostenmäßig günstig. Mit dem Auftreten des Gleiteffekts – der im übrigen auch in einem gewissen Maße von zahlreichen Verdrängungsbooten bei höheren Geschwindigkeiten erreicht wird – lassen sich günstige Widerstandeigenschaften erzielen, die entweder über geringere Antriebsleistung der Nutzlast oder bei gleicher Leistung der Geschwindigkeit zugute kommen. Problematisch ist und bleibt das Seeverhalten. Wenn auch neuere Konstruktionen sich diesem Problem mit z. T. beachtlichen Erfolgen angenommen haben, so bringen doch Formverbesserungen häufig wieder Nachteile auf anderen Gebieten. Immer wieder wird bei Gleitbooten unter ungünstigen Seegangsverhältnissen »Springen« und hartes Einsetzen zu einer Beeinträchtigung von Besatzung und Funktionen und damit zu einem Herabsetzen der Geschwindigkeit führen. Abgesehen von den in großen Serien hergestellten Ostblockbooten (z. B. Osa, Shershen, Libelle), einigen daraus abgeleiteten Derivaten (z. B. China, Ägypten, Nordkorea usw.) und hochinteressanten neueren Entwicklungen (Typ SAR von Abeking & Rasmussen) werden Gleiter für militärische und Polizei-/Küstenwachzwecke nur noch in kleineren Abmessungen für Einsätze mit hoher Geschwindigkeit im engeren Küstenvorfeld gebaut (1,2).

2.13 Zweirumpfboote usw.

Sonderformen wie Katamarane o. ä., die sich im Yachtbau zur Verbesserung der Widerstandseigenschaften relativ großer Beliebtheit erfreuen, sind bei Fahrzeugen der hier zu besprechenden Größenordnung – von Versuchsexemplaren abgesehen – nicht angewandt worden. Über Versuche sind auch Small Waterplane Area Twin Hull (SWATH)-Fahrzeuge nicht hinausgekommen. Sie besitzen zwei torpedoförmige Unterwasserrümpfe, die mit ihrer Auftriebskraft eine über beide Rümpfe sich erstreckende Überwasserplattform tragen. Die Verbindung zwischen den Über- und Unterwasserteilen wird durch dünne, strömungsgünstig verkleidete Stützen und Streben hergestellt. Die effektive Wasserlinienfläche wird dadurch auf die Querschnittsfläche der Stützen an der Wasseroberfläche reduziert. Da diese nur klein ist, übertragen auch größere Veränderungen der Wasserlinie im Seegang nur relativ geringe Kräfte auf das Fahrzeug, so daß es besonders unempfindlich gegen Seegangseinflüsse ist. Vorteilhaft ist auch die große Decksfläche, die sich u. a. gut als Hubschrauberlandeplatz eignet. Zur Zeit befinden sich jedoch nur einige Versuchsfahrzeuge in den USA, in Japan und der Sowjet-Union im Einsatz (3,4).

2.14 Das Tragflügelboot

Das Streben nach höherer Geschwindigkeit, besserem Seeverhalten und geringeren Fahrtverlusten im Seegang hat dem prinzipiell seit der Jahrhundertwende bekannten und seitdem in vielfachen Variationen praktizierten Tragflügelboot (s. Band 3) auch in den letzten Jahren größere Aufmerksamkeit eingebracht. Dabei ging der Trend eindeutig weg von den relativ einfachen halbgetauchten, selbststabilisierenden Tragflügelbooten, wie sie im militärischen Bereich vorherrschend von der sowjetischen und chinesischen Marine in Form von Halbtragflügelbooten verwandt werden: Ein im vorderen Drittel des Bootskörpers angebrachter halbgetauchter Tragflügel hebt aufgrund seiner mit wachsender Geschwindigkeit schnell zunehmenden Auftriebskräfte das Vorschiff an und hält es aufgrund seiner Formgebung gleichzeitig in dieser Lage stabil. Die dadurch reduzierte Wasserverdrängung führt zu einer Verringerung des Widerstands und damit zu höherer Geschwindigkeit. Es bleibt jedoch die Beeinträchtigung durch Seegangseinflüsse.
Neuere Arbeiten in West und Ost im militärischen Bereich konzentrierten sich zunehmend auf die Verwendung vollgetauchter Tragflügel, die mit Hilfe von Ultraschall- bzw. Radartaster, Kreiseln, Beschleunigungsmessern und zentralem Rechner sowie elektro-hydraulischer Servomotoren und Klappen an den Tragflügeln so gesteuert werden, daß sie das Boot im Schwebezustand sowohl stabil als auch in kontinuierlicher Schwebefahrt frei von den Wellenkämmen halten. Ein weiteres wichtiges Organ dieses Systems sind frequenzempfindliche Filter, die das Boot je nach Einstellung im Plattformmodus oder Konturmodus laufen lassen (Plattformmodus = Wellenlänge kleiner als Bootslänge, Boot schwebt horizontal über den Wellen, Konturmodus = Wellenlänge größer, Boot läuft [z. B. im Atlantik] die Wellenkontur ab).Diese Einrichtungen sowie die Notwendigkeit, die Tragflügel zum Manövrieren im Schwimmzustand in Häfen, flachen Gewässern usw. mit Hilfe aufwendiger Einrichtungen einzieh- bzw. -klappbar zu machen, haben notwendigerweise eine erhebliche Komplizierung des Gesamtsystems mit allen daraus resultierenden Konsequenzen für Beschaffungs- und Unterhaltskosten zur Folge. So ist es nicht überraschend, daß durchaus einsatzreife technische Lösungen zwar vorliegen und auch in bescheidenen Stückzahlen gebaut wurden, ein entscheidender Durchbruch aber bisher nicht erfolgte. Auch die durch den hohen Technisierungsgrad bedingten Stör- und Ausfallquellen wirken hemmend auf die Beschaffungsentscheidungen.

Der Schwerpunkt der Entwicklungsarbeiten an High-Tech-Tragflügelbooten liegt derzeit in den USA und der Sowjet-Union. Italien baute die FK-Tragflügel-Schnellboote der Sparviero-Klasse in Lizenz der US-Firma Boeing. Japan testete 1975 auf einem 80-t-Versuchsboot verschiedene Antriebssysteme mit dem Ziel des Serienbaus von 180-t-Booten, Frankreich machte Experimente mit einem 3,6-t-Boot und plante den Bau eines 56-t-FK-Trägers. Beide Staaten stellten ihre Arbeiten dann aber aus pekuniären Gründen zurück.
Während die Sowjet-Union bei High-Tech-Tragflügelbooten noch nicht über einige zwar recht bemerkenswerte, aber Einzelgänger gebliebene Fahrzeuge hinausgekommen ist, konzentriert sich die Entwicklung in den USA auf zwei Firmen, die Grumman Aerospace Corp. und die Boeing Company. Erstere entwickelte jüngst den Typ Flagstaff Mk. 2, der von der israelischen Marine beschafft wurde, offensichtlich aber in der vorliegenden Form noch nicht restlos befriedigt. So teilte die Firma dem Verfasser Ende 1895 lapidar mit, daß sie »currently out of marine business« sei . . . Wesentlich erfolgreicher war Boeing mit den ursprünglich von den USA, der Bundesrepublik und Italien als NATO-PHM (Patrol Hydrofoil Missile) entwickelten, dann aber – vorherrschend aus Kostengründen – nur von der US Navy in beschränkter Zahl gebauten Booten der US-Pegasus-Klasse (s. Abschnitt 3.142), den italienischen Lizenzbauten der Sparviero-Klasse (s. Abschnitt 3.063) und der Zivilversion Jetfoil, die auch als Modul-Tragflügelboot lieferbar ist (5), d. h. Boeing liefert je nach Wunsch des Auftraggebers das komplette Fahrzeug oder den mit allen High-Tech-Einrichtungen versehenen Rumpf, wobei Ausrüstung und Fertigbau im Bestellerland erfolgen. Auf ersterer Basis bezog Großbritannien die SPEEDY (s. Abschnitt 3.048), während Indonesien Prototypboote komplett von Boeing erhielt und für eine größere Anzahl von Folgebooten den letzteren Weg vorzieht, um – unter entsprechender Anleitung durch Fachleute der Firma Boeing – in landeseigenen Betrieben entsprechendes Know-how aufzubauen. Auch Schweden hatte 1974 vorübergehend Interesse an diesem Boot gezeigt, dessen technische Hauptdaten wie folgt lauten:

Gewicht des Grundmoduls	53,8	t
Spielraum für Einbauten	48,2	t
Verdrängung	102,0	t
Länge mit ausgef. Flügeln	27,4	m
Länge mit hochgeschw. Flügeln	30,1	m
Breite über alles	9,4	m
max. Tiefg. bei ausgef. Flügeln	5,2	m
max. Tiefg. bei hochgeschw. Flügeln	1,8	m
Flughöchstfahrt	50	kn
Flugmarsch bei See 4	45	kn

Antrieb 2 x Detroit-Diesel Allison 501-K20AGT mit je 3700 PS auf zwei Hochleistungspumpen Rockwell Rocket-dyne R-10.

Wesentliches Kennzeichen der Boeing-Fahrzeuge ist die Navalisierung bewährter Elemente aus dem Großflugzeugbau und deren Integration in ein Gesamtkonzept, für dessen Erforschung und Entwicklung in den USA im Verlaufe von 15 Jahren über 85 Mio. Dollar aufgewandt wurden. Praktische Erfahrungen mit den vorhandenen Fahrzeugen und Studien zeigten die Möglichkeiten des Baus derartiger Tragflügelboote bis etwa 300 t mit bemerkenswerten Eigenschaften

- Dauerhöchstgeschwindigkeit von über 50 kn bei ruhiger See,
- Geschwindigkeitseinbußen um 5 % bei See 5 unter Randmeerbedingungen mit kurzer, steiler See wie Nordsee, Ostsee, Mittelmeer,
- Nutzlastquoten über 35 %,
- 30 % der Vertikalbeschleunigungen von Verdrängungsbooten,
- vernachlässigbare Roll- und Stampfwinkel,
- ca. 65 % des Antriebsaktionsgewichts von Verdrängungsbooten gleicher Geschwindigkeit.

Damit lassen sich aus militärischer Sicht in Relation zur Verdrängung eine größere Schlagkraft, exaktere Waffenwirkung bei Seegang, geringere Beanspruchung der Besatzung und ein eindeutiger Geschwindigkeitsüberschuß gegenüber Zerstörern und Fregatten erzielen, letzteres vor allem auch unabhängig von den Seegangsverhältnissen. Auch die geringere Minengefährdung ist von Vorteil. Ein Problem ist die durch die gegenüber konventionellen Fahrzeugen erheblich gesteigerte Technisierung zwangsläufige Störanfälligkeit. So geht eine amerikanische Veröffentlichung, die sich mit der Verwendung der ursprünglich geplanten dreißig amerikanischen PHM befaßte, von einer Gliederung in fünf Geschwader zu sechs Booten mit je einem für alle Instandhaltungsaufgaben gerüsteten Mutterschiff aus und meint, daß von den sechs Booten jedes Verbandes jeweils vier einsatzfähig und zwei in Überholung wären.

Als Hersteller von Tragflügelbooten aller Systeme haben sich im militärischen – aber auch im zivilen – Bereich einen Namen gemacht

- in China die Hutang-Werft mit der Huchwan-(Wildschwan)-Klasse,
- in Frankreich Aerospatiale mit dem Versuchsboot H 851,
- in Italien Alinavi mit der Swordfish-Klasse und Navaltecnica/Rodriguez mit RHS 70, RHS 110, RHS 140 usw.
- in Kanada De Haviland Aircraft Co. mit der *Bras d'or,*
- in der Schweiz die Supramar mit dem Projekt MT 250 G,
- in den USA Boeing mit dem PGH *Tucumcari,* PGH *High Point* und den PHM/*Pegasus*-Bauten sowie die Grumman Aerospace mit Flagstaff Mk. 1 und Mk. 2,
- in der Sowjet-Union die Petrovski- und die Izhora-Werft in Leningrad mit Sarancha-, Babochka-, Matka-, Turya-Klasse usw. (6, 7, 8).

2.15 Die Luftkissenfahrzeuge

Wie in Band 3 dargestellt, reicht auch die Entwicklung der Luftkissenfahrzeuge bis in den Ersten Weltkrieg zurück. Sie ging jedoch – ähnlich wie beim Tragflügelboot – zunächst nur sehr zögernd voran. Zwischen den Kriegen waren es vorherrschend die Sowjets, die mit durchaus befriedigenden Erfolgen an derartigen Geräten arbeiteten. Auch in Finnland hatte man einige Erfolge aufzuweisen. Den entscheidenden Durchbruch erzielte die Idee des Luftkissenfahrzeugs jedoch erst 1959 mit der von Christopher Cockerell entwickelten und von Saunders Roe gebauten englischen SR-NI, die dann am 26. 7. 59 mit 25 kn den Ärmelkanal überquerte. In der Folge konzentrierten sich die entscheidenden Entwicklungsarbeiten auf Großbritannien, die Sowjet-Union und die USA.

2.151 Das ACV (s. auch Band 3)

ACV werden von einem Luftkissen getragen, das rings um den Bootskörper durch beschichtete Nylonschürzen abgeschirmt wird. Die Flexibilität dieser Schürzen, die zwangsläufig im Einsatz einigem Verschleiß unterliegen, vermittelt dem ACV Amphibieneigenschaften, d. h. es ist gleichermaßen über See wie über Land einsetzbar und daher im militärischen Bereich ein ideales Landungsfahrzeug mit hoher Annäherungsgeschwindigkeit. Der Einsatz über Land beschränkt sich jedoch im Hinblick auf größere Festkörper usw. üblicherweise auf den engeren Strandbereich, Sumpfgebiete usw. Für den erwünschten amphibischen Einsatz ist der Luftpropellervortrieb zwingend. Die Geräuschentwicklung ist beträchtlich, der Wirkungsgrad des Vortriebs wird meist durch den Einsatz von Mantelringpropellern verbessert. In Großbritannien werden ACV von den Firmen British Hovercraft Corp., der Nachfolgerin von Saunders Roe, und von Vosper gebaut. Letztere Firma verbreiterte ihr Engagement im Bau von Luftkissenfahrzeugen 1979 durch den Ankauf der Firma Hovermarine Transport Ltd., die sich vorherrschend auf die Entwicklung von SES konzentriert hatte. Die Firma heißt jetzt Vosper Hovermarine.

Die englischen Firmen bieten derzeit an ACV an:

Firma Typ	Vosper VT 2	BHC SR–N 6 Mk 1–4	BHC SR–N 6 Mk 5	BHC SR–N 6 Mk 6 C/8
Länge (m)	30,2	14,8	17,2	18,3
Breite (m)	13,25	7,7	7,73	8,5
Luftkissenhöhe (m)	1,58	1,22	1,22	
Normalbruttogewicht (t)	105	10	15	17
Nutzlast (t)	32	5	6	6
Höchstfahrt (kn)	60+	50	50/55	50/55
Ausdauer (h)		3–8	2,5–7	6–11
Fahrbereich (sm)				
Antrieb	4 × 4300 PS RR Proteus GT	1 × 900 oder 1 × 1060 PS RR Gnome GT	1 × 1060 PS RR Gnome GT	1 × 1060 oder 1 × 1300 PS RR Gnome GT

Firma Typ	BHC BH 7 Mk 4–5	BHC BH 7 Mk 14/15	BHC SR–N 4 Mk 2	BHC Military 4
Länge (m)	23,9	23,4	39,68	56,38
Breite (m)	13,9	13,9	27,77	23,16
Luftkissenhöhe (m)	1,67		2,44	
Normalbruttogewicht (t)	55	55	220	375
Nutzlast (t)	14	29	60	165
Höchstfahrt (kn)	60	60		65
Ausdauer (h)	8–10	24	10	19
Fahrbereich (sm)				
Antrieb	1 × 4300 PS RR Proteus GT	1 × 4500 PS DDA 570 K	4 × 4300 PS RR Proteus GT	4 × 4300 PS RR Proteus GT

Firma Typ	Vosper VT 18	BHC AP 1–88 (Bild 1)	BHC BH 7 Mk 20 (Bild 2)
Länge (m)	18,4	24,4	30,54
Breite (m)	9,3	11,0	12,8
Luftkissenhöhe (m)	1,5		2,0
Normalbruttogewicht (t)	25	40	94
Nutzlast (t)	9	10	40
Höchstfahrt (kn)	60	50	
Ausdauer (h)		5–10	
Fahrbereich (sm)			
Antrieb	1 × 2500 PS Avco Lyc. Super TF 25 GT	4 × 428 PS Deutz BF 12 L 413 FC Diesel	1 × 500 PS Allison 571 K GT

Die Masse der gebauten Fahrzeuge ist im zivilen Einsatz. Die drei Teilstreitkräfte Großbritanniens führten 1961–74 gemeinsam in der Interservice Hovercraft Trials Unit (IHTU) und die Royal Navy allein in den Jahren 1975-82 intensive Versuche hinsichtlich der militärischen Verwendbarkeit derartiger Geräte durch. Letztere vorherrschend im Hinblick auf den Einsatz für Minensuchzwecke. Praktische Konsequenzen unterblieben – weitgehend aus Geldmangel (s. Abschnitt 3.048).

Exportiert wurden

- 1968/71 an den Iran zwei SR-N6 Mk 3, sechs SR-N6 Mk 4 und zwei BH 7 Mk 4,
- 1971/81 an Saudi-Arabien sechzehn SR-N6 Mk 1,
- 1975/76 an Iran vier BH 7 Mk 5,
- 1976 an Ägypten eine SR-N6 Mk 1, zwei SR-N6 Mk 2 (alle second hand). Eine Option auf drei BH 7 wurde nicht ausgeübt.
- 1981/82 an Saudi-Arabien acht SR-N6 MK 8,
- 1981/82 an Irak sechs SR-N6 MK 6C,
- 1984/85 an Kuwait sechs SR-N6.

Alle diese Fahrzeuge befinden sich im militärischen bzw. Küstenwach-/Zolleinsatz (9).

In den USA schlugen sich die intensiven Vorarbeiten der US Navy zunächst in den 1975/76 von der Aerojet General Corp. und der Bell Aerosystems fertiggestellten ACV-Landungsbooten JEFF-A und JEFF-B nieder. Aufgrund der erfolgreichen Erprobung der beiden Prototypboote erhielt die Bell Aerospace Textron 1982 den Auftrag zum Bau der Vorlaufserie eines in schneller Folge aufzubauenden, insgesamt 108 ACV-Landungsboote umfassenden Verbandes (s. Abschnitt 3.142). Die US Navy folgt damit mit einer gewissen zeitlichen Verzögerung der sowjetischen Marine, die ACV für amphibische Operationen bereits seit den Endsechziger Jahren im Einsatz hat. (s. Abschnitt 3.139). Damit dürfte dieser Fahrzeugtyp im militärischen Bereich den entscheidenden Durchbruch erzielt haben, und es ist keineswegs auszuschließen, daß die nicht zuletzt von englischen Herstellern seit Jahren propagierten echten Kampfversionen als FK- und Artillerieträger in absehbarer Zeit in Erscheinung treten werden.

2.152 Das SES

Das Surface Effect Ship oder auch Seitenwandgerät ist ein Schwebefahrzeug, das von einem Luftkissen angehoben wird, dessen katamaranförmige Bauart jedoch bewirkt, daß die Rumpfseitenwände auch im Schwebezustand im Wasser verbleiben. Vorn und achtern wird das Luftkissen durch flexible beschichtete Nylonschürzen abgeschirmt. Die stets im Wasser verbleibenden Seitenwände bewirken

- die totale Abschirmung des Luftkissens nach den Seiten hin sowie zusätzlichen dynamischen Auftrieb mit wachsender Geschwindigkeit. Damit wird der für Erzeugung und Unterhalt des Luftkissens erforderliche Leistungsaufwand erheblich reduziert,
- gegenüber dem ACV wesentlich bessere Steuereigenschaften und Unempfindlichkeit gegen Seitenwindeinflüsse,
- die Verwendung der geforderten Geschwindigkeit hinsichtlich des Wirkungsgrades optimal entsprechender Vortriebe (Fest-, Verstell-, unter- und überkavitierende Propeller, Wasserstrahlantrieb).

Auf einen kurzen Nenner gebracht, verbindet das SES in guter Synthese die Vorteile eines Wasser- und eines Luftkissenfahrzeugs unter Verzicht auf die Amphibienfähigkeit des ACV (s. auch Band 3).

Die entscheidenden Entwicklungszentren für diesen Fahrzeugtyp liegen derzeit in den USA und in Großbritannien.

In den USA entstanden aufgrund der Erfahrungen mit den von Aerojet General Corp. und Bell Aerospace gebauten SES-100A und SES-100B mehrere Entwicklungen

- das Versuchsboot BH 110 von Bell Halter, das nach intensiven Erprobungen durch die US Navy und Coast Guard heute in verlängerter Form als Erprobungsboot SES-200 bei der Navy fährt und der Firma drei Neubauaufträge der Coast Guard einbrachte,
- achtzehn 1984 bei Rohr Marine Industry bestellte SES-Patrouillenboote für die Navy (s. Abschnitt 3.142),
- ein breites Spektrum an SES-Angeboten von Bell Halter, die für Bau und Entwicklung eine spezielle Werft in New Orleans aufbauten (10):

Typ		APB 21	APB 26	APB 34	APB 41	APB 47	APB 61
Länge	(m)	21,0	26,0	34,0	41,0	47,0	61,0
Breite	(m)	7,0	9,1	11,9	14,3	17,2	22,3
Tg schwebend	(m)	1,0	1,2	1,4	1,6	1,9	2,5
Stand. Verdr.	(t)	33	53	99	174	265	593
Max. Verdr.	(t)	40	67	120	211	322	721
Antrieb		2 DM	2 DM	2 DM	2 GT+2 DM	2 GT+2 DM	4 GT
Fahrt See 0	(kn)	60	60+	60+	60+	60+	60+
See 5	(kn)	20	25	28	30	30	35
Fahrbereich	(sm)	600	900	1400	1400	1500	2000

Bild 1
ACV-Typ AP 1-88 der British Hovercraft Corp. als Kampfversion (BHC)

Bild 2
ACV-Typ BH 7 Mk. 20 der British Hovercraft Corp. als Kampfversion (BHC)

Bild 3
SES Typ HM 527 der Vosper-Hovermarine
als Patrouillenboot (VHM)

Bild 4
Das RFB-Versuchsgerät X 113 Am (RFB)

Bild 5
Das RFB-Versuchsgerät X 114 (RFB)

Bild 6
Das RFB-Versuchsgerät X 114 (RFB)

Bild 8
PAR-WIG-Modell der MBB mit schwenkbaren Triebwerken vor dem Haupttragflügel (MBB)

Bild 9
PAR-WIG-Modell der MBB mit integriertem Antrieb (MBB)

◀ Bild 7
Modellversuch mit einem freifahrenden Tandem-Wing der MBB 1979/80 (MBB)

Bild 10
Abschuß eines Dagaie-Düppelwerfers (Archiv Verfasser)

Bild 11
Mehrpersonendarstellungskonsole auf deutschem Schnellboot Klasse 143 (Archiv Verfasser)

Bild 12
Geschütz- und FK-Feuerleitpult der Elsag-NA10-Mod.3-Feuerleitanlage (Archiv Verfasser)

Bild 13
Abschuß . . .

Bild 14
. . . und Wirkung eines Flugkörpers MM-40-Exocet (SNIAS)

Bild 15
Harpoon-SSM-Treffer auf einem Zerstörer (Archiv Verfasser)

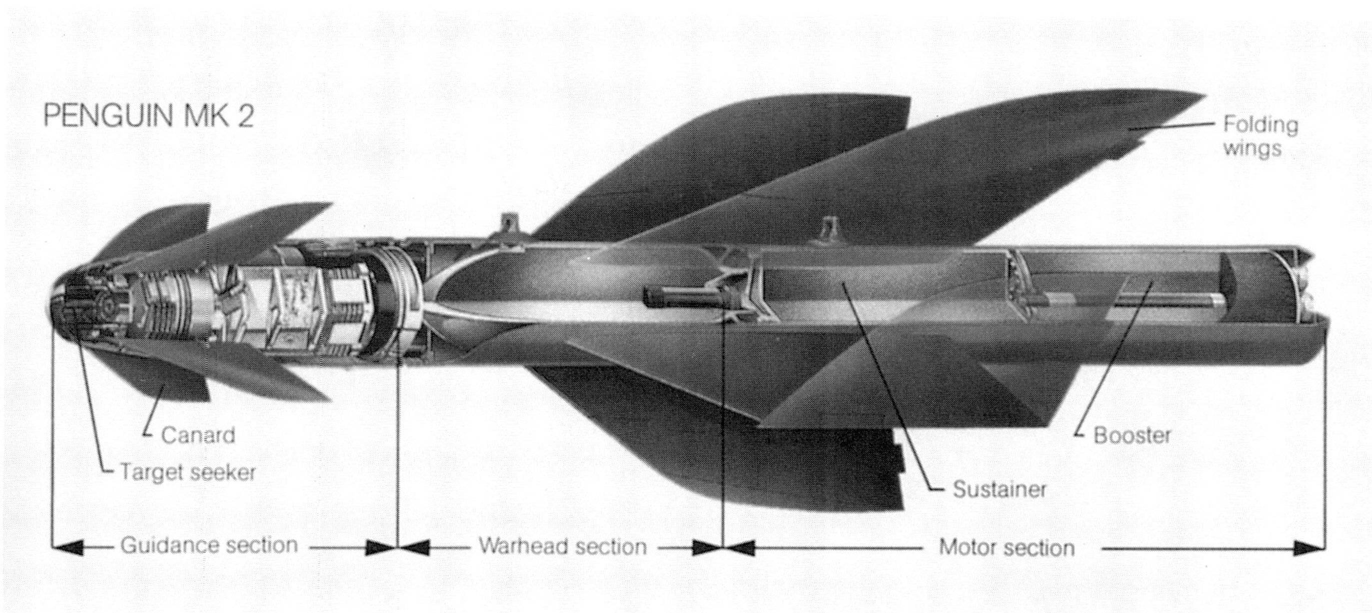

Bild 16
Abschuß . . .

Bild 17 (Mitte)
. . . und Wirkung eines Flugkörpers Penguin (Kongsberg)

Bild 18
SAM-Starter Crotal Naval von Thomson/CSF (Thomson/CSF)

Bild 19
35-mm-Zwillingsgeschütz von Oerlikon-Bührle (O-B)

Bild 20
Torpedoschuß aus dem Heck-TR eines deutschen Schnellboots Klasse 143 (Archiv Verfasser)

Bild 21
Wirkung eines FK auf einen Zerstörer (Archiv Verfasser)

Bild 22
Auf BMP-21-Starter umgerüstetes ägyptisches Schnellboot des sowjetischen Typs P 6 (Archiv Verfasser)

Bild 26
Algerisches Baglietto-Patrouillenboot des Typs 20GC (Baglietto)

▲ Bild 23
Auf BMP-21-Starter umgerüstetes ägyptisches Schnellboot des sowjetischen Typs Shershen (Archiv Verfasser)

Bild 24 (oben rechts)
Ägyptisches FK-Schnellboot des Typs Oktober (Archiv Verfasser)

Bild 25 ▶
Ägyptisches Vosper-FK-Schnellboot des Typs Ramadan (Vosper)

Bild 27
Algerisches Baglietto-Patrouillenboot des Typs Mangusta (Baglietto)

Bild 28
Algerisches Brooke-Marine-Patrouillenboot *El Mourakeb* (Brooke)

Bild 29
Argentinisches Lürssen-Torpedo-Schnellboot *Indomita* (Lürssen)

Als Antriebsvorschläge werden angeboten

Typ	Höchstfahrt 40–50 kn	Höchstfahrt 50–60 kn
APB 21	2 Detroit-Diesel 12V71TI	2 MTU-Diesel 8V331TC92
APB 26	2 MTU-Diesel 8V331TC92	2 MTU-Diesel 12V331TC92
APB 34	2 MTU-Diesel 12V538TB91	2 MTU-Diesel 16V652TB91 oder 2 Rolls Royce-Proteus GT+ 2 MTU-Diesel 8V331TC92

Typ	Höchstfahrt 40–50 kn	Höchstfahrt 50–60 kn
APB 41	2 Rolls Royce-Proteus-GT+ 2 MTU-Diesel 12V538TB91	2 Allison-501-GT+ 2 MTU-Diesel 12V538TB91
APB 47	2 Allison-501-GT+ 2 MTU-Diesel 16V538TB92	2 Allison-570-KA-GT+ 2 MTU-Diesel 16V532TC92
APB 61	4 Allison-570-KA-GT (eingerichtet für optimale Marschgeschwindigkeit), 2 MTU-Diesel 12V652TB91 für lange Fahrdauer auf Wunsch **oder** 4 MTU-Diesel 16V538TB92 als reiner Dieselantrieb	

Details der gebauten Fahrzeuge s. auch Anschnitt 3.142.

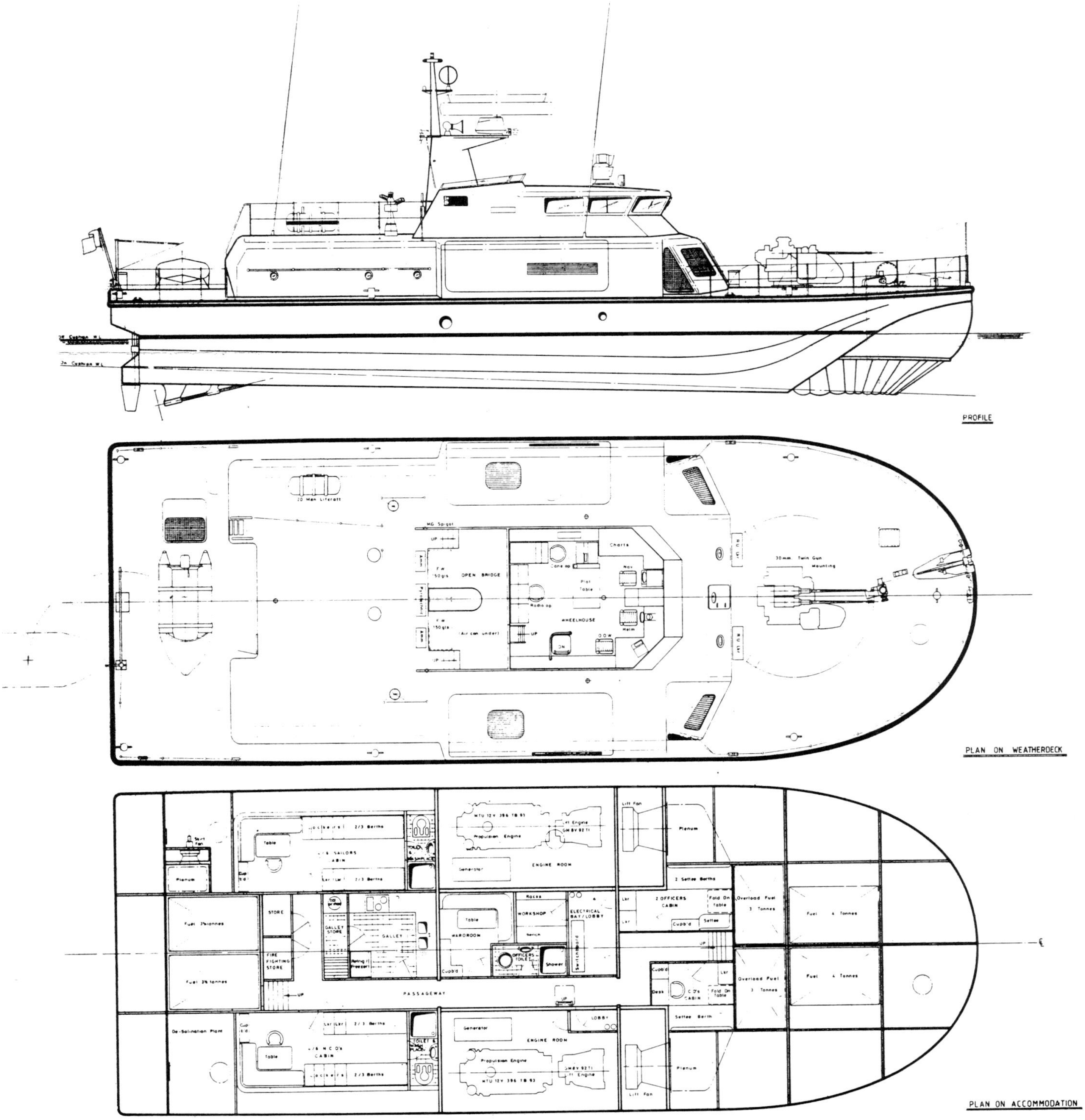

Sk 1
Vosper-Hovermarine SES HM 527 als Patrouillenboot (VHM)

Die englische Firma Vosper Hovermarine als ältester Hersteller von Seitenwandgeräten hat inzwischen rund 100 Fahrzeuge meist kleinerer Abmessungen geliefert, die vorherrschend im zivilen Einsatz stehen. Sie verfügt dementsprechend über ein besonders umfangreiches Maß an einschlägiger Erfahrung. An militärischen Geräten für Patrouillen- und Kampfzwecke werden zur Zeit angeboten:

Typ		HM 218	HM 221	HM 527 (Sk 1.2 Bild 3)
Länge über alles	(m)	18,29	20,90	27,00
Breite	(m)	6,10	6,10	10,2
Tg im Schwimmzustand	(m)	1,72	1,75	2,70
Tg im Schwebezustand	(m)	1,07	1,06	1,70
Antrieb		2×570 PS GM8V92TI	2×570 PS GM8V92TI	2×1500/1700 PS MTU12V396TB93
Gebläse		1×250 PS Cummins V555M	1×360 PS GM6V92TA	2×470 PS GM8V92TI
Geschwind. bei See 0	(kn)	37	31	35/40
Fahrbereich	(sm/kn)	200/37	460/31	590/24
Bewaffnung		3 MG	MG	1×2-30-mm 2 MG 2×2 Sea Skua-SSM-Starter

Sk 2
Vosper-Hovermarine SES HM 527 als Kampfboot (VHM)

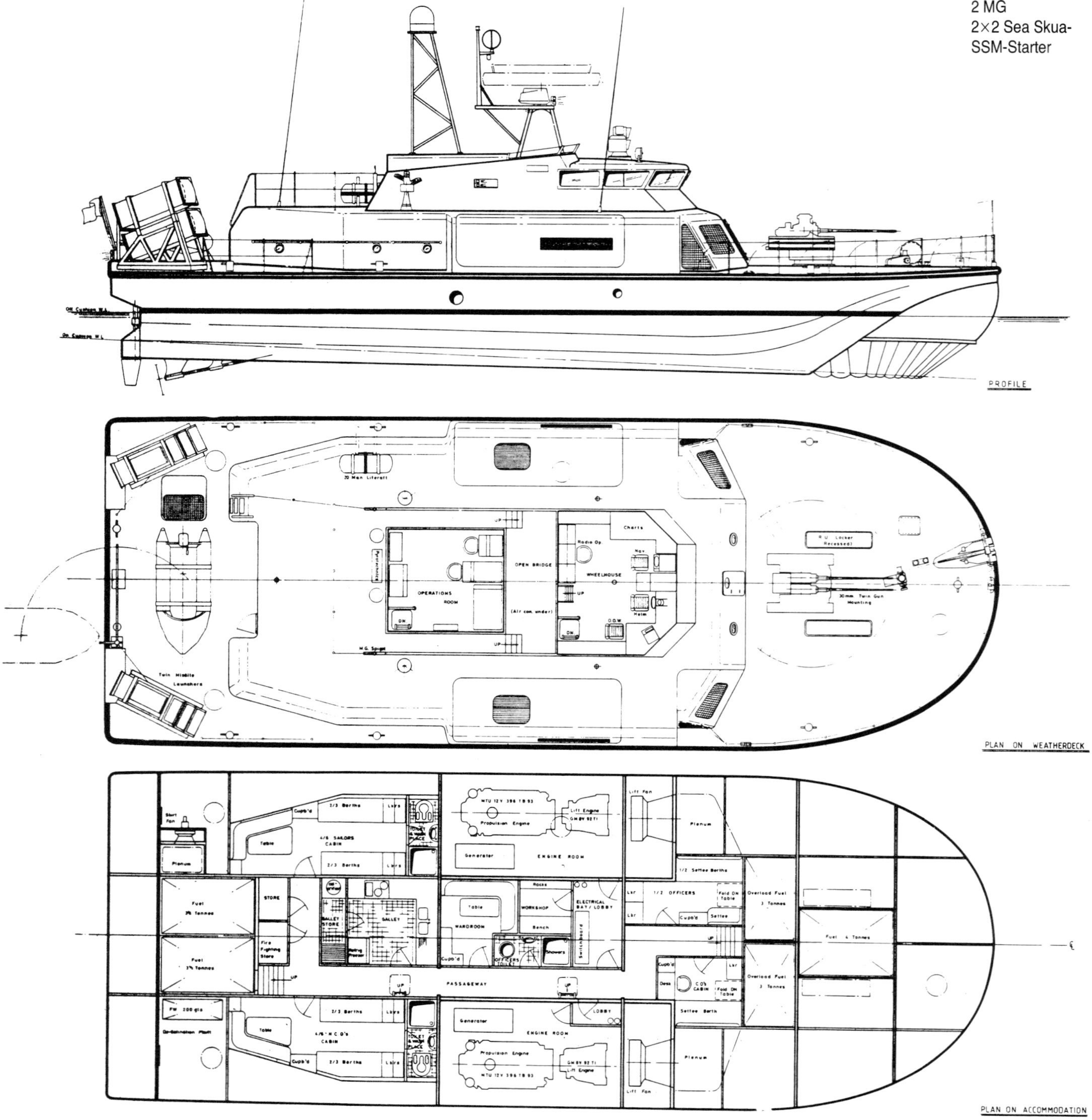

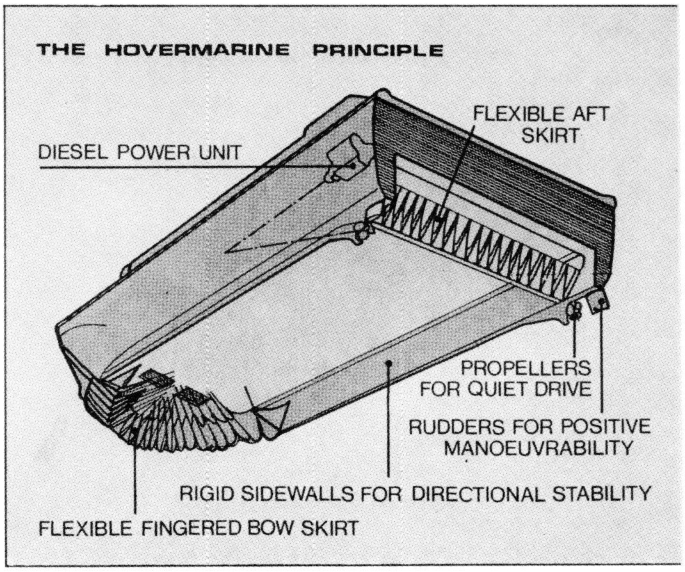

Sk 3
Das Vosper-Hovermarine-SES-Prinzip (VHM)

Charakteristikum von Vosper Hovermarine-Fahrzeugen ist u. a. die Verwendung von GFK-Bootskörpern. Die Seitenwände der »Schwimmer« (Sk 3) nehmen den größten Teil der Längsbiegekräfte auf, der hohe Doppelboden trägt die Querbiegekräfte. (11) Eine größere Anzahl von Hovermarine-SES hat sich seit Jahren bei zivilen Einsätzen bewährt.
Auch die französische Marine führte ab Ende 1981 mit der Direction Technique des Constructions Navales im Mittelmeerraum Versuche mit einem 5,5 t schweren, MOLENES (Modèle libre d'experimentation de navire á effect de surface) genannten Gerät aus, das 12,7 × 3,47 m Hauptabmessungen hatte und mit Wasserstrahlantrieb 20 kn lief. Die erzielten guten Resultate forderten eigentlich den Übergang zur zweiten Programmphase mit einem 200-t-Fahrzeug, doch die gleichen pekuniären Probleme, die bereits zur Aufgabe des Tragflügelboot-Projekts SAPHYR geführt hatten, brachten wieder einmal Stagnation. Ein Komitee aus für Küstenvorfeld, Transport, Forschung und Verteidigung zuständigen Ministerien sollte unter Berücksichtigung der Prioritätssetzungen und der zur Verfügung stehenden Mittel Vorschläge für das weitere Vorgehen machen, doch wurden bisher keine praktischen Arbeiten bekannt. Bezüglich der vorliegenden Projekte (s. Abschnitt 4.32).

2.153 Die WIG

ACV und SES werden von aerostatischem Auftrieb getragen, d. h. der Auftrieb wird durch ein von einem Gebläse erzeugten Luftkissen bewirkt. Beim SES kommen bei zweckmäßiger Gestaltung gewisse hydrodynamische Auftriebskräfte der durch das Wasser gleitenden Seitenwände hinzu.
Wing-in-ground-effect-Fahrzeuge (WIG) sind dagegen Geräte mit aerodynamischem Auftrieb, d. h. der Auftrieb wird aus dem Fahrtluftstrom gewonnen: Durch eine besondere Gestaltung des Tragwerks bildet sich unter Nutzung des Bodeneffekts ein natürliches Luftkissen, das das Fahrzeug zum Schweben bringt, den Widerstand erheblich verringert und das Gerät eigenstabilisiert.

Da aerodynamische Bodeneffektgeräte eine besonders geringe, nur etwa die Hälfte der eines Flugzeugs betragenden Leistung benötigen, stellen sie bei Beherrschung der einschlägigen Technologie ohne Zweifel die interessanteste im Grenzbereich von Wasser- und Luftfahrzeug liegende Lösung dar. Die Entwicklung derartiger Geräte geht auf den bekannten deutschen Flugzeugkonstrukteur Dr. Alexander M. Lippisch zurück. Ihm gelang es als Erstem, ein derartiges Gerät im bodennahen und im Freiflug längsstabil zu halten. 1966 wurde in den USA die Lippisch Research Corp. gegründet. Die Forschungs- und Entwicklungsarbeiten wurden teils in den USA, teils mit der deutschen Firma Rhein-Flugzeugbau GmbH durchgeführt.

Bei der Staufflügeltechnik baut sich das Luftkissen erst mit zunehmender Fahrtgeschwindigkeit auf. Demnach schwimmt ein Stauflügelgerät zunächst im Verdrängungszustand (Gewicht = statischer Auftrieb). Mit zunehmender Fahrt hebt sich das Gerät an und wird – auf See – zum Gleitboot. Beim Erreichen einer bestimmten Fahrtstufe wird das Luftkissen dann so stark, daß das Gerät völlig vom Wasser abhebt und höhenstabil im Bodeneffekt gleitet. Bei ausreichender Triebwerkleistung kann das Gerät sogar aufgrund seiner Steuerfähigkeit um alle drei Achsen flugfähig ausgeführt und uneingeschränkt amphibisch (besser triphibisch) eingesetzt werden.

Der Bodeneffekt beginnt sich auszuwirken, wenn die Flughöhe h die Hälfte der Spannweite b beträgt (h : b = 0,5). Die Problematik der Lastigkeitsänderung durch die Auswanderung des Druckmittelpunktes der Auftriebswirkung beim Übergang vom Verdrängungs- in den Schwebezustand wurde durch die von Lippisch entwickelte Konfiguration der Stauflügel gelöst: Die Flügel sind in umgekehrter Delta-Form ausgeführt, und sie haben eine mehr oder minder große negative V-Stellung. Die als Katamaran-Schwimmer ausgeführten Flügelenden und die Flügelhinterkante befinden sich auf der gleichen Ebene. Da auch mit geringen Seitenverhältnissen sehr gute Gleitzahlen erreicht werden können, lassen sich Stauflügelgeräte in bemerkenswert kompakter Form mit auffallend geringen Spannweiten herstellen.
Praktisch existieren für aerodynamische Bodeneffektfahrzeuge heute drei – im praktischen Entwurf nicht immer ganz zu trennende – Alternativen (Sk4):

1. beim **Stauflügelprinzip** bilden Flügel, Flügelhinterkante und Endstücke einen an drei Seiten geschlossenen Stauraum. Dieses Gerät ist schwebe- und flugfähig.
2. beim **Kanalstromprinzip** bilden Flügel und Endscheiben einen an zwei Seiten geschlossenen Stauraum. Dieses Gerät ist schwebe- aber nicht flugfähig,
3. der einfache, im **Bodeneffekt laufende Tragflügel**, der flug- und schwebefähig ist.

Theoretische und praktische Untersuchungen ergaben, daß aerodynamische Bodeneffektgeräte bei einer konsequenten Anwendung der in den letzten Jahren erfolgten Entwicklung und Einführung der unter dem Sammelbegriff CCV-Technik zusammengefaßten neuen Steuer- und Flugführungsanlagen des Flugzeugbaus als weitgehend stabile, von den Seegangseinflüssen unabhängige Sensoren- und Effektorenplattformen

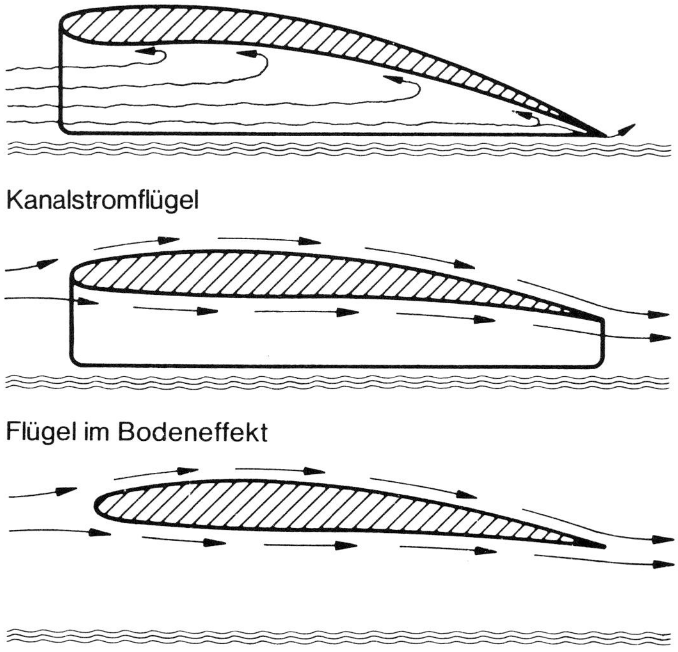

Sk 4
Einteilung der Bodeneffektfahrzeuge nach ihrer Wirkungsweise (MBB)

mit großer Wirtschaftlichkeit ausgeführt werden können (12). Im folgenden sollen zwei interessante deutsche Arbeiten vorgestellt werden:

1. **Die Arbeiten der Rhein-Flugzeugbau-GmbH**

Die Arbeiten der Rhein-Flugzeugbau-GmbH basieren auf der Stauflügeltechnik und erfolgten in Zusammenarbeit mit dem David Taylor Naval Ship Research and Development Center der US Navy. Da die Auswirkungen des Bodeneffekts wegen der Grenzschichtprobleme am Modell nur in beschränktem Maße untersucht werden können und darüber hinaus auch die praktisch/operativen Fragen der Einsatzmöglichkeiten offen lassen, erhielt RFB 1970 nach vorangegangenen Untersuchungen mit freifliegenden Modellen und dem Versuchsgerät X 112 vom Bundesministerium der Verteidigung den Auftrag, ein bemanntes Testgerät für einschlägige Untersuchungen zu bauen. Die einsitzige, im Hinblick auf die sich durch den Wasserschlag bei Start und Landung ergebenden hohen Spitzenbelastungen, das Gesamtgewicht und die erforderliche Korrosionsbeständigkeit in Voll-GFK-Sandwich-Konstruktion mit bersonders ausgewählten Stützstrukturen und unter Anwendung der RFB-Längsschlauchbauweise hergestellte X 113 Am (Sk 5, Bild 4) war 8,43 m lang und 5,89 m breit und hatte ein Maximalgewicht von 0,36 t. Als Antrieb diente ein frei über dem Gerät angeordneter, auf einen Luftpropeller wirkender 48-PS-Nelson-H63-CP-Motor, der auf 40 PS gedrosselt war. Das ergab eine spezifische Leistung von 9 kg/PS. Die auf dem Flügel aufgesetzte Vortriebsanlage war so konzipiert, daß während des Fluges der jeweils an das Gerät abgegebene Schub registriert werden konnte, um exakte Aufschlüsse über die im bodennahen Schwebeflug erzielbaren Leistungsverbesserungen gewinnen zu können. Die Abmessungen waren eine maßstäbliche Verkleinerung 1 : 1,7 eines projektierten viersitzigen Gerätes. Skizze und Bild lassen erkennen, daß das Gerät als Trimaran ausgeführt wurde, dessen Hauptverdrängerauftrieb durch den Rumpf und die Flügelhinterkante erzeugt wurde, während die Stützschwimmer an den Flügelenden der seitlichen Stabilisierung dienten.

Im Jahre 1971 am Bodensee und vor der Wesermündung in mehreren Erprobungsstufen ausgeführte Versuche bestätigten weitgehend die theoretischen Vorausberechnungen und vermittelten über die eingebauten Meßgeräte wertvolle Erkenntnisse über die Flugeigenschaften und -leistungen.

Wie zu erwarten war, zeigte sich während des Startvorgangs als Verdrängungsboot (Sk 6) bis zu ca. 9 kn ein schneller Widerstandsanstieg. Sobald das Gerät »auf Stufe ging«, d. h. zur Gleitfahrt kam, setzte zunächst eine Widerstandsverminderung ein, bis bei ca. 13,5 kn, der sogenannten »hump speed«, das Widerstandsmaximum erreicht wurde. Sobald der Bodeneffekt eintrat und das Gerät schwebte, fiel der Widerstand drastisch ab, bis er im freien Schwebeflug sein Minimum erreichte. Dies lag bei etwa ⅓ des Maximums. Da für die Triebwerkleistung bzw. das maximal mögliche Startgewicht allein die kurzfristige Startphase bestimmend ist, schlagen sich die im Schwebeflug erreichbaren Auftriebs- und Gleitzahlwerte nachhaltig in gegenüber konventionellen Wasserfahrzeugen erheblich geringeren Betriebskosten/Tonnenentfernung nieder. Da die Schwimmerform der X 113 Am nicht für Start und

Sk 5
Dreiseitenansicht des REFB-Versuchsgeräts X 113 Am (RFB)

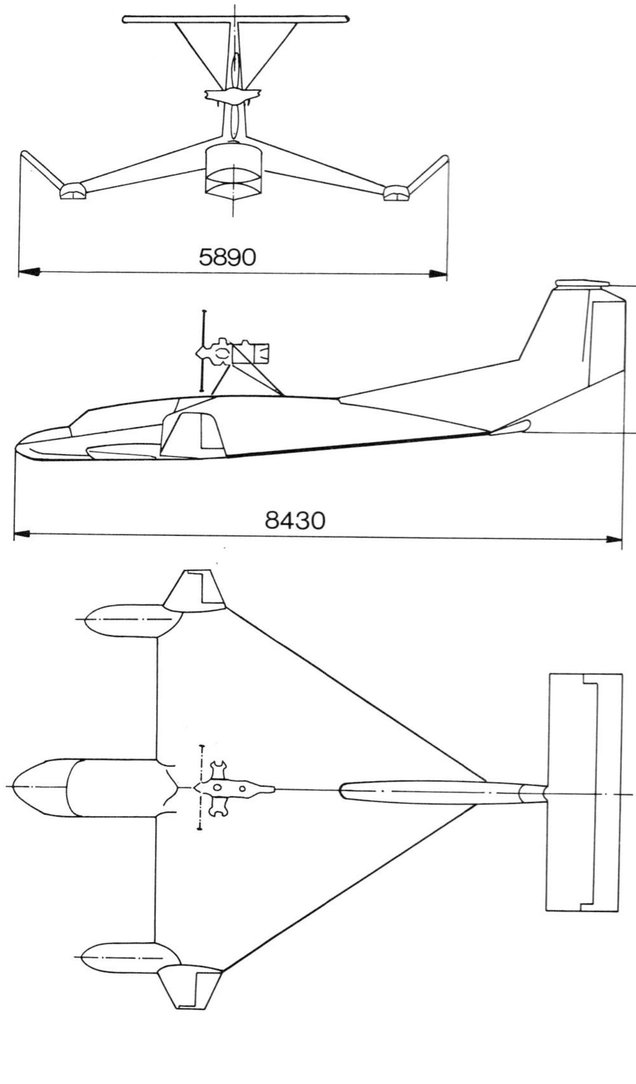

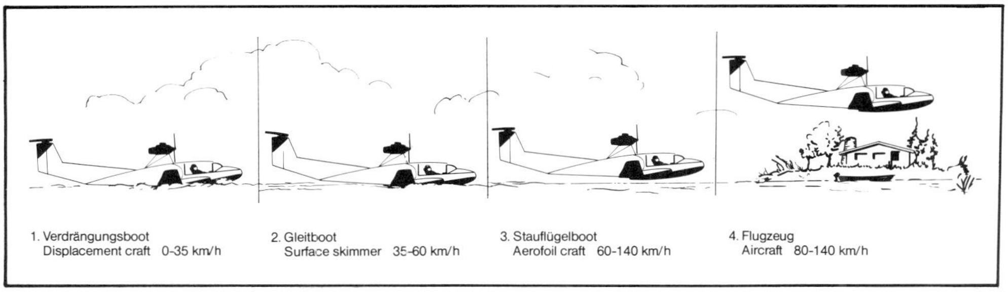

Sk 6
Einsatz eines Stauflügelgeräts im Verdrängungs-, Gleit-, Schwebe- und Flugzustand (RFB)

Landung bei Seegang ausgelegt war und das für die Gleitzahl entscheidende Verhältnis Spannweite/Flughöhe den im Ostseeraum zu etwa 80 % des Jahres unter 1,5 m Wellenhöhe liegenden geophysikalischen Verhältnissen nicht entsprach, wurde RFB aufgrund der durchaus interessanten Versuchsergebnisse vom BMVg beauftragt, ein größeres, den Einsatzbedingungen im Ostseeraum entsprechendes Gerät zu entwickeln und für einschlägige Erprobungen bereitzustellen. Die 1977 fertiggestellte, zum Erzielen amphibischer Eigenschaften mit einem Einziehfahrwerk versehene X 114 (Sk 7, Bild 5, 6) wies folgende technischen Daten auf:

Abmessungen		
Deltaspannweite	7,00	m
Gesamtlänge	12,80	m
Gesamthöhe	2,90	m
Flügelfläche	29,10	m^2
Streckung	1,7	
Gewichte		
Leergewicht	0,89	t
Kraftstoff	0,08	t
Nutzlast	0,38	t
Gesamtgewicht	1,35	t

Antrieb
1 x 200-PS-Lycoming-10-360 auf Mantelschraubenantrieb mit Verstellpropeller (Umkehrschub möglich) mit einem optimalen Vortriebswirkungsgrad von 0,65 und 11 kg/h Kraftstoffverbrauch im Schwebeflug

Geschwindigkeiten		
Geschwindigkeit im Bodeneffekt	80	kn
max. Fluggeschwindigkeit	115	kn

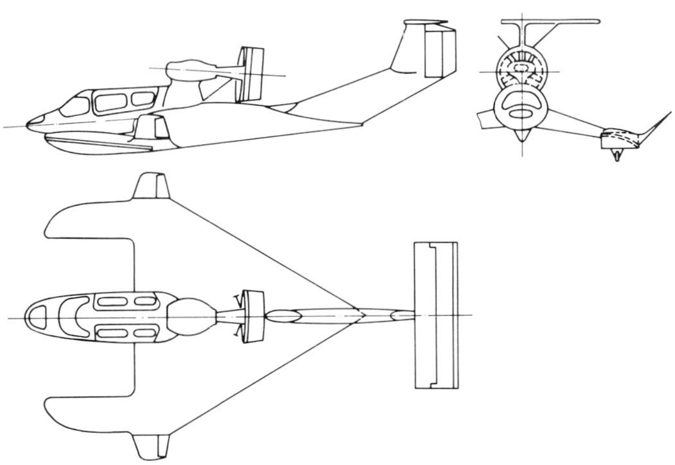

Sk 7
Dreiseitenansicht des RFB-Versuchsgeräts X 114 (RFB)

Die Reichweite eines derartigen Geräts ist normalerweise eine Funktion der Flughöhe. X 114 kam bei 3,5 m Höhe auf 230 sm, bei 0,6 m auf 365 sm und bei 0,3 m auf 540 sm. Man erkennt, daß Seegang nur auf den Fahrbereich, nicht aber auf das Seeverhalten Einfluß nimmt. Generell hängt die Wirtschaftlichkeit eines Stauflügelgeräts also von der Fähigkeit ab, stets so bodennah zu operieren, wie es die gegebenen Verhältnisse zulassen. Darüber hinaus sind Stauflügelgeräte aufgrund ihrer Sprung- und Freiflugfähigkeit in der Lage, jederzeit Ausweichmanöver, auch in vertikaler Richtung, vorzunehmen.

Während des Bodeneffektflugs ist das Gerät außerordentlich stabil. Da keinerlei Z-Schwingungen auftreten, stellt es eine ausgezeichnete Einsatzplattform dar.

Bei den Versuchen mit der X 114 wurden zur Verbesserung der Start- und Landefähigkeit im Seegang einseitig gekielte lange Außenschwimmer mit federnd gelagertem Schwimmboden eingebaut. Es zeigte sich jedoch, daß diese Schwimmerform die Längsstabilität, den Luftwiderstand und die Manövrierbarkeit im Wasser beeinträchtigt und die zur Kompensation der destabilisierenden Wirkung vergrößerte Höhenflosse infolge ihres größeren Gewichts und der vergrößerten Oberfläche zu einer Minderung der Flugleistungen führte. Um diese Nachteile, aber auch die großen Vertikalschwingungen bei Start und Landung im Seegang, zu beseitigen, wurden einziehbare Hydrofoils eingebaut (Sk 8). Neben einer Reduzierung der Vertikalbeschleunigungen auf $\frac{1}{10}$ der herkömmlichen Bootsformen konnte durch den Einsatz der Hydrofoils das Schwimmergewicht um 110 kg, ferner aber auch der Luftwiderstand und die destabilisierende Wirkung verringert werden. Letzteres ermöglichte die Rückführung der Höhenleitwerksfläche auf den ursprünglichen Zustand. Insgesamt bestätigten die Versuche die bereits in den USA mit in Flugbooten eingebauten Hydrofoils gewonnenen guten Erfahrungen. Auch die Hydrofoil-Variante ist amphibisch einsetzbar.

Sk 8
RFB-Versuchsgerät X 114 mit ein- und ausfahrbaren Hydrofoils. Die Anordnung von Rädern auf den Drehachsen der Hydrofoils, die beim Einfahren der Hydrofoils unter den Schwimmern freiliegen, macht das Gerät amphibienfähig (RFB)

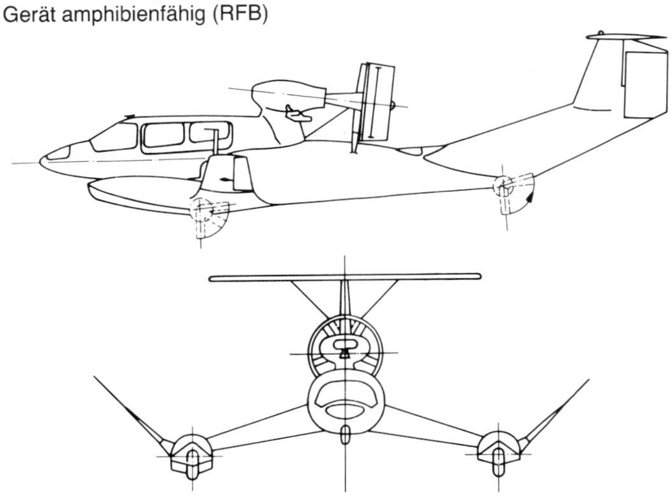

Um die Empfehlung des Hydrofoil-Herstellers, die Hydrofoils auch als Schutz der Zelle gegen unbeabsichtigte Wasserberührung beim Schwebeflug einzusetzen, praktisch zu prüfen, wurden im Rahmen des umfangreichen Erprobungsprogramms gezielte symmetrische und asymmetrische Wasserberührungen vorgenommen. Nach anfangs sehr erfreulich verlaufenden Erprobungen bis zu 80 kn schnitt das Gerät bei weiterer Forderung seitlich unter und wurde zerstört. Dabei bestätigte sich, daß das Gerät auch bei schwerer Beschädigung infolge seiner besonderen GFK-Konstruktion unsinkbar ist. Das Ergebnis zeigte, daß Hydrofoils als Start- und Landehilfe im Seegang generell gut geeignet sind. Sie sollten jedoch beim Schwebeflug mit kleinen Anstellwinkeln eingezogen bzw. mit Sollbruchstellen gegen überhöhte Abtriebslast versehen werden.
Von den zahlreichen bei RFB z. Z. vorliegenden Projekten sollen noch vorgestellt werden

a) das aus der X 114 abgeleitete Projekt AFC-RFB 215 (Sk 9), das bei unveränderten technischen Daten (Hauptabmessungen, Antrieb usw.) ein maximales Startgewicht von 1,53 t (Leergewicht 0,84 t, Kraftstoff 0,16 t, Nutzlast 0,53 t) erreicht. Die Abhebegeschwindigkeit von der Wasseroberfläche beträgt 42 kn, die Geschwindigkeit im Bodeneffekt 81 kn, im Freiflug 115 kn. Die Höchstreichweite liegt unter günstigen Bedingungen bei 1460 sm.

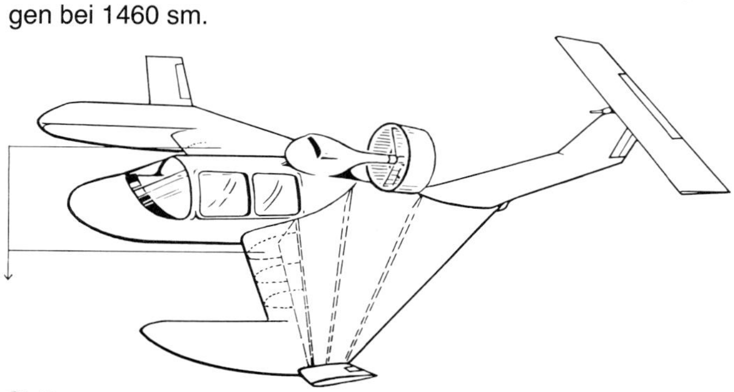

Sk 9
Projekt AFC-RFB 215 der Rhein-Flugzeugbau (RFB)

b) Das Projekt SFF I, das maßstäblich auf der derzeit verfügbaren Technologie aufbaut:

Abmessungen	
Deltaspannweite	12,4 m
Gesamtlänge	22,0 m
Gesamthöhe	6,5 m
Flügelfläche	100,0 m²
Streckung	1,54
Gewichte	
Leergewicht	5,5 t
Kraftstoff	0,9 t
Nutzlast	3,6 t
Gesamtgewicht	10,0 t

Antrieb: 2 x 550-PS-PT6-Motoren auf Mantelringschraubenantrieb mit Verstellpropeller (Umkehrschub möglich) mit einem optimalen Vortriebswirkungsgrad von 0,7 und 130 kg/h Kraftstoffverbrauch im Schwebeflug

Geschwindigkeiten	
Abhebegeschwindigkeit	55 kn
Wirtsch. Schwebeflug	100 kn
Max. Fluggeschw.	135 kn
Reichweiten	
bei 0,3 m Schwebehöhe	700 sm
bei 0,6 m Schwebehöhe	500 sm
im Freiflug	300 sm

Die konstruktiven Probleme der Beherrschung der strukturellen Belastungen der Schiffbautechnologie mit den gewichtsorientierten Prinzipien des Flugzeugbaus und Fragen der Korrosion können durch die von RFB entwickelten Leichtbauweisen als gelöst angesehen werden. Gleiches gilt für die Start- und Landefähigkeit bis etwa Seegang 3 unter Verwendung einziehbarer Hydrofoils. Der derzeitige Erkenntnisstand läßt unter Inkaufnahme gewisser Einschränkungen bzgl. der Konfiguration der bisher verwandten Profile eine Größensteigerung auf ca. 5–7 t zu. Parallel laufende Untersuchungen der deutschen Forschungs- und Versuchsanstalt für Luft- und Raumfahrt (DFVLR) und des Instituts für Luft- und Raumfahrt lassen jedoch schon heute erweiterte Möglichkeiten erkennen. Gleiches gilt für die noch verbesserungsfähige Übergangsphase vom hydro- zum aerodynamisch getragenen Fahrzustand. Hier geht das Bestreben dahin, den die Antriebsleistung bestimmenden Widerstandsberg bei der Startphase abzubauen, da dieser gleichzeitig die zulässige Flächenbelastung begrenzt. Letztere nimmt wieder Einfluß auf Kompaktheit, Nutzlastverhältnis und Einsatzgeschwindigkeit.
Schließlich kann sich außer dem Einsatz von Hydrofoils als Starthilfe auch die Möglichkeit ergeben, durch die Nutzung des Schubstrahls zur Luftkissenerzeugung eine Auftriebserhöhung beim Start zu erzielen. Dieses sogenannte Power Augmentment Ram Wing in Ground Effect-System (PAR-WIG), bei dem im Modellversuch bereits Auftriebskräfte erzeugt wurden, die das Fünffache des Standschubs betragen, wird z. Z. im Auftrag der US Navy in den USA untersucht. In einem Memorandum of Understanding wurde eine Zusammenarbeit mit dem David Taylor Naval Ship Research and Development Center vorgesehen, bei der das aus den Versuchen gewonnene Know-how der RFB auf dem Gebiet der Stauflügeltechnik mit dem der US Navy auf dem PAR WIG-Gebiet gemeinsam verwertet und zur Anwendungsreife gebracht werden soll (13).

2. Die Arbeiten der Messerschmidt-Bölkow-Blohm GmbH – Unternehmensbereich Transport- und Verkehrsflugzeuge (ehemals Hamburger Flugzeugbau), Hamburg-Finkenwerder

Im Gegensatz zu RFB, die ihre Stauflügelgerät-Projekte und -Studien in enger Zusammenarbeit mit dem Forschungsbereich der US Navy und dem BMVg durchführte, hat der vorherrschend in der Airbus-Entwicklung und -Fertigung engagierte Unternehmensbereich Transport- und Verkehrsflugzeuge der MBB seine Studien für ein Fast Multi Purpose Combat Craft (FMPCC) und ein High Speed Combat Craft (HSCC) trotz begrenzter finanzieller Mittel völlig in Eigeninitiative durchgeführt, um die im Flugzeugbau gewonnenen Erkenntnisse hinsichtlich einer Innovation der zukünftigen Seekriegsführung zu durchdenken. Es standen weder eine offizielle Bestätigung des »need-to-know« noch Bundesmittel oder unterstützende Berater der Teilstreitkraft Marine zur Verfügung. Ein deutliches Zeichen dafür, daß heute mehr denn je die Initiativen für das Ausloten technischer Entwicklungsmöglichkeiten eher von seiten der Forschung und der Industrie als von den Streitkräften ausgehen. Dies gilt nicht zuletzt für die Bundeswehr, die – im Gegensatz zu zahlreichen ausländischen Streitkräften – kaum eigene Institutionen für weiterführende Forschungs- und Entwicklungsaufgaben besitzt. Andererseits ist aber auch nicht zu verkennen, daß derartige Initiativen von Forschung und Indu-

strie immer nur als Anregungen verstanden werden können. Darüber hinausgehende Aktivitäten können selbst Firmen der Größenordnung von MBB nicht aus eigener Kraft finanzieren, zumal die Belastungen, die das Unternehmen für die Entwicklung und Fertigung des Europäischen Airbusses und seiner Derivate zu tragen hat, eindeutige Grenzen setzen.
Angeregt durch das weltweite Bemühen, die »Schallmauer« der Geschwindigkeit konventioneller Wasserfahrzeuge durch progressive Technologien zu durchbrechen und durch die negative Entscheidung der Bundesmarine zum Bau des Tragflügelboots Klasse 162/NATO-PHM begann man zunächst systematisch zu untersuchen

- die generell für zukünftige Marinewaffensysteme zugrunde zu legenden Zielvorstellungen hinsichtlich Geschwindigkeit, See- und Manövrierfähigkeit, Reichweite, Schlag- und Standkraft usw.,
- die für den Einsatzraum der Bundesmarine relevanten Einflußgrößen (Meteorologische Bedingungen, Wellenhöhen und -häufigkeit, Sicht- und Eisverhältnisse usw.) und die operativen Konditionen (Flachwassergebiete, Gliederung des Küstenraumes, Bedrohung, Waffeneinsatzmöglichkeiten usw.),
- die Aufgaben der Bundesmarine im Rahmen der NATO usw.,

um von vornherein eine optimale Anpassung der Projekte an die vorliegenden Verhältnisse und die zu erwartenden Anforderungen sicherzustellen.

Auf dieser Basis leitete die Firma folgende generellen Eckpunkte für ihre Projektvorstellungen ab:

- Einsatzgeschwindigkeit über 70 kn (auch bei optischer Sicht = 0),
- Allwetterfähigkeit für Nord- und Ostsee (evtl. auch für die Bereiche nördlich des 61. Breitengrads) einschließlich Start und Landung bis ca. 3 m Wellenhöhe und Einsatzmöglichkeit über Flachwassergebieten bis Wassertiefe = 0,
- Manövrierfähigkeit wie vorhandene Verdrängungs-Schnellboote zzgl. der Möglichkeit des Ausweichens in die dritte Dimension,
- Einsatzdauer 1000 sm bzw. drei Tage,
- geringer Personalbedarf,
- Schwerpunktbewaffnung SSM und Rohr-Luftabwehr zum Eigenschutz, Fähigkeit zum Minenlegen und -suchen sowie zur U-Jagd, angemessene Sensoren einschließlich der Möglichkeit zur Integration aktiver und passiver ECM- und ECCM-Systeme.

Aufgrund dieser bemerkenswert weit gespannten, aber höchst realistischen Forderungen kam nur ein aerodynamisches Bodeneffektgerät unter weitgehender Nutzung der gewichtssparenden Konstruktionsprinzipien des Flugzeugbaus in Frage, dessen Größenordnung im Bereich von 200 bis 240 t angesiedelt wurde.
Im Rahmen der parametrischen Untersuchungen entstanden zunächst einige Eckentwürfe: Die Typen Tandem-Wing, N und AI – AIII für den aerodynamischen Bodeneffekteinsatz ohne, der Typ BII für den Bodeneffekteinsatz mit kurzzeitiger und die Typen CI – CIII und DII mit voller Flugfähigkeit auf der Basis des Kanalstromprinzips. Diese schlossen Einbauuntersuchungen für 76-mm-Oto-Melara-SK, 40-mm-Bofors- und 35-mm-Oerlikon-MK, Harpoon-SSM und Minen einschließlich eines breiten Spektrums unterschiedlicher Kombinationsmöglichkeiten ein. Allen Entwürfen gemeinsam ist die Abhebegeschwindigkeit von etwa 75 kn.
Das Projekt Tandem-Wing (Sk 10) ist ein katamaran-artiges Fahrzeug mit zwei Tragflügeln zwischen den beiden Schwimmkörpern. Der Grundentwurf ist 47 m lang, 25 m breit und hat

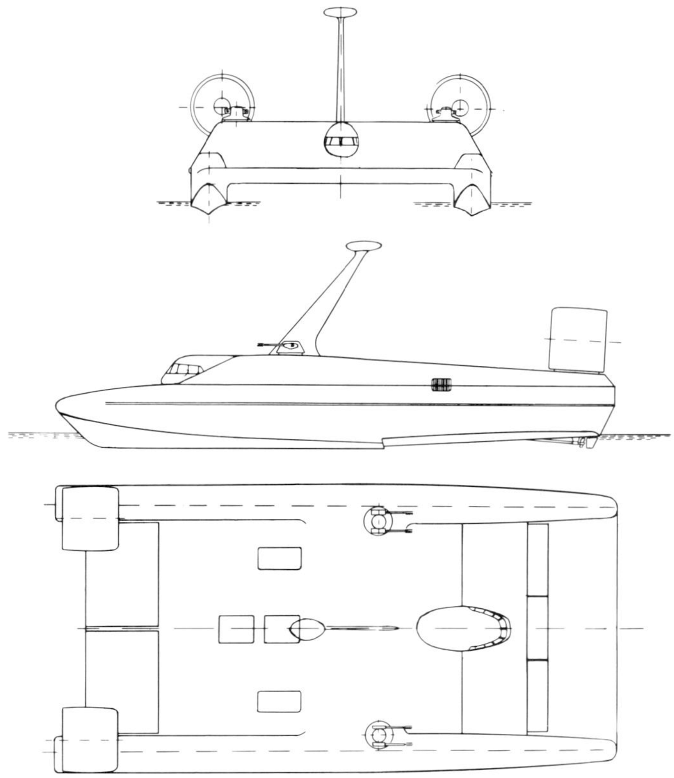

Sk 10
Projekt Tandem-Wing der MBB (MBB)

eine Einsatzverdrängung von 200 t. Die Tragflügel haben eine Fläche von 852 m^2. Die auf zwei Mantelringpropeller oder Propfans arbeitende Antriebsanlage von 36 500 PS soll eine Einsatzgeschwindigkeit im Bodeneffekt von 168 kn vermitteln. Die Abhebegeschwindigkeit beträgt ca. 75 kn, der Fahrbereich 1000 sm, die Nutzlast 39,6 %. Für das Manövrieren im Schwimmzustand sind in jedem Rumpf eine auf Hydropropeller bzw. Wasserstrahlantrieb arbeitende Kleingasturbine oder ein Diesel vorgesehen. Auf die Anordnung eines Seitenleitwerks wurde bewußt verzichtet – die Steuerung erfolgt über die schwenkbar auf Pylonen angeordneten, mit Strahlrudern versehenen Mantelpropeller. 1979/80 durchgeführte Modellversuche im Tank und mit einem freifahrenden Modell (Bild 7) zeigten die Praktikabilität des eingeschlagenen Weges. Auf der Basis der vorangegangenen Einbauuntersuchungen ergaben sich bei einer freien Waffenzuladung von rund 57,5 t folgende alternativen Bewaffnungsmöglichkeiten:

1. 1-76-mm-Oto-Melara mit 300 Schuß
   1-40-mm-Bofors mit 3200 Schuß
   16 Harpoon-SSM incl. zwei Starter
   2 ASMD-Anlagen
   zzgl. 4 t für Feuerleit-, 2 t für Elektronikanlagen und 5 t für die Panzerung vitaler Bereiche.
2. 2-40-mm-Bofors
   16 Harpoon-SSM incl. zwei Starter
   2 ASMD-Anlagen
   zzgl. obige Gewichtsanteile für Feuerleitung, Elektronik und Panzerung.
3. 2-40-mm-Bofors
   42 Grundminen
   zzgl. ca. 2 t Gewichtsanteile für Feuerleitung, Elektronik und Panzerung.

Bemerkenswert, daß neben dem Nutzraum im Haupttragflügel beim Projekt Tandem-Wing in jedem der beiden Schwimmkörper ein freier Raum von 36 m Länge, 3 m Breite und 2,2 m Höhe anfällt, der im Rahmen der zur Verfügung stehenden Nutzlast aktiviert werden kann.
Beim Nur-Flügel-Projekt N handelt es sich um einen Entwurf, bei dem nur ein Tragflügel zwischen den katamaranartigen Schwimmkörpern angeordnet und kein Höhenleitwerk vorgesehen ist. Die Aussteuerung der durch den unterschiedlichen Bodenabstand bedingten Druckpunktwanderung soll durch eine Beeinflussung der Auftriebsresultierenden durch Ausfahren oder Betätigen von Klappen und Vorflügeln erfolgen. Der Vorteil dieser Lösungsmöglichkeit wäre eine Verringerung der Hauptabmessungen und die in sich geschlossen ausgeführte tragende Fläche. Von Nachteil ist, daß die Hebelarme zwischen den Klappen und Vorflügeln und der Auftriebsresultierenden relativ kurz sind, was größere Ausschläge resp. Flächen nötig macht. Praktische Versuche mit einem derartigen Konzept wurden noch nicht durchgeführt.
Bei den Projekten AI – AIII handelt es sich ebenfalls um katamaranartige Fahrzeuge, die, ähnlich dem Projekt N, nur einen Tragflügel zwischen den Schwimmkörpern haben. Zusätzlich ist jedoch ein Höhenleitwerk hinter dem Tragwerk angeordnet. Da letzteres voll zur Auftriebserzeugung herangezogen wird, entspricht die Gesamtfläche von Tragflügel und Höhenleitwerk mit nur geringen Abweichungen der des Nur-Flügel- und der des Tandem-Wing-Projekts. Die Entwürfe AI – AIII haben wie die vorgenannten 200 t Einsatzgewicht und eine Flügelfläche von 852 m^2. Sie unterscheiden sich durch die unterschiedliche Streckung des Hauptflügels. Das Projekt AI (Sk 11) ist 63 m lang und 24 m breit und hat bei einer Streckung von 0,53 eine Flügeltiefe von 40 m. Das Projekt AII (Sk 12) hat 46,5 x 32,5 m Hauptabmessungen, Streckung 0,96 und 30 m

Sk 11
Projekt FMPCC-AI der MBB (MBB)

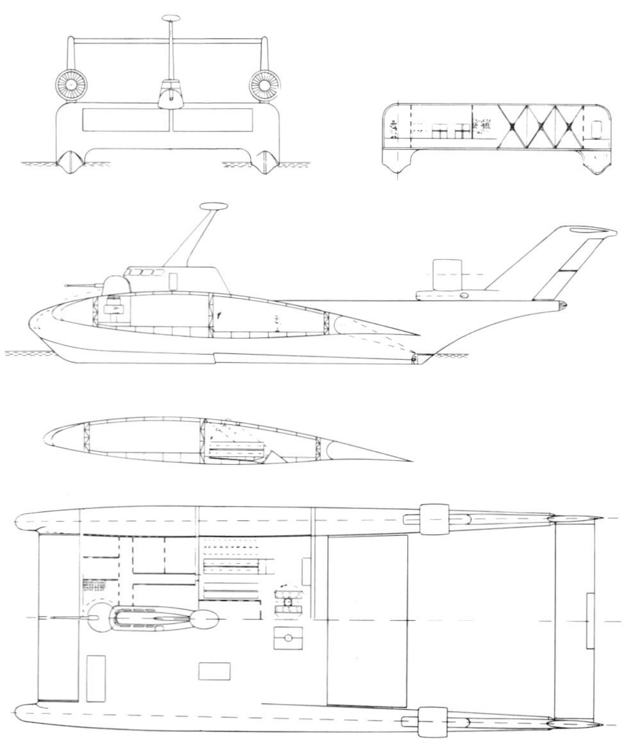

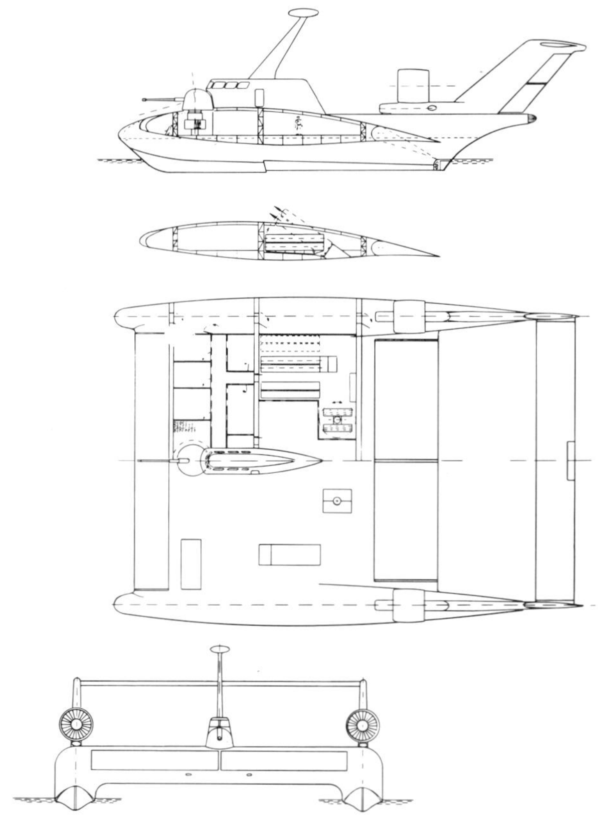

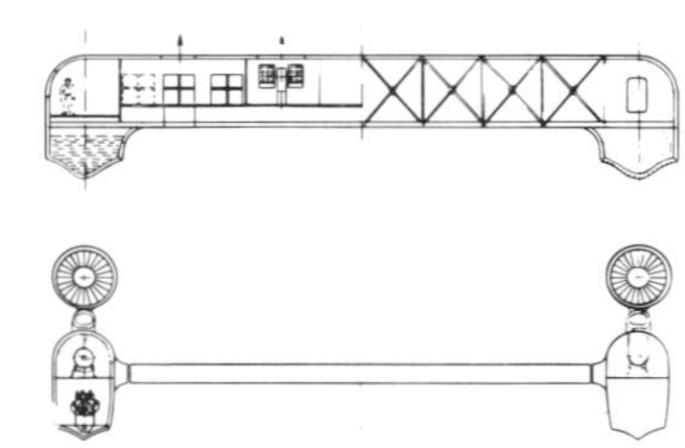

Sk 12
Projekt FMPCC-AII der MBB (MBB)

Flügeltiefe, das Projekt AIII (Sk 13) 38,7 x 46 m Hauptabmessungen, Streckung 2,13 und 20 m Flügeltiefe. Die Pro und Contra der drei Alternativen sind offensichtlich: Das Projekt AI hat im gesamten Tragflügelbereich zwischen Vorder- und Hinterholm mehr als 2,5 m Höhe. Hier lassen sich Waffen und alle für Besatzung und Einsatz erforderlichen Räumlichkeiten ohne Schwierigkeiten unterbringen. Beim Projekt AIII beträgt die Höhe am Vorderholm ca. 1,6 m, am Hinterholm ca. 1,3 m und in Profilmitte ca. 2,2 m. Das beinhaltet notwendigerweise Beschränkungen in der Freizügigkeit der Anordnung von Waffen und Räumen. Dafür sind beim Projekt AIII die günstigsten Werte bezüglich Leistungs- und Kraftstoffbedarf zu erwarten, während das Projekt AI infolge seiner größeren Länge bessere Ergebnisse beim Einsatz im Seegang bringen wird. Alle sollen ca. 150 kn Einsatzgeschwindigkeit im Bodeneffekt erreichen. Das Projekt BII (Sk 14) baut auf dem Projekt AII auf, erhielt jedoch, um das Gerät kurzzeitig aerodynamisch flugfähig zu machen, zusätzlich Stummelflügel und Steuerflächen in Form von Canards. Damit steigt die Flügelfläche auf 912 m^2, die Breite auf 56 m und das Gewicht aufgrund der etwa doppelt so großen Antriebsleistung und der Zusatzeinrichtungen auf 237 t. Die Freifluggeschwindigkeit wird mit 180 kn, die diesbezügliche Reichweite bei gleichem Kraftstoffvorrat mit 700 sm angege-

ben. Bei einem Einsatz im Bodeneffekt mit halber Triebwerksleistung dürften die 1000 sm Fahrbereich des Basisentwurfs nur geringfügig unterschritten werden. Für den Kurvenflug und das Manövrieren im Schwimmzustand lassen sich die Stummelflügel teilweise oder ganz hochklappen.
Handelte es sich bei den Projekten AI – AIII um reine Bodeneffektgeräte und bei dem Projekt BII um ein Bodeneffektgerät, das kurzzeitig auch im Freiflug eingesetzt werden kann, so sind die Projekte CI – CIII Flugzeuge mit der geforderten Einsatzdauer, die auch vorteilhaft im Bodeneffekt zum Einsatz kommen können.
Die Auslegung sieht einen im Hinblick auf optimales Seeverhalten möglichst langen zentralen Schwimmkörper mit einem auch an den Enden durch Hilfsschwimmer abgedichteten Tragflügel vor. Die Flügelhinterkante wurde senkrecht zur Fahrzeuglängsachse angeordnet, um eine gute Klappenwirksamkeit zur Stauraumabdichtung sicherzustellen. Wie bei den Projekten AI – AIII wurden Flügeltiefen von 40, 30 und 20 m an der Rumpfmittellinie gewählt. Daraus entstanden die in Sk 15, 16,

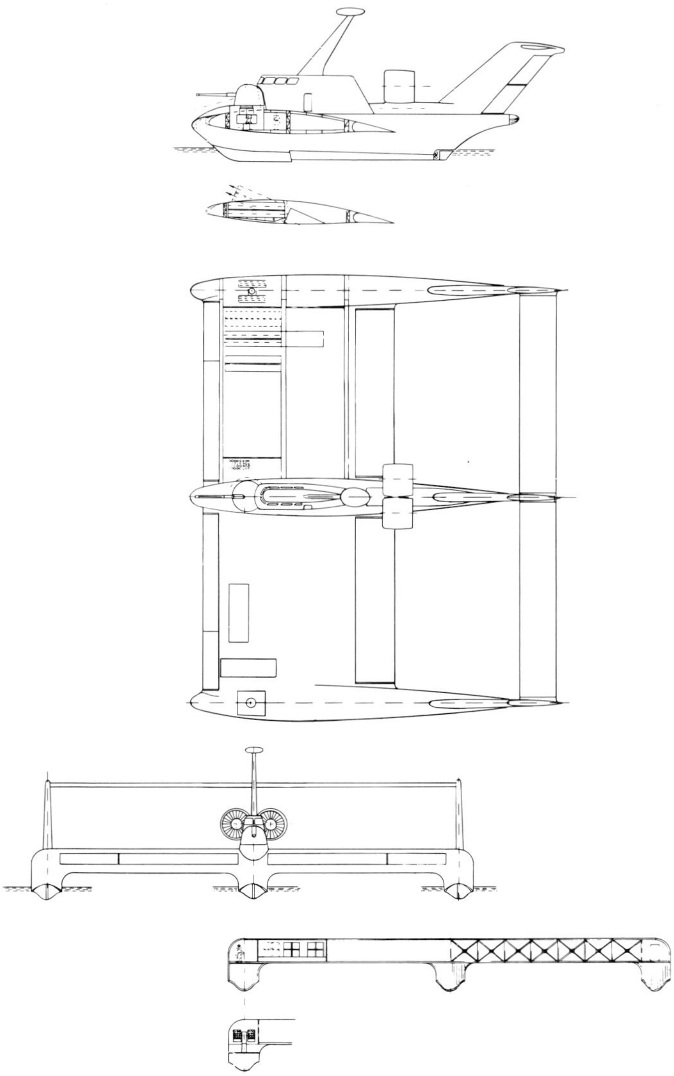

Sk 13
Projekt FMPCC AIII der MBB (MBB)

Sk 14
Projekt FMPCC BII der MBB (MBB)

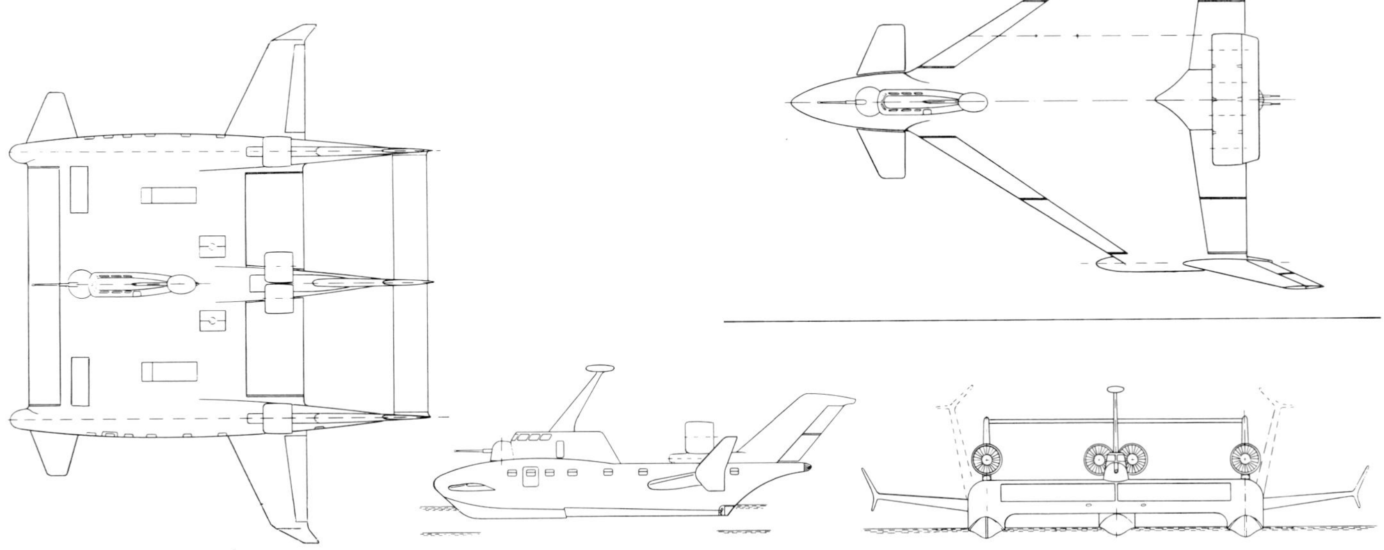

Sk 15
Projekt FMPCC-CI der MBB (MBB)

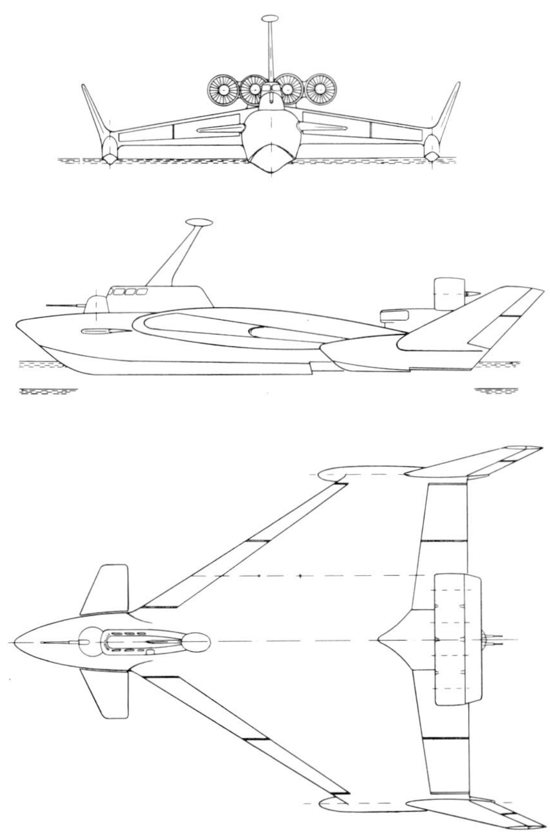

17 dargestellten Fahrzeuge mit folgenden technischen Hauptdaten:

Entwurf	Streckung	Einsatzgewicht t	Länge m	Breite m	Fläche m²
CI	1,3	200	55,5	35,5/40	912
CII	2,09	200	53,6	47 /51	912
CIII	5,2	200	51,5	70 /74,6	912

Sk 16
Projekt FMPCC-CII der MBB (MBB)

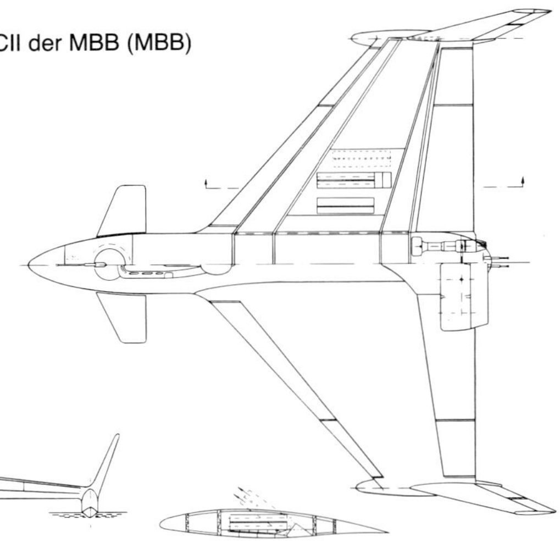

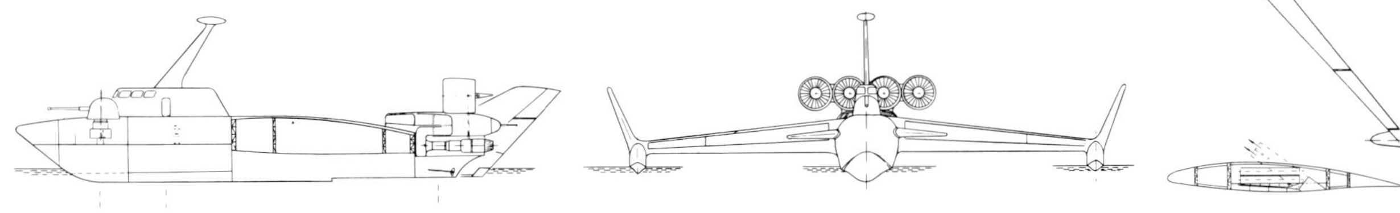

Sk 17
Projekt FMPCC-CIII der MBB (MBB)

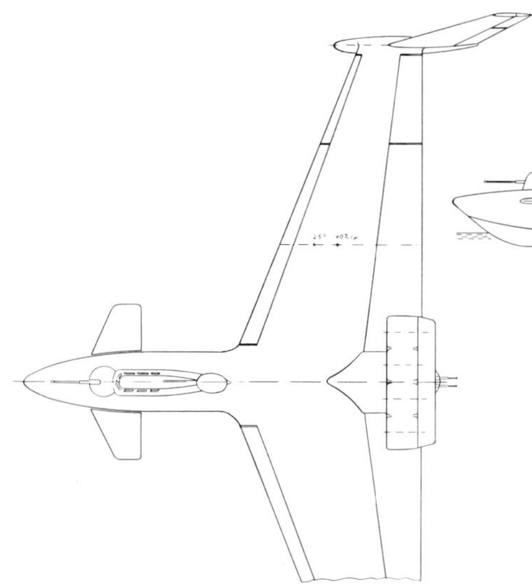

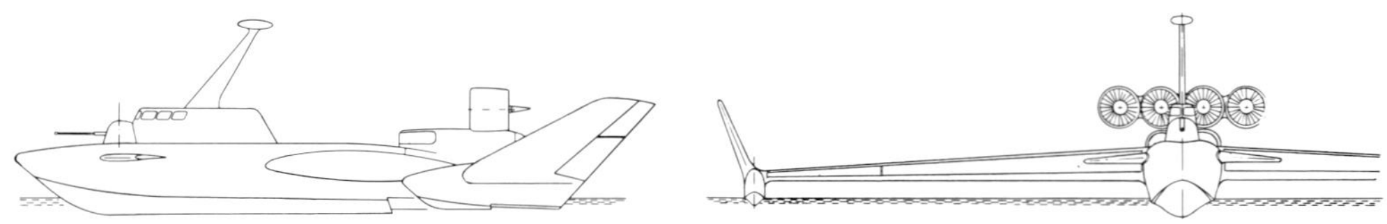

Bei den sich ergebenden Deltaflügeln lassen sich bei den Projekten CI und CII Waffen-, Besatzungs- und Einsatzräume gut unterbringen. Beim Entwurf CIII ist das Profil jedoch so niedrig, daß sich nur noch Waffen darin unterbringen lassen.
Das Projekt D (Sk 18) stellt praktisch eine Kombination der Projekte C mit Deltaflügel und A mit T-Leitwerk dar, wobei besonderer Wert auf gute Sichtverhältnisse von der Kommandobrücke gelegt wurde. Durch die Anordnung des T-Leitwerks können die Canard-Flügel entfallen, wodurch die Verschmelzung von Tragflügel und Rumpf zu einer Einheit möglich wurde. In das vorhandene Flügelprofil lassen sich alle Waffen und Einsatzräume gut integrieren.

Die Leistungsanalysen der generell auf gleicher Basis aber in unterschiedlicher Konfiguration ausgeführten Projekte erstrecken sich auf sieben Fahrzustände:

1. Verdrängungsfahrt bis ca. 15 kn mit Vortrieb durch Schraube oder Wasserstrahl zum Manövrieren im Hafen und Begleiten langsamer Schiffe.
2. Gleitfahrt bis ca. 40 kn mit Vortrieb durch Schraube oder Wasserstrahl, u. U. auch Mantelgebläse zum Begleiten schneller Schiffe.

Sk 18
Projekt FMPCC-D der MBB (MBB)

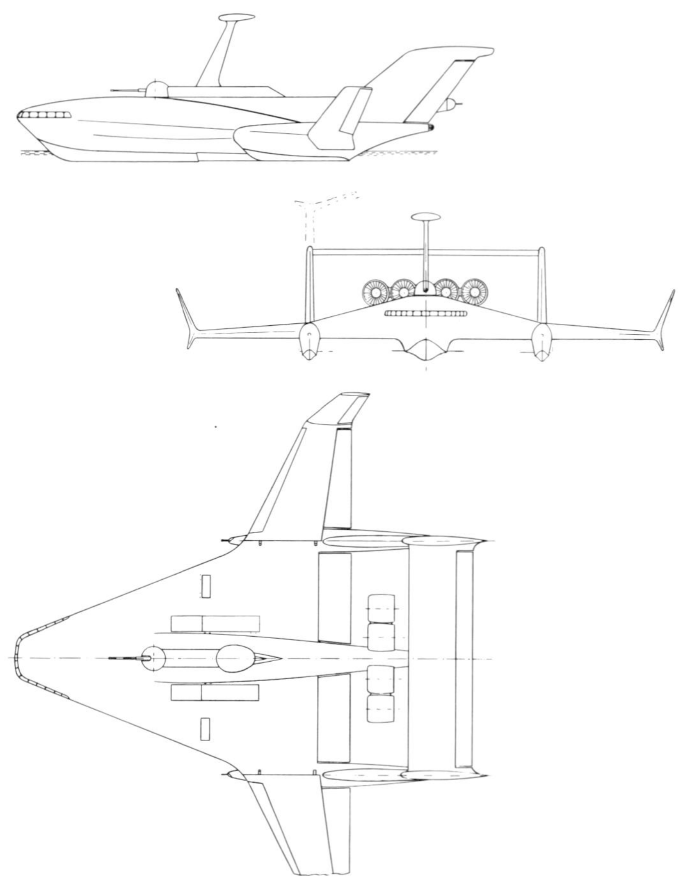

3. Übergang vom Gleit- in den Schwebe/Bodeneffektzustand bei ca. 75 kn mit Vortrieb durch Mantelgebläse. Der Auftrieb des Tragflügels kommt voll zur Wirkung.
4. Bodeneffekteinsatz bei ruhigem Wasser, Schwimmerabstand 0,5 m von der Wasseroberfläche, Tragflügelklappen bis auf 1,5 m an die Wasseroberfläche ausgefahren.
5. Bodeneffekt bei ruhigem Wasser, Schwimmerabstand 0,5 m von der Wasseroberfläche, Tragflügelklappen nicht ausgeschlagen.
6. Bodeneffekteinsatz bei rauher See und Manöverbereitschaft, Schwimmerabstand 1,5 m von der Wasseroberfläche, Tragflügelklappen nicht ausgefahren.
7. Freiflug über rauher See oder über Land, d. h. Flug außerhalb des Bodeneffekts.

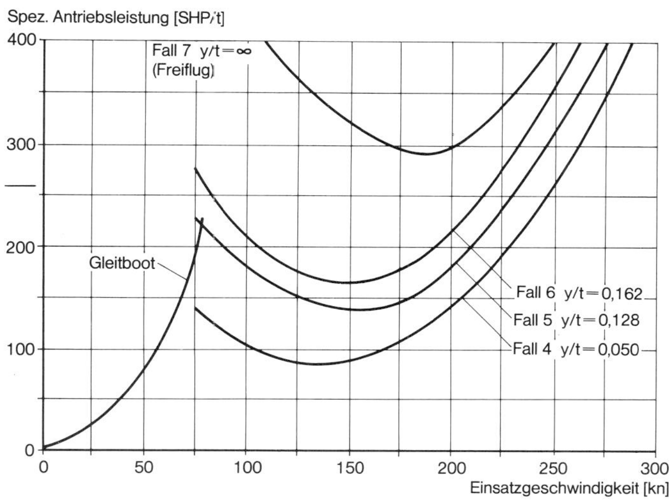

Sk 19
Leistungsbedarf eines FMPCC in Abhängigkeit vom Bodenabstand (MBB)

Sk 19 verdeutlicht die Zunahme der erforderlichen Antriebsleistung mit der Vergrößerung des Bodenabstands. So beträgt die spezifische Antriebsleistung für den normalen Einsatz mit 150 kn bei Seegang zwischen Fall 5 und Fall 6 um 150 PS/t. Soll ein Fahrzeug darüber hinaus Freiflugfähigkeit besitzen, so sind ca. 300 PS/t erforderlich. Der Kraftstoffbedarf ist notwendigerweise eine Funktion des Einsatzzustands und am zweckmäßigsten mit einem konventionellen deutschen Schnellboot der Klasse 148 bei einem Einsatz über 200 sm mit hoher Geschwindigkeit zu vergleichen. Das Schnellboot legt diese Strecke mit 35 kn in 5,6 Stunden zurück und verbraucht dabei 9,5 t Kraftstoff. Das FMPCC legt dieselbe Strecke je nach Fahrzustand mit 150 bis 200 kn in 1,4 bis 1 Stunde zurück und verbraucht dabei 4,6 bis 14,3 t Kraftstoff. Nimmt man Fall 6 mit 3 m Wellenhöhe und den gleichen Verbrauch für beide Fahrzeuge an, so läuft das FMPCC fünfmal so schnell. Bei Wetterbedingungen, bei denen das Schnellboot 35 kn laufen kann, würde das FMPCC zwischen Fall 4 und 5 operieren und nur 6 t Kraftstoff benötigen. Das heißt bei vierfacher Geschwindigkeit ein Drittel weniger Kraftstoffverbrauch.

Der maßstäbliche Größenvergleich (Sk 20) zwischen einem Schnellboot Klasse 148, einem FMPCC, dem im Zweiten Weltkrieg von Blohm & Voß gebauten Flugboot BV 238 und dem heutigen Airbus 300 zeigt schließlich, daß das allen aufgeführten Untersuchungen zugrunde liegende FMPCC-Projekt in der Größenordnung von 200 t keineswegs ungewöhnliche Dimensionen aufweist.

Dienten die bisher dargestellten Projektstudien auf der Basis von 200 t Einsatzgewicht vorherrschend dem Ausloten der sich anbietenden technischen Möglichkeiten, so zeigten spätere Untersuchungen, daß sich mit dem PAR-WIG-Prinzip (power augmented ram wing in ground effect) höhere Flächenbelastungen verwirklichen lassen, was entweder bei gleicher Fahrzeug-

Typ		A II	PAW I	PAW II	PAW III	PA-TW
Gewicht	[t]	200	210	511	210	400
Fläche	[m²]	852	852	852	350	930
Flächenbelastung	[daN/m²]	234	246	600	600	430
Flügellänge	[m]	30	30	30	19,1	43
Flügelbreite	[m]	28,4	28,4	28,4	18,3	21,6
Leistungsbedarf	[shp]	36 471	40 499	136 696	56 159	
Leistungsbelastung	[shp/t]	182	192	267	267	
Opt. Geschwindigkeit	[kn]	168	165	256	256	210
Verbrauch / h	[daN]	6 638	7 371	24 878	10 221	
Verbrauch / km	[daN]	21,34	24,12	52,47	21,56	
Verbrauch / 1 000 nm	[daN]	39 529	44 671	83 012	39 935	
Nutzlast (Waffen, Muinition)	[daN]	39 606	39 453	251 148	60 122	
Nutzlast	[%]	19,8	18,8	49,1	28,6	
Zuladung	[%]	39,6	40,1	65,4	47,6	

Sk 21
Die Vorteile des PAR-WIG-Systems führen bei gleichem Einsatzgewicht zu wesentlich kleineren Fahrzeugen (MBB)

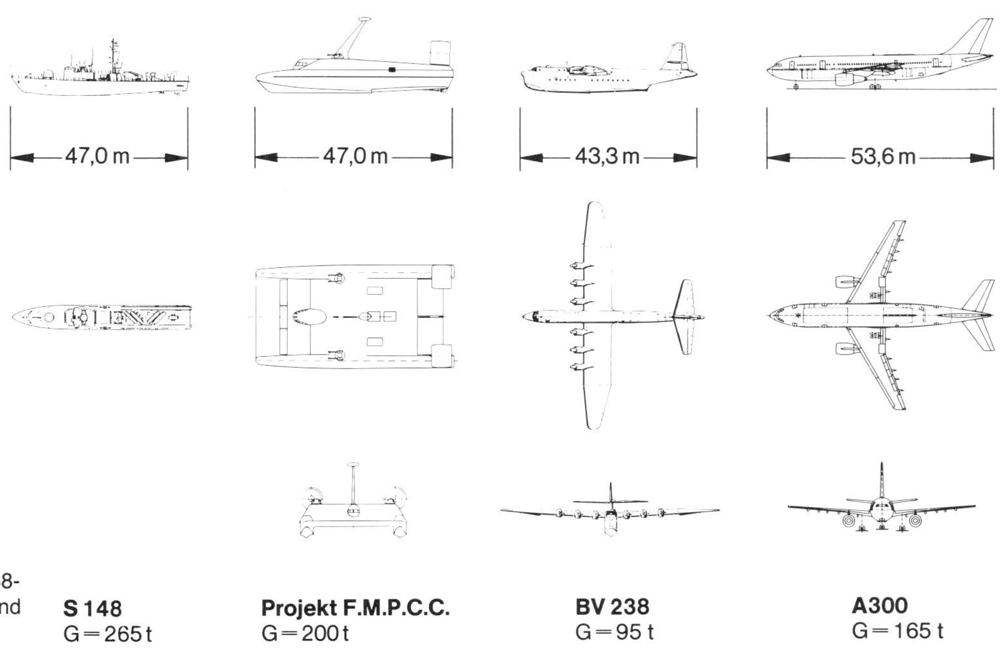

Sk 20
Größenvergleich eines Schnellboots Klasse 148, eines FMPCC, eines BV-238-Flugboots aus dem Zweiten Weltkrieg und eines Airbus A 300 (MBB)

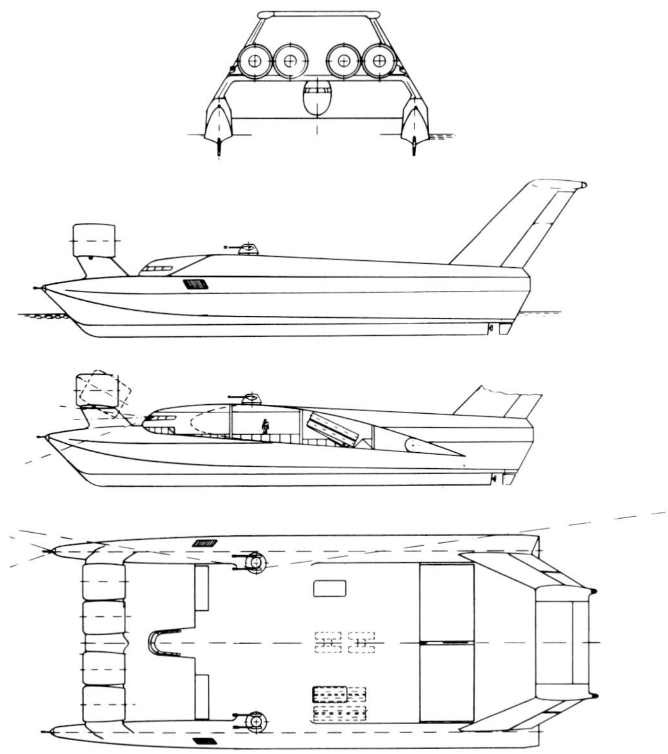

Sk 22
Projekt eines FMPCC nach dem PAR-WIG-System mit 511t Abfahrgewicht (MBB)

größe zu erheblich höheren Einsatzgewichten und Nutzlasten führt oder bei gleichem Einsatzgewicht zu wesentlich kleineren Fahrzeugen (Sk 21). So zeigten Untersuchungen, daß Fahrzeuge mit den gleichen Abmessungen wie die bisher betrachteten 200-t-Geräte im Einsatzgewicht zwischen 400 und 600 t aufweisen. Sk 22 zeigt einen Entwurf nach diesem Prinzip mit 511 t Abfahrtgewicht. Die erforderliche Leistung steigt auf den 3,7fachen Wert, der Kraftstoffbedarf jedoch aufgrund der höheren optimalen Geschwindigkeit nur auf den doppelten Wert, die Nutzlast hingegen auf den sechsfachen.

Während Sk 22 und Bild 8 ein Fahrzeug mit schwenkbaren Triebwerken vor dem Haupttragflügel zeigen, ist in Bild 9 ein Fahrzeug gleicher Größenordnung mit integriertem Auftriebssystem dargestellt. Würde man das Abfluggewicht von 200 t beibehalten, so ergäbe sich eine Flügelfläche von 350 m² anstelle der 852 m² der bisher betrachteten Entwürfe. Dadurch würde das Fahrzeug erheblich kleiner werden. Bei einer derartigen Ausführung wäre der Leistungsbedarf um den Faktor 1,5 m höher, der Kraftstoffbedarf entspräche dem der Ausgangsentwürfe ohne PAW-System, und die Nutzlast wäre 1,5mal so hoch.

Im Jahre 1981 erfolgte ein Versuch mit einem Modell nach dem PAR-WIG-Prinzip, bei dem die Anordnung der Triebwerke zur Verbesserung der Start- und Landeeigenschaften vor dem Tragflügel erfolgte (Sk 23). Die Triebwerke sind schwenkbar (s. Bild 9). Sie blasen bei Start und Landung unter den Tragflügel und erzeugen so ein künstliches Luftkissen, das trotz des geringen Drucks in der Lage ist, das Fahrzeug schon im Stillstand anzuheben. Die vollkommene Lösung von der Wasseroberfläche erfolgt bereits bei Geschwindigkeiten, die nur halb so groß sind wie die Startgeschwindigkeit normaler Bodeneffektgeräte. Darüber hinaus läßt sich die Druckpunktwanderung aus dem unterschiedlichen Bodenabstand beim Schweben über See durch die Vertikalkomponente des Triebwerkschubs aussteuern.

Eine andere Projektidee nach diesem Prinzip stellt das HSCC (High Speed Combat Craft) dar, dem die Annahme eines Masseneinsatzes im Seeraum der westlichen Ostsee zugrunde liegt. Beim Entwurf wurde von der Annahme ausgegangen, daß in diesem engen, elektronisch und durch Seeluftstreitkräfte weitgehend abgedeckten Seeraum im akuten Verteidigungsfall einige besondere Prämissen vorliegen:

1. Es ist seitens des potentiellen Gegners im Rahmen der seeseitigen Unterstützung von Heeresoperationen, amphibischer Unternehmungen, Minen- und FK-Einsätze usw. mit dem überraschenden Auftreten einer größeren Zahl relativ kleiner Fahrzeuge zu rechnen, die teils langsam (Landungsboote), teils schnell (Gleit- und Verdrängungsschnellboote) und sehr schnell (Tragflügelboote, Luftkissenfahrzeuge) an den Einsatzort herangeführt werden und ein kurzfristiges Heranschließen der disloziert aufgestellten eigenen Verbände erfordern. Die Masse dieser Ziele entspricht qualitativ nicht dem Einsatz aufwendiger FK-Waffensysteme, wie MM-38-Exocet, Harpoon usw.

2. Der deutsch-dänische Küstenbereich bietet für eigene Überwassereinheiten nur relativ wenige, gegen Ortung, Luftaufklärung und Bekämpfung einigermaßen gesicherte Dislozierungsplätze. Die Fähigkeit, eigene Fahrzeuge aufgrund gewisser amphibischer Eigenschaften an *allen* hierfür geeigneten Küstenpunkten auch an Land unterzubringen und im Bedarfsfall kurzfristig und ohne jede zusätzliche Einrichtung zu Wasser zu bringen, verstärkt die Überlebensfähigkeit und die operati-

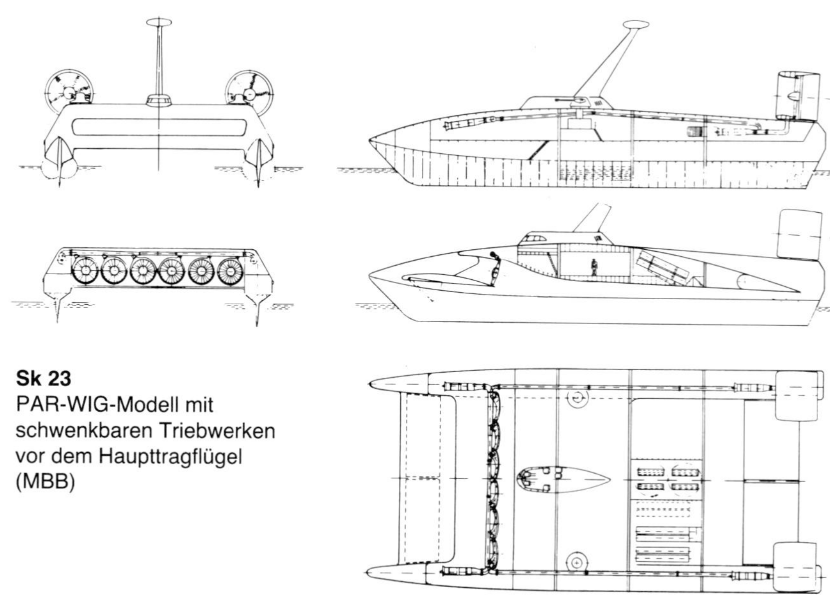

Sk 23
PAR-WIG-Modell mit schwenkbaren Triebwerken vor dem Haupttragflügel (MBB)

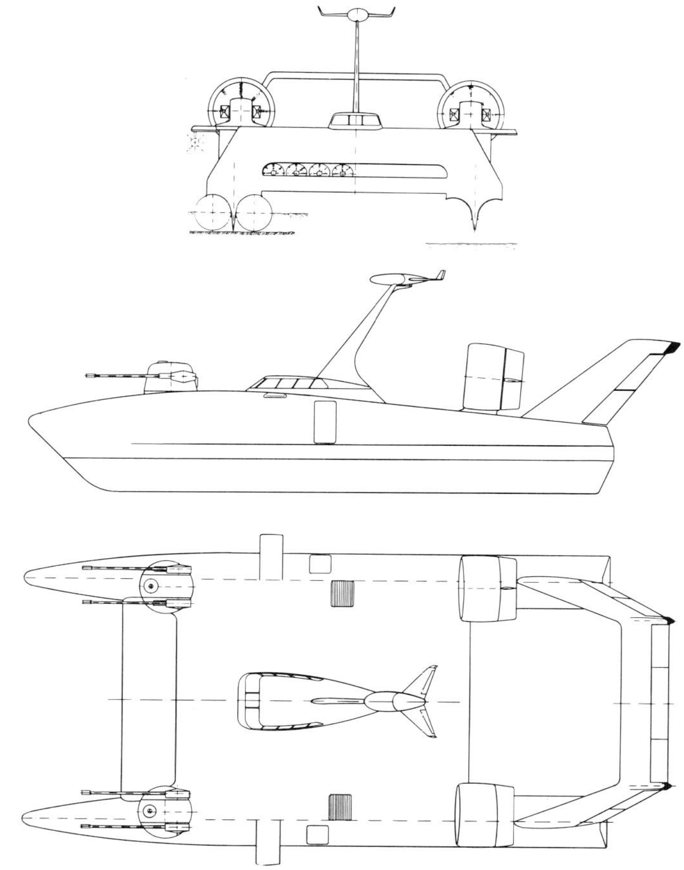

Sk 24
Projekt eines High Speed Combat Craft von MBB (MBB)

ven Möglichkeiten. Darüber hinaus sollte ein derartiges Fahrzeug nach dem Heranführen an den Gegner durch Selbstversorgung mit Zielinformationen weitgehend auf sich selbst gestellt zum Einsatz kommen können. Und das bei jedem Wetter – mit gewissen Einschränkungen für die Start- und Landephase – und über Flachwassergebiete, Eisgang usw. Es sollte über Minenfelder hinweg einsatzfähig sein, bei geringer Lärmentwicklung und Wärmeabstrahlung eine deutlich über Tragflügelboot und Luftkissenfahrzeug liegende Geschwindigkeit besitzen und eine Einsatzdauer von 1000 sm bzw. drei Tagen gewährleisten.

Das auf diesen Grundsatzüberlegungen und den Basisprojekten FMPCC von MBB entwickelte HSCC (Sk 24, 25) ist ein aerodynamisches Bodeneffektfahrzeug nach dem PAR-WIG-System, bei dem die Antriebsanlage im Hinblick auf den Sicht-, Ortungs- und Vorausschußbereich achtern angeordnet wurde. Die technischen Daten lauten:

Max. Länge über alles	26,5 m
Max. Breite über alles	13,25 m
Gewicht	60 t

Antrieb: 2 GT auf Gebläse, zzgl. 2 x Kegelrad-Z-Antrieb in den Rümpfen für den Einsatz als Verdränger im Hafen usw.

opt. Geschwindigkeit	175 kn
Max. Geschwindigkeit	200 kn
Reichweite	1000 sm
Besatzung	5 Mann

Bewaffnungsannahme: 2 x 2-35-mm Oerlikon, 8 Kormoran-mod.SSM.

Das unter konsequenter Anwendung der in der Luftfahrt entwickelten und erprobten Technologien für den Leichtbau, die Steuerung, die Triebwerkanlage und das amphibische System konzipierte katamaranartige Fahrzeug besitzt zwischen den Rümpfen einen breiten, vorn und hinten mit einer Klappe versehenen Tragflügel. Im vorderen Teil ist ein über ein Rohrsystem von der Hauptantriebsanlage gespeistes Gebläsesystem eingebaut, das bereits im Stand ein künstliches Stauluftkissen unter dem Fahrzeug erzeugt und dieses weitgehend vom Untergrund abhebt. Gassteuerventile geben beim Anlaufen entsprechend dem mit wachsender Fahrt ansteigenden Staudruck mehr und mehr Leistung auf die Vortriebsgebläse. Die beim Start durch das statische Luftkissen entstehende, anfänglich etwa 0,5 m tiefe, mit dem Anlaufen des Fahrzeugs schnell kleiner werdende und bei etwa 35–40 kn völlig verschwindende Absenkung des Wasserspiegels im Kissenbereich wirkt sich nur in der Anfangsphase als Widerstand aus. Mit dem Loslösen von der Wasseroberfläche beschleunigt das Fahrzeug unter ständigem Leistungstransfer vom Luftkissen- zum Vortriebsgebläse weiter, bis der Staudruck bei ca. 115 kn ⅔ des Kissendrucks erreicht hat. Nunmehr im aerodynamischen Bodeneffekt schwebend, wird das Kissenluftgebläse stillgelegt und eingeklappt und die Fahrgeschwindigkeit mit der nun voll auf den Vortrieb wirkenden Gebläseleistung auf ca. 175 kn – maximal 200 kn – gesteigert. Der Abstand der Kiele zur Wasseroberfläche beträgt 0,5 – 1,0 m, läßt sich jedoch steigern. Da Fahrzeuge dieser geringen Rumpflänge u. U. bei Seegang Wellenkämme mit den Rumpfunterseiten durchfah-

Sk 25
Projekt eines High Speed Combat Craft von MBB (MBB)

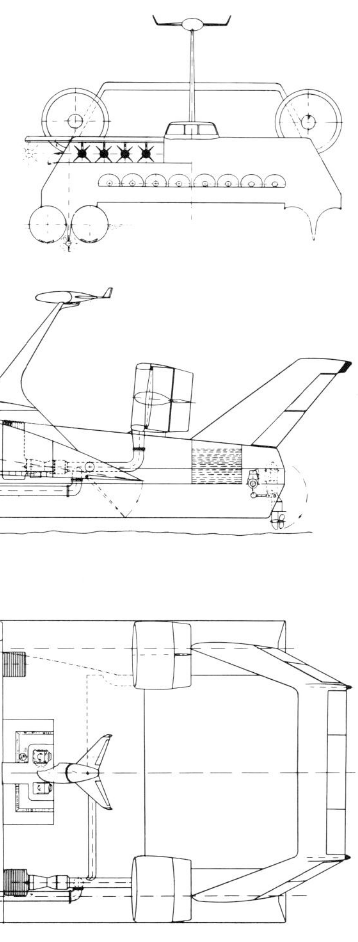

ren, wurden die Kiele unten schneidenförmig ausgelegt. Nach bereits vorliegenden Versuchen in den USA sind derartige Wellenschnitte selbst bei Geschwindigkeiten über 200 kn unkritisch.
Da die messerartige Rumpfunterseite beim Fahren im Verdrängungszustand nicht genügend Auftrieb erzeugt, um einen angemessenen Abstand zwischen Tragflügelunterseite und Wasseroberfläche und damit einen ausreichenden Schutz gegen Wellenschlag zu gewährleisten, wurden hochflexible Tragschläuche an den Rumpfseiten angeordnet, deren Material bereits erfolgreich bei dem kanadischen Flugzeugtyp BH 7 als Luftkissenlandesystem erprobt wurde. Im Verdrängungszustand werden die vier Tragschläuche auf etwa 1,5 m aufgeblasen, womit sie den gewünschten statischen Auftrieb sichern. Sobald das Gerät beim Start durch das statische Luftkissen angehoben wird, wird der Druck aus den Tragschläuchen abgelassen. Das Material zieht sich zwischen den Befestigungspunkten stramm zusammen und kann durch ein geringes Vakuum fest an die Rumpfwände gepreßt werden. Ein sinnvolles, in Kanada bereits bei Flugzeugen und bei MBB im Modellversuch praktiziertes Luftschichtsystem ermöglicht es darüber hinaus, mittels der Tragschläuche und dem statischen Luftkissen unter dem Fahrzeug auf weitgehend ebenen Flächen an Land zu gehen und selbst größere Steigungen zu überwinden. Diese Amphibieneigenschaft fördert die Dislozierbarkeit erheblich und ermöglicht es weitaus besser als bei konventionellen Wasserfahrzeugen und Flugzeugen, die im Bereitschaftszustand befindlichen Fahrzeuge der Gegneraufklärung zu entziehen. Darüber hinaus kann auch die Versorgung mit Kraftstoff, Munition usw. an Land durch LKW erfolgen.
Die Triebwerkanlage besteht aus zwei wie Gasturbinen serienmäßig lieferbaren Gasgeneratoren, d. h. normale Gasturbinen, bei denen die letzte Turbinenstufe fehlt, so daß das Abgas einen höheren Druck als üblich hat. Ferner sind im Tragflügel eine einklappbare Gebläsegruppe für das statische Luftkissen bei Start und Landung vorn und zwei Gebläse am Heck für den Vortrieb angeordnet. Ein Rohrsystem erlaubt die bereits beschriebene alternative Luftverteilung bei Start und Landung. Der Antrieb der Gebläse erfolgt über Blattspitzenturbinen. Die in der Luftfahrtindustrie bereits erfolgreich praktizierte Verbindung zwischen Gasgeneratoren und den Blattspitzenturbinen der Gebläse hat neben der gewünschten Leistungssteuerung den Vorteil, daß die Gebläse beim Eindringen von Fremdkörpern (Wasser, Seevögel usw.) einsatzfähig bleiben. Darüber hinaus kann die Anordnung der Gasgeneratoren derart erfolgen, daß ausreichende Maßnahmen zur Triebwerksluft-Entsalzung/Entwässerung sowie Infrarot-/Lärmdämm-Maßnahmen getroffen werden können und bei Ausfall eines Gasgenerators oder Gebläses der verbleibende Teil die Gesamtversorgung bei reduzierter Effektivität übernehmen kann. Neben der Anlage für den aerodynamischen Bodeneffekteinsatz ist in jedem Rumpf noch ein Kegelrad-Z-Antrieb für die Verdrängungsfahrt vorgesehen, der durch einen separaten Diesel oder eine Gasturbine betrieben wird.

Die aus fünf Mann bestehende Besatzung setzt sich aus Pilot, Copilot und Navigator sowie zwei Mann für Ortung, Identifizierung und Waffeneinsatz zusammen. Die Nebenräume sind so ausgelegt, daß eine mehrtägige Verweilzeit an Bord möglich ist. Zur ausreichenden Selbstversorgung mit Zielinformationen nach dem Heranführen an den Einsatzort bietet sich beim Operieren im aerodynamischen Bodeneffekt der Einsatz eines Schleppdrachens an, dessen Radar und Optronik die Ergebnisse über die Schleppleine an das Cockpit und die OPZ überträgt.
Schließlich ist erwähnenswert, daß theoretische Untersuchungen ergaben, daß die Standfestigkeit eines derartigen Fahrzeugs gegen Treffer und Beschädigung aufgrund der allgemeinen Auslegung und der Redundanzen bemerkenswert groß ist (14).

2.154 Zusammenfassung und Wertung

Durchdenkt man die dargestellten Möglichkeiten der Gestaltung der Bootsform vom Verdrängungsboot über das Gleitboot, das Zweirumpffahrzeug, das Tragflügelboot, das ACV und SES bis hin zum WIG, so sind deutlich zwei Trendrichtungen zu erkennen:

1. das Bemühen, den Bootskörper aus dem dichten, hohen Widerstand erzeugenden Medium Wasser herauszuheben um a) bei gleichbleibender Leistung höhere Geschwindigkeit bzw. bei geringerer Leistung und gleicher Geschwindigkeit höhere Raum- und Nutzlastanteile zu erzielen, b) die Beeinträchtigung durch Seegang zu verringern und c) durch mehr oder minder deutlich ausgeprägte Amphibieneigenschaft eine breitere Verwendbarkeit und Dislozierungsmöglichkeit zu erhalten.

2. die zunehmend stärkere Beeinflussung durch die Erfahrungen und technischen Möglichkeiten bewährter Elemente des Luftfahrzeugbaus, die dazu führt, daß besonders die neueren Entwicklungen in einem erheblichen Maße von Flugzeugbaufirmen vorangetrieben werden. –

Es besteht kein Zweifel, daß die Entwicklungstendenzen der Ortungs- und Waffentechnik für die zukünftige Seekriegsführung weiteren Wandel bringen werden (s. Abschnitt 2.5). Wichtige Elemente der Seekriegsführung sind und bleiben aber Geschwindigkeit, Allwettereinsatzfähigkeit und Dislozierbarkeit. Da die Geschwindigkeit konventioneller Kriegsschiffe in den letzten siebzig Jahren praktisch konstant geblieben ist, aufgrund der den Widerstand von Verdrängern und Gleitern bestimmenden Gesetzmäßigkeiten auch in Zukunft nicht erhöht werden kann und darüber hinaus stets durch Seegang negativ beeinflußt wird, sucht man in den technisch führenden Industriestaaten des Westens und Ostens nach neuen Wegen. Die Übernahme von Technologien der Luftfahrt lag nahe. Das Tragflügelboot war der erste Schritt, aerostatische Luftkissenfahrzeuge (ACV, SES) der zweite. Aber auch sie kranken letztlich noch an der Seegangsabhängigkeit der Geschwindigkeit und Einsatzfähigkeit. Das aerodynamische Bodeneffektfahrzeug ist letztlich nichts anderes als der logische dritte Schritt. In den USA arbeiten die Navy und die Firmen McDonnell Douglas und Lockheed seit 1962 an derartigen Studien. Weit fortgeschritten sind auch die diesbzüglichen Arbeiten in der Sowjet-Union, wo sich bereits Großgeräte im praktischen Erprobungszustand befinden, weil man dort bereit ist, die hierfür erforderlichen Mittel bereitzustellen. Denn nur zu offensichtlich eskalieren die Kosten für Beschaffung und Unterhalt der Fahrzeuge mit steigendem High-Tech-Stand gewaltig. Ohne Zweifel werden aber die bisher kaum in ihrer Fülle erahnbaren Möglichkeiten der hochtechnisierten Fahrzeuge einen entscheidenden Einfluß auf die zukünftigen Möglichkeiten der Seekriegsführung und der Offshore-Überwachung der 90er Jahre des 20. und des schon in Aussicht stehenden 21. Jhdts. nehmen. Es dürfte sich lohnen, sich frühzeitig mit diesen Möglichkeiten zu beschäftigen. Sinnvolle Abschreckung heißt im militärischen Bereich heute wie eh und je an der Spitze des Fortschritts zu marschieren. In diesem Sinne verdienen nicht zuletzt die ohne öffentliche Förderung erfolgten Studien der MBB, die hier als »pars pro toto« einer neuen weltweiten technischen Entwicklung vorgestellt wurden, Anerkennung und Aufmerksamkeit.

2.2 Zur Bauweise des Bootskörpers

Als Baumaterial für Schnell- und Patrouillenboote kommen unverändert in Frage Holz, Stahl, Leichtmetall, GFK und Kompositbauweisen, bei denen unterschiedliche Materialien in optimaler Verbindung eingesetzt werden. High-Tech-Fahrzeuge werden ausschließlich aus Leichtmetall, gelegentlich auch aus GFK hergestellt. Welchem Material jeweils der Vorzug zu geben ist, ist von Fall zu Fall zu entscheiden. Manchmal ist die endgültige Entscheidung auch eine gewisse »Philosophie«. Generell ist davon auszugehen, daß der Bootskörper als »tragendes Element« einerseits so leicht wie möglich ausgeführt werden soll, um möglichst hohe Gewichtsanteile für Antrieb und Nutzlast freizubekommen, andererseits muß er – und das über lange Jahre – all jenen Beanspruchungen standhalten, die sich aus den meist relativ hohen Antriebsgewichten, Vibrationen usw. beim Fahren im Seegang und aus natürlichen Alterungsvorgängen ergeben. Einen besonderen Stellenwert haben bei wassergebundenen Hochgeschwindigkeitsfahrzeugen die Seegangsbeanspruchungen. Dies gilt besonders für Gleiter, die im Seegang zum »Springen« neigen. Aber auch bei schnellen Verdrängungsbooten tritt bei bestimmten Längen-Geschwindigkeits-Verhältnissen im Vorschiffsbereich ein starker dynamischer Auftrieb auf. Wenn diese Fahrzeuge auch nicht wirklich zum Gleiten kommen, so sind sie bei hohen Fahrtstufen doch keine reinen Verdränger mehr, und sie neigen beim Laufen vor der See und gegen die See zu mehr oder minder hartem Einsetzen mit dem Vorschiff. Aus höchst realistischen Gewichts-/Festigkeitsüberlegungen werden die langen und schlanken Rümpfe hochwertiger Schnellboote daher ausnahmslos nach aus der Flugzeugstatik entwickelten Verfahren ausgelegt. Für Tragflügelboote und aerostatische/dynamische Luftkissenfahrzeuge ist dies allein aus Gewichtsgründen eine conditio sine qua non. Nur kleinere und relativ langsame Patrouillenboote werden – meist aus reinen Kostenüberlegungen – noch nach mehr oder minder konventionellen Methoden gebaut.
Im einzelnen soll zu den Baumaterialien kurz herausgestellt werden:

1. Die *reine Holzbauweise* (evtl. aus Unterhaltsgründen GFK-beschichtet) ist relativ selten geworden und nur noch bei Fahrzeugen geringerer Abmessungen anzutreffen. Die Bauweise ist billig und leicht.

2. Die *Kompositbauweise* ist eine sinnvolle Kombination der Bauelemente Holz, Leichtmetall und Stahl zu einer harmonischen Verbindung mit dem Ziel, einen leichten, sehr elastischen Bootskörper herzustellen. Verwandt werden

- Holz für Rumpf und Deck,
- Leichtmetall für Schotten, Spanten, Längsstringer, Aufbauten und Einrichtung,
- Stahl für Hauptmaschinen- und Waffenfundamente.

Die Holzbeplankung des Rumpfes wird in 3–4 Lagen 50–60 mm dick durch Verleimen und Verschrauben zusammengefügt und mit dem Spantwerk verbolzt. Sie entspricht – je nach Spantabstand – gewichtsmäßig einer Stahlbeplattung von 4–4,5 mm. Die Kompositbauweise mit der drei- oder vierfach verleimten Außenhaut bietet a) elastischen Widerstand gegen lokale Beschädigungen, b) gute Schall- und Wärmeisolierung, c) relativ leicht herzustellenden Magnetminenschutz, d) in den gemäßigten Zonen eine reduzierte Korrosionsanfälligkeit. Nachteilig sind u. a. die Notwendigkeit des separaten Einbaus von Tanks für flüssige Güter (Raumfrage!), Gefährdung bei Eisfahrt usw.

3. Die *Stahl- und Leichtmetallbauweise* bieten 1) durch die Homogenität des Materials diesen optimal angepaßte Konstruktionsprinzipien und damit günstige Gewichtsverhältnisse, 2) ein besseres Raumangebot, da flüssige Güter auch in den ansonsten kaum nutzbaren Räumen zwischen Boden und Flurplatten untergebracht werden können. Daraus resultiert ein größerer Kraftstoffvorrat mit entsprechendem Fahrbereich. Der Magnetminenschutz ist mit einigem technischen Aufwand machbar. Bei Tragflügelbooten und Luftkissenfahrzeugen ist das teurere Leichtmetall als Hauptmaterial absolut vorherrschend.

4. *Glasfaserverstärkter Kunststoff (GFK)* ist *das* Material im Kleinbootbau und hat sich bei Minensuchbooten wegen seines Amagnetismus bereits in mehreren Ländern (Großbritannien, Frankreich, Belgien, Niederlande, Schweden) mit Erfolg durchgesetzt. Für den Geschwindigkeits- und Tonnagebereich moderner Schnellboote (250/500 t) würden GFK-Bootskörper nach heutigen Erkenntnissen wegen der notwendigen Quer- und Längsversteifungen zur Aufnahme der bei Höchstfahrt und im Seegang wirkenden Kräfte wesentlich schwerer werden als konventionelle Konstruktionen. Sie bieten daher für diese Größenordnungen und Verhältnisse z. Z. noch keine Alternative (15, 16).

2.3 Zum Antrieb

Generell kommen als Antrieb jeder Art von Schnell- und Patrouillenbooten sowie High-Tech-Fahrzeugen aus Raum- und Gewichtsgründen nur Dieselmotoren und Gasturbinen in Frage. Otto-Motoren sind nicht zuletzt auf Grund der mit ihnen verbundenen Brand- und Explosionsgefahr unter Beschuß usw. in den Nachkriegsjahren kaum noch eingebaut worden. Im größeren Maßstab wurden sie zuletzt im Schnellbootbau des Zweiten Weltkriegs von Großbritannien, der Sowjet-Union und den USA mangels angemessener Diesel-Fertigungskapazität verwandt.
Eine Analyse der seit 1974 weltweit gebauten Fahrzeuge der hier zu behandelnden Typen zeigt, daß der Diesel bei konventionellen Verdrängungsbooten und Gleitern aller Art absolut vorherrscht. Gewisse Ausnahmen der Verwendung von GT im konventionellen Schnellbootbau (Dänemark, Jugoslawien,

Schweden, USA einschließlich der abgeleiteten Exportbauten), die vielfach auf vorangegangenen guten Erfahrungen mit GT-Anlagen beruhen, können diese Feststellung nicht beeinträchtigen. Umgekehrt sieht es bei den High-Tech-Fahrzeugen aus, wo die GT vorherrscht und der Diesel seltener vertreten ist, da die hier erforderlichen oder gewünschten Leistungen mit Dieselanlagen schwierig zu erreichen sind. Bemerkenswerterweise nimmt jedoch die Zahl der bei größeren Kriegsschiffen zunehmend marktbeherrschenden CODAG-Anlagen auch im Schnellbootbau zu, um die Vor- und Nachteile beider Systeme sinnvoll miteinander zu koppeln. Weiterhin scheint bemerkenswert, daß sich die Zahl der Hochleistungs-Schnelläufer Diesel- und der GT-Lieferanten immer mehr auf ein relativ kleines Spektrum von Firmen verdichtet. Ohne andere Hersteller, deren Erzeugnisse durchaus beachtliche Leistungsdaten aufweisen, in irgendeiner Weise diskreditieren zu wollen, ist bei den hier zu behandelnden Fahrzeugen die herausragende Stellung der deutschen Motoren- und Turbinen-Union Friedrichshafen GmbH (MTU), die die früher getrennten Arbeiten der deutschen Motorenfirmen Mercedes-Benz, Maybach und MAN zusammenfaßt, sowie die Verbreitung von General Motors- und SACM-Dieseln auf dem Gebiet der Dieselantriebe genauso wenig zu übersehen wie die von General Electric und Rolls Royce bei den GT-Antrieben.

2.31 Dieselantriebe

Für eine Hochleistungs-Schnelläufer-Dieselanlage sprechen

1. das niedrige Leistungsgewicht, das verhältnismäßig hohe Leistungen bei relativ geringem Raum- und Gewichtsbedarf der Gesamtanlage ermöglicht. Aufladung ergibt eine beträchtliche Leistungssteigerung, die Verwendung von Turbo-Abgasgebläsen eine weitere Nutzung der in den Abgasen enthaltenen Energie. Anlagen, die aus gleichartigen Zylindern zusammengesetzt sind und sich je nach Leistungsbedarf durch Zahl und Anordnung der Zylinder und Motoren unterscheiden, vereinfachen Personalausbildung und Ersatzteilbevorratung.
2. Geringer Kraftstoffbedarf (ca. 160 g/PSh) und damit hohe Wirtschaftlichkeit.
3. Mäßiger und einfach zu wartender Hilfsmaschinenbedarf.
4. Hohe Betriebssicherheit und kurzzeitige Betriebsbereitschaft.
5. Mehrmotorenanlagen ermöglichen durch Abschalten einzelner Motoren die Durchführung kleinerer Überholungen bzw. optimale Marschfahrt ohne Einschränkung der Gefechtsbereitschaft. Darüber hinaus verläuft die Kraftstoffverbrauchskurve als Funktion der Motorleistung flach, so daß rationelle Fahrt auch in Teillastbereichen möglich ist.
6. Wende- und Untersetzungsgetriebe sowie Festpropeller bewirken allgemein gute Wirkungsgrade und Manövriereigenschaften.

Besondere Kriterien des Hochleistungs-Schnelläufer-Diesels sind a) der dem Quadrat der mittleren Kolbengeschwindigkeit proportionale Laufwert, der ein Maß für die mechanische Belastung durch Massenkräfte ist und b) die dem Produkt aus mittlerem effektiven Druck und Kolbengeschwindigkeit proportionale Kolbenflächenleistung, die die thermische Belastung der den Brennraum umgebenden Bauteile charakterisiert. Da die Leistung eines Motors von Zylinderzahl und -leistung abhängt, versuchen die Motorenhersteller einerseits durch eine erhebliche Steigerung der Zylinderzahl, andererseits durch eine wesentliche Verbesserung von Laufwert und Kolbenflächenbelastung für die größer werdenden Fahrzeuge weitere Leistungssteigerungen zu erzielen. 1956, bei der deutschen Jaguar-Klasse, machten die damals zur Verfügung stehenden 2500/3000-PS-Diesel für die erforderlichen 10000/12000 PS ein Vierwellenboot nötig. 1974 stellte die MTU als Weiterentwicklung der 12V956- und 16V956-Baureihe den 20V956TB92-Diesel mit 4900/6000 PS vor, ein wassergekühlter 20-zyl.-Viertakt-Diesel mit Direkteinspritzung, Kolbenkühlung, Abgasturboaufladung und Ladeluftkühlung, dessen Zylinderreihen in 50° angeordnet sind. Gleiche Abmessungen von Bohrungen und Hub (230 mm) ermöglichen relativ hohe Nenndrehzahlen. Das Leistungsgewicht beträgt 2,73 kg/PS. Eine Zusammenstellung heutiger wichtiger MTU-Diesel bringt Anlage 1.
Die französische Societe Alsacienne de Constructions Mecaniques de Mulhouse (SACM) liefert mit den Baureihen MGO und AGO Hochleistungs-Schnelläufer-Diesel für Antrieb und Generatoren. Die AGO-Reihe besteht aus 12-, 16- und 20-zyl.-Motoren in V-Form mit Direkteinspritzungsverfahren und Abgasturboaufladung. Der stärkste Motor dieser Reihe, der bisher eingebaut wurde, der AGO 20V24oEZSHR hat 5600 PS Dauer- und 6700 PS Kurzhöchstleistung. Bei 10,22 l Zylinderhubraum wird er mit einer mittleren Kolbengeschwindigkeit von 11 m/s, einem mittleren effektiven Druck von 19,5 kp/cm^2 und Höchstdrehzahlen von 1500 Upm betrieben. Sein Leistungsgewicht beträgt 2,87 kg/PS. Der AGO 20V24oRVR kommt schließlich auf 7000/8400 PS. Anlage 2 zeigt die Daten wichtiger SACM-Diesel.

Ein bemerkenswerter Versuch, kompakte Schnelläufer noch höherer Leistung zu bauen, ist die 1974 eingeleitete Entwicklung eines 40-zyl.-Motors von Amiot/SEMT/MTU, der MT40H672, der nach Fertigstellung samt einem Spezialgetriebe an die Stelle der vier Motoren des französischen Export-Schnellboottyps La Combattante III treten soll. Der Motor besteht aus den Triebwerksteilen des bewährten MB 20V672TY90.
Selbstverständlich ermöglichen erst die größeren Boote mit größerer Seitenhöhe den Einbau derartiger Motoren und mögliche weitere Leistungssteigerungen. Wenn auf eine geringe Körperschallabstrahlung in das Wasser Wert gelegt wird, werden die Motoren schwingelastisch gelagert (6, 17, 18, 19 und 20).

2.32 GT-Antriebe

Die Vorteile der GT sind die hohe Leistungskonzentration (Werte von 0,0015–0,003 m^3/KW und 0,12 kg/KW sind möglich), das gute Beschleunigungsvermögen, die hohe Leistungsbereitschaft durch gute Kaltstarteigenschaften, die Automatisierungsfreundlichkeit, das gute Drehmoment, der geringe Aufwand an Wartung und Hilfsgeräten, minimale Vibration und relativ kleine magnetische Signaturen. Der geringe Raum- und Gewichtsanfall ermöglicht eine gewisse Freizügigkeit bei der Aufstellung (z. B. Heckaufstellung mit nach achtern gerichteten Abgasleitungen) und einen relativ hohen Klarstand durch einfachen Aggregataustausch. Vorteilhaft ist auch die drehmomentenmäßige Elastizität. Sie ermöglicht selbst bei anomal großer Verdrängung oder starkem Bewuchs optimale Leistun-

Bild 30
Argentinisches Blohm & Voss-Patrouillenboot *Mar del Plata* (B&V)

Bild 31
Australisches Brooke-Marine-Patrouillenboot *Freemantle* (Brooke)

Bild 32
Bahama-Vosper-Patrouillenboot *Flamingo* (Archiv Verfasser)

Bild 33
Bahrain-Lürssen-Artillerie-Schnellboot *Al Riffa* (Lürssen)

Bild 36
Barbados-Brooke-Marine-Patrouillenboot *Trident* (Brooke)

Bild 35
Barbados-Aquarius-Patrouillenboot *Cdr. Marshal* (Archiv Verfasser)

Bild 37
Belgisches Hitzler-Fl. Patrouillenboot *Leie* (Archiv Verfasser)

Bild 34
Bahrain-Lürssen-FK-Schnellboot *Al Jaberi* (Lürssen)

Bild 38
Brunei-Vosper-Patrouillenboot *Perwira* (Archiv Verfasser)

Bild 39
Bedienungsmänner auf einem chinesischen Torpedo-Schnellboot (Archiv Verfasser)

Bild 40
Chinesisches Halbtragflügelboot der Huchwan-Klasse (Archiv Verfasser)

Bild 41
Dänisches Frederikshavn-Vaerft-Schnellboot *Bille* mit vier TR (Archiv Verfasser)

Bild 43
DDR-Torpedo-Schnellboote der Libelle-Klasse (Archiv Verfasser)

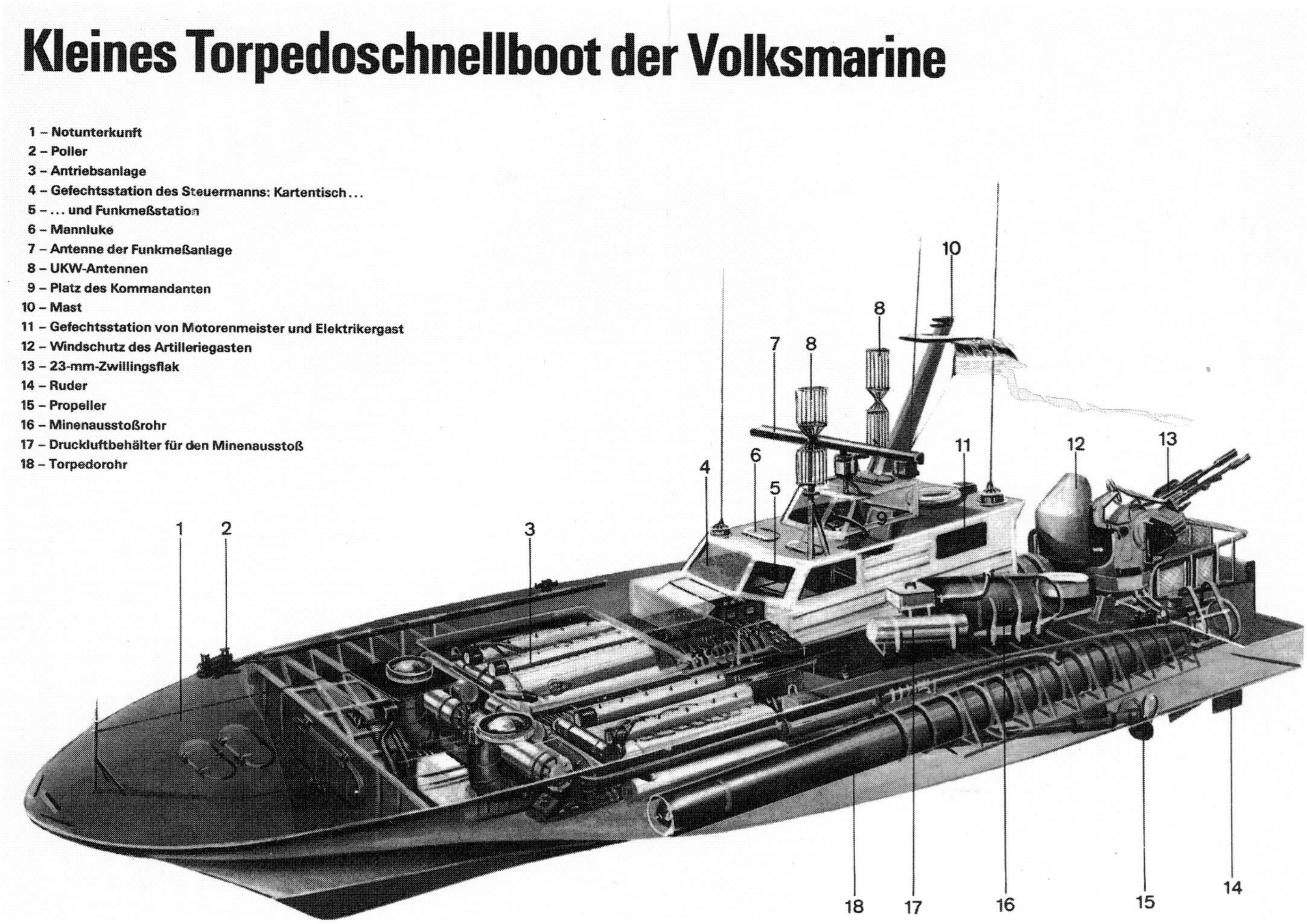

Bild 44
Schnitt-Perspektive eines DDR-Torpedo-Schnellboots der Libelle-Klasse (aus Torpedo-Schnellboote, Militärtechnische Hefte, Militärverlag der DDR, Berlin 1985)

Bild 45 ▶
Deutsches CMN-FK-Schnellboot *Tiger* (BMVg)

Bild 42
Dänische Frederikshavn-Vaerft-Schnellboote mit 2 und 4 Harpoon-SSM-Startern (Archiv Verfasser)

Bild 47
Stationäre magnetische Vermessung eines deutschen FK-Schnellboots der Klasse 143 (WT 7-84/63)

Bild 46 ▶
Deutsches Lürssen-FK-Schnellboot der Klasse 143 (Lürssen)

Bild 48
Deutsches Lürssen-FK-Schnellboot *Puma* der Klasse 143 A (Lürssen)

Bild 49
Ecuadorianisches Lürssen-FK-Schnellboot *Guayaquil* (Lürssen)

Bild 51
Elfenbeinküste Auroux-FK-Schnellboot *L'Ardent* während der Probefahrt (Auroux)

Bild 50
Ecuadorianisches CNR-FK-Schnellboot *Esmaralda* (Archiv Verfasser)

Bild 52
Finnisches FK-Versuchs-Schnellboot *Isku* (Archiv Verfasser)

Bild 53
Finnisches Wärtsilä-FK-Schnellboot *Turku* (Wärtsilä)

Bild 54
Französisches Auroux/CMN-Patrouillenboot des Typs Patra (DTCN)

gen. Unter *diesen* Umständen sind Diesel oft nicht richtig an die Propeller angepaßt. Sie können dann das zur Beschleunigung auf Höchstfahrt erforderliche Drehmoment nicht abgeben.

Nachteilig gegenüber dem Diesel sind der relativ hohe Kraftstoffverbrauch (besonders im Teillastbereich), der Leistungsabfall bei geänderten Ausgangsbedingungen (Temperaturabhängigkeit, Strömungsverluste im Ansaug- und Abgassystem bei Verschmutzung), der 4–5fache Luftdurchsatz, die höhere Empfindlichkeit gegenüber Luftverunreinigungen und die deutlichere IR-Signatur.

Im Hinblick auf den Gewichts- und Raumbedarf werden auf Kriegsschiffen ausschließlich Gleichdruckturbinen mit offenem Kreislauf eingebaut, die aus nur drei Hauptbauelementen (Verdichter, Brennkammer, Gasturbine) bestehen. Da Einwellenanlagen im Hinblick auf die Arbeit des Verdichters nur im oberen Drehzahlbereich Leistung abgeben können und dementsprechend Verstellpropeller benötigen, verwendet man für größere Schiffsantriebe vielfach Zweiwellenanlagen mit zwei gasseitig hintereinandergeschalteten GT. Die Hochdruckstufe dient zum Antrieb des Verdichters, die Niederdruckstufe gibt die Nutzlast ab. Da die Drehzahl des Verdichterteils unabhängig von der Antriebsdrehzahl ist, steht auch bei kleinen und mittleren Propellerumdrehungen ein großes Drehmoment zur Verfügung. Die Turbine kann über den ganzen Drehzahlbereich Leistung abgeben und erzielt durch ihren gegenüber der Propellercharakteristik hohen Leistungsüberschuß eine gute Beschleunigung und Anpassung an wechselnde Fahrtstufen.
Hinsichtlich der Gesamtanlage (GT, Leistungsübertragungseinrichtungen, Kraftstoff) ist zu beachten, daß

1. GT nicht direkt umsteuerbar sind, da der Einbau von Rückwärtsturbinen im Gehäuse der Vorwärtsturbine wegen der großen Temperaturunterschiede nicht möglich ist. Das bedingt Wendegetriebe, elektrische Leistungsübertragung oder – bei kleinen Fahrzeugen – Verstellpropeller mit entsprechendem technischen Aufwand und Gewicht.

2. Trägt man das Gewicht von Diesel- und GT-Anlagen incl. Leistungsübertragungseinrichtungen aber ohne Kraftstoff über der Leistung auf, so zeigt sich, daß die GT wegen ihrer hohen Drehzahl und der damit aufwendigen Übertragungseinrichtungen bei kleinen Leistungen unvorteilhaft ist. Stellt man jedoch das Gesamtgewicht, d. h. Anlage plus Kraftstoff, als Funktion der Fahrstrecke dar, so kommt man zu dem Ergebnis, daß die GT für kleinere Fahrbereiche vorteilhafter ist. Wo jedoch neben hohen Dauerhöchstgeschwindigkeiten längere Fahrstrecken in Teillastbereichen gefordert werden, ist die GT dem Dieselantrieb wegen ihres kraftstoffspezifischen ungünstigen Teillastverhaltens unterlegen. Um diesem Verhalten entgegenzuwirken, wendet man a) die Leistungsverteilung auf mehrere kleine GT, b) die CODOG- und c) die CODAG-Methode an. Bei kleineren Fahrzeugen wie Schnell- und Patrouillenbooten sind diesen Verfahren jedoch dadurch Grenzen gesetzt, daß der Sonderaufwand für Getriebe, Kupplungen und Regelung nicht einen zu hohen Anteil am Gesamtantriebsgewicht gewinnt, weil dies zwangsläufig zu Lasten des für Sensoren, Waffen, Einrichtung und Ausrüstung zur Verfügung bleibenden Gewichts gehen würde. Die bei der US-Asheville-Klasse praktizierte Leistungsverteilung einer 14000-PS-GT über Verteilergetriebe auf zwei Verstellpropeller sei erwähnt (21, 22, 23, 24, 25).

2.33 Energieversorgung

Die für alle Arten von Kriegsschiffen charakteristische Vermehrung der Sensoren und Effektoren des Waffen- und Führungssystems und deren völlige Abhängigkeit von elektrischer Energie haben die Bedeutung einer entsprechenden Stromerzeugung und -verteilung sowie das Vorsehen ausreichender Gefechtsreserven selbst bei kleinen Fahrzeugen, vor allem aber bei den Kampfschiffen, erheblich gesteigert. Die Bedeutung der Energieversorgung wird nicht zuletzt deutlich aus der Steigerung des Gewichtsanteils der elektrischen Anlagen, der sich z. B. bei den deutschen Schnellbooten innerhalb der letzten 40 Jahre von 3–4 % auf 8–10 % der Verdrängung steigerte. Die Stromerzeugung erfolgt vorherrschend durch Dieselaggregate, aber auch GT-getriebene Generatoren befinden sich zunehmend im Einsatz. Bei größeren Kampfbooten sind drei bis vier Generatoren, die aus Sicherheitsgründen in wenigstens zwei getrennten Räumen untergebracht sind, die Regel. Allgemein wird die Gefechtsreserve mit mindestens 60 % ausgelegt. Größere Kampfboote wie z. B. die deutsche Klasse 143/143A und die schwedische Spica-II-Klasse erreichen auch Auslegungen bis zu 100 %. Gefechtswichtige Verbraucher haben automatische Wahlschaltungen auf zwei unabhängige Stromversorgungsquellen.
Neben den quantitativen sind aber auch die qualitativen Anforderungen an die Stromversorgung gestiegen. Hier sind es vor allem die erhebliche Steigerung der Ansprüche an die Spannungs- und Frequenzkonstanz für zahlreiche Verbraucher der Führungs- und Waffensysteme und die Anfahrlastspitzen vollautomatisierter Rohrwaffen.

2.4 Zum Vortrieb

Vortriebe setzen die Antriebsleistung in Bewegung um. Generell kommen in Frage: Unter- oder überkavitierende Fest- oder Verstellpropeller, Wasserstrahlantrieb und Luftpropellervortrieb.
Die Zahl der Vortriebe hängt im wesentlichen von der geforderten Antriebsleistung und deren Verteilung auf eine oder mehrere Antriebsanlagen, von Standkraft- und Wirkungsgradüberlegungen, geforderten Manövriereigenschaften und von den Raum- und Gewichtsverhältnissen für eine Unterbringung von Sammelgetrieben ab. Da alle diese Faktoren unterschiedlichen Prämissen unterliegen, müssen sie von Fall zu Fall und höchst individuell entschieden werden. Generell ist für die Übertragung großer Antriebsleistungen sowie bei kleinen Tiefgängen im Vortriebsbereich bei Propellern die Anordnung mehrerer Wellen erforderlich, um eine für den Wirkungsgrad günstige, d. h. niedrige Flächenbelastung zu erzielen, obwohl bei Mehrwellenfahrzeugen im Hinblick auf den konstruktiv meist beschränkten Durchmesser der Propeller, die nicht immer vollständige Nutzung des Nachstroms, die Vielzahl der Anhänge usw. der Gesamtwirkungsgrad ungünstiger wird.
Die Eigenarten und Probleme der unterschiedlichen Vortriebe lassen sich hier auf wenige Fakten reduzieren:

1. *Festpropeller* sind kosten- und gewichtsmäßig günstig. Ein für ein bestimmtes Fahrzeug optimaler Festpropeller muß a) richtige Abmessungen und Kennwerte haben, b) richtig

angeordnet sein, c) der Charakteristik der Antriebsanlage, d. h. dem Verhalten von Leistung bzw. Drehmoment bei wechselnder Drehzahl entsprechen, d) bei der gewählten Drehzahl die höchste Leistung der Antriebsanlage verarbeiten können, e) dem Fahrzeug die höchstmögliche Geschwindigkeit vermitteln und f) ganz oder – bei hochtourigen und -belasteten Propellern – zumindest weitgehend frei von Kavitation sein. Der normale Festpropeller kann konstruktiv immer nur für eine bestimmte Belastung z. B. für Höchstfahrt, optimiert werden. Bei wechselnden Belastungen (Bewuchs der Außenhaut, Änderung von Beladungszustand und Geschwindigkeit, Umsteuern, Rückwärtsfahrt usw.) müssen zwangsläufig Wirkungsgradverluste beim Vortrieb und ungünstige Betriebszustände für die Antriebsanlage auftreten.

2. *Verstellpropeller,* d. h. Propeller mit veränderlicher Blattsteigung, ermöglichen das Anpassen der An- und Vortriebsanlage an wechselnde Belastungsverhältnisse und die günstigste Nutzung der jeweils vollen Leistung bei der zugehörigen Drehzahl. Das ist u. a. bei Hochleistungs-Dieselanlagen wichtig, bei denen neben der maximalen Drehzahl auch das höchstzulässige Drehmoment nicht überschritten werden soll. Da die Steigung umkehrbar ist und jede Zwischenstellung von »Voll Voraus« über »Schub Null« auf »Voll Zurück«, ggf. auch effektlose »Segelstellung« möglich ist, ergibt sich a) Der Schub des Propellers ist stufenlos und feinfühlig regelbar, b) es treten sehr kurze Stoppzeiten und -wege auf, weil die Strömung am Propeller während des Umsteuermanövers nicht abreißt und die von der Brücke elektrisch oder pneumatisch (bei kleinen Anlagen auch mechanisch) gesteuerte Verstelleinrichtung sofortigen Befehlsvollzug gewährleistet, c) Umsteuereinrichtungen bzw. Wendegetriebe entfallen, d) der unveränderliche Drehsinn ermöglicht die Verwendung hydraulisch günstiger Flügelprofile.

Obwohl der Festpropeller wegen seines geringen Nabendurchmessers und der strömungsgünstigeren Ausbildung der Flügelwurzeln einen um 1–2 % günstigeren Wirkungsgrad hat und höhere Anschaffungskosten, Wartung und Störungsmöglichkeiten des Verstellpropellers kalkulatorisch zu Buche schlagen, ist er heute auch im Kleinkriegsschiffbau häufiger anzutreffen. Für GT-Anlagen ist er unverzichtbar.

Fest- und Verstelpropeller können unter- und überkavitierend ausgeführt werden. Der klassische unterkavitierende Propeller ist allgemein optimal bis zu etwa 40 kn. Kavitation tritt auf, wenn die Strömungsgeschwindigkeit am Propeller in bestimmten Bereichen so stark ansteigt, daß der Druck bis zur Dampfspannung des Wassers bei der vorhandenen Temperatur abfällt. Das Wasser geht in diesem Bereich in gesättigten Dampf über, und die Homogenität der Strömung ist gestört. Die Folgen der Kavitation sind Vibrationen und Geräusche, ein Abfall des Propellerwirkungsgrades, eine Drehzahlerhöhung durch die Verringerung von Schub und Drehmoment und nicht zuletzt Anfressungen (Erosionen) des Propellerwerkstoffs durch ein Zusammenwirken von Kavitation und Erosionserscheinungen. Bei sehr schnellen Fahrzeugen ist man gezwungen, im Kavitationsbereich zu arbeiten und überkavitierende Propeller zu verwenden. Diese haben keilförmige Flügelprofile, sehr geringe Steigung und hohe Drehzahl. Der Wirkungsgrad ist gut im Bereich von 40–80 kn. Nachteilig sind die starke Geräuschentwicklung, der um etwa 20 % größere Propellerdurchmesser und der unter 40 kn wegen des stark verringerten Schubs und Drehmoments geringe Wirkungsgrad.

3. Kennzeichen des *Wasserstrahlantriebs* ist eine durch Diesel oder GT angetriebene Axial-, Radial- oder Düsenkolbenpumpe sehr hoher Leistung (z. B. 100 t/min und mehr), die Wasser über einen der Bootsform und -art entsprechenden Einlauf ansaugt, beschleunigt und aus einem oberhalb der Wasseroberfläche befindlichen starren oder zum Steuern schwenkbar angeordneten Düsenkanal ausstößt. Vorteilhaft ist a) der günstige Wirkungsgrad im Bereich von 50–80 kn (der allerdings kaum über 50 % hinausgeht), b) die weitgehende Einkapselung aller sich bewegenden Teile der Anlage und der Wegfall äußerer Anhänge am Bootskörper, c) der einfache, sich auf wenige drehende Teile beschränkende Aufbau der Anlage mit wenig aufwendiger Kraftübertragung.

Problematisch sind der schlechte Wirkungsgrad bei geringen Geschwindigkeiten, Raumbedarf und Leistungsgewicht (in manchen Fällen sind Rohrleitungen, Pumpen und Düse schwerer als Welle und Propeller) sowie die bei sehr hohen Strömungsgeschwindigkeiten wachsenden Schwierigkeiten mit a) der optimalen Auslegung der Wasserein- und Strahlaustritte, b) betriebssicheren Pumpen geringen Gewichts, hohen Wirkungsgrades und kurzzeitig sehr hoher Saugfähigkeit, c) Kavitation, die zu Leistungsverlusten und Schäden in der Anlage führt. Da Kavitationsschäden bei eingekapselten Strahltriebwerken gefährlicher sind als bei freien Propellern und vollkavitierende Strahltriebwerke z. Z. noch nicht möglich sind, muß zwischen Wassereinlauf und Saugseite der Pumpe stets ein Diffusor vorgesehen bzw. das Auftreten von Kavitation durch Erhöhen des Gesamt-Druckniveaus hinausgeschoben werden. d) Kleinhalten des Rohrleitungs-Reibungswiderstandes. Überschreitet dieser den der vom Wasser benetzten Teile des Fahrzeugs, ein Fall, der bei Tragflügelbooten mit kleinen, vollgetauchten Tragflügeln und SES schon heute eintreten kann, so ist zweckmäßigerweise vom Wasser- zum Luftstrahlvortrieb überzugehen.

4. *Luftpropellervortriebe und Luftstrahlvortriebe* sind a) für amphibienfähige und b) für Hochgeschwindigkeitsfahrzeuge über 80 kn unabdingbar. Sie werden vielfach ummantelt gefahren.

Generell ist kein Vortriebssystem vollkommen, so daß Auswahl und Anordnung der Vortriebsorgane sehr vielschichtigen Einflüssen unterliegen. Besonders bei Hochgeschwindigkeitsfahrzeugen kann u. U. ein Hilfsantrieb für das Manövrieren mit geringen Fahrtstufen im Schwimmzustand (Hafen usw.) erforderlich sein (26, 27, 28).

2.5 Zur Sensoren- und Waffentechnik

Die folgenden Abschnitte können aus Platzgründen und von der Zielrichtung her nur einen allgemeinen Überblick zu den einzelnen in sich extrem vielschichtigen Sachkomplexen geben, um die daraus folgenden Konsequenzen zu analysieren. Aufgrund der großen Breite und Differenziertheit der angebotenen Systeme kann auch nur von Fall zu Fall auf bestimmte Systeme näher eingegangen werden, ohne daß damit eine Wertung verbunden ist. Hinsichtlich detaillierter Informationen ist auf die einschlägige Fachliteratur zu verweisen.

2.51 Sensoren und Feuerleitung

Zur optimalen Ausnutzung der Waffensysteme sind zunächst Zielsuch- und Erfassungsgeräte erforderlich. Gebraucht wird ein See- und Luftraumüberwachungsradar, das eine große Erfassungswahrscheinlichkeit besitzt. Ein solches Radar ist in der Regel ein X-Band-Gerät, das gegenüber dem Boot stabilisiert ist, damit es den größtmöglichen Überwasserziel-Auffaßbereich erhält. Es besitzt auch ein gewisses Luftziel-Auffaßpotential. Will man ein größeres Luftziel-Auffassungspotential haben, so wird man ein S-Band-Radar verwenden. Ferner ist ein Zielverfolgungsradar erforderlich. Bei den HSA-Anlagen der WM-20-Familie sind Überwachungs- und Zielverfolgungsradar in einem Sensor kombiniert (Sk 26). Bei der VEGA-Familie von Thomson/CSF, den ELSAG- und den sowjetischen Anlagen sind sie getrennt. Beides hat Vor- und Nachteile. Alle Anlagen sind – je nach Bedarf – für den Einsatz von FK, Rohrwaffen und Torpedos geeignet. Sie arbeiten mit konstanter oder Sprungfrequenz. Trotz der Stabilisierung unterliegt die Abschußgenauigkeit und damit die Treffgenauigkeit von Rohrwaffen durch heftige Roll- und Stampfbewegungen im Seegang gewissen Einschränkungen.

Passive Sensoren wie optische Zielgeber (Sk 27), Nachtsichtgeräte, restlichtverstärkte Fernsehanlagen (Sk 28), IR- und Laser-Zielverfolgungs- und E-Meßgeräte und passive elektronische Überwachungsgeräte haben aus operativer und praktischer Sicht großen Wert. Sie erlauben es, vom Gegner für eine mehr oder minder lange Zeit unentdeckt zu bleiben und dienen bei Radarausfall, Radarsendeverbot und ungünstigem Radarwetter der Zielsuche und Verfolgung. Optische Zielgeber können bei Ausfall der Feuerleitanlage auch als Richtmittel für Rohrwaffen eingesetzt werden. Ein wesentlicher Vorteil der optischen und passiven Sensoren ist, daß diese Geräte mit den heute vorhandenen Mitteln praktisch nicht zu stören sind. Passive elektronische Überwachungsgeräte fassen Ziele meist schon erheblich früher auf als andere Sensoren. Sie zeigen den Zielwinkel an, werten die empfangene Energie aus und gestatten die automatische oder manuelle Erkennung des Senders. Zwei oder mehr Boote können ESM-Peilungen über Data Link austauschen und einen ausreichenden Zielfixpunkt erreichen. Hat man einen Gegner erkannt, können aktive Eloka-Geräte zur Störung der gegnerischen Sensoren und damit zur Behinderung des eigenen Erfaßtwerdens eingesetzt werden. Aktive Eloka-Geräte müssen jedoch sinnvoll verwandt werden. Werden solche Geräte falsch eingesetzt, erhält der Gegner Gelegenheit, seine mit elektronischen Schutzmitteln ausgerüsteten Sensoren auf eigene aktive Eloka-Geräte aufzuschalten. Allgemein seien an Eloka-Mitteln zu nennen: ECM = elektronische

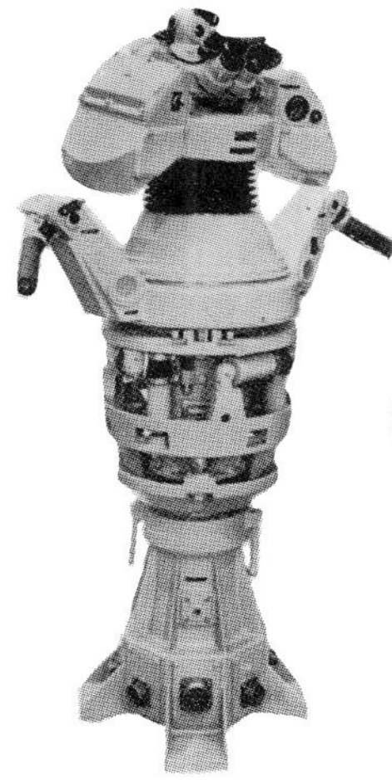

Sk 27
Optischer Zielgeber (HSA)

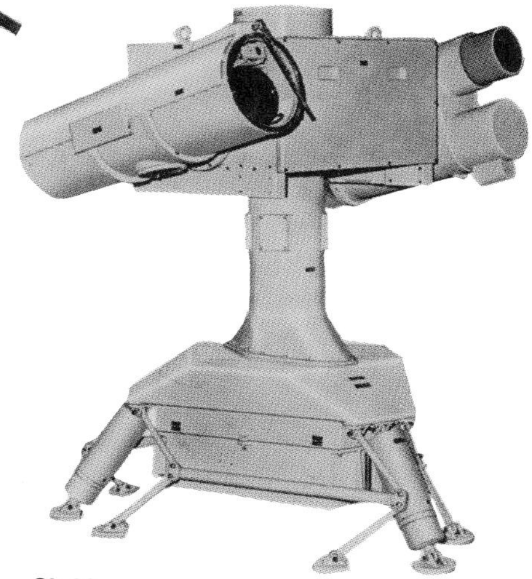

Sk 28
Fernsehzielgeber (HSA)

Sk 26
Kombiniertes HSA-See/Luftraumüberwachungs- und Zielverfolgungsradar der M-20-Serie (HSA)

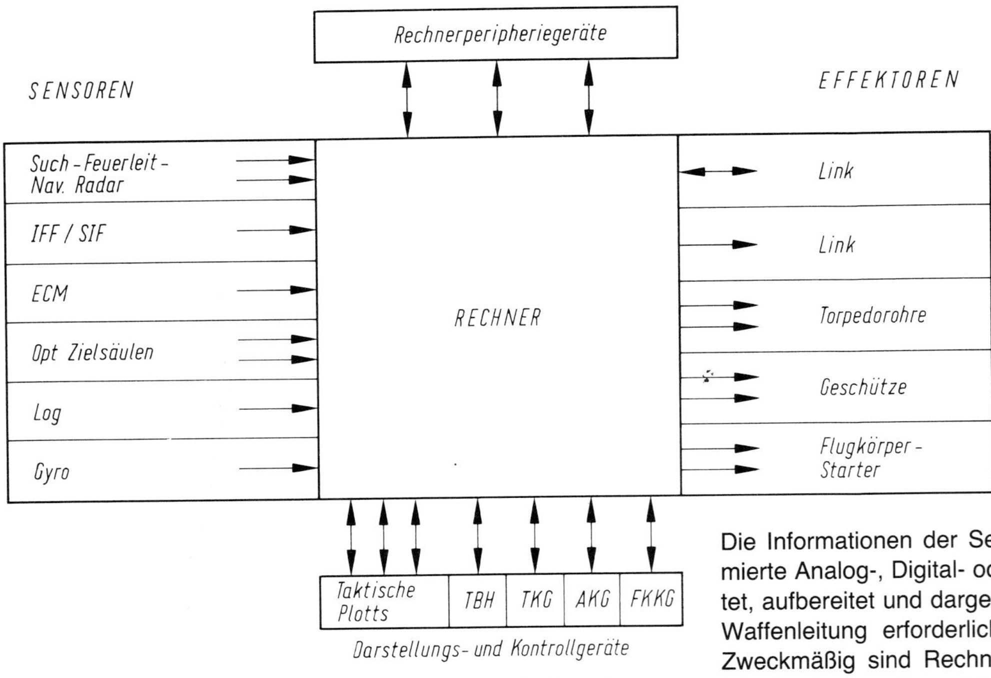

Sk 29
Schema eines automatisierten Gefechtsinformationssystems (Archiv Verfasser)

Gegenmaßnahmen, ECCM = Abwehr elektronischer Gegenmaßnahmen, ESM = passive Zieldatenermittlung durch Auffassen des gegnerischen Radars, zusammenfassend auch bekannt als EloGM = elektronische Gegenmaßnahmen und EloUM = elektronische Unterstützungsmaßnahmen. Elektronische Gegenmaßnahmen beinhalten auch das Abstellen des Radars, die Täuschung durch Düppel (z. B. Alu-Folien gegen Radar, Leuchtkörper gegen IR, Rauchschleier gegen TV-Suchgeräte von FK usw.). Moderne Wurfmittel (Bild 10) und -verfahren ermöglichen das Legen von Düppelwolken usw. in jeder Form und in sehr kurzer Zeit. Mit der Einführung weiterreichender Sensoren und Waffen, der Forderung nach extrem kurzen Reaktionszeiten und der großen Menge der von der Verbands- und Bootsführung zu verarbeitenden Daten stellte sich zwangsläufig die Frage der Automatisierung des Informationsflusses mit dem Ziel einer schnelleren und zuverlässigeren Bedrohungsauswertung als sie dem Menschen bei der gegebenen Datenfülle und in der zu fordernden minimalen Zeit möglich ist (Sk 29).

Die Informationen der Sensoren werden durch fest programmierte Analog-, Digital- oder Hybridrechner verarbeitet, bewertet, aufbereitet und dargestellt. Gleichzeitig werden alle für die Waffenleitung erforderlichen Rechenoperationen ausgeführt. Zweckmäßig sind Rechner oder Rechnergruppen, die unabhängige Rohrwaffen-, FK- und – falls vorhanden – Torpedoleitkanäle besitzen, um sich überschneidende Kampfaktionen ausführen zu können. Über Bildkonsolen (Bild 11, 12) als Mensch-Maschinen-Knotenpunkte werden dann die Aktionen der Effektoren eingeleitet. Wenn außer Feuerleitung und Waffeneinsatz auch die taktische Führung eines Verbandes, Verbandswaffenzuweisung sowie Zieldatenübertragung vom MHQ

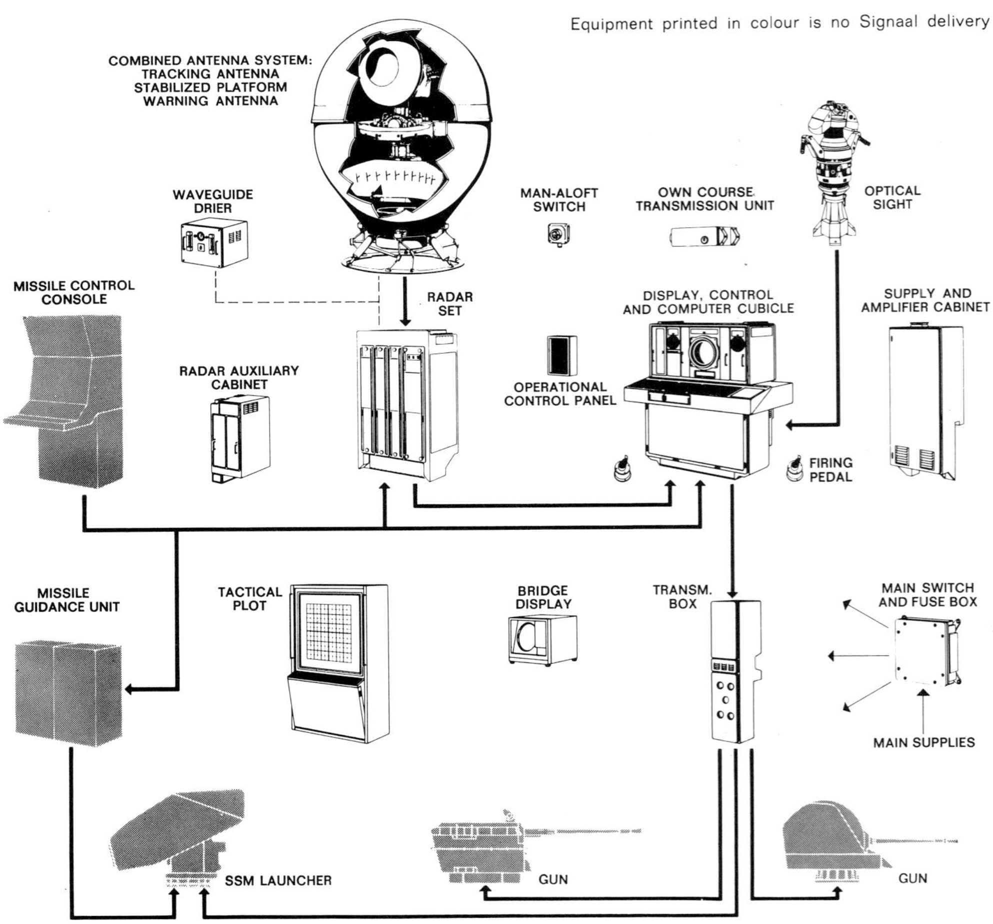

Sk 30
Schema einer WM-28-Feuerleitanlage der HSA (HSA)

und Flugzeugen und von Bordrechner zu Bordrechner innerhalb des Verbandes durch Automatisierung gesichert und beschleunigt werden soll, werden alle Aufgaben in einem freiprogrammierbaren Echtzeitrechensystem gelöst (z. B. AGIS = Automatisiertes Gefechtsinformationssystem für Schnellboote der deutschen Klasse 143/143A, SATIN = Systeme Automatique de Traitement de l'Information Navale auf den französischen Export-Schnellbooten der La Combattante III-Klasse). Der Raumbedarf für diese Gesamtanlagen ist erheblich.
Bekannte Feuerleitanlagen sind u. a. die WM-20-Serie von HSA (Sk 30), die VEGA-Reihe von Thomson/CSF, die 9LV200 Mk. 1 und Mk. 2 von Philips Teleindustrie (Schweden), die NA10 Mod. 1 bis Mod. 3 von Elettronica San Giorgio (Italien) (29, 30, 31, 32, 33, 34, 35, 36, 37, 38, 39, 40, 41, 42, 43)

2.52 Waffen

2.521 FK-Waffen

Seit der Versenkung des israelischen zerstörers ELATH im Jahre 1967 und dem Yom-Kippur-Krieg 1973 – indirekt auch durch den Falkland-Konflikt – üben FK-Waffen an Bord von Schnellbooten zunehmend auch bei kleineren Marinen eine große Faszination aus. Dementsprechend wurde systematisch an ihrer Vervollkommnung gearbeitet – aber auch an ihrer Abwehr. In Anbetracht der geringen Größe der Boote und ihrer geringen Besatzungszahl ist es vorteilhaft, daß alle FK als Konserve gefahren werden und an Bord keine Wartung benötigen. Sie bringen auch keine taktische Bindung für das schießende Boot: Der FK erhält vom Träger lediglich die von den Sensoren ermittelten und von der Feuerleitanlage erarbeiteten Abgangsdaten, durchläuft die erste Flugphase meist durch Trägheitsnavigation und geht in der Zielanflugphase auf Radar-, Fernseh- oder IR-Suchkopf über. Mit Funk- oder Radarhöhenmesser ausgerüstet, legt der FK den größten Teil des Weges extrem niedrig über der Wasseroberfläche zurück, wodurch Erfassung, Störung und Bekämpfung erheblich erschwert werden. Die westlichen Marinen und die von westlichen Werften gebauten Export-Schnellboote konzentrieren sich auf fünf SSM-Systeme: die MM-38/40-Exocet, die Harpoon, die Otomat Mk. 1 und Mk. 2, die Penguin Mk. 1 und Mk. 2 und die Gabriel 1–3 (s. Tabelle auf der nächsten Seite).
Bei der Exocet (Bild 13,14) wird der Radarzielsuchkopf von Electronic Marcel Dassault hergestellt. Das von ihm in Azimut und Entfernung zur Zielfindung abzusuchende Gebiet ist in Abhängigkeit von der Zielentfernung programmierbar. Der Antennenspiegel ist in Höhe (Querachse) durch den Vertikalkreisel des FK-Navigationssystems raumfest stabilisiert. In der Seite schwenkt die Antenne beim Suchvorgang um die durch den Axialkreisel des FK definierte Richtung auf das Ziel. Auch nach dem Erfassen und Verfolgen des Zieles (Lock-on) bleiben Zielsuchkopf und Kreisel miteinander gekoppelt. Das Referenzsystem besteht aus einem Vertikal- und einem Axialkreisel. Der Vertikalkreisel wird als Lotkreisel von der Lotzentrale des Bootes vor dem Start ausgerichtet. Vom Augenblick des Abschusses an bildet er als freier Kreisel die Nick- und Rollreferenz des FK. Der äußere Kardanrahmen trägt drei Beschleunigungsmesser, die ein rechtwinkliges Koordinatensystem darstellen. Auch der Axialkreisel ist ein freier Kreisel. Die äußere Kardanachse zeigt in Richtung der Y-(Quer)-Achse des FK. Die Läuferachse wird vor dem Start auf das Ziel ausgerichtet und verbleibt in dieser Lage. Durch zweifache Integration der Bahnbeschleunigung wird vom Bordrechner der seit dem Start zurückgelegte Weg berechnet. Nach Zurücklegen einer bestimmten Entfernung in Richtung Ziel wird der Radarzielsuchkopf aktiviert, und der Suchvorgang beginnt. Die Größe des vom Suchkopf abgesuchten Gebiets richtet sich nach der möglichen Zielbewegung während der FK-Flugzeit, möglichen Meßfehlern bei der Zieldatenermittlung und Driftfehlern des Navigationssystems. Der elektromagnetische Höhenmesser, ein volltransistoriertes Gerät der TRT, hat zur Einhaltung einer geringen Flughöhe beim Marsch- und Endanflug eine Genauigkeit, die jede Wasserberührung ausschließt.

Bevor die USA sich für die Harpoon-Entwicklung entschieden, wurden zunächst die in Europa hergestellten SSM, u. a. die Exocet, Otomat und Kormoran, untersucht. Dann kam man zu der Erkenntnis, daß eine Anpassung eines dieser Systeme an die US-Verhältnisse höhere Kosten als eine Neuentwicklung verursachen würde, die von Asroc-, Terrier-, Tartar-Startern, Flugzeugen und U-Booten einsetzbar ist. Die Waffe wurde von McDonnell Douglas entwickelt. Der von Texas Instruments entwickelte aktive Radarzielsuchkopf ist in Festkörpertechnik ausgelegt und wiegt rund 30 kg bei 30 dm^3 Volumen. Die Sendefrequenz ist durch eine Sprungfrequenzschaltung über einen großen Frequenzbereich veränderbar. Die Frequenzsprünge und die komplexen Schaltungen des zugehörigen Rechners gewähren während der Endphase einen guten Schutz gegen elektronische Gegenmaßnahmen. Die kreisförmige Flachantenne ist allseitig um $\pm 45^{\circ}$ schwenkbar. Der Suchbereich für den Lock-on des Zielsuchkopfes ist in Azimut und Entfernung wählbar. Vorgesehen sind drei verschiedene Suchfenstergrößen sowie ein variabler Suchfensterbereich für den sogenannten Sichtlinienmodus, d. h. als Zieldatum liegt nur die Richtung des Zieles vor. Das Navigationssystem besteht aus dem Lagereferenzsystem und einem Digitalflugregler. Die Dreiachsen-Plattform arbeitet mit drei Wendekreiseln und drei Beschleunigungsmessern. Vor dem Start werden die Zielwerte sowie die Lagewerte des Trägers und Informationen über die Betriebsart des Zielsuchkopfes in das Navigationssystem des FK eingegeben. Nach dem Start hält der Flugregler mit Hilfe der Lagereferenz und des Funkmessers die vorgegebene sehr geringe Marschflughöhe und den Kurs. Hat der Zielsuchkopf das Ziel erfaßt – er wird von einer von der Betriebsart abhängigen Entfernung von der vermessenen Zielposition aktiviert – zieht der FK in den letzten Sekunden plötzlich hoch und stürzt, vom Flugregler anhand der vom Zielsuchkopf gemessenen Zielwerte gelenkt, ins Ziel. Dadurch wird die Abwehr erschwert und die Wirkung erhöht.

Für den Einsatz von Schiffen entwickelte General Electric ein schubstarkes Feststofftriebwerk, das den FK mit etwa 10 g Startbeschleunigung innerhalb weniger Sekunden auf die Marschgeschwindigkeit bringt und nach Brennschluß abgeworfen wird. Das Starttriebwerk arbeitet mit Festtreibstoff mit nur 6 % Al-Gehalt, um übermäßige Oxidablagerungen und damit Güteminderung in den Starterrohren zu vermeiden. Der Antrieb für die Marschphase besteht aus einem von CAE gefertigten Turbostrahltriebwerk J 402 (50 kg Gewicht, 270 kp Schub), das mit dem Treibstoff JP-5 betrieben wird. Es ist mit einem kombinierten Axial-/Zentrifugalverdichter ausgerüstet und

benötigt 45 kg Treibstoff, der mittels Stickstoff und Druck zugeführt wird.
Für den Einsatz auf Schnellbooten wurde ein ca. 900 kg schwerer Vierfach-Kanisterstarter mit Sollbruchmembranen auf einem Leichtmetallgerüst entwickelt. Er wird auch als Zwillingsstarter geliefert.
Schon bei den im Rahmen der Production Prototype Development Phase durchgeführten ersten beiden Starts erzielte die Harpoon zwei Treffer. Am 31. 3. 74 traf eine von einer P-3A-Orion abgefeuerte Harpoon einen ausgemusterten Zerstörer (Bild 15), und am 10. 4. 74 traf ein ebenfalls von einer Orion abgefeuerter FK ein als Ziel dienendes fahrendes Schnellboot.

Die Oto-Melara Mk. 2 wurde erstmals am 9. 1. 74 vorgestellt. Sie erhielt einen Zielsuchkopf der Segnalamento Marittimo ed Aerio und soll nicht wie die mit Thomson/CSF-Suchkopf versehene Mk. 1 in der Endphase hochziehen und ins Ziel stürzen, da diese Angriffsmethode durchaus umstritten ist.

Bei der Penguin Mk. 2 (Bild 16, 17) ist bemerkenswert, daß sie wegen der erklärlichen Probleme beim Einsatz von Sea Skimmern in der Inselwelt Norwegens und Schwedens Flughöhen von 60–100 m erreicht. Ihre Wirkung auf Schiffsziele ist, genauso wie die der Gabriel, die in Abschnitt 3.062 näher behandelt wird, trotz des kleineren Sprengkopfes erheblich.

Waffe	Hersteller	Triebwerk	Reichweite	Lenkung	**Startg.** GefKg.	L m	D m	Spw m	V m/s
MM 38	SNIAS	F	22 sm	TN ARZ Fhm	**735** 165	5,21	0,35	1,00	315
MM 40	SNIAS	F	38 sm	TN ARZ Fhm	**825** 165	5,65	0,35	1,00	315
Harpoon RGM-84A	McDonnell Douglas	FB+S	60 sm	TN ARZ Fhm	**667** 230	4,58	0,34	0,91	300
Otomat Mk. 1	Oto Melara	FB+S	44 sm	TN ARZ Fhm	**770** 210	4,46	0,46	1,35	260
Otomat Mk. 2	Oto Melara	FB+S	55 sm	TN ARZ Fhm					
Penguin Mk. 1	Kongsberg	F	15 sm	TN IRZ	**336** 120	3,00	0,28	1,40	238
Penguin Mk. 2	Kongsberg	F	15 sm	TN IRZ	 120	3,00	0,28	1,40	238
Gabriel 1	Israel Aircraft Ind.	F	11 sm	FKL haRZ Fhm	**450** 150	3,35	0,33	1,39	195
Gabriel 2	Israel Aircraft Ind.	F	22 sm	FKL TVZZ Fhm	 150				
Gabriel 3	Israel Aircraft Ind.								
Zum Vergleich die auf sowjetischen Fahrzeugen üblichen SSM:									
SS-N 2	USSR	FB+FL	23 sm	TN ARZ IRZ	**2070** 500	4,57	0,80	2,50	300
SS-N 2 C	USSR	FB+FL	43 sm	TN ARZ IRZ	**2570**	6,40	0,80	2,50	300

Es bedeuten: F = Feststoffraketenantrieb, S = Strahltriebwerk, FB = Feststoffbooster, FL = Flüssigkeitsraketenantrieb, TN = Trägheitsnavigation, ARZ = Aktiver Radarzielsuchkopf, haRZ = halbaktiver Radarzielsuchkopf, IRZ = Infrarotzielsuchkopf, TVZ = Fernsehzielsuchkopf, FKL = Funkkommandolenkung, Fhm = Funkhöhenmesser, Start- und Gefechtskopfgewicht in kg.

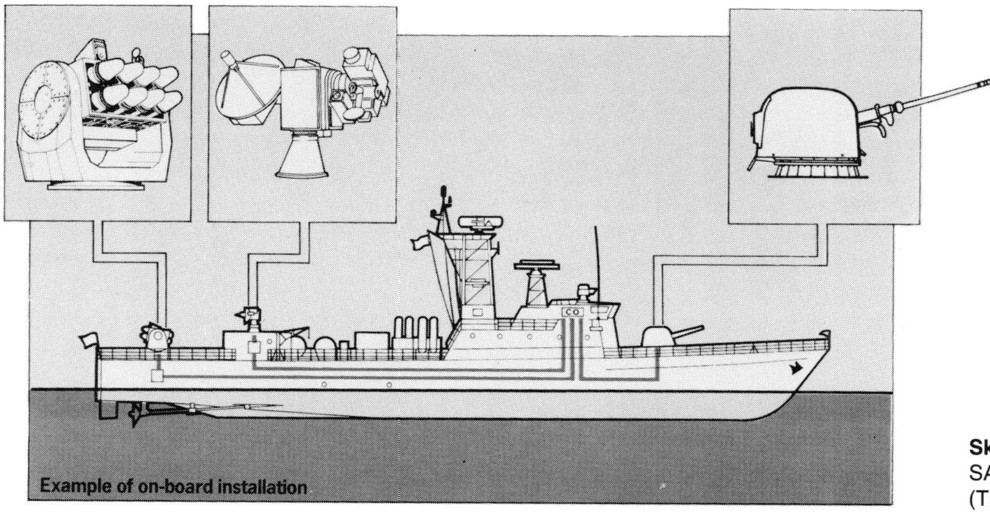

Sk 31
SAM-Starter-System von Thomson/CSF (Thomson/CSF)

Bemerkenswert ist schließlich, daß auf den deutschen Schnellbooten der Klasse 143A erstmals neben einem SSM- auch ein SAM-Waffensystem zum Einbau gekommen ist, um die Flugzeug- und FK-Abwehr zu verstärken (Details s. Abschnitt 3.033). Bisher waren derartige Systeme aus Raum- und Gewichtsgründen ausschließlich erst auf Fahrzeugen über 600 t Verdrängung (z. B. sowjetische Korvetten der Nanushka-Klasse) untergebracht worden. Derartige Systeme werden für Kampfboote eine wachsende Bedeutung haben (44, 45, 46). U. a. bietet Thomson/CSF jetzt das System CortalNaval (Sk 31) an, das eine Reaktionszeit von 4,5 sec. haben soll und mit einem Achtfach-Starter vorgesehen ist (Bild 18).

2.522 Rohrwaffen (Bild 19)

Obwohl FK-Waffen bei modernen Schnellbooten zweifelsfrei die entscheidende Waffe sind, haben sie die Bedeutung der Rohrwaffen keineswegs geschmälert. Für Patrouillenboote sind sie letztlich unverändert die Hauptbewaffnung.
Generell sind Rohrwaffen an Bord von Schnell- und Patrouillenbooten Zweizweckwaffen. Sie sollen einerseits der Flugzeug- und FK-Abwehr dienen, andererseits in den Fällen eingesetzt werden, die von SSM und SAM nicht abgedeckt werden können, oder bei denen ein SSM-Einsatz taktisch nicht sinnvoll ist, z. B. plötzliche Begegnungssituationen, die sofortige Reaktion (Feuereröffnung) erfordern, was mit Rohrwaffen jederzeit, mit FK jedoch wegen der längeren Startvorbereitungsphase nicht möglich ist. Gleiches gilt für Fälle, die aufgrund sehr geringer Entfernung und der mehrere Kilometer betragenden Totzone des FK nicht abgedeckt sind und beim Antreffen nicht-FK-würdiger Ziele, die im Hinblick auf die beschränkte FK-Zahl und die hohen Kosten eines FK sinnvoller mit Rohrwaffen zu bekämpfen sind.
Charakteristisch für die an Bord von Schnell- und Patrouillenbooten verwandten klein- und mittelkalibrigen Rohrwaffen ist zunächst der hohe Automatisierungsgrad mit entsprechend geringem Personalaufwand und Soforteinsatzbereitschaft via OPZ. VVo-Steigerungen, Rohrkühlanlagen, verkürzte Flugzeiten und Kadenzerhöhungen steigern die Dichte der wirksamen Geschosse am Ziel und machen Rohrwaffen in Verbindung mit Annäherungszündern und Spezialmunition voll brauchbar für die FK-Bekämpfung. Annäherungszünder arbeiten nach dem Prinzip des Dopplereffekts. Sie sind darüber hinaus mit einem Filter ausgerüstet, der den Ansprechbereich des Zünders automatisch der Flughöhe über Wasser anpaßt. In größeren Höhen ist der Zielansprechradius größer, in niedrigen kleiner, damit die Granate bei der Bekämpfung tiefliegender FK nicht infolge von Wellenechos detoniert. Die automatische Anpassung des Ansprechradius und die auf Pseudozufallsbasis erfolgende Veränderung der Frequenz in einem relativ großen Bereich machen Annäherungszünder weitgehend immun gegen Eloka-Maßnahmen.
Die weitere Verbesserung der Annäherungszünder, IR-, Laser- und endphasengelenkte Geschosse sowie weitere Kadenzerhöhungen werden in Verbindung mit genaueren Feuerleitmitteln zu einer weiteren Steigerung der Treffer- und Vernichtungswahrscheinlichkeit klein- und mittelkalibriger Waffen in der Flugzeug- und FK-Abwehr führen. Darüber hinaus ist die Einsatzfähigkeit von Rohrwaffen durch den Ansatz optischer u. ä. Feuerleitmittel nicht in gleichem Maße durch elektronische Gegenmaßnahmen beeinflußbar wie die von FK-Systemen. Die Verwendung von Geschossen mit vorgeformten Splittern und Kugelsplittern aus neuen Materialien anstelle von Geschossen mit natürlichen Splittern wird in Verbindung mit auf das Geschoß abgestimmten Annäherungszündern Trefferquoten- und -wirkung weiter erhöhen. Damit eröffnen sich zwangsläufig zusätzliche Möglichkeiten der Verkürzung der Feuerstoßlänge und der Munitionseinsparung.
Ziele, die den Flugabwehrgürtel aus Eloka-Mitteln, Nahbereichs-SAM und Rohrwaffen größerer Kaliber durchbrochen haben und dann eine Bedrohung höchster Priorität darstellen, können nur noch mit kleinkalibrigen Rohrwaffen bekämpft werden. Nur mit kleinen, als körpergesteuerte Einzel- oder Mehrrohrwaffen mit angehängten Such-, Verfolgungs- und Feuerleitgeräten ausgelegten Kalibern lassen sich jene Kadenzen erzielen, die noch eine hohe Wahrscheinlichkeit von Direkt- oder Splittertreffern auf geringe Entfernung ermöglichen. Das als Kompromiß aus Trefferrate und Munitionswirkung sich ergebende Kaliberoptimum dürfte bei 20–30 mm liegen. Die bereits vorliegenden Waffen dieser Art, z. B. die Goalkeeper, Vulcan-Phalanx (20-mm-Sechslinge), die Meroka, die M 197 (20-mm-Drilling), der 23-mm-Sechsling der sowjetischen Marine, werden aber letztlich nur dann eine Chance haben, auf

breiter Front in die Ausrüstungsplanungen von Schnell- und Patrouillenbooten aufgenommen zu werden, wenn es gelingt, Gewichts-, Raum/Platzbedarf und Kosten in einem Rahmen zu halten, der sie als Zusatzbewaffnung tragbar macht. Der Trend ist jedoch erkennbar: So haben die israelische und die saudi-arabische Marine ihre jüngsten Neubauten bereits mit dem Vulcan-Phalanx-System ausgerüstet, dessen sechs Rohre von einem integrierten HSA-Such- und Verfolgungsradar mit Rechnerfeuerleitanlage gesteuert werden und eine theoretische Kadenz von 3000 Schuß/min erreichen. Das Einbaugewicht beträgt 5 t.

Die folgende Tabelle gibt die wesentlichen Daten der auf westlichen Schnell- und Patrouillenbooten vorherrschenden Rohrwaffen (47, 48, 49, 50, 51, 52, 53, 54, 55):

2.523 Torpedowaffe (Bild 20)

Der Torpedo ist und bleibt die klassische Waffe des Seekriegs. Aufgrund seiner großen Sprengladung, der Verdämmung der Detonation durch die darüberstehende Wassersäule und den Angriff der Sprengwirkung auf das empfindliche Unterwasserschiff wirkt ein Torpedotreffer auf große Schiffe nachhaltig schädigend, auf mittlere und kleine bei günstiger Lage vernichtend. Auch die technische Entwicklung des Torpedos ist erheblich vorangeschritten. Moderne Drahtlenktorpedos wie der deutsche SEAL und der schwedische TP 91 erhalten in der ersten Laufphase permanent Zieldatenkorrekturen vom schießenden Boot und steuern in der zweiten das Ziel mittels Sonarsuchkopf selbsttätig an. Die gegenüber klassischen Tor-

Leichtgeschütze

Bezeichnung		76/62 (Sk 32)	50/70 Aut.	40/70 Zw.	35/90 Zw. GDM-C	35/90 Zw. GDM-A	30 Zw.	30 Zw.GCM	30 Ex-83 mod O	20 Ex-80 mod O
Hersteller		OTO Melara	Bofors	Breda/Bofors	Oerlikon/OTO	Oerlikon	Emerlec	BMARC	Gen. Electric	Gen. Electric
Kaliber	mm	76	57	40	35	35	30	30	30/7 Rohre	20/6 Rohre
Rohrlänge		L 62	L 70	L 70	L 90	L 90	L 85	L 85	L 83	L 80
Geschoßgeschwindigkeit	m/s	925	1025	1000	1175	1175	1080	1080	1040	
Kadenz	1/min	80	200	600	1100	1100	1200	1300	4200	1000 o. 3000
Bereitschafts-Munition/Rohr			40	144	400	56	490	160	193	183
Schwenk-Geschwindigkeit	°/sec	60	55	90	130	120	80	90	100	50
Höhenricht-Geschwindigkeit	°/sec	35	40	90	75	100	80	60	100	30
Erhöhung	°	−15+85	−10+75	−13+85	−15+85	−15+85	−15+84	−16+89	−25+85	
Strombedarf	KVA	100		14	43	75	27	18,5	45	
Gewicht/nackt	kg	7160	6000	5200	6300	5780	1950	1700	2994	1760
Gewicht mit Bereitschafts-Munition	kg	8250		7000	7200	6300	3916	2020	3901	2041

Sk 32
Der OTO-Melara-76-mm-Turm (Oto-Melara)

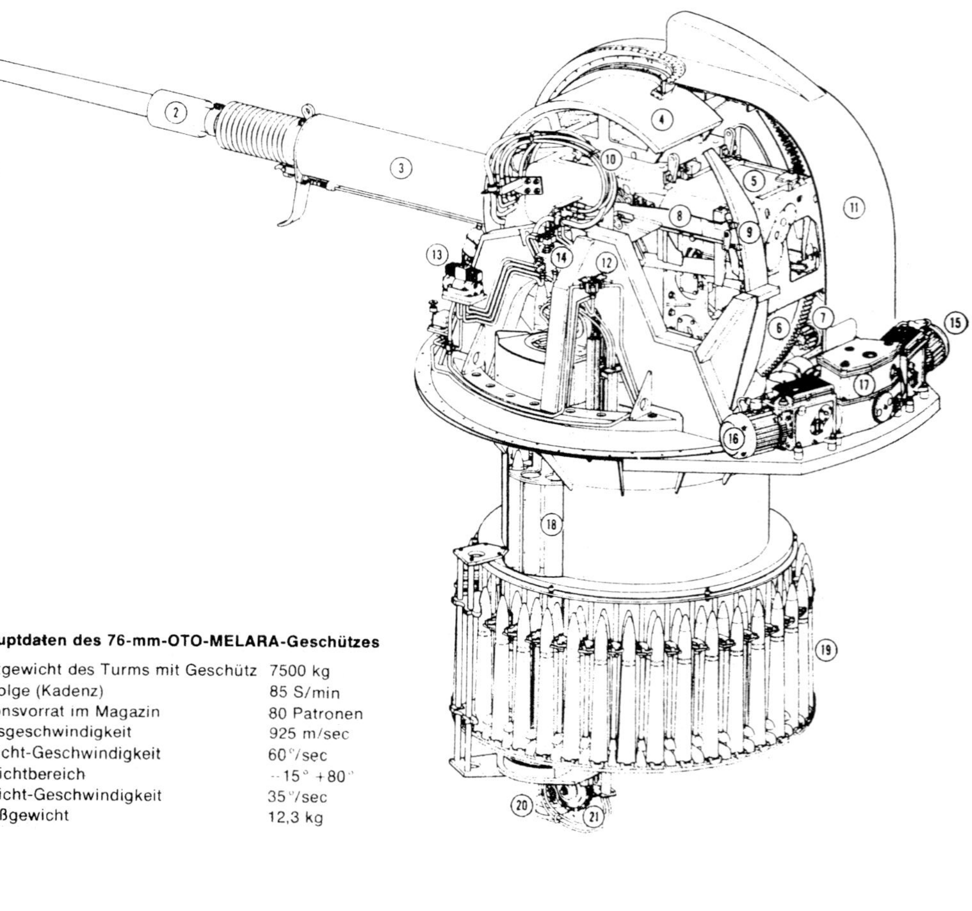

Der OTO-MELARA-76-mm-Turm

1 Mündungsbremse
2 Rauchabsorber
3 Hohlzylinder der Rohrwiege zur Aufnahme des Geschützrohres
4 Schartenwalze
5, 8 und 9 Teile der automatischen Ladeeinrichtung
6 und 7 Höhenricht-Mechanismen
10 Leitungsschläuche für die Bremsflüssigkeit
11 Turm-Rückwand
12 Vorholeinrichtung für den Rohrrücklauf
13 Sicherungskasten für die elektrischen Einrichtungen
14 Schaltgehäuse für Netzanschluß
15 Motor des Höhenrichtmotors
16 Motor des Seitenrichtmotors
17 Synchronmotor
18 Munitionsaufzug
19 Beladering
20 Motor für Munitionsaufzug
21 Munitions-Förderkette

Die Hauptdaten des 76-mm-OTO-MELARA-Geschützes

Gesamtgewicht des Turms mit Geschütz	7500 kg
Schußfolge (Kadenz)	85 S/min
Munitionsvorrat im Magazin	80 Patronen
Anfangsgeschwindigkeit	925 m/sec
Seitenricht-Geschwindigkeit	60°/sec
Höhenrichtbereich	−15° +80°
Höhenricht-Geschwindigkeit	35°/sec
Geschoßgewicht	12,3 kg

pedos wesentlich größere Laufstrecke und Geschwindigkeit verbessern die Erfolgschancen weiterhin. Trotzdem kommt man um die Feststellung nicht herum, daß die Zahl der Marinen, die z. Z. noch gelenkte oder ungelenkte Torpedos auf Kampfschnellbooten verwenden (die Warschauer Pakt-Staaten einschließlich der von ihnen belieferten kleineren Marinen, die Bundesrepublik, Chile, China, Dänemark, die DDR, Griechenland, Japan, Nordkorea, Norwegen, Schweden, Türkei) zunehmend kleiner wird. Hierfür sind drei Gründe entscheidend: 1. die taktische Bindung des schießenden Bootes während der ersten Laufzeit, 2. die im Vergleich zu FK-Flugzeiten sehr lange Torpedolaufzeit, die die gesamte Systemreaktion sehr langwierig macht, und 3. die Erkenntnis, daß im Kriegsfall torpedowürdige und -fähige Ziele in den eigentlichen Operationsgebieten von Schnellbooten, den engeren und erweiterten Küsten- und Randmeergebieten, infolge der in diesen Bereichen permanenten Luft- und Minenbedrohung nur noch selten anzutreffen sein dürften. Umgekehrt haben jedoch moderne Sonaranlagen mit entsprechenden Leistungsdaten für kleinere Fahrzeuge und höhere Geschwindigkeiten dazu geführt, daß besonders Patrouillenboote und etwas größere, korvettenähnliche Fahrzeuge häufig mit A/S-Torpedos ausgerüstet werden (56, 57).

2.6 Konsequenzen der technischen Entwicklung für Schnellboote

2.61 Allgemeines

Die Gesamtheit der technischen Entwicklungen wirkt sich je nach Aufgabe und dazu notwendig erachtetem Technisierungsgrad bei den einzelnen Fahrzeugen selbstredend sehr unterschiedlich aus. Bei einfachen Patrouillenbooten für Küstenwach-, Fischereischutz- und Zollzwecke ist sie relativ gering, bei Kampfbooten wächst sie mit steigender Komplexität. Letztere sollen daher hier eingehender betrachtet werden.
Aus dem im Zweiten Weltkrieg und noch in den fünfziger und sechziger Jahren üblichen, als Torpedo- oder Artillerieträger ausgelegten Schnellboot sind seit Anfang der siebziger Jahre zunehmend komplexe Seekriegsmittel zum Einsatz in den engeren und erweiterten Küsten- und Randmeergebieten geworden, die gleichermaßen taktisch offensiv und defensiv eingesetzt werden können. Der Seekrieg in diesen Räumen wird einerseits durch die Geographie, Hydrographie und Ozeanographie, andererseits durch die räumliche Enge bestimmt, die eine permanente Überwachung und Bedrohung durch See- und Seeluftstreitkräfte und z. T. auch durch landgestützte Waffensysteme beinhaltet. Die Fahrzeuge operieren praktisch auf dem »Präsentierteller«. Daraus resultieren Forderungen an die Fähigkeit

- zur Adaption der Umwelteinflüsse,
- zur ständigen Präsenz, d. h. hoher Bereitschaftsgrad,
- zu ununterbrochenen, über angemessene Zeiträume und -spannen reichenden Bewegungen,
- zu kurzfristiger Bildung von Kräftekonzentrationen, d. h. hohe Geschwindigkeit,
- zu großer operationeller Flexibilität hinsichtlich Technik und Taktik,
- zu äußerst kurzer Waffenreaktionszeit,
- zu technologischer Flexibilität,
- zu angemessener Standkraft gegenüber Gegnerwaffenwirkung, d. h. Überlebensfähigkeit.

Darüber hinaus sind Personalausbildung, Wartung, Instandhaltung und Logistik von entscheidender Bedeutung.
Es ist deutlich erkennbar, daß zum Erfüllen dieser Forderungen eine möglichst große Zahl von Fahrzeugen in jeder Beziehung vorteilhaft ist, d. h. im Hinblick auf die Kostenfrage eine möglichst große Zahl kleiner Fahrzeuge mit niedrigen Auffaß-Signaturen und geringer Minengefährdungstiefe. Andererseits hängen aber von der Größe des Fahrzeugs entscheidende Faktoren ab:

- Anzahl, Stärke und Reichweite der Sensoren sowie der Angriffs- und Abwehrwaffen,
- der Technisierungsgrad von Führungsmitteln, Sensoren und Effektoren, d. h. die Reaktionszeit des Gesamtwaffensystems,
- die Einsatzfähigkeit von Waffen und Besatzungen in Abhängigkeit von den Umweltverhältnissen,
- Fahrbereich, Seeausdauer und Geschwindigkeit im Seegang.

Allgemein führten das Verlangen nach Führungsfähigkeit, besseren Angriffswaffen, höherer Waffenpräzision, Reaktionszeitverminderung, vermehrtem Eigenschutz im Mittel- und Nahbereich sowie der erhebliche Raum- und Flächenbedarf aller technischen Anlagen in Verbindung mit der Forderung nach Automation zu einer beträchtlichen Größensteigerung und dies wiederum zur Steigerung der erforderlichen Antriebsleistungen. Andererseits haben die größeren Boote mit ihrem höheren Freibord und großem Breitenträgheitsmoment eine entsprechend höhere Seefähigkeit, die ihre Verwendungsmöglichkeiten erheblich erweitert und auch ihre Standkraft – wenn auch beschränkt – erhöht.
Wachsende Kosten sowie unterschiedliche regionale Bedingungen und taktische Konzeptionen und keineswegs allein das klassische Gesetz des Kriegsschiffbaus, die Überbietung des Gegners durch Größen- und Leistungssteigerung, haben heute, abgesehen von den besonderen Vorstellungen unterliegenden Klein-Torpedo-Schnellbooten der DDR und den kleinen FK-Trägern der israelischen Marine, neben den für Schnellboote typischen Größenordnungen von 100–150 t und 220–270 t zum Bau von Fahrzeugen von 350–500 t, in Einzelfällen sogar bis zu 600 t geführt. Während die drei Hauptgruppen eindeutige Größensteigerungen des klassischen Schnellboots mit all seinen entscheidenden Charakteristiken sind, dürften die großen, korvetten-ähnlichen Fahrzeuge über 500 t mehr als miniaturisierte Fregatten anzusehen sein. Wenn auch in allen Fällen gewisse Personal- und Gewichtseinsparungen durch die Automatisierung erreichbar und erzielt worden sind, so ist doch die Zweckmäßigkeit der Automatisierung in den einzelnen Funktionsbereichen sehr unterschiedlich. Sie ist dort unerläßlich, wo sie der Reaktionszeitverkürzung des Waffeneinsatzes dient. Ihre Grenzen ergeben sich in anderen Bereichen aus übertriebener Kompliziertheit und der Gefahr gewaltsamer, nicht durch entsprechende Redundanzen aufzufangender, gefechtsbedingter Außen- oder schlichter systemimmanenter Störungen. Eine weitgehende Vollautomatisierung von Kriegsschiffen ist allein wegen des Mangels ausreichender Flexibilität der Reaktion auf das Unerwartete nicht möglich (58, 59, 60). Weiterhin ist beachtenswert:

1. Die relativ geringen Stückzahlen und die durch die technische Weiterentwicklung bedingten häufigen Generationswechsel erlauben in der Regel nicht mehr den Bau von Prototypen, deren Erprobungsergebnisse dann die Grundlage für den

Serienbau bilden. Günstigstenfalls kann ein Boot zeitlich etwas vorgezogen werden. Das bedeutet, daß die Gesamtkonzeption und der Reifungsprozeß in enger Zusammenarbeit von Industrie und Experten der Marine auf dem Reißbrett stattfinden müssen. Landtestanlagen erleichtern die komplizierte Verknüpfung unterschiedlicher Systeme.

2. Die von einigen Marinen früher einmal praktizierte Umrüstbarkeit der Boote, um sie waffentechnisch und ausrüstungsmäßig den wechselnden militärischen Lagen schnell und ohne größeren Aufwand anpassen zu können, ist infolge der ständigen Luftbedrohung der Stützpunkte, des Zeitbedarfs für die Umrüstung und der zunehmenden Kompliziertheit aller Anlagen nur noch sehr bedingt praktikabel. Man dürfte in absehbarer Zeit völlig darauf verzichten. Wesentlich interessanter erscheint es dagegen, zur Kostenersparnis und logistischen Standardisierung zu gewissen Einheitsbootskörpern zu kommen und diese für unterschiedliche Aufgaben mit 2-/3-/4-Wellenanlagen für unterschiedliche Geschwindigkeit und unterschiedliche Ausrüstung/Bewaffnung auszulegen. Einen ersten Schritt in dieser Richtung tat die dänische Marine (s. Abschnitt 3.031). Auf längere Sicht ist nicht auszuschließen, daß sich das von Blohm & Voß, Hamburg, in Zusammenarbeit mit der US-Navy entwikkelte Funktions-Einheiten-System (FES) auch im Kleinkriegsschiffbau niederschlägt.

3. Der noch im Zweiten Weltkrieg von allen größeren Marinen praktizierte Groß-Serienbau von Schnellbooten auf der Basis bewährter Konstruktionen nach Kriegsbeginn wird zukünftig im Hinblick auf den Zeitbedarf, den Aufwand und die Luftbedrohung der Fertigungsstätten nicht mehr möglich sein. Damit gewinnen Standkraft, Instandhaltung und Wiederingangbringen im Einsatz beschädigter Fahrzeuge erheblich an Stellenwert. Weiteres s. Abschnitt 2.63.

2.62 Taktik und Einsatz

Jede Überlegung zu Taktik und Einsatz hat von der Feststellung auszugehen, daß Schnellboote in engen, flachen, minengefährdeten, gegnernahen, permanent land- und luftüberwachten Küsten- und Randmeergebieten operieren. Sie sollen einerseits jeder Art von Bedrohung standhalten und andererseits selbst bedrohen können. Dies ist am zweckmäßigsten durch das gemeinsame Operieren mehrerer Fahrzeuge im Verband zu erreichen. Operatives Ziel ist stets, Vernichtungsschläge durch Abwehrmaßnahmen und Nutzung der Geographie zu überleben, um durch rasch wechselnde Schwerpunktbildung immer wieder und möglichst überraschend hohe Kampfkraft zur Wirkung zu bringen. Hierfür sind entscheidende Faktoren

a) *Geschwindigkeit,* um 1. zur rechten Zeit am rechten Ort zu sein, 2. die taktisch günstigste Position einnehmen und 3. sich, falls erforderlich, einem überlegenen Gegner entziehen zu können. Da hohe Geschwindigkeit eine große Antriebsleistung mit entsprechendem Raum- und Gewichtsaufwand erfordert, der für die eigentlichen Kampfwertelemente dann nicht mehr zur Verfügung steht, und weil die Waffenreichweiten erheblich zugenommen haben, begnügt man sich bei konventionellen Booten allgemein mit einem Geschwindigkeitsüberschuß von 6–8 kn gegenüber Zerstörern/Fregatten. Erst High-Tech-Hochgeschwindigkeitsboote aller Art können hier neue, äußerst weitreichende Perspektiven bieten.

b) *Waffen großer Reichweite.* Mußte das klassische Torpedo-Schnellboot zum Schuß so nahe wie möglich an den Gegner heran und damit in dessen Waffenwirkungsbereich hineingehen, so können moderne FK-Schnellboote sogar Ziele bekämpfen, die außerhalb der Reichweite der eigenen Sensoren liegen. Dadurch wird die Entdeck- und Bekämpfbarkeit der Fahrzeuge geringer und die taktische Freiheit größer. Die Diskrepanz zwischen der physikalisch bedingten Radarreichweite und der Wirkreichweite der FK legt es nahe, den taktischen Angriffsspielraum mit Hilfe von Flugzeugen, Hubschraubern oder Landstellen, u. U. auch durch den Einsatz eines sehr schnellen abgesetzten Hochgeschwindigkeitsbootes als Zieldatenübermittler, zu erweitern. Mehrere westliche Marinen, u. a. die deutsche und die italienische, favorisieren Kampfhubschrauber, die aufgrund von Einsatzprofil und Flugeigenschaften in Küsten- und Randmeergebieten als besonders geeignet für die Zusammenarbeit mit Schnellbooten angesehen werden. Die Israelis verwendeten in den Nahostkriegen häufig auch dicht über Wasser mit 40 kn fliegende Hubschrauber zur Simulation von Schnellbootzielen. Beim Sichten von FK gingen die Hubschrauber schnell auf Höhe.

c) *Verbandsführung.* Gesteigerte FK-Reichweiten und Bedrohung erfordern Echtzeitinformationsübertragung innerhalb des Verbandes, mit dem MHQ (Sk 33) sowie mit Flugzeugen und anderen Seekriegsmitteln, die in dem betreffenden Seeraum operieren, um Aufklärungsunterstützung zu erhalten, die Reichweite der eigenen Waffen durch Zieldatenübermittlung zu erhöhen und durch koordinierten Gesamt- und Verbandswaffeneinsatz durchschlagende Wirkung beim Gegner zu erzielen. Wenn Datenübertragung möglich ist, verfügen moderne große Schnellboote über alle Voraussetzungen, gleich- oder andersartige Seekriegsmittel, vor allem Hubschrauber, zu führen und einzusetzen, um durch schnelle Schwerpunktbildung und kon-

Sk 33
Führungssystem der deutschen Marine durch das Marinehauptquartier (MHQ) (Archiv Verfasser)

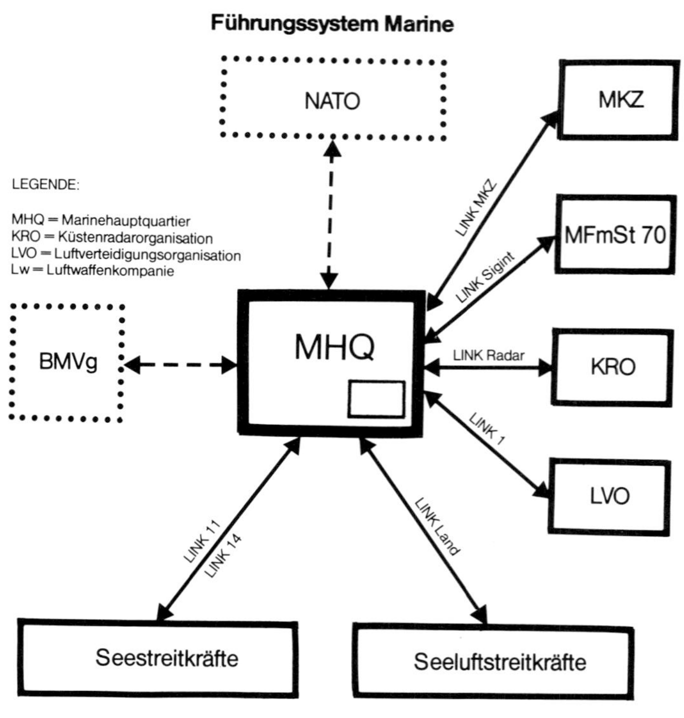

zentrierten Ansatz aller Waffensysteme bei überraschenden Vorstößen aus dem Schutz der Küsten heraus zeitlich und räumlich begrenzt Überlegenheit zu erringen, Lücken in Sicherungen zu schlagen und Landungsflotten auszuschalten. So zeigten die Engländer bereits 1944/45 im Kanal, daß in Küstengewässern operierende leichte Seestreitkräfte mit gutem Erfolg von Land aus taktisch geführt werden konnten. Bei den heutigen Möglichkeiten wird es vor allem entscheidend sein, das richtige Gleichgewicht zwischen der Koordinierung von Land (MHQ) und der taktischen Führung auf See zu finden. Da SSM »strahlende« Ziele suchen, wird »Radarstille« bei den Kampfbooten im Einsatz eine äußerst wichtige Betriebsform sein. Gegen IR-Ortung sind die Signaturen der »heißen Punkte«, vor allem der Abgase, soweit als möglich zu reduzieren (61, 62, 63, 64, 65, 66).

e) *Abwehr und Eigenschutz.* Moderne große Schnellboote sind in jeder Beziehung »lohnende« Ziele, die auch den Einsatz von see- und luftgestützten FK rechtfertigen. Flugzeuge und Seaskimmer dürften als stärkstes Gefährdungspotential anzusehen sein. Die ca. 10 m hohe Radarantenne eines Schnellboots faßt theoretisch Flugzeuge in 50 m Höhe auf 36 km, in 20 m Höhe auf 27 km Entfernung auf. Die realistischen Entfernungen liegen bei kleiner Rückstrahlfläche und bei elektrischen Störungen erheblich darunter. Größere Reichweiten und damit Vorwarnzeiten lassen sich nur erzielen, wenn die Radardaten des Gesamteinsatzgebietes in Führungssystemen zusammengefaßt werden und dann über Data Link allen Einheiten zur Verfügung stehen. Noch kritischer sind Seaskimmer mit geringer Flughöhe, kleiner Radarrückstrahlfläche und sehr hoher Fluggeschwindigkeit. So wird ein Seaskimmer mit einer Geschwindigkeit von Mach 0,9 in 5–25 m Höhe kaum unter 15000 m Entfernung aufgefaßt werden. Das bedeutet eine Reaktionszeit von 45–50 sec für die Abwehr durch Manöver, Täuschkörper, Eloka-Maßnahmen und Waffensysteme. Es sei jedoch erwähnt, daß israelische Schnellboote im Yom-Kippur-Krieg 1973 mehr als 50 SS-N2-SSM durch Täuschkörper, Waffenwirkung und Ausweichmanöver abwehren konnten. Generell ist jedoch davon auszugehen, daß alle nicht in Verbänden operierenden, mit Data Link, Eloka-Mitteln und entsprechenden Fern- und Nahbereichs-SAM- und Rohrwaffensystemen ausgerüsteten Schnellboote einer extremen Gefährdung ausgesetzt sind. Damit dürften besonders die kleineren Fahrzeuge, auf denen diese komplexen Systeme aus Raum- und Gewichtsgründen nicht unterzubringen sind, zunehmend an operativem Wert verlieren (67).

2.63 Standkraft

Die Standkraft ist eine der wichtigsten Eigenschaften eines Kriegsschiffs. Man versteht darunter die Fähigkeit des Schiffes, sowie aller für Führung und Einsatz entscheidenden Anlagen, Waffen- und sonstigen Schadenswirkungen zu widerstehen und entstandene soweit als möglich ausgleichen oder beseitigen zu können. Dabei sind primäre und sekundäre Zerstörfaktoren zu unterscheiden. Bei ersteren wirkt sich das gegnerische Kampfmittel (FK, Mine, Bombe, Granate usw.) durch die Explosion unmittelbar auf Schiff und Besatzung aus (Bild 21). Unter letzteren sind die Folgeprozesse der eigentlichen Waffenexplosion (Wassereinbruch, Brände, Ausfälle technischer Anlagen, Hochgehen von Munition usw.) zu verstehen. Sie sind, wie auch der Falklandkrieg zeigte, oft folgenschwerer für das Fahrzeug als die Primärwirkung der Waffe. Die Standkraft eines Schiffes hat stets eine materielle und eine personelle Komponente. Faktoren der materiellen Komponente sind konstruktive Maßnahmen wie das Erhalten der Sink- und Kentersicherheit beim Vollaufen von einer oder mehreren Abteilungen, Lenz- und Feuerlöschmittel, Schockfestigkeit aller Anlagen und Geräte, ABC-Schutz-Zitadelle einschließlich der Einrichtungen zur Abwehr des Elektromagnetischen Impulses (EMP), d. h. der Lahmlegung oder Störung ungeschützter elektronischer Anlagen durch weit entfernte nukleare Explosionen, Reserveschaltmöglichkeiten usw., letztlich aber auch alle die Eloka-Mittel, die zur Abwehr oder Behinderung feindlicher Waffenwirkung eingesetzt werden können. Faktoren der personellen Seite sind taktische Führung, Ausbildungsstand in der Schiffssicherung, Durchhaltebereitschaft usw.

Diese kurze Skizzierung verdeutlicht, daß die Optimierung der Standkraft eines Schiffes letztlich eine Funktion der Schiffsgröße ist. Je größer das Schiff ist, desto mehr kann für die Steigerung von materieller und personeller Komponente der Standkraft getan werden. Raum, Gewicht und Personal können in angemessenem Maße verfügbar gemacht werden. Je kleiner das Fahrzeug ist, desto problematischer wird seine Standkraft. Kann man bei großen Fahrzeugen z. B. die Schwimmfähigkeit bei Wassereinbrüchen durch eine intensive Unterteilung des Schiffskörpers durch Längs- und Querschotte, Doppelboden usw. in hohem Maße gewährleisten, so läßt der verfügbare Raum auf kleinen Booten nur eine bestimmte Anzahl von wasserdichten Querschotten zu. Dieser Mangel an Standkraft bei kleinen Fahrzeugen wird jedoch teilweise wettgemacht durch die hohe Geschwindigkeit und Wendigkeit, die kleine Zielfläche, das Operieren in mehr oder minder großen geschlossenen Verbänden, das zu einer Diversion der Gegner- und zu einer Zusammenfassung der eigenen Waffenwirkung führt und – zumindest bei den sehr kleinen Fahrzeugen – durch den geringen Objektwert des einzelnen Fahrzeugs, der den Einsatz aufwendiger, z. B. FK-Waffensysteme, nicht rechtfertigt. Bei den modernen großen Booten dürfte – wie die Nahostkriege bewiesen – letzteres mit Sicherheit nicht mehr zutreffen, vor allem dann, wenn »angemessene« Ziele sonst nicht vorhanden sind. Unabhängig von diesen Überlegungen ist und bleibt das Schnellboot, wie bereits festgestellt, am meisten durch das Flugzeug gefährdet. 1968 wurde bei einem NATO-Manöver ein Schnellbootverband vor der norwegischen Küste von Hubschraubern des englischen Trägers HMS *Bulkwark* mit ASM AS 12 auf 5000 m Entfernung angegriffen. Die Hubschrauber meldeten bei einem einzigen Angriff elf versenkte Schnellboote. Bedeutsamer ist die Bedrohung durch Strahlflugzeuge, vor allem, wenn mehrere Flugzeuge konzentrisch angreifen. Vor Nord-Korea und Vietnam hörte die Schnellboot-Tätigkeit in dem Moment auf, wo die US-Flotte angemessen aus der Luft abgeschirmt wurde. In den Nahostkriegen waren zwar die Hubschraubereinsätze, die von Strahlflugzeugen jedoch weniger signifikant, da die operativen Luftstreitkräfte beider Seiten fast ausnahmslos von den Landkämpfen in Anspruch genommen wurden. Da Kriegsschiffe schon von Fregattengröße an zunehmend Hubschrauber erhalten, besteht durchaus die Möglichkeit, diese so auszurüsten und zu bewaff-

nen, daß sie feindliche Schnellboote angreifen, bevor diese zum SSM-Einsatz kommen. Moderne Hubschrauber-Radar orten kleine, schnelle Ziele auf 50–80 km. Die Abschußentfernung von Hubschrauber-FK liegt zwischen 15 und 80 km. Die auf Schnellbooten vorhandenen 20–40-mm-Waffen reichen 2700–3600 m, 57–76 mm 7200–9600 m weit. Bordradargeräte orten Hubschrauber je nach Flughöhe und Wetterbedingungen auf bis zu 30 000 m. Daraus folgt, daß Kampfhubschrauber die meisten modernen kleinen Kampfschiffe mit guten Erfolgsaussichten angreifen können. Durch die Ausrüstung von Hubschraubern mit EloGm-Geräten, die in Form von Gondeln an den Außenlastträgern befestigt werden, oder mit Anti-Radar-FK erhöht sich ihre Wirkung durch die Bekämpfung der Gegenmaßnahmen.
Die eindeutige Unterbewaffnung fast aller kleineren und mittleren, aber auch zahlreicher größerer Schnellboote gegen Angriffe aus der Luft mag teils an der Genesis liegen: Die ersten FK-Schnellboote waren die sowjetischen und dort gehen taktische Überlegungen vorherrschend vom Masseneinsatz aus nach der Überlegung: Sind Standkraft und Abwehrfähigkeit auch gering, einige kommen durch! Aber auch die klassische Vorstellung, daß Schnellboote primär Offensivmittel sind, bei denen Defensiv- und Standkraft eine sekundäre Rolle spielen, mag hineinspielen. Es ist aber nur zu offensichtlich, daß der hohe Wert der modernen großen Boote diese Vorstellungen ad absurdum führt. Gleichzeitig muß aber davon ausgegangen werden, daß es technisch kaum möglich ist, Fahrzeugen dieser Größenordnung eine ihrem Wert und der Wirkung von FK-Waffen angemessene Standfestigkeit zu geben. Da diese Fahrzeuge aber durchaus SSM- und ASM-würdig sind, kommt der Flugzeug- und FK-Abwehrfähigkeit neben im Rahmen des technisch Möglichen vorzusehenden Standkraftelementen, Geschwindigkeit, Manövrierfähigkeit und taktischen Verfahren für die Überlebensfähigkeit eine entscheidende Bedeutung zu (67, 68, 69, 70).

2.64 Instandhaltung und Logistik

Instandhaltung und Logistik für Light Forces müssen letztlich vom Einsatzfall ausgehen. Unter diesem Aspekt sind einige entscheidende Prämissen zu beachten:
1. Moderne Fahrzeuge mit ihrer aufwendigen Technik unterliegen einem hohen Wartungs- und Instandsetzungsbedarf mit einer entsprechend breit angelegten logistischen Versorgung. Analog zu den Wartungs- und Instandsetzungsprinzipien der fliegenden Verbände sind zahlreiche Marinen, u. a. die deutsche, die italienische und die US Navy, dazu übergegangen, jedem einzelnen Schnellbootverband eine »Systemunterstützungsgruppe« zuzuordnen, eine Gruppe hochqualifizierten technischen Personals, das über alle für die Wartung und Instandhaltung erforderlichen Sonderwerkstätten, -werkzeuge, Prüfmittel und Dokumentationen verfügt. Diese werden entweder auf Tendern untergebracht oder als landtransportfähige Einheit ausgelegt, um den Booten in die Einsatzgebiete folgen zu können. Details hierzu s. auch Abschnitte 3.033 und 3.063. Inspektions- und Wartungsarbeiten werden in tägliche, wöchentliche, monatliche usw., bei Motoren auch in laufstundenabhängige, unterteilt und karteikartenmäßig hinsichtlich Folge und Umfang geplant. Die Austauschbarkeit von ganzen oder Teilaggregaten fördert die Einsatzbereitschaft.
2. Feste Stützpunkte haben schon im Zweiten Weltkrieg infolge der Luftbedrohung in frontnahen Gebieten nur noch einen sehr bedingten Wert gehabt. Das trifft heute in noch stärkerem Maße zu. Darüber hinaus sollten Schnellboote wegen ihres unverändert beschränkten Fahrbereichs zum Einsatz immer so dicht wie möglich an den Gegner herangeschoben und bei Lageveränderungen schnell verlegt werden können. Instandsetzung, Versorgung und Logistik müssen dieser Forderung voll entsprechen, indem sie schwimmend oder landverlastet in gleichem Maße mobil sind (186).
3. War es noch im Zweiten Weltkrieg möglich, während des Krieges Schnellboote nach einer bewährten Grundkonzeption im Groß-Serienbau herzustellen und an die Front zu bringen, so dürfte dies in Anbetracht der Länge der Bauzeiten und der Bedrohung der Fertigungsstätten heute und in Zukunft nicht mehr möglich sein. Der Seekrieg muß im wesentlichen mit dem bei Kriegsausbruch vorhandenen Material durchgestanden werden. Das heißt, daß alle technischen Voraussetzungen zu schaffen sind, jedes auch noch so beschädigte Fahrzeug zu erhalten und einer – wenn möglich mobilen – Instandsetzung zuzuführen.
4. Da es bei gut eingespielten Systemunterstützungs- und Instandsetzungsgruppen mit entsprechender Versorgung möglich ist, die Boote technisch länger in Gang zu halten als die physisch und psychisch im Einsatz hart beanspruchten Besatzungen, dürften – ähnlich wie bei den Nuklear-U-Booten – gerade für Light Forces Wechselbesatzungen sinnvoll sein.
5. Die Abhängigkeit moderner Technik von der herstellenden und Teile zuliefernden Industrie ist erheblich. Marinen wie u. a. die ägyptische und die indonesische haben entsprechende Erfahrungen mit von der Sowjet-Union gelieferten schwimmendem Material gemacht, als sie die Beziehungen zur Sowjet-Union abbrachen. Selbst bei angemessener Ersatzteil- und Ersatzanlagenhaltung dürfte zahlreiche moderne Technik ohne Assistenz der Industrie nach etwa sechs Monaten zunehmend ausfallen (71, 72, 73, 74, 75, 76, 77).

2.7 Zusammenfassung

Die technische Entwicklung hat seit dem Erscheinen des dritten Bandes der *Schnellboote* im Jahre 1974 auf allen Gebieten zu einer erheblichen qualitativen Verbesserung, damit verbunden aber auch meist zu einem entsprechenden Größenwachstum vor allem der Kampfboote, geführt. Andererseits sind die bereits heute vorhandenen und zum großen Teil baureif durchkonstruierten Möglichkeiten von High-Tech-Hochgeschwindigkeitsfahrzeugen bisher – vorherrschend aus Kostengründen – teils nur peripher, teils gar nicht ausgeschöpft worden. Steigende Kosten bei sämtlichen Waffensystemen für Land-, See- und Luftstreitkräfte bringen allen Staaten in Ost und West Probleme bei den Verteidigungshaushalten, die immer nur bestimmte oder auch wandernde Schwerpunktbildungen bei den Beschaffungen ermöglichen. Sollte aber einer der großen Industriestaaten sich aus für ihn wichtig erscheinenden Gründen zu einer breit angelegten Forcierung von High-Tech-Light-Forces entschließen, so würde dies zwangsläufig eine ähnliche Entwertung aller vorhandenen Fahrzeuge bedeuten wie seinerzeit der Übergang zum Dreadnought-Bau. Damit kann – wie damals – bei dem schon heute auf diesem Gebiet technisch Machbaren eine Entwicklungslawine in Gang gesetzt werden.

3 Die Entwicklung der Schnell- und Patrouillenboote der einzelnen Marinen von 1974 bis 1986

Ein Blick in die einschlägigen Flottenlisten wie Jane's Fighting Ships oder Weyers Flottentaschenbuch zeigt, daß

a) die Zahl der Marinen, die Schnell- und Patrouillenboote unterhalten weltweit auf 148 zugenommen hat,
b) die Boote sowohl quantitativ zahlreicher wie qualitativ höherwertig geworden sind.

Auffallend ist

1. daß Frankreich, Großbritannien und die USA Light Forces höchst dilatorisch behandeln,
2. zahlreiche Länder der Dritten Welt mit niedrigem Lebensstandard der Bevölkerung und häufigem Hilfeersuchen bei den Industriestaaten in Ost und West nicht unerhebliche Mittel für hochwertiges schwimmendes Material ausgeben,
3. politische Kräfteverschiebungen wie z. B. im Persergolf zum Aufbau schlagkräftiger Light Forces bei Staaten führten, die noch vor kurzer Zeit nur Küstenwach- und Zollboote unterhielten,
4. der weltweit beachtliche Export von Light Forces durch die Sowjet-Union (s. Abschnitt 6.1) und neuerdings auch China (s. Abschnitt 6.2).

3.001 Ägypten

Der arabisch-israelische Krieg sah auf See die ausschließliche Verwendung von leichten, schnellen Seestreitkräften, wobei FK-Einsätze von Boot zu Boot bzw. Boot zu Land im Vordergrund standen. Die ägyptisch-syrischen Verbände erlitten erneut schwere Verluste. Details s. Abschnitt 3.062.

Von den in Band 3 ausgewiesenen Booten befinden sich noch in Dienst

- vier Schnellboote des sowjetischen Typs P 4. Sie tragen heute 1 × 2-14,5-mm-MG achtern und einen 122-mm-BMP-21-Starter vorn,
- etwa 20 Schnellboote des sowjetischen Typs P 6 (Bild 22). Geblieben ist die MK-Bewaffnung (2 × 2-25-mm). Einige Boote tragen 4-53,3-cm-TR, andere zwei 122-mm-BMP-21-Starter. Die sowjetischen Radar wurden meist durch Decca-Geräte ersetzt. Ihre Ausmusterung ist zu erwarten,
- sechs Schnellboote des sowjetischen Typs Shershen (Nr. 707, 715, 719 + 3 weitere). Als Bewaffnung werden 2 × 2-30-mm-MK, zwei 122-mm-BMP-21-Starter und teilweise auch ein SA-N-5 gefahren. Zwei Boote besitzen noch 4-53,3-cm-TR, ein Boot wurde 1984 ausgemustert (Bild 23),
- zwölf U-Jäger des sowjetischen Typs SOI (Nr. 412, 415, 421, 424 + acht weitere). Neben den 2 × 2-25-mm-MK und dem Fünffach-U-Abwehr-Raketenwerfer erhielten sechs Boote 122-mm-BMP-21-Starter, andere 2 bis 4-53,3-cm-TR oder SA-N-5,
- vier FK-Schnellboote des sowjetischen Typs Komar (Nr. 393, 395, 394, 397) mit unveränderter Bewaffnung. Die Boote wurden mit Hilfe westlicher Firmen überholt und die sowjetischen Motoren durch italienische CRM-12-D/S-2-Diesel ersetzt. Ihre Ausmusterung ist zu erwarten,
- acht FK-Schnellboote des sowjetischen Typs Osa I (Nr. 631, 633, 635, 637, 639 + 3 weitere) mit unveränderter Bewaffnung. Mindestens vier Boote sind zwischenzeitlich auf MTU-Diesel umgerüstet worden und haben zusätzlich 2 MG und SA-N-5 erhalten. Als Elektronik wurden Kelvin Hughes 1006-Überwachungs- und Decca 916-Navigationsradar installiert,
- drei 1963 in Alexandria gebaute 110-t-Patrouillenboote: *Nisr, Nimr, Thar.* 1983 folgten zwei weitere Eigenbauten dieses Typs.

Infolge des Abbruchs der sowjetischen Militärlieferungen im Jahre 1973 und des Endes der ägyptisch-sowjetischen Zusammenarbeit im April 1976 war das Land bald zur Zusammenarbeit mit den Ländern des Westens bereit. Diese schlug sich teils bei den Umrüstungen, teils bei den Neubauten nieder.

Um den insgesamt recht überalterten und in den Kriegen stark abgefahrenen Bestand dieser für die Aufgaben der ägyptischen Marine im Mittel- und Roten-Meer-Raum so wichtigen Typen zu erneuern, nahm man schon 1975 Kontakte mit westlichen Herstellern auf. Vor allem englische Firmen boten Projekte an. So Vosper Thornycroft ein 40-m-Boot mit 1-76-mm-Oto-Melara, 30-mm, 4 MM-38-SSM, S 811-Marconi-Suchradar, Marconi ST-802-Feuerleitanlage (78). Eine weitere Aufforderung zur Abgabe von Angeboten für den Bau von zehn Schnellbooten erfolgte 1977. Gleichzeitig wurden Gespräche über den Ausbau einer Schnellbootwerft in Alexandria geführt (79) und ägyptische Fachleute begannen sich auch für den Bau von Luftkissenfahrzeugen zu interessieren. Drei 1976 in England aus zweiter Hand angekaufte Luftkissenfahrzeuge des Typs SRN-6 wurden als Minenleger für je vier 226-kg-Grundminen ausgerüstet (80).

In den Jahren 1975/84 entstanden in Ras el Tin bei Alexandria acht FK-Schnellboote der Oktober-Klasse (Sk 34, Bild 24,

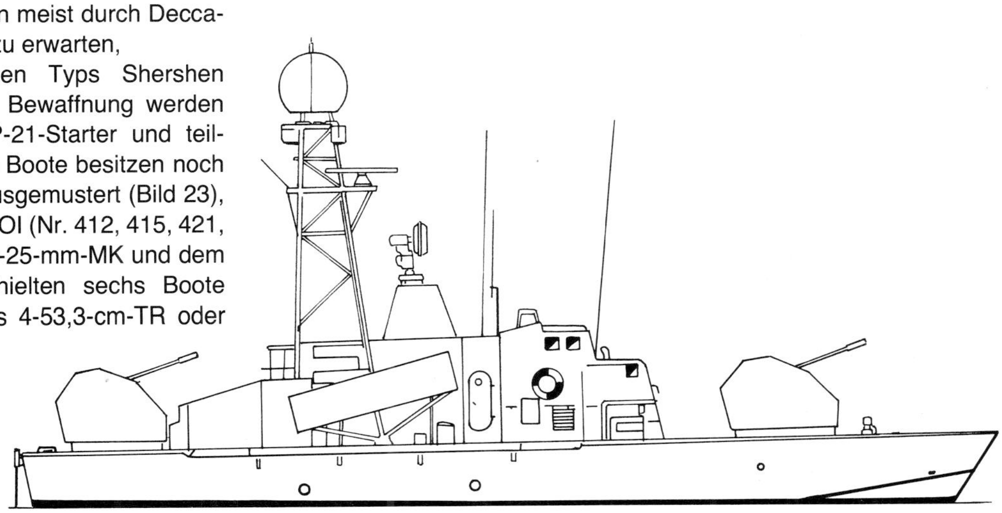

Sk 34
Ägyptische FK-Schnellboote der Oktober-Klasse (Breyer)

Nr. 783, 785, 787, 789, 791, 793 + 2 weitere). Die technischen Daten lauteten schließlich: 25,5 × 6,1 × 1,3 m, 71/82 t, 4 × 1040/1350-PS-CRM-18-D/S-2-Diesel, 40 kn, 400 sm/30 kn, 2 Otomat-Mk. 1-SSM-Starter, 2 × 2-30-A 32-mm, 20 Mann, Decca AC 1226, Marconi S 810, Marconi-Sperry-Radar/TV-Feuerleitanlage, Decca Cutless RDL-1-ECM, 2 Protean-Düppel-Werfer. Die Holzbootskörper sind vom sowjetischen Typ Komar abgeleitet. Elektronik und Maschinenwaffen lieferten englische Firmen, die Motoren Italien, die SSM-Starter France Engins Matra (81). Der Einbau von Waffen und Elektronik wurde von Vosper Thornycroft durchgeführt. Die Boote werden als räumlich sehr beengt beschrieben. Um an die Antriebsanlagen heranzukommen, muß die OPZ ausgebaut werden. Trotzdem wurden nach den sechs 1975/76 gebauten 1984 zwei weitere Boote gebaut und auch in Ägypten ausgerüstet (82).
In den Jahren 1978/81 entstanden dann bei Vosper Thornycroft sechs FK-Schnellboote der Ramadan-Klasse (Bild 25), ein Derivat der von der gleichen Werft als »private venture« entwickelten *Tenacity.* Der 153-Mio.-£-Auftrag erfolgte am 4. 9. 77. Die technischen Daten: 52,0 × 7,6 × 2,3 m, 258/307/350 t, 4 × 4500-PS-MTU-20V538TB 91-Diesel, 38 kn, 2000 sm/16 kn, 43,3 t Öl, 4 Otomat Mk. 1-SSM-Starter, 1-76-mm-Oto-Melara, 1 × 2-40-mm-Breda-Bofors, 40 Mann, Marconi S 820, S 810, 2 ST 802, Decca AC 1226, Decca-Racal-Cutless-ECM, 2 Protean-MEL-Düppelwerfer, Marconi-Sperry-Sapphire-Feuerleitanlage, 2 + 1 OFD-Tracker, Ferranti *CAAIS* Gefechtsinformationssystem. Ein Ferranti-Landsimulator wurde 1983 geliefert. Die Bau- und Lieferdaten:

P-Nummer	Name	begonnen	von Stapel	geliefert
670 ex 561	Ramadan	23. 11. 78	6. 9. 79	20. 7. 81
672 ex 562	Khyber	26. 2. 79	12. 6. 80	15. 9. 81
674 ex 563	El Kadesseya	23. 4. 79	19. 2. 80	6. 4. 82
676 ex 564	El Yarmak	16. 5. 79	12. 6. 80	18. 5. 82
678 ex 565	Badr	29. 9. 79	17. 6. 81	17. 6. 82
680 ex 566	Hettein	3. 80	25. 11. 80	28. 10 82

1983/84 wurden von China gekauft
- acht Artillerie-Schnellboote der Hainan-Klasse. Sie kamen als 430/Al *Nour,* 433/Al *Hady,* 436/Al *Hakim,* 439/Al *Wakil,* 442/Al *Salam,* 445/–, 448/–, 451/– in Fahrt,
- sechs FK-Schnellboote der Hegu-Klasse. Eine Erweiterung auf zwölf Boote ist offen,
- zwei Artillerie-Schnellboote der Shanghai II-Klasse.

Generell besteht bei der ägyptischen Marine weiterhin großes Interesse an FK-Schnellbooten, da größere Schiffe zu aufwendig sind und diese Fahrzeuge als optimal für alle vorgesehenen Aufgaben gelten. So wurde 1981 im Rahmen des Modernisierungsprogramms auch mit den USA (12 Boote) und Italien (Sparviero-Klasse) verhandelt. 1983 sollte an die Empresa Nacional Bazan in Cadiz der Auftrag zum Bau von sechs FK-Schnellbooten des spanischen Typs Cormoran gehen. Die Boote sollten bei 52,0 × 7,5 × 1,9 m Hauptabmessungen 357 t verdrängen und mit 3 × 4500-PS-MTU-Dieseln 35 kn laufen. Als Fahrbereich wurden 2000 sm/15 kn, als Bewaffnung 4 MM-38, 1-76-mm-Oto-Melara und 1-40-mm, als Besatzung 31 Mann angegeben. Tatsächlich scheint der Auftrag jedoch nicht vergeben worden zu sein. Nach neueren Nachrichten wurde mit einer südkoreanischen Werft über den Bau von drei FK-Schnellbooten und technische Unterstützung beim Nachbau von drei weiteren Booten in Ägypten verhandelt.

Für die Küstenwache wurden gebaut
- 1977 von Downcraft, Wroxham (GB) dreißig im Frieden Polizeizwecken dienende Boote (10,7 × 3,5 × 0,8 m, 4 t, 2 Perkins-T-6-354-Diesel, 25 kn, 4 Mann,
- 1980 zwanzig 8-t/24-kn-Boote von Bertram, Miami. Sie tragen ein Zwillings-MG und zwei Zwillings-122-mm-BMT-21,
- 1981/82 von der Cantiere Crestitalia di Amegliche, La Spezia, sechs Boote des Typs MV-70: 33/36 t, 2 × 1400-PS-MTU-Diesel, 35 kn, 1 × 2-30-mm, 1-20-mm, 2 MG. Weitere sollen geplant sein,
- ab 1981 zwölf Patrouillenboote der Timsah-Klasse: 31,0 × 5,2 × 1,5 m, 100 t, 2 × 1480-PS-MTU-Diesel, 28 kn,
- 1985/-neun Boote des Swiftship-28,4-m-Typs (28,4 × 5,7 × 1,5 m, 2 × 1300 PS-MTU-Diesel, 27 kn, 2-20-mm). Die ersten drei Boote wurden aus vorgefertigtem US-Material, die restlichen vollständig in Ägypten gebaut.

3.002 Äquatorial-Guinea

Äquatorial-Guinea erhielt 1974 von der Sowjet-Union ein Patrouillenboot der sowjetischen Poluchat-Klasse und zwei (nach anderen Nachrichten vier) Torpedo-Schnellboote der P-6-Klasse. Von letzteren scheinen jetzt nur noch ein bis zwei Boote fahrklar zu sein.

3.003 Äthiopien

Die Absetzung Kaiser Haile Selassi's im Jahre 1974 führte zu einer zunehmenden Orientierung des Landes nach Osten. 1977 beendeten die USA ihre Militärhilfe, im November 1978 schloß das Land mit der Sowjet-Union einen zwanzigjährigen Freundschaftspakt ab und wurde nach und nach zu einem Exponenten sowjetischer Präsenz in Afrika.
Vom Altbestand der Coastal Forces wurde der ehemalige US Coast Guard Cutter PC 12 im April 1977 von äthiopischen Flugzeugen versenkt, als die Besatzung meuterte. Ausgemustert wurden die beiden Schnellboote P 21–22 des jugoslawischen Typs P 100 und PC 11, 13, 14 des US PGM-Typs. Damit sind an älteren Fahrzeugen noch vorhanden: PC 15 und GB 21–24.
Neu hinzugekommen sind:
- ein 1975 als Schenkung von der jugoslawischen Regierung übernommener U-Jäger des Typs PBR/Kraljevica, der zwischenzeitlich ausgemustert wurde,
- vier im April 1977 von der Swiftship, Morgan City (USA) als P 201–204 gelieferte Leichtmetall-Patrouillenboote (32,0 × 7,2 × 2,0 m, 118 t, 2 × 3500-PS-MTU-MB16V538TB90-Diesel, 32 kn, 1200 sm/18 kn, 2 × 2-30-mm-Emerlec 1 × 2-23 mm (201), 1 × 2-12,7 mm-MG (203–204), 21 Mann, Decca RM 16). Die vier Boote kamen noch vor dem US-Lieferstop zur Auslieferung. Zwei weitere Boote waren bestellt, wurden aber nicht mehr geliefert. Das Schicksal von P 202 ist unbekannt,
- zwei 1978 von der UdSSR gelieferte Torpedo-Schnellboote des sowjetischen Typs Mol (FTB 110–111),
- vier 1978/81 von der UdSSR gelieferte FK-Schnellboote des sowjetischen Typs Osa II (FMB 160–163),
- zwei 1982 von der UdSSR gelieferte Patrouillenboote des sowjetischen Typs ZhuK (PC 16–17),
- ein 1982 von der UdSSR geliefertes Patrouillenboot des sowjetischen Typs Poluchat.

3.004 Albanien

Die Informationen über den albanischen Kriegsschiffbestand sind, besonders bei Kleinfahrzeugen, unverändert unsicher. Soweit erkennbar, sind vom Altbestand noch vorhanden

- zwölf 1956 von der UdSSR und 1965 von China gelieferte Torpedo-Schnellboote des sowjetischen Typs P 4 (einige sollen jedoch zwischenzeitlich ausgemustert und zugunsten der noch in Fahrt befindlichen Boote kannibalisiert worden sein),
- zwei 1958 von der UdSSR gelieferte U-Jäger der Kronstadt-Klasse (Nr. 340, 341). Nr. 150 wurde 1982 ausgemustert,
- 32 1968/74 von China gelieferte Torpedo-Schnellboote des Typs Huchwan.

1976/77 lieferte China vier Boote des chinesischen Typs Hegu, einem Nachbau des sowjetischen Typs Komar, und 1974/75 sechs Boote des Typs Shanghai II (Nr. 101–106).
Ferner soll ein Patrouillenboot des sowjetischen Typs Poluchat vorhanden sein.

3.005 Algerien

Der ältere Bootsbestand setzt sich noch zusammen aus

- zwei 1963/68 von der UdSSR gelieferten Torpedo-Schnellbooten des Typs P 6, deren Ausmusterung in Kürze zu erwarten ist. Sie fahren ohne Torpedorohre bei der Küstenwache. Vier weitere wurden 1984 ausgemustert,
- elf 1967/81 von der UdSSR gelieferten FK-Schnellbooten der Typen Osa I und II (R 641, 643, 644–652). Ein weiteres Boot wurde 1981 bei SS-N-2-Schießübungen durch eine Explosion beschädigt u. ausgemustert. Die Boote sollen auf MTU-Diesel umgerüstet werden und moderne Elektronik erhalten,
- vier 1980/83 von der UdSSR gelieferte FK-Korvetten des Typs Nanuchka II (RAS *Hamidou, Salahreis, Reisali* + 1 weiteres). Eine Umrüstung auf MTU-Diesel wird erwogen,
- einem am 19. 5. 81 von der UdSSR übergebenen Patrouillenboot des Typs Zhuk.

Bei der Bestellung von Neubauten für die Küstenwache wurden dagegen westliche Werften bevorzugt:

- 1976/78 baute Baglietto, Varazze (It.) im Zweimonatstakt zehn Patrouillenboote des Typs 20GC (Bild 26), Nr. 100, 112–114, 221, 222, 235–237, 325 (20,4 × 5,21 × 1,7 m, 44 t, 2 × 1350-PS-CRM-18-D/S-Diesel, 35 kn, 445 sm/20 kn, 1-20-mm, 10 Mann) und sechs Patrouillenboote des Typs Mangusta (Bild 27), GC 323, 324, 331–334 (30,0 × 5,8 × 2,1 m, 91 t, 3 × 1350-PS-CRM-D/S-Diesel, 32 kn, 800 sm/24 kn, 1-40-mm Breda-Bofors, 1-20-mm, 14 Mann).

Im Oktober 1981 wurden bei Brooke Marine, Lowestoft (GB), zwei Boote des dort für Oman gebauten Typs Bushra (37,5 × 6,85 × 1,8 m, 166/200 t, 2 × 3000-PS-MTU-12V538TB92-Diesel, 29 kn, 3000 sm/12 kn, 1-76-mm-Oto-Melara, 1-20-mm, 27 Mann) bestellt. Das erste Boot wurde Ende 1982 ohne Waffen als 341/*El Yakedh* geliefert. Das zweite, 342/*El Mourakeb*, folgte im Sommer 1983 mit 1-76-mm an Bord (Sk 35, Bild 28). Vier weitere Boote dieses Typs, Nr. 343-346, wurden mit Brooke-Assistenz bei ONCN/CNB, Mers-el-Kebir, gebaut – die ersten in Algerien gebauten Kriegsschiffe! Mit Ausnahme des o. g. zweiten Bootes wurde die Bewaffnung auf allen Booten in Algerien eingebaut.
Ein 50-m-Boot mit 3 MTU-Dieseln, 1-76-mm-Oto-Melara u. 2-40-mm befindet sich bei ONCN/CNB, Mers-el-Kebir, in Bau.

3.006 Angola

Die 1976 gegründete angolanische Marine aktivierte zunächst einige der von den Portugiesen beim Abzug zurück- bzw. überlassenen Patrouillenboote. Hierzu gehören

- die ehemaligen Boote *Centauro, Escorpiao, Orion* und *Pegaso* der portugiesischen Argos-Klasse, *Lira* wurde 1984 ausgemustert,
- die ehemalige *Venus* der portugiesischen Jupiter-Klasse,
- die ehemaligen Boote *Altair, Espiga, Formalhaut, Pollux* und *Rigel* der portugiesischen Bellatrix-Klasse.

Nachdem 1976 mit der Sowjet-Union ein zwanzigjähriger Freundschaftsvertrag abgeschlossen worden war, lieferte die UdSSR 1977 ein Torpedo-Schnellboot der Shershen-Klasse und ein Patrouillenboot der Zhuk-Klasse. Im Dezember 1978 folgten ein, im Mai 1981 zwei und im Februar 1983 ein weiteres Boot der Shershen-Klasse. Zwischen September 1982 und November 1983 wurden sechs FK-Schnellboote der Osa-II-Klasse und ein weiteres Patrouillenboot der Zhuk-Klasse geliefert. Zwei Patrouillenboote der Poluchat-Klasse hatten die Sowjets im Dezember 1979 geliefert.

3.007 Anguila

Das im Bereich der Antillen gelegene Anguila ist seit 1980 englische Kronkolonie unter einem englischen Commissioner. Der Seepolizei unterstehen

- das 1974 gelieferte, im Fischereischutz- und SAR-Dienst verwandte 8,5-m-Patrouillenboot *Lapwing* des Fairey-Marine-Huntsman-Typs,
- ein 1978 geliefertes Sicherheitsboot für den Flugplatz von Coolidge (Fairey Marine-Interceptor-Typ, 2 × 280-PS-Outborder, 30 kn).

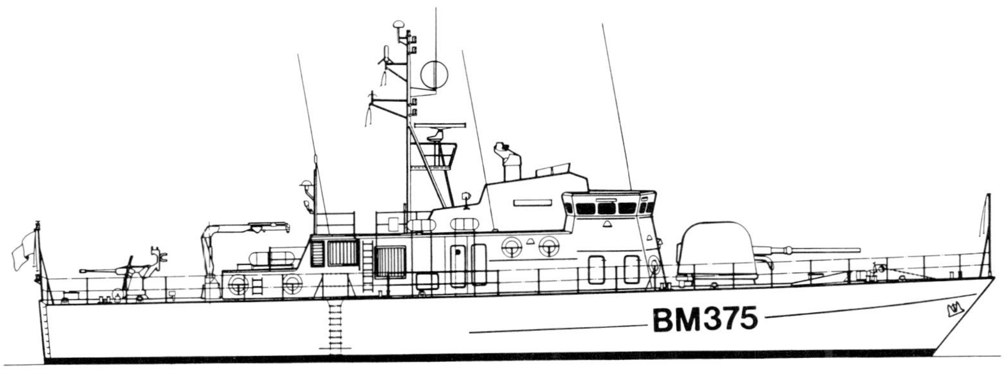

Sk 35
Algerisches Brooke-Marine-Patrouillenboot des Typs *El Yakedh* (Brooke)

3.008 Antigua und Barbuda

Die beiden im Bereich der Antillen gelegenen Inseln Antigua und Barbuda sind mit Großbritannien assoziierte Staaten. Zum Aufbau einer Küstenwache wurde im November 1983 ein Boot des 65'-Swiftship-Typs bestellt.

3.009 Argentinien

Von den älteren Beständen sind noch in Fahrt

- *Alakush* und *Tawora,* die beiden letzten Überlebenden der 1946 angekauften, ursprünglich neun Boote umfassenden Serie des US-Higgins-Typs,
- das 1950/51 bei den Astill.Nav. del Estero gebaute 65-t-/12-kn-Patrouillenboot *Zurubi,*
- die 1964/67 bei der Marinewerft Santiago gebauten Patrouillenboote *Lynch, Toll, Erezcano* der Küstenwache,
- die im Juli bzw. Dezember 1974 von der Lürssen-Werft, Vegesack, gelieferten FK-Schnellboote *Intrepida* und *Indomita* (Typ TNC 45, Sk 36, Bild 29).

1976 war geplant, zwei weitere Boote dieses Typs oder der deutsch-französischen Klasse 148/La Combattante II in Argentinien zu bauen. Tatsächlich entschloß man sich dann jedoch 1977/78 vier Boote des israelischen Typs Dabor anzukaufen. Sie kamen als P 61-64/*Baradero, Barranqueras, Clorinda* und *Concepcion del Uruguay* in Fahrt und tragen 2-20-mm und 2 × 2-12,7-mm-MG.

Für die Küstenwache bauten

- Blohm & Voß, Hamburg, 1978/79 zwanzig Patrouillenboote (Sk 37, Bild 30). Vorhanden sind noch CG 64-81/*Mar del Plata, Martin Garcia, Rio Lujan, Rio Uruguay, Rio Paraguay, Rio Paranha, Rio de la Plata, La Plata, Buenos Aires, Cabo Corrientes, Rio Quequeen, Bahia Blanca, Ingeniero White, Golfo San Matias, Rio Deseado, Ushaia, Canal Beagle* (28,0/26,00 × 5,3 × 1,7 m, 81 t, 2 × 1070-PS MTU-331 TC 92-Diesel, 24,5 kn, 1200 sm/12 kn, 15 Mann). *Rio Iguazo* und *Madryn* gingen verloren.
- Empresa Nacional Bazan 1981/83 CG 24–28 für die 200-sm-Überwachung: *Dr. Manuel Mantilla, Azopardo, Thompson, Prefecto Figue, Prefecto Derbes* (67,0 × 10,5 × 3,1 m, 910 t. Einsatzverdrängung, 2 × 5000-PS-Bazan/MTU-MA-16V956-TB92-Diesel, 22 kn, 1-40 mm, 1 Hubschrauber, 34 Mann).

Sk 36
Argentinische Lürssen-Torpedo-Schnellboote *Intrepida* und *Indomita* (Lürssen)

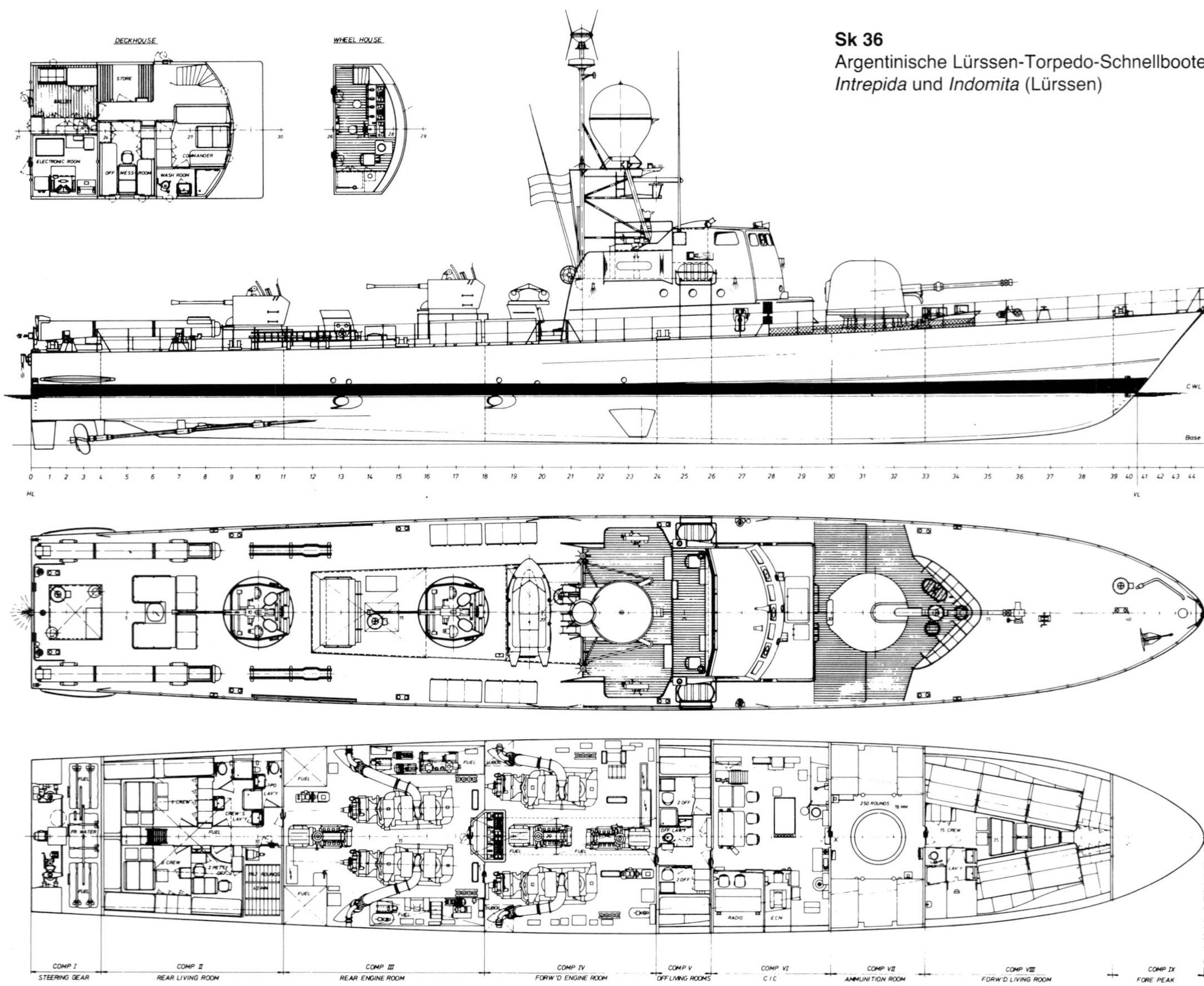

Im Juni 1982 erbeuteten die Engländer in Port Stanley ein Boot, *Islas Malvinas,* des Blohm & Voß-Typs und aktivierten es vorübergehend als *Tiger-Bay.*

3.010 Australien

Von den im November 1965 bei zwei heimischen Werften bestellten, nach einigen technisch bedingten Verzögerungen zwischen April 1968 und Februar 1969 abgelieferten zwanzig Patrouillenbooten der Attack-Klasse wurden

- P 86/*Archer* und P 95/*Bandolier* 1973/74 als *Siliman* und *Sibarau* an Indonesien abgegeben,
- die bei der New Guinea Coastal Security Force eingesetzten Boote P 84/*Aitape,* P 85/*Samarai,* P 92/*Ladava,* P 93/*Lae,* P 94/*Madang* 1974 an die neue Papua New Guinea Defence Force abgegeben (MRS 75/105),
- P 81/*Acute,* P 98/*Barricade* und P 99/*Bombard* 1982/83 als *Silea, Sigalu* und *Siribua* an Indonesien abgegeben,
- P 90/*Attack* und P 97/*Barbette* 1985 als *Sikuda* und *Sada* an Indonesien abgegeben.

Am 25. 12. 74 sank P 88/*Arrow* vor Darwin im Zyklon, während P 90/*Attack* strandete und schwer beschädigt wurde. Ersteres wurde gehoben und ausgemustert, letzteres geborgen und reaktiviert (83). Damit sind z. Z. noch vorhanden: P 82/*Adroit,* P 83/*Advance,* P 87/*Ardent,* P 89/*Assail,* P 91/*Aware,* P 100/*Buccaneer,* P 101/*Bayonet.* Sie werden für Fischereischutz- und Seenotzwecke verwandt, vorherrschend vor der nordaustralischen Küste.

Im Jahre 1974 erfolgte eine Ausschreibung für den Bau von zwei gegenüber der Attack-Klasse doppelt so großen Patrouillenbooten und die technische Hilfeleistung beim Bau von zehn bis fünfzehn Schwesterbooten auf australischen Werften. Die von der australischen Marine bearbeitete Projektdefinition richtete sich nach dem Lürssen-Typ TNC 45 und dem Brooke Marine-Typ PCF 420 aus. Angebote wurden u. a. von Vosper Thornycroft, Brooke Marine und Lürssen vorgelegt (84). Anfang 1977 lagen nur noch Brooke Marine und Lürssen im Rennen (85). Im September 1977 erhielt Brooke Marine den Zuschlag für seinen Typ »Brooke PCF 420«: 42,0/38,5 × 7,15 × 1,79 m, 240/275 t, 2 × 3000-PS-MTU-16V538TB91-Diesel + 1 × 310-PS Dorman-Marschdiesel auf die Mittelwelle, 30 kn, 1450 sm/28 kn, 1-40-mm, 2 MG, 1-81-mm-Mörser, Decca 1226, 22 Mann. Sie sollten die abgegebenen Boote der Attack-Klasse ersetzen und den Patrouillendienst verstärken. Der Gesamtauftragswert lag bei 72 Mio. £. Das Typboot P 203/*Fremantle* (Bild 31) wurde im November 1977 in Lowestoft auf Kiel gelegt und im März 1979 geliefert. Die restlichen Boote wurden an die North Queensland Engineers and Agents Pty. Ltd., Cairns (Queensland), vergeben.

Ab Ende 1978 wurden die ersten Boote auf Kiel gelegt, bis November 1982 waren die ersten sechs Boote geliefert. Die restlichen acht folgten bis Dezember 1984. Insgesamt sollten außer dem Typboot zunächst 19 weitere Boote gebaut werden: P 204/*Warrnambool,* P 205/*Townsville,* P 206/*Wollongong,* P 207/*Launceston,* P 208/*Whyalla,* P 209/*Ipswich,* P 210/*Cessnock,* P 211/*Bendigo,* P 212/*Gawler;* P 213/*Geraldton,* P 214/*Dubbo,* P 215/*Geelong,* P 216/*Gladstone,* P 217/*Bunbury.* P 218/*Bauarat,* P 219/*Mildura,* P 220/*Armidale,* P 221/*Bundaberg,* P 222/*Pirie* sollten 1985 auf Kiel gelegt werden, wurden aber 1983 gestrichen. Die Boote haben sich nach Lösung einiger Übergewichtsprobleme gut bewährt. Eine FK-Bewaffnung wurde diskutiert, doch dürfte sie z. Z. in diesem Raum relativ uninteressant sein. Für Polizeizwecke wurden 1975 bei Hawker de Havilland Australia sechs kleinere Wachboote bestellt, die ab Ende 1976 ausgeliefert wurden (15,7 × 4,9 m, . . . t, 2 × 700-PS-MTU-6V331TC80-Diesel für 30 kn, 850 sm/14 kn, 2-12,7-mm-MG (86).

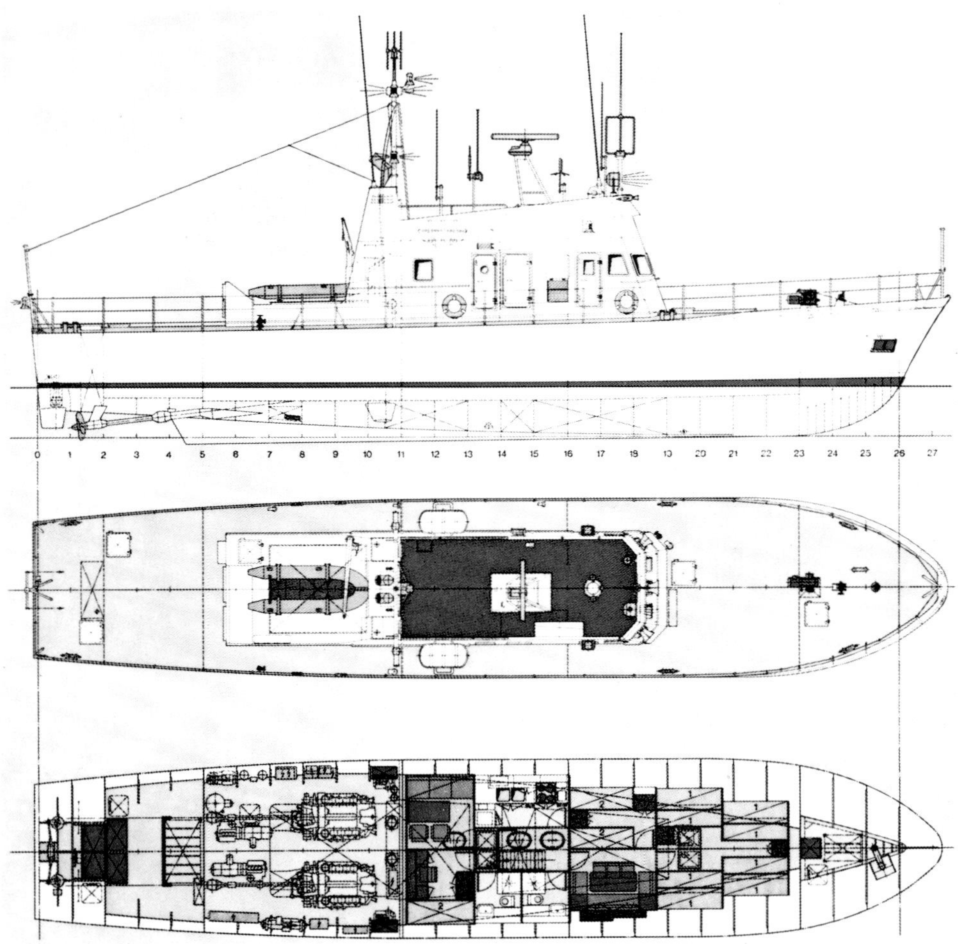

Sk 37
Blohm & Voss-Patrouillenboote des Typs *Mar del Plata* für Argentinien (B&V)

3.011 Bahamas

Die seit 1973 unabhängigen Bahamas unterhalten nur eine Seepolizei. Den 1971 von der Keith Nelson & Co., Bembridge, gelieferten vier Patrouillenbooten des 60'-Typs dieser Werft, die speziell für Langstreckenpatrouillen zwischen den rund 700 Inseln ausgelegt sind, folgten 1978 drei Schwesterboote. Nach dem Verlust von *Acklins* im Jahre 1980 u. *San Salvador* in 1981 sind noch fünf Boote als *Eleuthera, Andros, Exuma, Abaco, Inagua*/P 22–23 und P 25–27 in Fahrt. Parallel zu den letzten drei Booten wurden 1977 bei Vosper Thornycroft zwei größere Patrouillenboote bestellt, die 1978 als P 01–02/*Marlin, Flamingo* (Bild 32) in Dienst kamen. Sie gehören zum 103'-Typ dieser Firma (31,4 × 6,04 × 1,67 m, 96/109 t, Stahlbootskörper, Vosper-Flossenstabilisierung, 2 × 1500-PS Paxman-Ventura-Diesel, 24 kn, 2-20-mm, 2 MG, 24 Mann) (87). *Flamingo* wurde am 11. 5. 80 von einer kubanischen MIG 21 angegriffen und versenkt. Kuba leistete dann nach längeren Verhandlungen eine Entschädigung von 2,5 Mio. £.

1981/82 wurden von der Phoenix Marine, Florida, vier mit zwei MG ausgerüstete, von Volvo-Tamo-40-Motoren angetriebene Polizeiboote als P 30-33 geliefert (8,8 × 3,0 × 0,7 m, . . . t, 24 kn, 350 sm/21 kn, 2 MG, 4 Mann). Fairey Marine Ltd., Cowes, lieferte bzw. liefert

- Anfang 1985 ein Boot des Typs Spear,
- 1986 drei Boote des Protector-Typs (33 × 6,7 × 2,1 m, 100 t, 3 × 1800-PS-GM-16V149TIB-Diesel, 30 kn, 300 sm/24 kn, 1-20-mm, 2-7,62-mm MG, 25 Mann).

3.012 Bahrain

Der kleine Golfstaat Bahrain orderte nach der Unabhängigkeit und einem 1971 mit England abgeschlossenen Freundschaftsvertrag ab 1974 eine Anzahl kleinerer Patrouillenboote für die

Sk 38
Bahrain-Lürssen-Artillerie-Schnellboote *Al Riffa* und *Howar* (Lürssen)

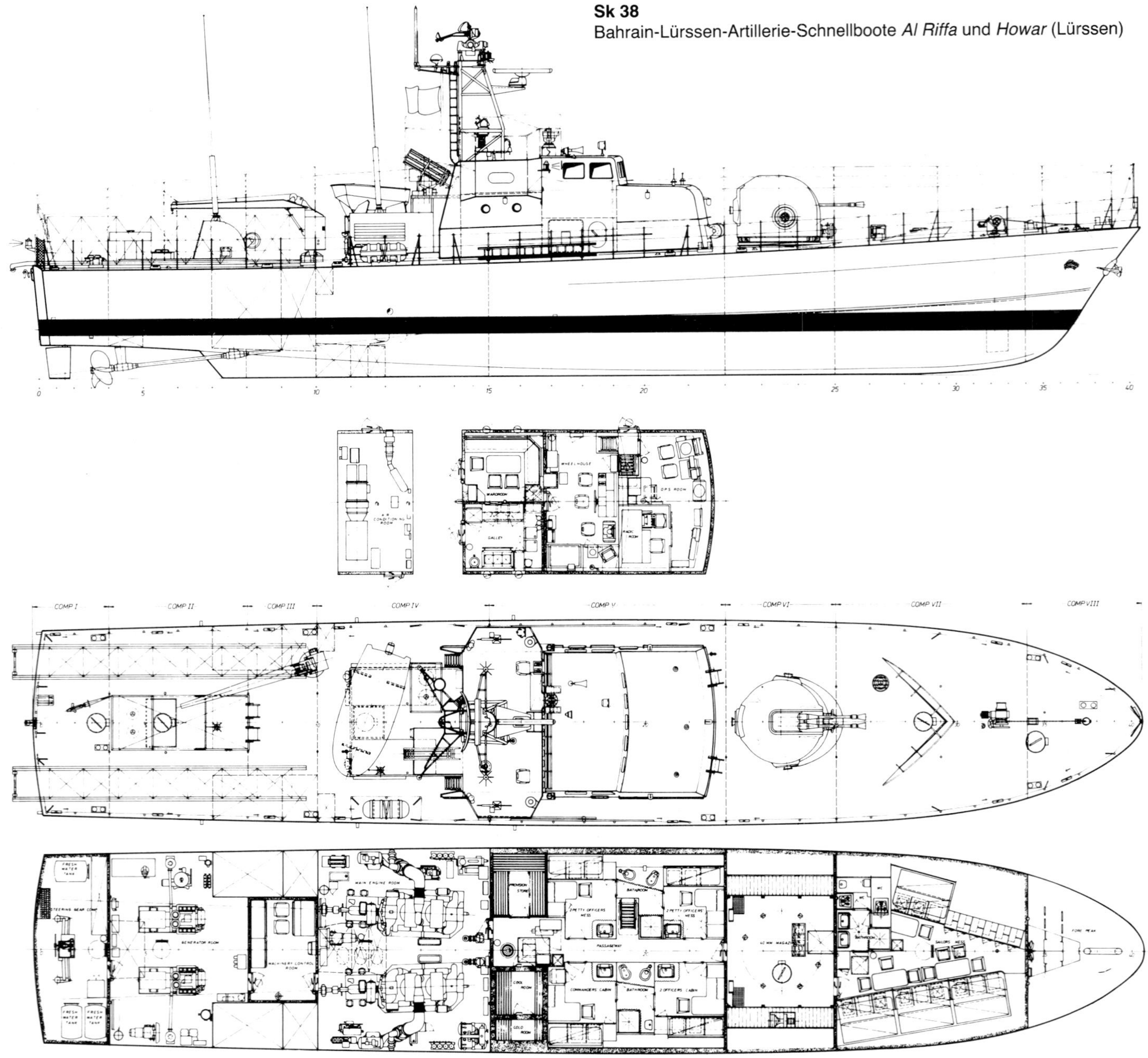

dem Innenministerium unterstehende Küstenwache bei englischen Werften. Geliefert wurden:

- 1975 *Bahrain I* von Fairey Marine, Hamble (Typ Tracker, 19,6/18,9 × 4,9 × 1,45 m, 26 t Einsatzverdrängung, 2 × 560-PS General-Motors-Diesel, 28 kn, 500 sm/15 kn, 1-20-mm). 1980 wurden zwei weitere Boote dieses Typs beschafft: *Bahrain II, Bahrain III,*
- *1974/75 Saham, Khataf* von Fairey Marine (Typ Spear),
- 1976 *Mashtan* von Cheverton, Cowes (GB): 15,24 × 4,5 × 1,4 m, 17,3 t, 2 × 350-PS-GM-Diesel, 22 kn, 7 Mann,
- 1976/77 *Noon, Askar, Suwad* von Cheverton, Cowes (8,23 × 2,44 × 0,81 m, 3,3 t, 2 × 75-PS-Diesel, 15 kn) für Zoll- und Hafendienstzwecke,
- 1977 *Howar, Ronbodh* von Vosper-Singapore (17,1 × 4,9 × 1,5 m, 32 t, 29 kn). Sie wurden bereits 1983 wieder ausgemustert,
- 1977 *Al Bayneh, Junnan, Quaimas* von Vosper-Singapore (10,97 m, 6,3 t, 27 kn),
- 1980 *Saif* 1-4 von Fairey Marine Ltd. (13,7 × 4,1 × 1,3 m, 15 t, Typ Sword)
- 1983 *Al Janim, Al Jasrah* von Souter, Cowes (GB): 34 t, 24,5 kn, 2 MG. Ferner lieferte diese Werft im gleichen Jahr drei Boote des Wasp-11-m-Typs (*Saham* 1–3, 11,0 × 3,2 × 0,6 m, 7,3 t, 2 × 300-PS-Perkins-Diesel, 24 kn) u. zwei Boote des Wasp-20-m-Typs (*Bahrain* 4–5, 20,0 × 5,0 × 1,5 m, 36,3 t, 2 × 650-PS-GM-Diesel, 24,5 kn, 2 MG, 8 Mann). Ein Boot des Typs Wasp-30-m wurde 1984 bestellt.

Ende der siebziger Jahre entschloß man sich dann im Hinblick auf die politische Lage in der Golfregion schnellere und schlagkräftigere Fahrzeuge zu beschaffen und damit den Grundstock einer Marine zu bilden, um die eigenen Interessen zu wahren. 1979 wurden bei Lürssen zwei Boote des Typs FPB 38 geordert. Sie liefen im April bzw. Juli 1981 als *Al Riffa* (Sk 38, Bild 33) und *Howar* von Stapel und kamen im August bzw. November 1981 in Dienst (38,5/36,00 × 7,0 × 2,2 m, 170/186/205 t, 2 × 4750-PS-MTU-20V539TB91-Diesel, 34 kn, 1150 sm/16 kn, 1 × 2-40-mm-L/70-Breda-Bofors, 2 × 1-20-mm GAM 601 Oerlikon, Dagaie-Düppelwerfer, 21 Mann). Ursprünglich hatte man nur 1-40-mm als Bewaffnung vorgesehen. Ein deutlicher, politisch bedingter Wandel der Auffassungen.

Es folgte 1983/84 die Lieferung von zwei FK-Schnellbooten des Typs TNC 45 durch die Lürssen-Werft: *Ahmad el Fach* und *Al Jaberi* (Sk 39, Bild 34), 44,9/42,3 × 7,0 × 2,3 m, 231/258 t, 4 × 3600-PS-MTU-16V538TB92-Diesel, 41,5/38 kn, 1600 sm/16 kn, 4 MM-40-Exocet, 1-76-mm-Oto-Melara, 1 × 2-40-mm-Breda, 3 MG, PEAB 9LV223-Anlage, ECM Decca RDC-2, Dagaie-Düppelwerfer, 36 Mann. Alle vier Lürssen-Boote sind darüber hinaus zum Minenlegen eingerichtet.

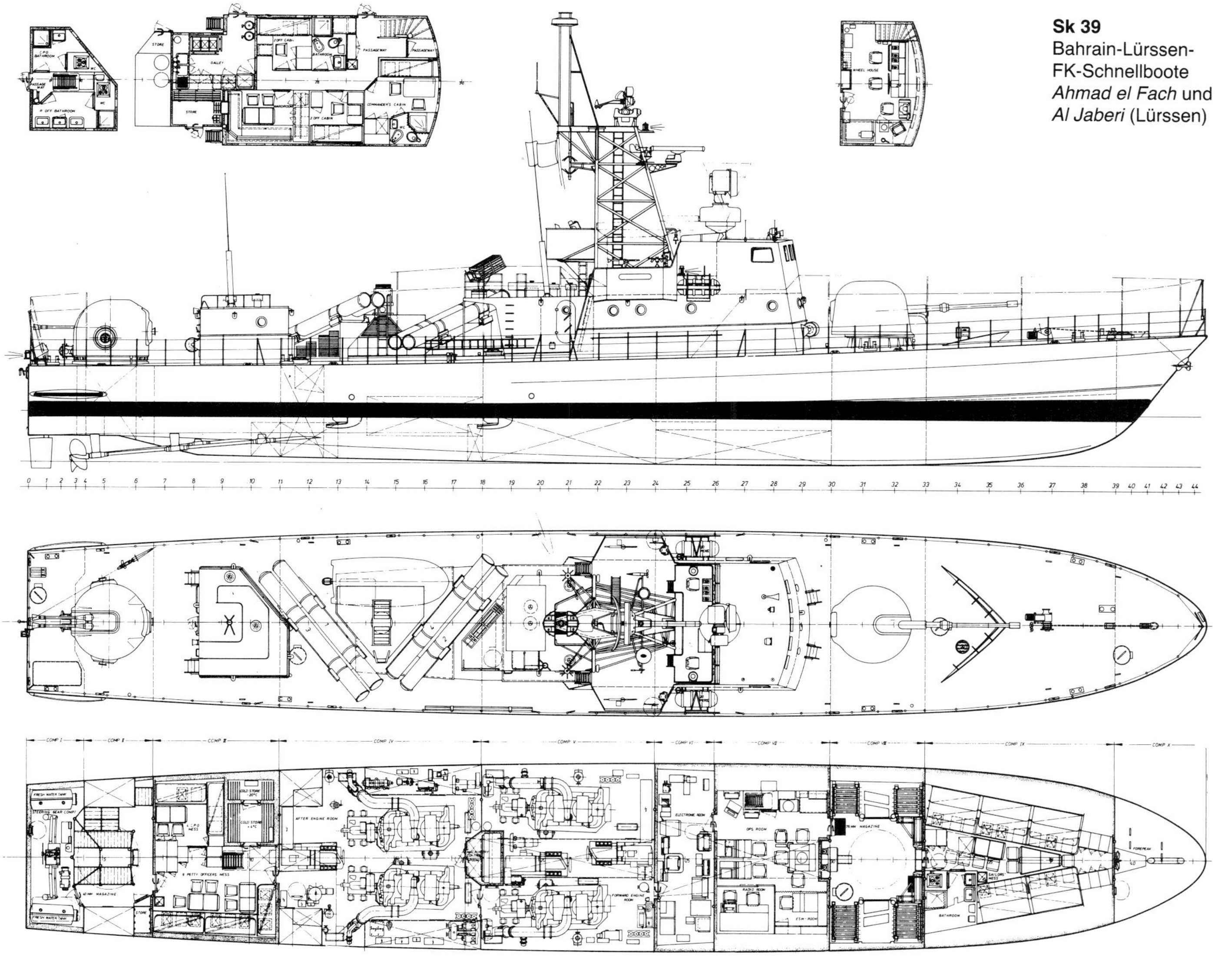

Sk 39
Bahrain-Lürssen-FK-Schnellboote *Ahmad el Fach* und *Al Jaberi* (Lürssen)

Ende 1984 wurden bei Lürssen zwei große FK-Träger bestellt und bei W. A. Sauter, Cowes, drei Patrouillenboote für die Küstenwache (30,0 × 6,4 × 1,6 m, 103 t, 2 × 1800-PS-GM-16V149TI-Diesel, 25 kn, 500 sm/22 kn, 2 MG, 9 [+ 2] Mann). Zu den Lürssen-Booten wurden zwischenzeitlich erste Details bekannt: 62,95/59,80 × 9,30 × 3,00 m, 536/632 t, 19600 PS, 34,7/32,2 kn, 4000 sm/16 kn, 1 × 76-mm-Oto-Melara, 1 × 2-40-mm-Breda, 2-20-mm, 4 MM 40-Exocet-SSM-Starter, 8 SNIAS-AST-15-SAM-Starter, SNIAS-Dauphin-2-Hubschrauber, PEAB 9LV331-Feuerleitanlage, 43 Mann (SK 40).

Sk 40
Bahrain-Lürssen-FK-Korvetten des Typs FPB 62-001 (Lürssen)

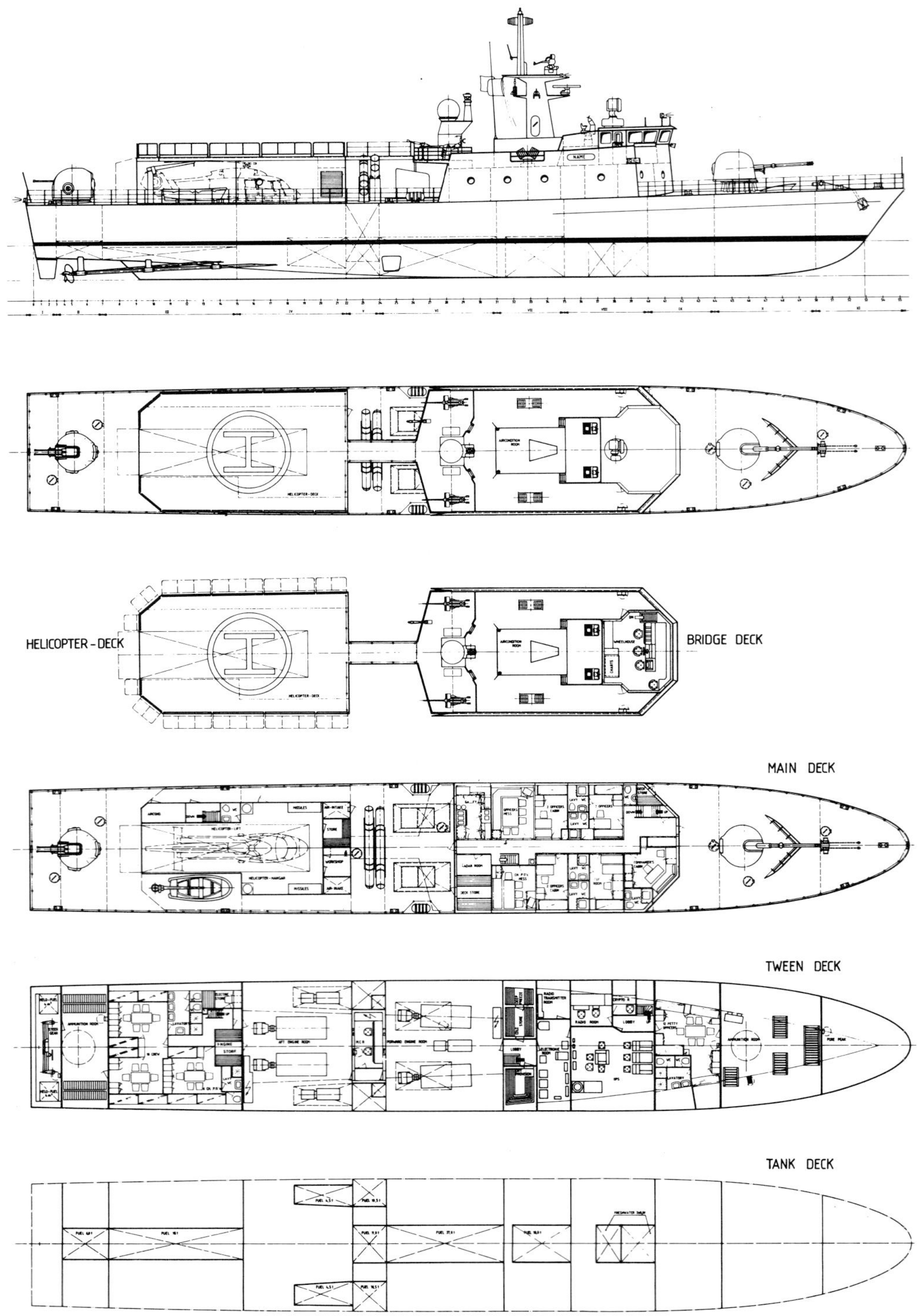

3.013 Bangladesh

Die Marine der 1971 proklamierten Volksrepublik Bangladesh verfügt über fünf hier nicht näher zu erläuternde, 1972/76 auf einer heimischen Werft gebaute Flußpatrouillenboote der Pabna-Klasse und vier seegehende Patrouillenboote ausländischer Herkunft: P 201-202/*Padma, Surma* sind die 1973/74 übernommenen *Akshay* und *Ajay* der auf der englischen Ford-Klasse aufbauenden, auf indischen Werften gebauten Akshey-Klasse. Die im Juni 1975 übernommenen Boote P 301-302/*Karnaphuli, Tista* sind ex PBR 502 und PBR 505 der jugoslawischen Kraljevica-Klasse.

Ende 1978 wurde das ehemalige pakistanische, im Unabhängigkeitskrieg gesunkene, später gehobene und instandgesetzte Brooke-Patrouillenboot *Jessore* (Baujahr 1964/65) als *Bishkali* in Dienst gestellt. Eine wesentliche Verstärkung bedeuteten dann zwei 1974 von China überlassene Boote des Typs Shanghai II. 1980 folgten vier, 1982 noch zwei weitere Boote dieses Typs: *Shaheed Daulat, Shaheed Farid, Shaheed Mohibullah, Shaheed Akhtaruddin, Tawheed, Tawfiq, Tamjeed, Tanveer.*

Weitere Lieferungen aus China folgten:

- 1982/85 sieben Artillerie-Schnellboote des Typs Hainan (P 811/*Durjoy*, . . .
- 1983 vier Torpedo-Schnellboote des chinesischen Typs P 4 (T 8221–8224),
- 1983 vier FK-Schnellboote des Typs Hegu (P 8111–8114/*Durbar, Duranta, Durvedya, Durdam*).

Diese Kampfboote sind in Verbänden zu je vier Booten gegliedert u. stationiert. Für Küstenwachzwecke usw. wurden weiterhin beschafft

- 1982 von der japanischen Werft Sumidagawa *Shamjala* (160 t)
- 1984 von Vosper Private Ltd., Singapore P 316–317/*Meghna, Jamuna* (46,5 × 7,5 × 2,0 m, 210 t Einsatzverdrängung, 2 × 2180-PS-Diesel, 20 kn, 2000 sm/16 kn, 2-20-mm, 47 Mann).

3.014 Barbados

Für die Anfang 1973 gegründete Küstenwache des seit 1966 unabhängigen Barbados lieferten die englischen Firmen Halmatic und Aquarius 1973/74 drei Patrouillenboote der von der Marine and Coastal Ltd. entwickelten Guardian-Klasse. Zwei Boote, P 05–06/*Commander Marshal* (Bild 35), *J. T. C. Ramsey,* gehören zur 12-m-Klasse (12,6 × 3,7 × 1,0 m, 11,5 t, GFK-Rumpf, 2 × 290-PS-Caterpillar-Mk334TA-Diesel, 24 kn, 4 Mann, 1 MG), P 04/*George Ferguson* zur 20-m-Klasse (20,0 × 5,25 × 1,5 m, 30 t, GFK-Rumpf, 2 × 650-PS-General-Motors-12V71TI-Diesel, 24 kn, 560 sm/18 kn, 11 Mann, 1 MG).
Im Jahre 1981 wurden drei weitere Patrouillenboote übernommen:
- P 02-03/*Enterprise, Excellence* von der Desco Marine (22,8 × 6,2 × 1,8 m, 40 t, 1-20-mm), ehemalige Fischerboote, die für Wachzwecke umgebaut wurden,
- P 01/*Trident* (Bild 36) von Brooke Marine, Lowestoft (GB) (37,5 × 6,65 × 1,65 m, 136/200 t, 2 × 3000-PS Paxman-Valenta-12 RP200-Diesel, 29 kn, 1-40-mm, 1-20-mm) des Oman-Typs Al Bushra.

3.015 Belgien

Keine Veränderungen gegenüber Band III (Bild 37).

3.016 Belize

Die Küstenwache von Belize – bis 1973 British Honduras – erhielt 1972 zwei Boote des Brooke-Marine-40'-Typs als PBM 1–2/*Belize, Belmopan* (12,2 × 3,6 × 0,6 m, 15 t Einsatzverdrängung, 2 × 185-PS-Caterpillar-Diesel, 22 kn, 3 MG). *Belize* wurde bereits 1982 ausgemustert.
Nach der Entlassung in die Unabhängigkeit 1981 wurden bei Souters, Cowes (GB) zwei Boote als PB-01-02/*Dandriga, Toledo* bestellt. Sie kamen 1983 in Dienst (Typ Wasp-20-m, 20,0 × 5,0 × 1,5 m, 36,3 t, 2 × 600-PS-Diesel, 21 kn, 3 MG, 8 Mann).

3.017 Benin

Die Volksrepublik Benin (bis 1975 Dahomey) begann ab 1978 den Grundstock einer Küstensicherung aufzubauen. Obwohl die Küstenlinie des Landes nur um 75 Meilen lang ist, lieferte die Sowjet-Union 1979/80 zwei Schnellboote des Typs Osa I (ohne FK-Bewaffnung), zwei Schnellboote des Typs P 4 und vier Patrouillenboote des Typs Zhuk.

3.018 Bermuda

Die Bermuda-Polizei unterhält einige kleinere 6-m-Patrouillenboote für Wachzwecke, 1978 lieferte Harris Boat, Newburyport, Mass., *Blue Heron* (10,9 m, 7 t, 2 × 130-PS-GM-Diesel, 3 Mann). Im April 1978 bzw. Juli 1981 lieferte Mako Marine, Florida, *Heron II-III* (7,1 m, 1 t, 235-PS-Evinrude-Outborder, 2 Mann).

3.019 Bolivien

Bolivien unterhält eine Anzahl zwischen 12 und 82 t großer Patrouillenboote unterschiedlicher Konstruktion für Polizei- und Wachzwecke auf dem Titicaca-See und dem Beni. Darunter befinden sich auch zwei 1974 gelieferte Boote des US-PBR Mk. 2–Typs.

3.020 Brasilien

Im Gegensatz zu anderen südamerikanischen Marinen hat sich die brasilianische an Schnell- und Patrouillenbooten bisher recht uninteressiert gezeigt. Die Coastal Forces haben sich daher auch kaum verändert. Sie umfassen zur Zeit
- drei 1955/59 nach dem Vorbild der portugiesischen Azevia-Klasse vom Marinearsenal Rio de Janeiro gebaute, im Frieden als Vermessungsboote verwandte Fahrzeuge: H 31-33/*Argus, Orion, Taurus,*
- die sechs 1967/72 von Bormann, Rio de Janeiro, gebauten, im Frieden ebenfalls als Vermessungsboote verwandten H 11-17/*Paraibano, Rio Brancho, Nogueira da Gama, Itacurussa, Camocim, Caravelas* (16,0 × 4,6 × 1,3 m, 32/50 t, ein 165-PS-Diesel, 11 kn, 600 sm/11 kn, 11 Mann),
- sechs unter der Bezeichnung PGM 109, 110, 118–121 als US-Off-Shore-Auftrag beim Marinearsenal Rio de Janeiro gebaute, zwischen November 1970 und Oktober 1971 als P 10-15/*Paratini, Piraja, Pampeiro, Parati, Penedo, Poti* in Dienst gestellte Patrouillenboote des US-PGM-Typs.

3.021 Brunei

Das im Oktober 1967 fertiggestellte, 1972 bei Vosper Singapore grundüberholte, von der englischen *Brave/Ferocity* und der dänische *Söulven* abgeleitete FK-Schnellboot P 01/*Pahlawan* wurde 1977 ausgemustert.
Eine ähnlich relativ kurze Lebensdauer hatten
- die 1970/72 bei Vosper-Thornycroft, Singapore, gebauten Patrouillenboote P 11–13/*Saleha, Masna, Norain* (18,9 × 4,9 × 1,4 m, 25 t, Holzbootskörper, Leichtmetallaufbauten, 2 × 620-PS-GM-MkV71N-Diesel, 25 kn, 600 sm/23 kn, 2-20-mm-Hispano-Suiza, 2 MG, Decca RM 616-Radar, 8 Mann). P 11–12 wurden 1978, P 13 1979 ausgemustert. Letzteres dient z. Z. noch SAR-Zwecken.
- die 1974/75 von Vosper-Thornycroft, Singapore, gebauten Fluß-Patrouillenboote P 21–23/*Bendahara, Maharajalela, Kemaindera* (14,3 × 3,65 × 0,9 m, 10 t, V-Spant-Holzbootskörper, 2 × 170-PS-GM-Diesel, 20 kn, 2 × 2 MG, Decca-202-Radar, 6 Mann). Sie wurden 1980 ausgemustert.

Zur Zeit sind vorhanden
- die 1974/75 bei Vosper-Thornycroft, Singapore, gebauten Patrouillenboote P 14–16/*Perwira* (Bild 38), *Pemburu, Penyarang* (21,7 × 6,1 × 1,2 m, 30/38,5 t, V-Spant-Holzbootskörper, 2 × 1225-PS-MTU-12V331TC81-Diesel, 32 kn, 600 sm/22 kn, 1 × 2-20-mm Hispano-Suiza, 2 MG, 12 Mann),
- die 1977/78 von Vosper-Thornycroft, Singapore, gebauten Patrouillenboote *Abadi, Panang* der Seepolizei (18,0 × 4,9 × 1,2 m, 31 t, 2 × 900-PS-MTU-Diesel auf Wasserstrahlantrieb, 28 kn, 400 sm/18 kn, 2-20-mm).

1976 wurden bei Vosper-Thornycroft, Singapore, die drei FK-Schnellboote P 02–04/*Waspada, Pejuang, Seteria* bestellt, die 1978/79 geliefert wurden. Stahlbootskörper und Leichtmetallaufbauten waren von der von Vosper Thornycroft für Venezuela gebauten Constitucion-Klasse abgeleitet, doch wurde die Bewaffnung verändert. Die technischen Daten: 36,9/33,5 × 7,16 × 1,73 m, 150 t Einsatzverdrängung, 2 × 3750-PS-MTU-16V538TB90-Diesel, 30 kn, 1200 sm/14 kn, 2 MM 38 Exocet, 1 × 2-30-mm-Oerlikon-GCM-Bol, 2 MG, Decca TM 1229, 24 Mann.
1981 lieferte Rotork Marine drei kleine Patrouillenboote als S 24–26 (12,7 × 3,2 × 1,5 m, 8,8 t, 2 × 210-PS-Ford-Diesel, 27 kn, 100 sm/12 kn, 3 MG).

3.022 Bulgarien

Wie bei allen Ostblockmarinen ist auch der Fahrzeugbestand der bulgarischen Marine, speziell bei kleinen Booten, immer nur bedingt erfaßbar. Gesichert ist
- die Ausmusterung von je vier der 1956 gelieferten sowjetischen P 4-Torpedo-Schnellboote in 1975, 1980 und 1983,
- die Ausmusterung der beiden 1957 gelieferten sowjetischen U-Jäger des Typs Kronstadt in 1975.

Vom Altbestand sind noch in Fahrt
- sechs 1963/64 gelieferte U-Jäger des sowjetischen Typs SOI (41–46),
- vier 1970/71 gelieferte Torpedo-Schnellboote des sowjetischen Typs Shershen. Zwei weitere Boote folgten in den siebziger Jahren (Nr. 104–106, 114–116).

Von den vier 1970/71 gelieferten FK-Schnellbooten des sowjetischen Typs Osa I (21–24) wurde das Boot Nr. 24 1978 ausgemustert. Ein 1978 u. zwei 1982 gelieferte Boote des sowjetischen Typs Osa II erhielten die Nummern 101, 102, 111, während die Osa I heute als Nr. 103, 112, 113 laufen. Neu hinzu kamen ferner
- im Dezember 1975 drei U-Jäger der sowjetischen Poti-Klasse (41–43) als Ersatz für die ausgemusterten Boote der Kronstadt-Klasse,
- 1980/81 fünf Patrouillenboote der sowjetischen Zhuk-Klasse.

3.023 Burma

Die 1956/57 bei Saunders Roe gebauten fünf Torpedo-Schnellboote der englischen Dark-Klasse wurden 1975/76, nach fast zwanzigjähriger Dienstzeit, ausgemustert. Da entsprechende Neubauten nicht in Auftrag gegeben wurden, reduzierte sich der Bestand Burmas zunächst auf eine Anzahl von Fluß-Patrouillenbooten und
- die sieben 1959 von den USA gelieferten, 1960 auf burmesischen Werften mit neuen Bootskörpern und Aufbauten versehenen Patrouillenboote MGB 101, 102, 104–106, 110 des USCG-83'-Typs. Z. Z. sind nur noch MGB 102 und MGB 110 vorhanden,
- die sechs 1959/61 im Rahmen des Off-Shore-Programms bei der Marinette Marine Corp. in den USA als PGM 43–46, 51–52 gebauten Patrouillenboote des US-PGM-Typs, die in Burma als PGM 401–406 laufen.

1975 wurden bei der Swiftships, Morgan City (USA), drei Patrouillenboote für den Fischereischutz bestellt, die 1977/78 als PGM 421–423 in Dienst kamen (32,0 × 7,2 × 2,0 m, 118 t, 2 MTU-12V331TC81-Diesel, 27 kn, 2-40-mm, 2-20-mm, 2 MG, 25 Mann).
Im Dezember 1978 erhielt die Firma Hawker de Havilland, Sidney (Austr.), den Auftrag zum Bau von sechs Patrouillenbooten des australischen Typs Carpentaria für Fischereischutzzwecke (01–06, 15,7 × 4,8 × 1,3 m, 27 t, 2 × 700-PS-GM-12V71TI-Diesel, 30 kn, 950 sm/18 kn, 2-20-mm, Decca 110, 10 Mann). Sie wurden 1979/81 geliefert.
1983 wurde auf der eigenen Marinewerft PGM 412/. . . als erstes Boot einer Serie von drei Patrouillenbooten fertiggestellt (33,5 × 6,7 × 2,0 m, 128 t, 2 × 1360-PS-Deutz-SBA 16 MB 816 LLKR-Diesel, 16 kn, 2-40-mm, 17 Mann).

3.024 Cambodscha

Der Fahrzeugbestand der cambodschanischen Marine ist nach der Machtübernahme durch die Roten Khmer und der vietnamesischen Invasion ab 1978 undurchsichtiger denn je.
Gesichert ist der Verbleib von fünf Fahrzeugen:
- die Patrouillenboote E 311 und E 312 flüchteten im Mai 1975. E 311 ging nach Thailand und wurde dort später verschrottet. E 312 ging nach den Philippinen, wurde zum Schrottpreis angekauft und im Dezember 1976 als *Negros Oriental* übernommen,
- die beiden 1965 gelieferten Torpedo-Schnellboote des jugoslawischen Typs 100 (VR 1–2) wurden am 13. 5. 75 bei der Befreiung des gekaperten Dampfers *Mayaguez* von US-Flugzeugen versenkt,
- das 1964 von den USA gelieferte PGM 70 wurde um 1973/75 abgewrackt.

Damit sind aus dem Altbestand nur noch die 1968 von China gelieferten Wachboote VP 1–3 und die 1970/72 von den USA gelieferten Patrouillenboote VR 3–4 vorhanden. Darüber hinaus ist mit einer größeren Anzahl aus dem südostasiatischen Engagement der USA stammender Boote der US-Typen PCF und PBR, u. U. auch mit einigen aus den Jahren 1975/77 stammender Bootslieferungen Chinas zu rechnen. Die derzeitigen Flottenlisten vermuten ca. 25 PBR und 10 PCF.
Die Sowjetunion lieferte im März 1984 ein Boot der Turya- und zwei Boote der Shmel-Klasse. Von letzteren folgten im Januar 1985 zwei weitere Boote.

3.025 Canada

Haushaltslage und eine bemerkenswerte Konzentration der zur Verfügung stehenden Mittel auf die für die Aufgaben in Krieg und Frieden wirklich wichtigen Fahrzeuge ließen den Light Forces in der canadischen Marine auch weiterhin einen nur geringen Stellenwert zukommen.
Die älteren Fahrzeuge wurden weitgehend ausgemustert. Vorhanden sind noch
- *Fort Steele,* das letzte Boot der in den mittfünfziger Jahren für die Royal Canadian Mounted Police gebauten Fort-Klasse. Es dient als Schulboot für Reservisten,
- eine Anzahl kleinerer Boote der Royal Canadian Mounted Police (RCMP) Marine Division,
- einige Boote der Küstenwache,

– die 1963 nach Vorbild der US-Coast Guard-95'-Kutter für Seenot-Rettungszwecke gebauten Boote *Racer, Rally, Rapid, Ready, Relay* und *Rider,*
– die 1963/64 gebauten SAR-Boote *Spindrift, Spray, Spume* sowie eine Anzahl neuerer Coast Guard-Boote (CG 101-109, 114–118, 38 t, 14 kn, CG 123–126, 21 × 5,5 × 1,7 m, 60 t, MTU-Diesel, 24 kn).

Während das interessante, seit Jahren aufgelegte Tragflügelboot *Bras D'Or* 1982 ausgemustert wurde, kamen im Rahmen der Küstenwache Luftkissenfahrzeuge in Fahrt (zwei SR.N6, ein SR.N5).

3.026 Chile

Die Verstärkung der Light Forces bei den anderen südamerikanischen Marinen und die Notwendigkeit der Überwachung der 200-sm-Wirtschaftszone führten auch in Chile zu einer Verstärkung der leichten Seestreitkräfte und Küstenwachverbände. Nach den 1962/66 von Bazan, Cadiz (Span.) nach Lürssen-Plänen gebauten Torpedo-Schnellbooten *Fresia, Guacolda, Quidora, Tegualda* und dem 1968/71 bei der Asmar-Werft in Talcahuano im US-Off-Shore-Auftrag gebauten U-Jäger *Papudo* wurden

– 1979/81 die zur Reshev-Klasse gehörenden israelischen FK-Schnellboote *Romach* und *Keshet* als *Casma* und *Chipana* angekauft. Die erst 1979 fertiggestelten Boote wurden vor der Überführung sorgfältig überholt.
– 1978/81 bei MacLaren, Niteroi (Brasilien), zehn Patrouillenboote für die Küstenwache gebaut: GC 1801–1810: *Pillan, Tronador, Ranokavo, Villarrica, Corcovado, Llaima, Antuco, Osorno, Choshuenco, Copahuel* (18,6 × 5,3 × 1,7 m, 43 t Einsatzverdrängung, 2 × 900-PS-MTU-Diesel, 30 kn, 700 sm/15 kn, 2-20-mm, Wabos). Zehn weitere Boote sind vorgesehen.
– 1982 von MacLaren zwei 25-t/22-kn-Boote als *Ona, Yagan* für die Küstenwache geliefert.
– 1982/83 von Asenar zwölf Patrouillenboote für die Küstenwache geliefert: LPM 1901–1912 (13,2 × 3,5 × 1,1 m, 14 t, 2 × 650 PS-MTU-6V331TC82-Diesel, 18 kn, 1-12,7-mm-MG),
– 1983 sollte mit Israel ein Vertrag über die Lieferung eines dritten Bootes der Reshev-Klasse abgeschlossen werden. Dieser wurde jedoch offensichtlich nicht realisiert. Jüngeren Nachrichten zufolge besteht jetzt die Absicht, derartige Fahrzeuge mit israelischer Unterstützung in Talcahuano zu bauen. Geplant sind vier FK-Schnellboote als Ersatz für die Bazan/Lürssen-Boote. Angestrebt wird eine Gemeinschaftsproduktion mit Brasilien, u. U. auch mit spanischer Hilfe. Die Kiellegung des ersten Bootes erfolgt jedoch frühestens 1987.

3.027 China

Light Forces bilden unverändert den Schwerpunkt der chinesischen Marine, die sich in der Entwicklung dieser Fahrzeuge von den zunächst weitergebauten Booten sowjetischer Konstruktion gelöst hat und absolut eigenständige Entwicklungen ausweist. Nach derzeitigem Erkenntnisstand sind folgende ausschließlich älteren Konstruktionen vorhanden

A) Artillerieträger

– etwa 40 große Patrouillenboote der Hainan-Klasse (59,0 × 7,3 × 2,4 m, 375/400 t, 4 × 2200-PS-Diesel, 24 kn, 2 × 2-57-mm, (einige auch 2 × 1-76-mm), 2 × 2-25-mm, 4 ASW-Raketenwerfer, Minenlegeeinrichtungen). Die ersten dieser Boote wurden 1963/64 gebaut. Sie zeichnen sich durch einen auffallend geringen Freibord aus und dürften demnach nur eine beschränkte Seefähigkeit haben. Dies dürfte der Grund sein, daß die Zahl der gebauten Boote relativ gering geblieben ist. Ein offensichtlich modifizierter Nachfolgetyp wird als Haijui-Klasse bezeichnet,
– zwanzig große Patrouillenboote der sowjetischen Kronstadt-Klasse. Sechs Boote wurden 1956/57 von der UdSSR geliefert, die restlichen wurden im gleichen Zeitraum in Shanghai und Kanton nachgebaut. Sie dürften inzwischen stark abgefahren sein,
– acht Artillerie-Schnellboote der Shanghai I-Klasse (36,5/35,1 × 5,5 × 1,7 m, 120 t, 4 × 1200-PS-Diesel (Nachbauten des sowjetischen Typs M50F) auf vier Wellen, 30 kn, 25 Mann, 2 × 2-57-mm, 1 × 2-37-mm, Einrichtungen zum Minenlegen, Wabos, z. T. auch 2-45,7-cm-TR). Die Fahrzeuge dürften in absehbarer Zeit ausgemustert werden. Zahlreiche Boote dieses Typs wurden an das Ausland abgegeben, u. a. 15 an Nordkorea,
– etwa 295 Artillerie-Schnellboote der Shanghai II-Klasse (39,6/38,8 × 5,5 × 1,7 m, 120/155 t, 4 × 1200-PS-Diesel, 30 kn, 35 Mann, 2 × 2-37-mm, 2 × 2-25-mm, Wabos, Einrichtungen zum Minenlegen, *Skin Head*-Radar). Einige Boote tragen 1 × 2-57-mm, 1 × 2-37-mm und 2 × 2-25-mm, andere – offensichtlich zu Versuchen – eine rückstoßfreie 75-mm-Zwillings-Kanone. Bewaffnungsalternativen und geringe Modifikationen im Brückenbereich haben in der Literatur zu weiterführenden Klassifizierungen (Shanghai III, IV usf.) geführt. Die Fahrzeuge werden seit etwa 1959/60 mit einer zunächst begrenzten (5–6), später jedoch erheblich forcierten Jahresrate (20) in Shanghai (zentrale Leitung) und an anderen Stellen gebaut. Sie wurden auch in großer Zahl exportiert. So gingen bisher insgesamt über 65 Boote an Ägypten (2), Albanien (6), Bangladesh (8), Guinea (6), Kamerun (2), Kongo (3), Nord-Korea (8), Pakistan (12), Sierra Leone (2), Sri Lanka (6), Tansania (6), Tunesien (2), Vietnam (6) und Rumänien (3) erwarb die Lizenz zum Nachbau derartiger Fahrzeuge. Damit wurde die Shanghai-Klasse zur bisher quantitativ größten Nachkriegsentwicklung eines Schnellbootes. Technische und militärische Leistungsdaten und das insgesamt recht einfache und robuste Konzept dieser Stahlboote entsprachen den Vorstellungen eines kampfstarken Patrouillenboots im Herstellerland und denen der Länder der Dritten Welt in angemessener Weise,
– drei der sechs Mitte der sechziger Jahre gebauten Boote der Haikou-Klasse (45,7 × 6,5 × 2,1 m, 160/175 t, DM, 30 kn, 2 × 2-37-mm, 2 × 2-25-mm), eine vergrößerte Version der Shanghai-Klasse, die sich offensichtlich aber nicht sehr bewährte. Drei Boote sind bereits ausgemustert,
– etwa 40 um 1957 aus der sowjetischen P 6-Klasse abgeleitete Artillerie-Schnellboote der Shantou (früher Swatow-) Klasse (25,7 × 6,1 × 1,8 m, 70/80 t, V-Spant-Stahlbootskörper, 4 × 750-PS-Diesel, 28 kn, 17 Mann, 2 × 2-37-mm, 2-12,7-mm-MG, 8 Wabos). Einige trugen vorne eine rückstoßfreie 75-mm-Zwillings-Kanone. Der Serienbau erfolgte in

den endfünfziger Jahren in Dairen, Kanton und Shanghai. Zwölf Boote wurden 1958 und 1964 an Nord-Vietnam und acht an Nord-Korea abgegeben. Bis Anfang der sechziger Jahre gebaut, sind die Shantou inzwischen weitgehend abgefahren. Allein in den Jahren 1976/81 sollen 42 Boote ausgemustert worden sein. Einige Tragflügel-Shantou-Boote dienten offensichtlich Versuchen (2 × 1900 PS, 40 kn), wurden dann aber nicht weiter gebaut. Es sollen noch zwei bis drei Boote dieser Variante vorhanden sein,

- etwa 40 Boote der 1954/58 in Shanghai und Kanton gebauten, für Binnengewässer und Hafenwachzwecke vorgesehenen Patrouillenboote der Huangpu (früher Whampoa-)Klasse (27,0 × 4,0 × 1,5 m, 42/50 t, 2 × 500-PS-Diesel, 14 kn, früher 1-37-mm und 2-25-mm, heute meist 2 × 2-25-mm). Der geringe Freibord schränkt die Seefähigkeit, das Alter die Verwendbarkeit ein,
- etwa 40 Hafenpatrouillenboote der 1964/68 in Shanghai gebauten Yu-Lin-Klasse (12,2 × 2,9 × 1,1 m, 10 t, ein 300-PS-Diesel, 20/24 kn, 10 Mann, 1 × 2-14,5-mm-MG, 1 × 2-12,7-mm-MG). Je vier Boote dieses Typs wurden an Kongo und Tansania, drei an Cambodscha abgegeben,
- einige wenige Artillerie-Tragflügel-Schnellboote der offensichtlich mißlungenen Shadang-Klasse (24,4 × 4,9 × 1,8 m, 75/85 t, 40 kn, 2 × 2-37-mm).

Darüber hinaus ist eine größere Anzahl kleinerer, vielfach auch von lokalen Werften entwickelter, mit MG bewaffneter, Polizei- und Zollzwecken dienender Motorboote vorhanden (Bei-Hai, Fujian-, Ying-Kou-, Taishan-Klasse usf., 30–65 t, 2–4 MG), die als bedeutungslos vernachlässigt werden können.

B) Torpedo-Schnellboote (Bild 39)

- die große Zahl der in den anfang- bis mittfünfziger Jahren von der Sowjet-Union gelieferten (Holzbootskörper) und in China nachgebauten (Leichtmetallbootskörper) Torpedo-Schnellboote der P 4-Klasse (19,0 × 4,2 × 1,5 m, 19,3/22,4 t, 2 × 1200-PS-M-50-Diesel, 50 kn, 1 × 2-14,5-mm-MG, 2-45,7-cm-TR) verringert sich laufend, da der qualitative Zustand der Boote durch Überalterung sinkt. Westliche Beobachter schätzen den Bestand auf noch etwa 55 Boote. Gleiches trifft für die 1960/66 in China gebauten, mit Holzbootskörper versehenen Boote der sowjetischen P 6-Klasse zu. Der aktuelle Bestand wird in westlichen Veröffentlichungen mit 60 angegeben. 1984 soll ein neuer Torpedoträgertyp dieser Größenordnung beobachtet worden sein,
- 130 Halbtragflügelboote der Huchwan-Klasse (21,8 × 4,9 × 1,0 m, 39/45 t, 3 × 1200-PS-M-50-Diesel, 50 kn, 500 sm/20 kn, 2 × 2-14,5-mm-MG, 2-53,3-cm-TR, *Skin Head*-Radar, 20 Mann (Bild 40). Von diesem Typ wurden 43 Boote exportiert: Albanien (32), Pakistan (4), Tansania (4), Rumänien (3). Rumänien baute weitere Boote in Lizenz nach.

C) FK-Schnellboote

- etwa vier bis acht in den mittsechziger Jahren von der Sowjet-Union gelieferte FK-Schnellboote der Komar-Klasse, die, mit auf 26,8 m verlängertem Stahlbootskörper und dadurch etwas weiter nach achtern versetzten SS-N-2-SSM-Startern, in China als Hegu-Klasse mit einer Jahresrate von etwa zehn Booten nachgebaut wurden. Abzüglich diverser Abgaben an afro-asiatische Marinen dürften heute noch über 100 Hegu's vorhanden sein. Die Tragflügelversion Homa wurde nicht weiter verfolgt,
- neben angeblich sieben in den Jahren 1965/68 von der Sowjet-Union gekauften FK-Schnellbooten der Osa-I-Klasse sollen inzwischen rund 120 als Huangfen-Klasse bezeichnete Nachbauten in China entstanden sein. Sie bilden zur Zeit das Rückgrat der chinesischen Küstenvorfeldverteidigung. Eine jüngst beobachtete, leicht vergrößerte, mit großem Radom versehene Version hat die Klassenbezeichnung Hola erhalten (42,0 × 8,1 × 2,0 m, 185/200 t, 3 × 4000-PS-Diesel, 36 kn, 4-6-SS-N-2, 2 × 2-25-mm, *Square Tild*).

Größte Aufmerksamkeit erregten zwei in einem chinesischen Film erschienene ca. 300 t große, mit 6-SS-N-2 und 2 × 2-57-mm ausgerüstete FK-Träger von ca. 47 × 7 × 2 m Hauptabmessungen mit großem Radom und hochragendem kombinierten Luftansaugeschacht/Elektronikträger (Sk 41). Sie erhielten sofort die Typenbezeichnung Hai Dau, doch scheint es sich tatsächlich nur um eine Filmattrappe gehandelt zu haben.

Insgesamt bestätigt sich im Saldo die im dritten Band getroffene Feststellung, daß gerade die Light Forces in der chinesischen Seerüstung einen hohen Stellenwert einnehmen.

Sk 41
Angebliche chinesische FK-Schnellboot-Entwicklung (Hai Dau), deren Existenz sich offensichtlich nicht bestätigte (Archiv Verfasser)

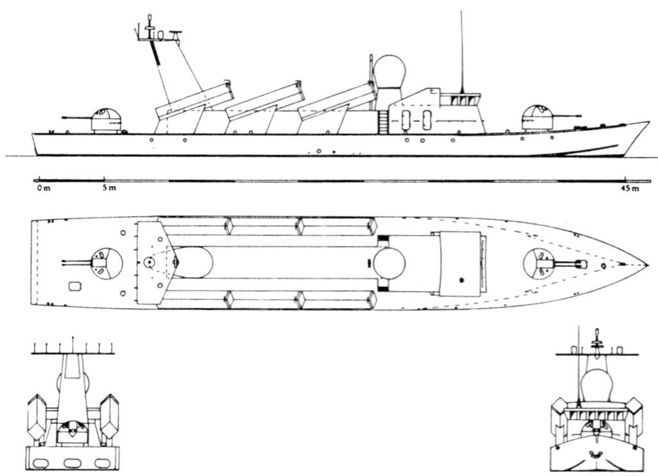

3.028 Columbien

Vom Altbestand sind noch *Carlos E. Restrepo, Carlos Alban* und *Nito Restrepo* im Küstenwach- und Zolldienst eingesetzt. 1978 wurde der Ankauf von zwei Booten der US-Asheville-Klasse vorgesehen. Tatsächlich traten die Boote PG-93/*Welch* und PG 92/*Tacoma* erst aufgrund des am 16. 5. 83 mit den USA abgeschlossenen Leih-Vertrages in columbianische Dienste über. Sie erhielten die Namen 111-112/*Quitto Sueno, Albuquerque* und sollen vor allem zur Drogenbekämpfung eingesetzt werden. 1984 folgten die US-Boote PG 99/*Beacon* und PG 101/*Green Bay*. Die Küstenwache erhielt im Herbst 1981 als Ersatz für die ausgemusterten Boote der C.E.Restrepo-Klasse von der Swiftship-Inc., Berwick (USA), zwei Boote des Swift-105'-Typs, die als AN 201/202/*Olaya Herrera, Rafael del Castillo y Rada* in Dienst kamen (31,5 × 6,6 × 2,1 m, 103 t Einsatzverdrängung, 2 × 3500-PS-MTU-12V331T-Diesel, 32 kn, 1200 sm/18 kn, 3 MG, 14 Mann).

Darüber hinaus verfügt die kolumbianische Marine über eine Anzahl älterer Flußpatrouillenboote.

3.029 Costa Rica

Zur Ergänzung der drei Wachboote Nr. 401–403 des US-Coast-Guard-40'-Typs wurden 1979 von Swiftship, Morgan City (USA), für die Küstenwache beschafft
- fünf Boote Typ Swift 65' (36,5 t, 27 kn): FP 407–411,
- ein Boot Typ Swift 105' (103 t, 36 kn, MTU-Diesel): FP 1055/ *Isla Del Coco.*

3.030 Cuba

Von den älteren Booten der Küstenwache wurden 1975/77 ausgemustert
- die 1944/45 gebauten Seenotkreuzer R 41–42,
- die 1943 in den USA angekauften Wachboote GC 11, 13, 14, 32–34,
- die 1943 von den USA zur Verfügung gestellten Wachboote *Oriente, Las Villas, Habana, Camaguay, Pinar del Rio,*
- das 1946 gebaute Wachboot *Leocio Prado,*
- die 1953 gebauten Hafenpatrouillenboote SV 1–6.

Damit sind von den Altbeständen noch sieben Boote bei der Küstenwache in Fahrt
- vier 1953 gebaute Hafenpatrouillenboote, GF 528, 720, 725, 825 (12,2 m, 2 GM-Diesel, 25 kn, 1–12,7-mm-MG),
- drei 1949 gebaute Wachboote, GF 101, 102, 107 (22,5 × 4,6 × 1,6 m, 58 t, 2 × 115-PS-Gray-Marine-Diesel).

Bedingt durch den politischen Gleichklang mit und die wirtschaftliche Abhängigkeit des Landes von der Sowjet-Union wurden die Kampfschiffe ab 1962 ausschließlich von der UdSSR geliefert. Im einzelnen:
- 1962 sechs U-Jäger der Kronstadt-Klasse. Zwei dieser Boote wurden 1979 ausgemustert und zum Gewinnen von Ersatzteilen für die restlichen Boote kannibalisiert. Die restlichen vier Boote wurden 1984 ausgemustert.
- 1964 und 1967 je sechs U-Jäger der SO-I-Klasse. Zwei wurden 1979, einer 1981 und drei weitere 1982/84 ausgemustert und kannibalisiert.
- 1962/64 zwölf Torpedo-Schnellboote der P 4-Klasse. Sieben Boote wurden 1982/84 ausgemustert und kannibalisiert. Die restlichen dürften ebenfalls bald ausgemustert werden.
- 1962 zwölf Torpedo-Schnellboote der P 6-Klasse. Sechs Boote wurden 1979 ausgemustert und kannibalisiert.
- 1962 zwölf, 1963/66 vier und 1967 zwei FK-Schnellboote der Komar-Klasse. Je vier Boote wurden 1979 und 1981, fünf weitere 1982/84 ausgemustert und kannibalisiert. Die übrigen sollen ebenfalls ausgemustert werden.
- 1972 zwei, 1973 drei und 1976 ein FK-Schnellboot(e) der Osa I-Klasse. Ein Boot wurde 1981 ausgemustert.
- 1976 ein, 1977 ein, 1978 drei, 1979 zwei, 1981 zwei und 1982 vier FK-Schnellboot(e) der Osa II-Klasse.
- 1979 zwei, 1980 zwei, 1981 zwei, Januar 1983 zwei und im November 1983 ein Tragflügelschnellboot(e) der Turya-Klasse, die ohne TR fahren.
- 1972/82 27 Patrouillenboote der Zhuk-Klasse.
- 1985 zwei U-Jäger der Stenka-Klasse, die ohne UTR fahren.

Damit befinden sich die kubanischen Light Forces auf einem bemerkenswert modernen Stand.

3.031 Dänemark

Obwohl die innenpolitischen Verhältnisse des Landes zu einer gewissen Restriktion der Verteidigungsanstrengungen führten, blieben die dänischen Seestreitkräfte bisher noch auf einem technisch recht guten Stand. Von den Light Forces wurden gestrichen und ausgemustert
- 1974 die sechs Torpedo-Schnellboote der Flyvefisken-Klasse,
- 1978/79 die vier Torpedo-Schnellboote der Falken-Klasse,
- 1979 der U-Jäger *Havmanden* der Daphne-Klasse.

Damit sind aus dem Altbestand noch vorhanden
- sechs Torpedo-Schnellboote der Sölöven-Klasse,
- acht U-Jäger der Daphne-Klasse.

Vier Boote der Sölöven-Klasse sollen grundüberholt u. modernisiert, zwei kannibalisiert werden.

Die in Band 3 nur kurz vorgestellten FK-Schnellboote der TB-68/Willemoes-Klasse *(Bille* [Bild 41], *Bredal, Hammer, Huitfeldt, Krieger, Norby, Rodsteen, Sehested, Suenson, Willemoes)* wurden sämtlich von der Frederikshavn Vaerft gebaut. Der Auftrag lautete zunächst auf vier, dann auf acht und schließlich 1974 auf zehn Boote. Das Typboot *Willemoes* wurde zeitlich etwas vorgezogen, um die Probefahrtserfahrungen in den Serienbau einbringen zu können. Die von der Lürssen-Werft entworfenen, auf der schwedischen Spica-II-Klasse basierenden Boote kommen bei 46,0/44,0 × 7,4 × 2,2 m Hauptabmessungen auf 240 t Typ- und 260 t Einsatzverdrängung und haben einen Stahlbootskörper. Die Antriebsanlage besteht aus 3 × 4250-PS-Rolls-Royce-Proteus-52-M-544-GT für 40 kn und 2 × 400-PS-GM-V71-Dieseln für 12 kn Marschfahrt. Die V-Getriebe lieferte die Zahnradfabrik Friedrichshafen. Die Bewaffnung besteht normalerweise aus 1-76-mm-Oto-Melara, 2-53,3-cm-TR, 2 × 2 Harpoon-Startern und 6 RFL (Bild 42). Anstelle der SSM und TR können auch 20 Minen gefahren werden. Darüber hinaus können die Harpoon-Starter durch 2 TR oder die TR durch zwei Harpoon-Doppelstarter ersetzt werden. Feuerleitanlage Philips 9LV200. (88)

Ferner befinden sich 19 kleinere bzw. langsame Patrouillenboote im Marineeinsatz, während die Marineheimwehr und die Luftwaffe weitere 40 Patrouillenboote von geringem militärischen Wert unterhalten.

Als Ersatz für die U-Jäger der Daphne-Klasse, die M-Boote der Sund-Klasse und die Torpedo-Schnellboote der Sölöven-Klasse wird z. Z. ein Typ »Standard-Flex 300« angepeilt, der 300 t verdrängen und gemäß Aufgabe unterschiedlich armiert sein soll. Vorgesehen sind 16 Boote. Im Gespräch ist eine CODAG-Anlage mit einer Gasturbine und zwei Dieseln für 28–32 kn. Der Entwurf wurde im August 1984 fertiggestellt. Zunächst stehen Mittel für sieben Fahrzeuge zur Verfügung. Neun weitere sollen für 1987/88 eingeplant sein. Den Auftrag für die ersten sieben mit Rolls-Royce-GT ausgerüsteten Boote erhielt 1985 die Karlskronavarvet in Schweden. Die Boote sollen moderne Elektronik von Philips Elektronikindustrier (Schweden) und Terma Elektronic (Dänemark) erhalten und mit containerisierten Waffensystemen ausgerüstet werden.

3.032 Deutsche Demokratische Republik

Die DDR-Volksmarine, die heute im Rahmen des Warschauer Pakts quantitativ die drittstärkste Marine ist, begann ab 1969 mit einer intensiven Flottenerneuerung. Ausgemustert wurden
- in den Jahren 1968/78 die 27 von der Sowjet-Union gelieferten Torpedo-Schnellboote des Typs P 6. Einige wurden noch als Ziel- und Verkehrsboote umgebaut.
- 1978 25, 1979 fünf und 1980 zehn Torpedo-Schnellboote der Iltis-Klasse,
- in den Jahren 1972/78 sechzehn von der Sowjet-Union gelieferte U-Jäger der SO I-Klasse,
- Ende der sechziger/Anfang der siebziger Jahre die Patrouillenboote der Sperber-, Delphin- und Tümmler-Klasse,
- 1980 die *Parchim* der Hai III-Klasse. Sie wurde zum Versuchsboot V 81 umgebaut.
- 1982 *Lübe, Dirna, Perleberg, Wismar* der Hai III-Klasse,
- 1983 *Ludwigslust, Ribnitz, Damgarten, Teterow* der Hai III-Klasse.

Mit der Ausmusterung der letzten drei Boote der Hai III-Klasse *(Gadebusch, Grevesmühlen, Pirna)* ist in Kürze zu rechnen. Sie werden durch die 1981/84 in Dienst gestellten U-Jäger der Parchim-Klasse (72,5 × 9,4 × 3,5 m, 960/1200 t, 2 × 6000-PS-Dieselanlage, 25 kn, 1 × 2-57-mm, 1 × 2-30-mm, 2 SA-N5-SAM-Starter, 2 A/S-Werfer, 4-40-cm-UTR) ersetzt.
An älteren Beständen sind vorhanden
- 18 in den Jahren 1968/76 von der Sowjet-Union gelieferte Torpedo-Schnellboote des Typs Shershen,
- 15 in den Jahren 1964/76 von der Sowjet-Union gelieferte FK-Schnellboote des Typs Osa I,
- 18 in den Jahren 1969/71 von der Peenewerft gebaute Räumboote des Typs Kondor I, die heute im Rahmen der Grenzbrigade Küste fahren.

Mit der Ausmusterung dieser Fahrzeuge dürfte in absehbarer Zeit zu rechnen sein. Nachdem im September 1984 ein erster und 1985 zwei weitere FK-Träger des sowjetischen Typs Tarantul I beschafft wurden, ist nicht auszuschließen, daß ein erweiterter Bestand dieses Typs den Kern der zukünftigen DDR-Light-Forces bildet.
Abgesehen von der aufgrund ihrer Charakteristiken hier nicht näher zu behandelnden Parchim-Klasse entstanden ab 1973 dreißig Kampfboote und ein Übungsboot des auf DDR-Werften gebauten Torpedo-Schnellboottyps Libelle (Bild 43, 19,6 × 4,5 × 1,0 m, 30 t, 3 × 1200-PS-MSO F4-Diesel, 40 kn, 1 × 2-23-mm, 2-53,3-cm-TR), die die Boote der Iltis-Klasse ablösten. Sie können kurzfristig zum Minenlegen und, wie ihre Vorgänger, auch zum Transport von Kampfschwimmern umgerüstet werden. Die Besatzung besteht aus zehn Mann. Die beiden TR sind – ähnlich wie bei den deutschen Klein-Schnellbooten des K-Verbandes im Zweiten Weltkrieg – an Bb- und Stb-Seite unter Deck angeordnet. Die Antriebsanlage ist vor den Aufbauten untergebracht und durch zwei Decksklappen leicht zu Wartungsarbeiten zugänglich (Bild 44). Die Ortungskapazität ist gegenüber dem Iltis offensichtlich erweitert worden. Probleme beim Bau und Einsatz der Klein-Schnellboote sind anscheinend überwunden. Nach DDR-Veröffentlichungen sind die »anfänglich aufgetretenen Schwierigkeiten hinsichtlich Festigkeit, Seetüchtigkeit und . . . der physischen Belastungen der Besatzungen . . . mit zunehmender Erfahrung überwunden und mit Hilfe besonderer konstruktiver Maßnahmen zu einem günstigen Kompromiß geführt worden« (89). DDR-Veröffentlichungen weisen darauf hin, daß die operativen Möglichkeiten dieser kleinen, vorherrschend in Gruppen operierenden Boote durch die schwierige Ortung, den Überlandtransport und durch ihren geringen Tiefgang begünstigt werden. So können sie sich vor und nach einem Einsatz in den Schutz von Buchten und Inseln zurückziehen und sich damit der Gegnerortung mehr oder minder entziehen. Die relativ große Zahl gebauter Boote zeigt, daß die DDR-Marine diesen im Masseneinsatz vorherrschend auf die Diversion der Gegnerabwehr ausgelegten Booten im Rahmen des Gesamtkonzepts der Warschauer-Pakt-Marinen unverändert einen hohen Stellenwert zumißt. Sollte dies auch in Zukunft der Fall sein, so dürfte in absehbarer Zeit mit der Entwicklung eines Nachfolgetyps zu rechnen sein.
Für den Einsatz auf Binnengewässern im Rahmen der Grenzbrigade entstanden 1973/74 fünfzehn Patrouillenboote der Bremse/KB-123-Klasse, G 30–39, 71–75 (23,3 × 5,0 × 1,1 m, 25 t, 2 × 100-PS-Diesel, 14 kn, 2-14,5-mm-MG).

3.033 Deutschland, Bundesrepublik

Die Bundesrepublik Deutschland hat sich der NATO gegenüber verpflichtet, vierzig Schnellboote einsatzklar zu unterhalten, um im Verein mit der dänischen Marine die heimischen Küsten und die Ostseezugänge zu verteidigen.
Abgesehen von einigen Weltkriegs-II-Booten, die zurückgekauft wurden, den von den Engländern und dem Bundesgrenzschutz übernommenen ersten Nachkriegsbauten und je zwei in Norwegen und Großbritannien gebauten Versuchsbooten, die sämtlich in den sechziger Jahren ausgemustert und z. T. im Rahmen der NATO-Waffenhilfe an Griechenland und die Türkei abgegeben wurden, setzten sich die vier Schnellbootgeschwader nach Abschluß der ersten Aufbauphase zusammen aus
- dreißig Booten der Jaguar-Klasse (Klasse 140/141),
- zehn Booten der Zobel-Klasse (Klasse 142).

Die dreißig Boote der Jaguar-Klasse wurden zwischen Juni 1972 und November 1976 sukzessiv ausgemustert. In den Jahren 1975/77 wurden abgegeben
- an Griechenland *Seeadler* als *Esperos, Kondor* als *Lailpaps, Greif* als *Kyklon, Falke* als *Kartaigis, Geier* als *Tyfon, Habicht* als *Kentayros, Kormoran* als *Scorpios* und *Albatros, Bussard, Sperber* als Materialersatz,
- an die Türkei *Wolf* als *Yildiz, Tiger* als *Karayael, Löwe* als *Kalkan, Storch* als *Tufan, Pelikan* als *Firtina, Häher* als *Mizrak, Pinguin* als *Kilif* und *Alk, Reiher, Iltis* als Materialersatz,
- *Weihe* als Zielschiff nach Frankreich,
- *Kranich* als Ausstellungsobjekt zum Schiffahrtsmuseum Bremerhaven.

Jaguar, Luchs, Leopard, Panther, Fuchs, Marder, Elster und *Dommel* wurden verkauft und zum Teil zu zivilen Zwecken umgebaut. Als Ersatz dienten:
a) die zwischen Oktober 1972 und August 1975 bei CMN, Cherbourg, in Dienst gestellten, zwischen Juni 1973 und Dezember 1975 in Deutschland eingetroffenen zwanzig FK-Schnellboote der Klasse 148. Zunächst als S 41–60 bezeichnet, bildeten sie das 3. und 5. Schnellbootgeschwader. Am 25. 9. 1981 erhielten sie zu der Nummer-Bezeichnung, die mit dem Vorsatz P 16. . . auch als Pennant-Nummer dient, die Traditionsnamen vorangegangener Boote der Bundesmarine:

Tiger (Bild 45), *Iltis, Luchs, Marder, Leopard, Fuchs, Jaguar, Löwe, Wolf, Panther, Häher, Storch, Pelikan, Elster, Alk, Dommel, Weihe, Pinguin, Reiher, Kranich.* Der Bau der Boote erfolgte aufgrund eines deutsch-französischen Abkommens vom 23. 10. 70. Die Bestellung erfolgte am 23. 10. 70. Das Projektmanagement übernahm die Direction Technique des Constructions Navales (DTCN), Bau und Ausrüstung die Constructions Mécaniques de Normandie (CMN). Acht Bootsrümpfe baute F. Lürssen, Vegesack. Alle technischen Details usw. s. Band 3.

b) die zwischen dem 22. 10. 73 und dem 14. 4. 76 von Stapel gelaufenen, zwischen dem 26. 4. 76 und dem 18. 7. 77 in Dienst gestellten, von Lürssen und der Krögerwerft mit der Firma AEG-Telefunken als Generalunternehmer (GU) gebauten zehn FK-Schnellboote der Klasse 143 (Sk 42, Bild 46). Das Kostenvolumen des Vertrages mit dem GU AEG-Telefunken von ursprünglich ca. 750 Mio. DM teilte sich auf in

- 70 % Lieferung von zehn Booten incl. Funktionsnachweis,
- 12 % Versorgungsreife und Ausbildung,
- 6 % Einrichtung der Schulanlagen,
- 6 % Managementkosten,
- 4 % Aufbau der Landtestanlage einschl. Systemprüfung,
- 2 % Diverses (90).

Über Einzelheiten des Projektmanagements s. auch (91).

Zunächst als S 61–70 bezeichnet, bildeten sie das 2. Schnellbootgeschwader. Auch sie erhielten im Oktober 1981 zu der Nummernbezeichnung die Traditionsnamen *Albatros, Falke, Geier, Bussard, Sperber, Greif, Kondor, Seeadler, Habicht, Kormoran.* Im Gegensatz zum Stahlrumpf der Klasse 148 erhielten sie wieder den im deutschen Schnellbootbau seit Jahrzehnten bestens bewährten Holz-Leichtmetall-Stahl-Kompositbootskörper. Dieser gilt außerordentlich elastisch und bringt eine geringere Gefährdung durch Grundminen mit Induktionszündung. Generell werden aber auch diese Boote nicht zuletzt wegen der zahlreichen Ausrüstungsteile aller Art zur stationären magnetischen Vermessung zum Großfeldsimulator Lehmbeck verlegt und mit Hilfe eines Dreispulensystems verschiedenen magnetischen Zuständen ausgesetzt (Bild 47). Die magnetischen Störgrößen werden von im Wasser ausgelegten Magnetfeldsonden gemessen (92).

Die technischen Daten der Boote wurden bereits in Band 3 dargestellt. Wesentliche Fakten dieser Klasse waren

- Antrieb: Vier MTU-16V956TB91-Diesel mit je 4000 PS Dauer- und 4600 PS Kurzhöchstleistung für 36 kn Dauerhöchstfahrt,
- 76-mm-Oto-Melara mit 85 Schuß/min und automatischer Munitionszufuhr. Zwei Mann füllen das unter Deck rotierende Magazin auf. Für Luftziele stehen Annäherungs- und Aufschlagzünder, für Seeziele Aufschlagzünder zur Verfügung. Ggf. können gegen FK auch Kugelsplittergeschosse mit Radarannäherungszünder eingesetzt werden. Sie wurden von den Firmen Diehl (Munition) und AEG-Telefunken (Marineannäherungszünder) entwickelt.
- vier MM-38-Exocet-SSM-Starter,
- zwei 53,3-cm-TR für aktiv und passiv ortenden, drahtgelenkten Torpedo Seal. Der Torpedo wurde unter Leitung von AEG-Telefunken mit Krupp Atlas-Elektronik und der holländischen HSA entwickelt.
- Feuerleitanlage WM 27 (Sk 43) mit Rundsuch- und Zielfolgeradar, Navigationsradar SMA-RM 20, kreiselstabilisierte Ziel- und Richtstände mit eigenem Rechner. AEG-Telefunken und Eltro entwickelten gemeinsam die optische Feuerleitanlage OFLA als Leitmittel für die 76-mm. Die Anlage umfaßt eine Fernsehkamera und ein Fernsehverfolgungsgerät von AEG-Telefunken sowie einen Laserentfernungsmesser von Eltro. Nach Angaben der Eltro arbeitet der neodymdotierte YAG-Laser mit 1.06 μ und einer Impulsfrequenz von 10 Hz sowie einer Höchstausgangsleistung von 6 MW (93).

Sk 42
Deutsches Lürssen-FK-Schnellboot Klasse 143
(Lürssen)

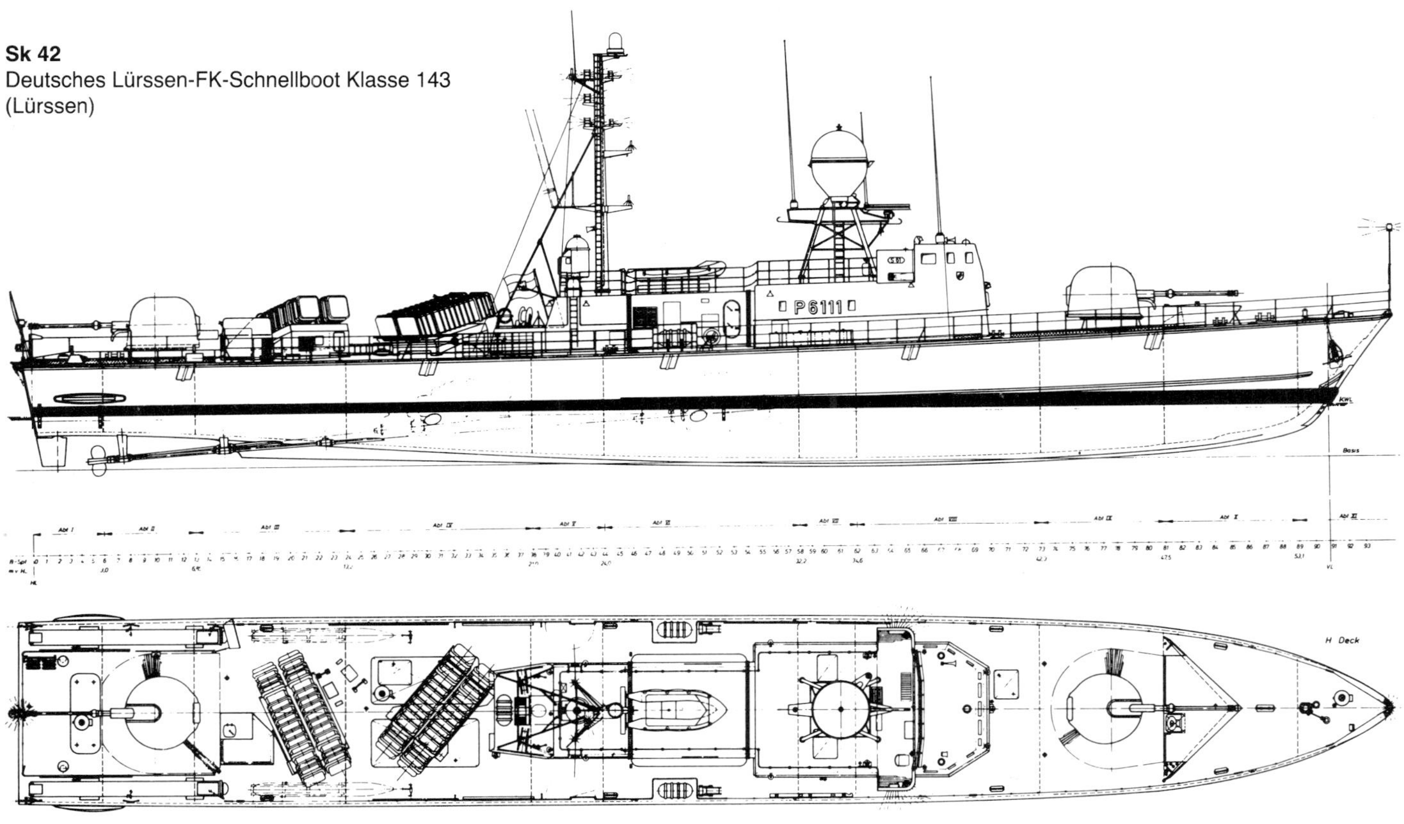

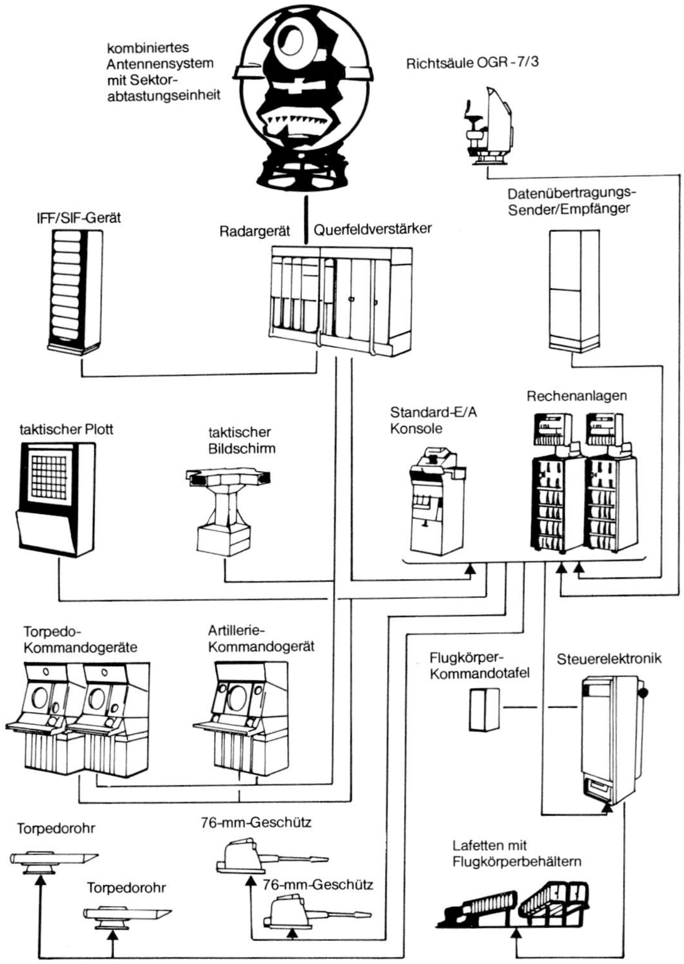

Sk 43
Schema der Feuerleitanlage auf den deutschen FK-Schnellbooten der Klasse 143 (Archiv Verfasser)

- AGIS mit Teilbereichen Link 11, zwei Echtzeitrechnern, Darstellung usw. faßt einzelne Komponenten zusammen und garantiert verzugslose Information der Führung und reaktionsschnellen Waffeneinsatz. Link 11 tauscht Informationen im HF- und UHF-Bereich in Sekundenschnelle zwischen zwei und mehreren Rechnern aus (MHQ, abstehende Ortungsträger, eigener Verband und sonstige im Einsatzraum stehende Einheiten) und ermöglicht so jede Form von zentralisierter oder diversifizierter Führung und Waffeneinsatz. Damit ist die Klasse 143 gleichzeitig zum Führen gemischter Kampfgruppen – einschließlich Seeluftstreitkräften – geeignet.
- Besatzung 40 Mann: 4 Offiziere (Kommandant, Bootsoperations-Offizier, Bootswaffen-Offizier, Schiffstechnischer Offizier), 5 Portepee-Unteroffiziere (Antriebsmeister, Decksmeister, E-Meister, Senior Operator für AGIS, Systemtechniker für Wartung und Fehleranalyse), 15 Unteroffiziere und 16 Mann. Dreiviertel der Besatzung sind für Handhabung des Waffen- und Führungssystems bestimmt. Ihre Zusammensetzung erlaubt jedoch bei längerem Kriegsmarschzustand ein Zweiwachensystem mit permanenter Flugabwehrbereitschaft.

Beide Bootsklassen, 143 und 148, erhielten das von LITEF, Freiburg, entwickelte Trägheits-Navigations-System PL 41, das sowohl in der klassischen Betriebsart Kreiselkompaß wie auch als reines Intertialsystem betrieben werden kann. Im ersteren Fall werden die Navigationsdaten mit Hilfe von Kompaßkurs und Geschwindigkeitsinformation vom Schiffslog errechnet, während dies im Intertialbetrieb durch die zweimalige Integration der Beschleunigungswerte des Schiffes geschieht. Zwei Beschleunigungsmesser sind so auf der kreiselstabilisierten Plattform montiert, daß sie die absoluten Bewegungen des Fahrzeugs in Nord/Süd- und Ost/West-Richtung messen. Einflüsse von Strömungen, Wellenbewegung und harten Manövern auf die Navigationsgenauigkeit werden damit ausgeschaltet.
Die spezifischen Eigenarten der Klasse 143 sind – kurz zusammengefaßt – die Fähigkeit zu »mission kill« (Hindern bzw. Stoppen des Gegners bei der Durchführung seines Auftrags) und »unit kill« (Vernichtung des Gegners) durch

- große Ortungs- und Kampfreichweite,
- Interaktion mit dem MHQ und anderen Fahrzeugen/Seekriegsmitteln,
- Waffeneinsatz außerhalb gegnerischer Rohrwaffenwirkung,
- Vielseitigkeit des Waffensystems (FK, Torpedo, Geschütz),
- kurze Systemreaktionszeit von der Gegnererkennung bis zur Wirkung am Ziel,
- hohe Eigenfahrt zur Wahrung der taktischen Initiative,
- große Kampfreichweite der FK bei geringer taktischer Bindung des schießenden Fahrzeugs,
- die gegenüber früheren Torpedos größere Reichweite und kürzere Laufzeit des Drahtlenktorpedos.

Eindeutig ist festzustellen, daß mit dem Indienstkommen der Klassen 148 und 143 der bis dahin nicht wegzudiskutierende technologische Vorsprung der Schnellbootwaffe der Warschauer-Pakt-Staaten in der Ostsee restlos aufgeholt worden war. Die gleichzeitige Umschulung mehrerer Besatzungen machte es in der Umrüstungsphase notwendig, die Zahl der in Dienst befindlichen Boote zeitweilig von 40 auf 37 herabzusetzen (94, 95, 96, 97).

Als Ersatz für die Ende der sechziger Jahre grundüberholten und waffentechnisch modernisierten zehn Boote der Klasse 142 (Zobel) waren Tragflügel-Schnellboote des NATO-Typs PHM/US-*Pegasus* vorgesehen, die in der Bundesmarine als Klasse 162 bezeichnet wurden. Der deutsche Anteil an den Entwicklungskosten dieses gemeinsam mit den USA und Italien vorangetriebenen Fahrzeugtyps hatte immerhin rd. 80 Mio. DM betragen. Andererseits war Anfang 1977 bei den beiden US-Prototypbooten (s. Abschnitt 3.142) erkennbar, daß der unerwartet eskalierende Gesamtsystempreis der vorgesehenen deutschen Serie von zehn Booten in Höhe von 1,4 Mrd. DM – inflationsbedingt u. U. auch 1,5–1,6 Mrd. DM – eine Größenordnung erreichte, die nicht realisierbar war. Da die Klasse 142 jedoch wegen der natürlichen Abnutzung dringend ersetzt werden mußte, konzentrierten sich die Überlegungen auf einen Nachbau der Klasse 143. Deutsche Firmen schlugen vier unterschiedliche Versionen vor, die sich im wesentlichen durch die Ausrüstung unterschieden. Ein Vorschlag sah auch einen kürzeren Bootskörper vor.
Im November 1977 schlug das Ministerium dem Verteidigungsausschuß des Bundestages den Bau von zehn Booten eines leicht modifizierten Typs 143 vor, der als 143 A bezeichnet wurde.

Zur Klärung einiger nach relativ kurzer Indienststellung bei einigen Booten der Klasse 143 aufgetretener struktureller Probleme am Bootskörperverband forderte der Verteidigungsausschuß des Bundestages im Zusammenhang mit den Planungen der Klasse 143 A ein Gutachten des Germanischen Lloyd, der deutschen Klassifikationsgesellschaft für den Handelsschiffbau, die, auch in Zusammenarbeit mit ausländischen Klassifikationsgesellschaften, über ein breites Maß einschlägiger Erfahrungen verfügt. Das Gutachten zeigte vor allem Mängel an den Zweikomponentenkleber-Verbindungen der Querträger auf. Es wurde festgestellt, daß der Festigkeitsverband durch z. T. kleinere, z. T. aber auch größere sich potenzierende Verarbeitungsfehler in Mitleidenschaft gezogen war. Wenn auch die Festigkeit zum Zeitpunkt der Untersuchung noch ausreichend war, so waren die Mängel doch unverzüglich durch Instandsetzungsmaßnahmen zu beheben, um die Sicherheit und Einsatzbereitschaft der Boote auf Dauer zu gewährleisten. Eine bis zur Beseitigung der Schäden für die Boote der Klasse 143 angeordnete Geschwindigkeits-Beschränkung erfolgte jedoch primär aus rechtlichen Gründen, um die Werftgarantie nicht zu berühren. Für die gewünschte Anwendung der Kompositbauweise auf den Folgebauten wurden entsprechende Erkenntnisse konstruktiver Art, vor allem aber hinsichtlich sehr strenger Fertigungsforderungen und deren Überwachung, gewonnen. Generell hängt die Güte und Beständigkeit eines Kompositverbandes gegenüber Umwelteinflüssen wie Öl, Wasser, Temperaturschwankungen usw. nicht zuletzt vom genauen Einhalten der Vorgaben für die Maßhaltigkeit der Oberflächenbehandlung usw. sowie der Verarbeitungsvorschriften des Klebers ab. Darüber hinaus schlug das sehr umfassende GL-Gutachten für die Folgebauten Klasse 143 A auch gewisse Modifizierungen der Konstruktionsprinzipien und der Werkstoffauswahl vor (98).

Einige Zeit stand für den Rumpf der Klasse 143 A auch die Stahlbauweise zur Debatte. Sie hätte etwas mehr Raum geboten, da der Kraftstoff im Doppelboden untergebracht werden kann, und sie wäre auch etwas preiswerter gewesen. Sie hätte jedoch aufgrund der erforderlichen konstruktiven Vorarbeiten einen Zeitverzug von 2½ Jahren bedeutet.

Militärische und logistische Zweckmäßigkeitsüberlegungen veranlaßten dann den Verteidigungsausschuß im März und den Haushaltsausschuß des Bundestages im Mai 1978 zur Zustimmung zum Bau von zehn FK-Schnellbooten der Klasse 143 A (Sk 44) als leichte Modifizierung der Klasse 143. Generalunternehmer sollte wieder AEG-Telefunken werden. Lürssen sollte sieben, die Krögerwerft drei Boote bauen. Am 8. 6. 78 wurde die Militärisch-Technisch-Wirtschaftliche Forderung (MTWF) vom Staatssekretär Rüstung zur Kenntnis genommen. Am gleichen Tage erfolgte die Baufreigabe. Am 15. 12. 78 wurden S 71/*Gepard,* S 72/*Puma* (Bild 48), S 74/*Nerz,* S 76/*Frettchen,* S 78/*Ozelot,* S 79/*Wiesel,* S 80/*Hyäne* an Lürssen und S 73/*Hermelin,* S 75/*Zobel,* S 77/*Dachs* an die Krögerwerft vergeben. Die Stapelläufe erfolgten zwischen dem 25. 9. 81 und dem 5. 10. 83, die Indienststellungen zwischen Dezember 1982 und September 1984.

Wesentliche Abweichungen gegenüber der Klasse 143 sind

- die Erhöhung der Leistung der MTU-MA16V596TB91-Diesel auf 4500 PS für 36 kn Dauer- und 40 kn Kurzhöchstgeschwindigkeit,
- der Verzicht auf die beiden Heck-TR (das Boot muß zum Torpedoschuß relativ nahe an den Gegner herangehen und ist wegen des Fernlenkvorgangs einige Zeit im gegnerischen Waffenbereich). Darüber hinaus erreichte man durch den Verzicht auf die TR
- Minenlegfähigkeit ohne Umrüstung,
- Ersatz der achteren 76-mm-Oto-Melara durch einen RAM-ASMD-SAM-Starter (ASMD = Anti Ship Missile Defence), der auch für die Zerstörer der Lütjens-Klasse und die Fregatten der Klasse 122/*Bremen* vorgesehen ist. Der unter Beteiligung deutscher Firmen (AEG-Telefunken, Diehl, VFW-Fokker, Hoesch-Rothe Erde) bei der Pomona Division der General Dynamics in Zusammenarbeit mit der US Navy, der deutschen und der dänischen Marine in Entwicklung befindliche Flugkörper RAM ist ein autonomer FK von ca. 2,78 m

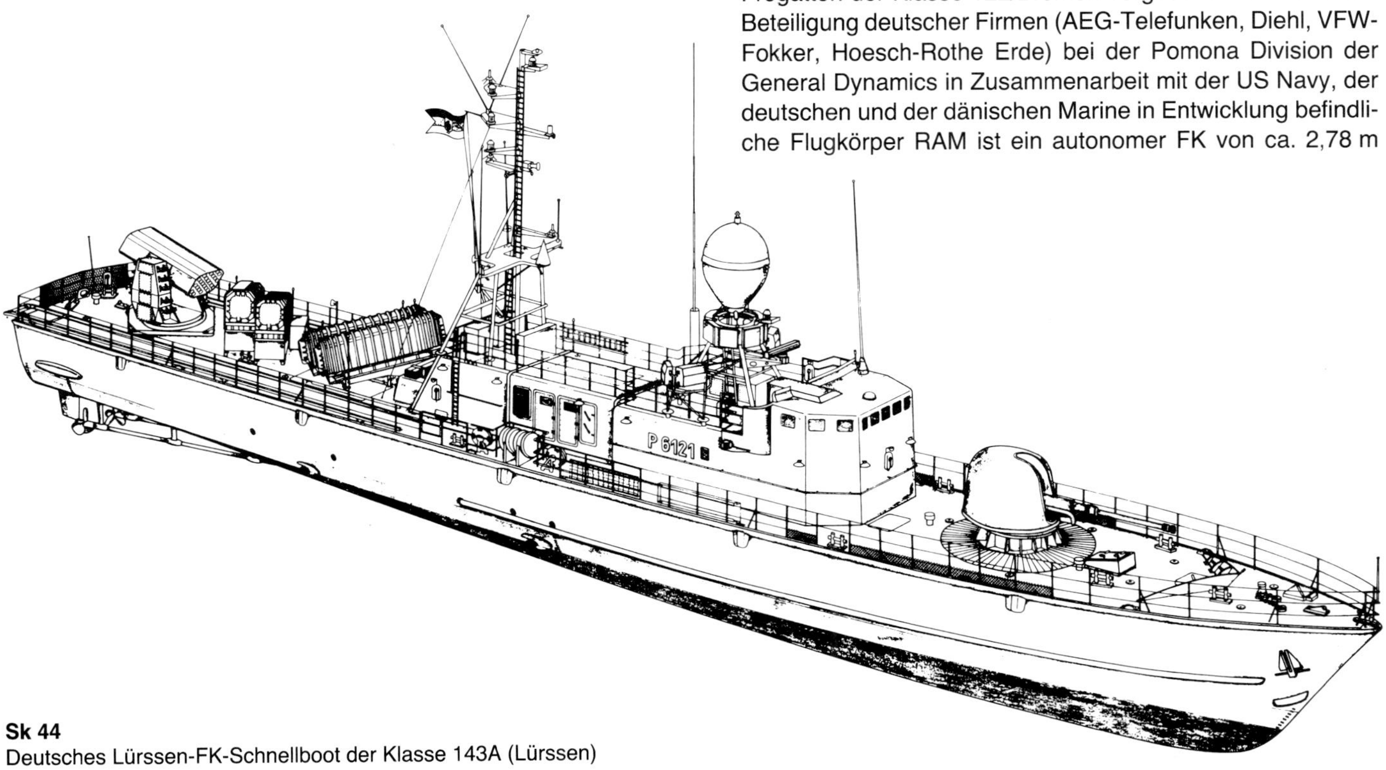

Sk 44
Deutsches Lürssen-FK-Schnellboot der Klasse 143A (Lürssen)

Länge, 127 mm Durchmesser, 70,6 kg Gewicht, Überschallgeschwindigkeit und über 7000 m Reichweite, der nach dem »fire and forget«-Prinzip arbeitet, d. h. es bedarf keines »Beleuchters« an Bord des schießenden Fahrzeugs. Der FK ist mit dem Annäherungszünder und Gefechtskopf der *Sidewinder,* mit dem Raketenmotor der Improved *Chapparral* und dem Infrarotsuchkopf des *Stinger* ausgerüstet. In der Anfangsphase wird er mit einem abstimmbaren Passiv-Radarzielsuchkopf gelenkt, der vor dem Start auf das Radar eines Feindflugzeugs oder FK aufgeschaltet wird. Der Infrarotsuchkopf bewerkstelligt die Endphasenlenkung, indem der RAM die heißen Teile des Flugzeugs/FK ansteuert. Das von dem amerikanischen Vulcan-Phalanx-CIWS abgeleitete Abschußgestell wiegt etwa 5 t und sollte ursprünglich 24, neuerdings jedoch nur noch 21 FK aufnehmen. Abgesehen von einem 24-Zellen-Prototyp, der zu Erprobungen auf S 69/*Habicht* gefahren wurde, steht das Waffensystem erst ab 1986 zum Einbau bereit. Der gegenüber der 76-mm-Oto-Melara geringere Raumbedarf des RAM-Systems unter Deck kommt den Wohneinrichtungen der Besatzung zugute (99),

- Reduzierung der Besatzung auf 34 Mann (4 Offiziere, 5 Portepee-Unteroffiziere, 13 Unteroffiziere, 12 Mann) durch weitgehende Automation aller Anlagen,
- Einsatzverdrängung 390,6 t,
- weiterentwickeltes AGIS *II.* Durch Wegfall der beiden Torpedo-Kommandogeräte konnte eine Mehrzweck-Darstellungskonsole eingeplant werden, die auch ein gemeinsames Wirken von Kampfhubschraubern und S-Booten ermöglicht (s. die geplante Umrüstung der Sea King-Hubschrauber zu Kampfhubschraubern). Zusätzlich erhielten die Boote ein kombiniertes aktiv und passiv wirkendes Eloka-Gerät mit Integration in AGIS *II.*

Die Harpoon als SSM-System stand nicht zur Debatte, einerseits um die Einheitlichkeit des SSM-Systems in der Schnellboot-Flottille zu wahren, andererseits kann wegen der relativ niedrigen Antennenaufstellung die Reichweite dieses Systems ohne Fremdortung (Hubschrauber o. ä.) praktisch nicht ausgenutzt werden. Die Modifizierungskosten 143/143 A lagen mit 7 Mio. DM unter den veranschlagten 10 Mio. DM. Der Gesamtsystempreis für alle zehn Boote wurde zunächst mit 950 Mio. DM angesetzt. Er stieg bis Ende 1980 auf 1,15 Mrd. DM und lag schließlich bei rd. 1,2 Mrd. DM.

Die Lieferantenliste für die Klasse 143 A zeigt das breite Spektrum der beteiligten Firmen:

Generalunternehmer		AEG-Telefunken
Bauwerften	7 Boote	F. Lürssen
	3 Boote	Krögerwerft
Schiff-Schiff-FK	4 MM-38-Exocet	SNIAS
Zweizweckgeschütz	76-mm-L/62	Oto Melara
Schiff-Luft-FK	RAM-ASMD	General Dynamics
Täuschkörperstarter	Hot Dog	Buck
	Wolke	AEG-Telefunken
Überwachungs- und Feuerleitradar	WM 27	HSA
Navigationsradar	3RM20	SMA
Rechner für AGIS	1830B	UNIVAC
Horiz. Bildschirm	–	HSA
Vert. Bildschirme	Waffeneinsatzkonsole	HSA
	Mehrzweckkonsole	Sanders

Generalunternehmer		AEG-Telefunken
Bauwerften	7 Boote	F. Lürssen
	3 Boote	Krögerwerft
Eloka-System	Fl 1800S	AEG-Telefunken
Funksendeanlage	HF	Rohde & Schwarz
Funkempfangsanlage	HF	AEG-Telefunken
Funksende/empfangsanlage	UHF	Rohde & Schwarz
	VHF	Hagenuk
Link 11	–	Collins
Schiffswechsel- und Gegensprechanlage	–	Philips
Kreiselkompass-System	PL 41	Litef
Dieselmotoren	MTU16V956TB91	MTU
Antriebsfernsteuerung	elektronisch	MTU
Wende- und Untersetzungsgetriebe	4-KSS 60	MTU
Propeller	Festpropeller	Schaffran
Primärstromaggregate	135 KVA	MWM/Piller
Waffenumformer	–	van Kaick
Ruderanlage	–	AEG-Telefunken
MFS-System	–	AEG-Telefunken

Hinzu kommen eine Vielzahl einzeln gar nicht aufführbarer Detail- und Unterlieferanten aller Art. (100, 101).

Parallel zur Indienststellung der Klasse 143 A wurden die zehn Boote der Klasse 142/*Zobel* zwischen dem 8. 7. 82 und dem 5. 6. 84 außer Dienst gestellt. *Gepard, Frettchen, Dachs, Wiesel, Ozelot* und *Hyäne* gingen im Rahmen der NATO-Waffenhilfe an die Türkei. *Hermelin* und *Nerz* dienen Versuchs- und Zielzwecken, *Puma* ging als Übungshulk an die Schiffssicherungslehrgruppe (Technische Marineschule) in Neustadt/Ostsee und *Zobel* wurde am 28. 12. 83 an die Lürssen-Werft verkauft. Die Radar-, Führungs- und Waffenleitsysteme HSA WM-20 dieser Boote sollen auf den in Bau befindlichen Minenkampfbooten der Klasse 343 Verwendung finden.

Nach Abschluß der Umrüstung auf die Klassen 148, 143 und 143 A bildete die deutsche Schnellboot-Flottille einen bemerkenswert einheitlichen und in sich geschlossenen Verband. Die älteren Boote der Klasse 148 erhielten ab 1982 eine bedeutende Kampfwertverbesserung durch die Nachrüstung mit dem passiv-aktiven-Link-Informationssystem PALIS, das vom Kommando Marineführungsdienste in Anlehnung an das Einsatzprogramm AGIS der Klassen 143 und 143 A entwickelt wurde und nach Abschluß der Umrüstung alle deutschen Schnellboote zu Systemeinheiten machte. PALIS ermöglicht die Zusammenarbeit mit anderen Einheiten, d. h. mit anderen Systemeinheiten der S-Flottille, der Z-Flottille und dem MHQ. Das System erlaubt es, Link-11-Informationen für die Erstellung eines aktuellen Lagebildes zu empfangen, zu speichern und korreliert mit eigenen Lagedaten darzustellen sowie von bordeigenen Sensoren gewonnene Informationen auszustrahlen. Durch die Nutzung der elektronischen Datenverarbeitung werden vor allem im verbandsinternen Einsatz wesentlich kürzere Reaktionszeiten erreicht. Ferner erhielten die 40-mm-Geschütze der Boote 1984 eine Kunststoff-Schutzhaube und es wurden Versuche mit dem ECM-festeren Feuerleitradar CASTOR (statt des vorhandenen POLLUX) durchgeführt.

Die derzeitigen Planungen der Marine sehen vor:

1. die erkennbaren Ausrüstungslücken der Klasse 143 in Flugabwehr und Eloka zu verbessern. Praktisch soll die Klasse 143 1989/90 unter Wegfall der Torpedobewaffnung und der achteren 76-mm-Oto-Melara mit dem RAM-System und modernen Eloka-Einrichtungen als Klasse 143 B auf den Stand der Klasse 143 A gebracht werden. Der Einbau der querschnittlich entwickelten RAM- und Eloka-Anlagen muß zu einem Gesamtvorhaben zusammengefaßt werden, da

- die Leistungsfähigkeit der Einzelgeräte nur über die Integration in das Gesamtsystem voll nutzbar gemacht werden kann,
- die auf hochtechnisierten Schnellbooten besonders kritischen Raum- und Gewichtsverhältnisse eine derart umfangreiche Umrüstung zu einem in jeder Hinsicht anspruchsvollen Vorhaben machen.

2. Die Kampfwertsteigerung der zu SAR-Zwecken bereits im Einsatz befindlichen 20 SEA KING-Hubschrauber durch Ausrüstung mit Link-11-Datenübertragung, Einrüstung einer Eloka-Anlage sowie Einbau eines Radars für Ortung und Einsatz von vier leichten Seeziel-FK des Typs SEA SKUA. Derart ausgestattet kann dieser Hubschraubertyp sowohl zur selbständigen Bekämpfung von Zielen wie auch – via Link-11 – zur Überhorizont-Zieldatenübermittlung für bordgestützte SSM-Waffen eingesetzt werden. Damit würden die Einsatzmöglichkeiten besonders der Schnellboot-Flottille eine neue Dimension erhalten. Als Nachfolgemuster ist ein Hubschrauber 90 in Planung (102).

3. Ablösung der Klasse 148 Anfang bis Mitte der 90er Jahre. Um auch bei modernen Entwicklungen unkonventioneller Fahrzeuge auf dem Laufenden zu bleiben, wurde das von der Royal Navy zu diesem Zweck zur Verfügung gestellte Tragflügelboot *Speedy* (s. Abschnitt 3.048) vom 22. 10. bis zum 26. 11. 81 beim Kommando für Truppenversuche in Eckernförde stationiert, wo es mit Unterstützung der Erprobungsstelle 71 der Bundeswehr Meß- und Versuchsfahrten durchführte (Messen von Kennwerten wie Magnetfeld, Druck- und Schallausbreitung usw.). Auch das englische Vosper-Versuchsboot VT 2 wurde hinsichtlich seiner Qualitäten von deutschen Fachleuten untersucht. Erprobungen des amerikanischen Seitenwandgeräts SES-200 erfolgten im Frühsommer 1986 bei der Erprobungsstelle 71 der Bundeswehr in Eckernförde.

Erwähnt werden sollte ferner, daß

1. alle deutschen Schnellbootgeschwader unverändert ihre Tender besitzen:

- 2. S-Geschwader (Olpenitz) mit Klasse 143 Tender *Elbe, Donau,*
- 3. S-Geschwader (Flensburg) mit Klasse 148 Tender *Rhein,*
- 5. S-Geschwader (Olpenitz) mit Klasse 148 Tender *Main,*
- 7. S-Geschwader (Kiel) mit Klasse 148 A Tender *Neckar, Werra.*

2. die klassische Personalunion der Besatzungen der Schnellboote in den Funktionen Bediener und Instandhalter sich mit den zunehmend komplexer werdenden Gesamtwaffensystemen nicht mehr aufrechthalten ließ. Ähnlich wie bei den Fliegergeschwadern wurden daher auch bei den Schnellbootgeschwadern spezielle Systemunterstützungsgruppen eingerichtet (ca. 30–35 Mann hochqualifizierten technischen Fachpersonals), die auf den Tendern untergebracht sind und dort über alle erforderlichen Sonderwerkstätten, Prüfmittel und Dokumentationen usw. verfügen. Diese Aufgabentrennung der Bedienungs- und Instandhaltungsfunktionen hat den Vorteil, daß

- die personelle Besetzung der Bedienungsfunktionen erleichtert wird, da diese nur ein bestimmtes Maß technischer Grundkenntnisse erfordern,
- das für die Instandhaltung erforderliche Spezialpersonal rationeller eingesetzt wird und weitgehend alle die Arbeiten durchführen kann, die in der Zeit zwischen den nach zweijähriger Fahrzeit fälligen Betriebserhaltungsperiodennormen (BEPN) bei Werft bzw. Marinearsenal anfallen.

Ansonsten befinden sich von den in Band 3 dargestellten Patrouillenbooten in Fahrt

- bei der Marine die Sicherungsboote *KW 15–18, 20* und *H 11, H 13,*
- beim Bundesgrenzschutz See acht in zwei Flottillen gegliederte Polizeiboote
- 1. Flottille: BG 11–14/*Neustadt, Bad Bramstedt, Uelzen, Duderstadt,*
- 2. Flottille: BG 15–18/*Eschwege, Ahlfeld, Bayreuth, Rosenheim.*

Beide Flottillen sind in dem Ende 1975 für 12,5 Mio. DM fertiggestellten Stützpunkt Neustadt/Ostsee, stationiert. Versuche, sie in der Nordsee zur Verfolgung von Ölverschmutzungen usw. einzusetzen, waren nicht sehr erfolgreich, da die mangelnde Größe und Seefähigkeit der Boote die Einsatztage beschränkt. Bemühungen des Bundesministers des Innern um größere Boote wurden noch im Herbst 1985 vom Finanzminister abgelehnt. Zwischenzeitlich unterstützt die Bundesmarine die Ölsündersuche mit zwei für diesen Zweck umgerüsteten Flugzeugen des Typs Do 18.

3.034 Djibouti

Mit der 1977 gewonnenen Unabhängigkeit wurde auch eine Küstenwachgruppe aufgestellt. Erstes Fahrzeug wurde ein 1974 als P 771 für die französische Marine gebautes Boot von 13,3 × 4,1 × 1,1 m Hauptabmessungen und 30 t Verdrängung, das mit 2 × 240 PS-GM-V7l-Dieseln 25 kn läuft und je ein 12,7- und 7.62 mm-MG trägt. Im Oktober 1984 wurden bei Plascoa, Cannes, zwei 23-m-Patrouillenboote bestellt.

3.035 Dominica

Die nördlich von Martinique liegende, zum British Commonwealth gehörende Insel Dominica bestellte im November 1983 bei Swiftship, Morgan City, ein Boot des Swift-65'-Typs (19,8 × 5,6 × 2,0 m, 33 t, 2 × 700-PS-MTU-Diesel, 32 kn, 1200 sm/18 kn, 5 Mann).

3.036 Dominikanische Republik

Die See- und Küstenwachstreitkräfte der dominikanischen Republik verfügen unverändert über einen relativ kleinen und heterogenen Bestand an Light Forces. Aus Altbeständen sind vorhanden

- drei 1931/32 gebaute, als Nr. 204–206/*Independencia, Libertad, Restauracion* bezeichnete Patrouillenboote des US-Coast-Guard-165'-Typs,

– das 1944 gebaute 100 t/17 kn-Seenotrettungsboot GC 105/ *Capitan Alsina,*
– das 1953 gebaute 27 t/18,5 kn-Patrouillenboot GC 101/*Rigel,*
– das Anfang 1966 im Rahmen des Military Aid Program erhaltene Patrouillenboot GC 102/*Betelgeuse* (30,8/30,2 × 6,4 × 1,85 m, 130/145,5 t, 8 × 275-PS-GM-6-71-Diesel auf zwei Wellen, 17 kn, 1000 sm/12 kn, 20 Mann, 1-40-mm, 2 × 2-20-mm, 1 × 2-12.7-mm-MG),
– die 1967 bzw. 1972 von der Sewart Seacraft Inc., Berwick, La. (USA), gelieferten Patrouillenboote GC 103, 104, 106, 108/*Procion, Aldabaran, Bellatrix; Capella* (25,9 × 3,3 × 1,6 m, 60 t, 2 × 550-PS-GM-16VIN-Diesel, 19,5 kn, 12 Mann, 3-12,7-mm-MG),
– die 1975 von der Ast. Navales gelieferten BA 3,6,9,15/*Carite, Atun, Picua, Jarel* (13,7 × 4,0 × 1,9 m, 24/30 t, 100 PS-GM-Diesel, 9 kn, 4 Mann).

Die 1982 von den USA geliehenen PTF 23, 24, 26 scheinen zurückgegeben zu sein. Neugeordert wurde ein Swiftship-65'-Boot.

3.037 Ecuador

Von den sechs 1954/55 von Schürenstedt, Bardenfleth, gelieferten 45/65-t-Patrouillenbooten wurden LP 84-86 1976 gestrichen. In Fahrt befinden sich noch LP 81–83, die zwischenzeitlich *10 de Augusto, 9 de Octobre, 3 de Novembre* genannt wurden und heute als *Baya Hoyo, Pichincha, Portovieja* laufen. In Fahrt befinde sich weiterhin noch
– die beiden 1965 im Rahmen des Military Aid Program von den USA gelieferten Boote des Typs PGM, die die Pennant-Nummern LC 71–72 erhielten und auf *25 de Julio, 24 de Mayo* umgetauft wurden. 1980 wurden sie zur Küstenwache überstellt.
– die drei 1970/71 von Lürssen gebauten Torpedo-Schnellboote der Manta-Klasse, die heute die Pennant-Nummern LM 27–29 tragen. Darüber hinaus erhielt die *Tena* wieder den ursprünglich vorgesehenen Namen *Nuevo Rocafuerte.* Alle drei Boote erhielten 1979 2 × 2-30-mm-Emerlec und 1981 anstatt der TR vier Gabriel-FK-Starter einschl. der zugehörigen Elektronik. Damit wurde der Kampfwert der Boote erheblich gesteigert.

Sk 44 a
Ecuadorianisches Lürssen-FK-Schnellboot der Guayaquil-Klasse (Lürssen)

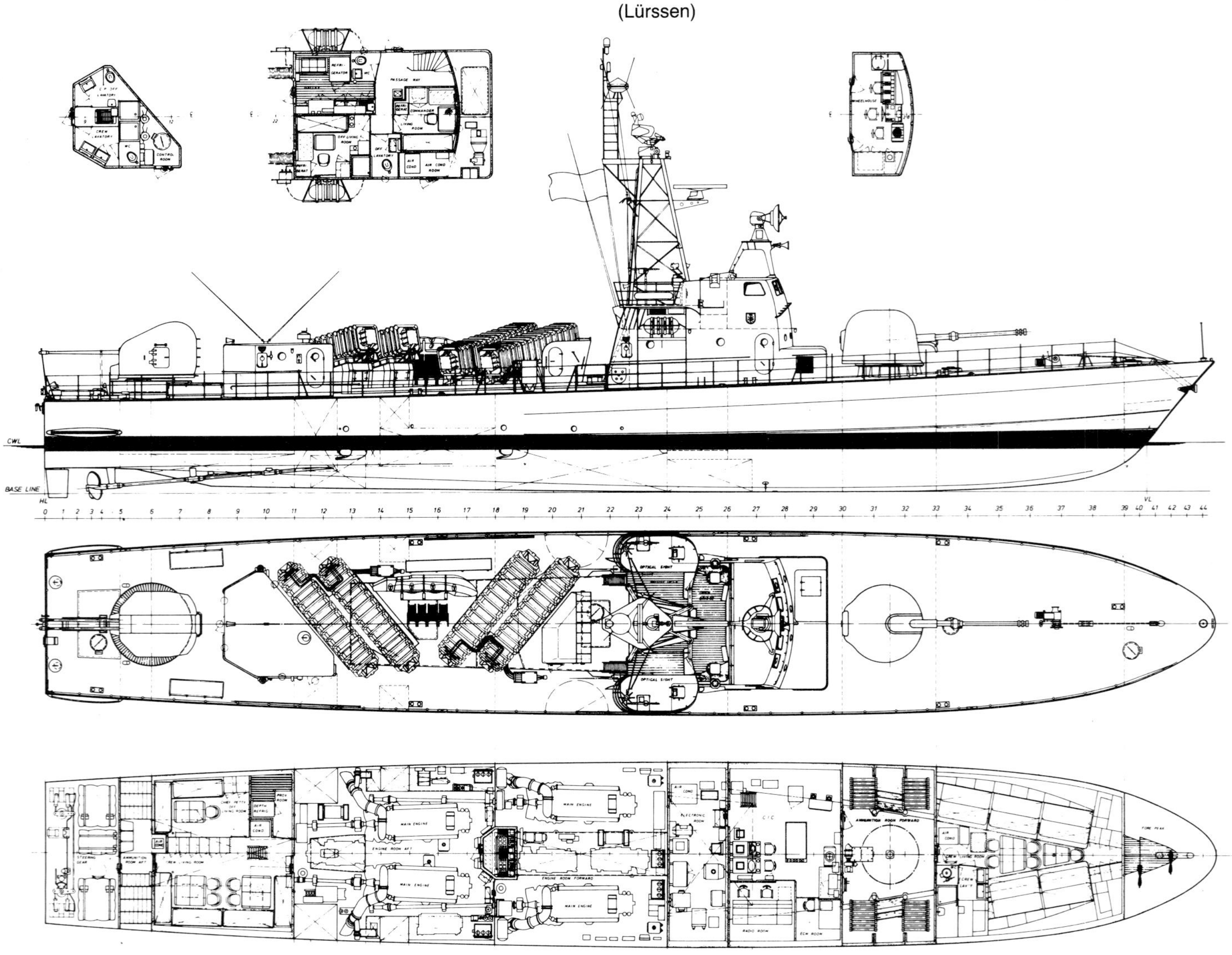

Ab 1975 begann die ecuadorianische Marine im Hinblick auf die 200-sm-Wirtschaftszone und manchen Konflikt mit nordamerikanischen Fischern einen Flottenausbau, der sich vor allem auf die Beschaffung schlagkräftiger moderner Fahrzeuge erstreckte. An Light Forces lieferten

- die Lürssen-Werft 1976/77 die FK-Schnellboote L 24–26, *Guyaquil, Cuenca, Quitto* des Typs TNC 45 (Sk 44 a, Bild 49, 44,9/42,3 × 7,0 × 2,4 m (Prop.), 3,95 m Seitenhöhe, 222/255 t, 4 × 3500-PS-MTU-Diesel, 39/36 kn, 700 sm/40 kn, 1850 sm/16 kn, 1-76-mm-Oto-Melara, 1 × 2-35-mm Oerlikon, 4 MM 38-Exocet-SSM-Starter, 34 Mann, Thomson-CSF Triton und Pollux mit Vega-System) (103, 104).
- die Halter Marine, New Orleans (USA), 1976 die Patrouillenboote *Comandancia de Balao, Comandancia de Guayaquil, Comandancia de Salinas* (19,7 × 5,2 × 1,2 m, 32 t, 2 × 1000-PS-GM-12V71T1-Diesel, 25 kn, 2 MG, 10 Mann).

1978 wurden bei den Cantieri Navali Riuniti, Tirreno, sechs große FK-Schnellboote bestellt, Derivate der von dieser Firma für Libyen gebauten Wadi M'Ragh-Klasse (62,3/57,8 × 9,3 × 2,8 m, 605/685 t, 4 × 6100-PS-MTU20V956TB92-Diesel, 37/34 kn, 4000 sm/18 kn, 1-76-mm-Oto-Melara, 1 × 2-40-mm-Breda-Bofors, 1 × 4 *Albatros-SAM,* 2 × 3-32,4-cm-UTR, 6 MM-40-Exocet-SSM-Starter, 1-105-mm-SCLAR-Raketenstarter, 1 Hubschrauber, 1 RAN 105-See/Luft-Suchradar, Feuerleitsystem NA 21 ModO mit 10 X-Zielfolgeradar Orion und optischem Zielgerät 2 CO3, SMA 3 R M 20 Navigationsradar, Thomson-CSF Diodon-Sonar, Selenia 1PN-10 Kommando- u. Steuersystem, EloUm/EloGm-System Elettronica Gamma ED, 51 Mann). Die mit Festpropellern u. Stabilisatoren ausgerüsteten Boote haben eine Bunkerkapazität von 126 t und erreichen einen Fahrbereich von über 4000 sm. CM 11–16/*Esmaraldas* (Bild 50), *Manabi, Los Rios, El Oro, Los Galapagos, Loja* wurden 1979/81 bei den Werken Ancona und Muggiano der CNR auf Kiel gelegt. Sie liefen zwischen Oktober 1980 und Februar 1982 von Stapel, die Lieferung erfolgte 1982/83.

Der Trend, entsprechend den übrigen südamerikanischen Marinen hochwertiges Material zu beschaffen, ist unverkennbar.

3.038 Elfenbeinküste

Ausgemustert wurden

- 1975 der 1961 von Frankreich übernommene U-Jäger *Patience* (US-SC-Typ),
- 1983 das 1963 von Frankreich übernommene Patrouillenboot *Perseverance.*

In Fahrt befinden sich

- das 1968 von der SFCN gelieferte Patrouillenboot *Le Vigilant* (Typ P 48 dieser Firma), dem 1976 das Schwesterboot *La Valeureux* folgte (48,0/45,5 × 7,0 × 2,5 m, 235 t, 2 × 1200-PS-AGO-Diesel, 18,5 kn, 2000 sm/15 kn, 34 Mann). Ursprünglich mit 2-40-mm und 2 × 4-SS-12-M-SSM bewaffnet, erhielten die Boote 1981 vier MM-40-Exocet-Starter.
- die 1977 bei Ateliers et Chantiers Auroux bestellten, 1978 gelieferten, mit FK ausgerüsteten Patrouillenboote *L'Ardent* (Bild 51), *L'Intrepide,* ein Derivat des französischen Typs Patra (40,4 × 5,9 × 1,8 m, 115/136 t, 2 × 2000-PS-AGO V 12 CZSHR-Diesel, 26 kn, 1-40-mm, 1-20-mm). Ursprünglich mit 2 × 4-SS-12-M geliefert, erhielten sie 1981 vier MM-40-Exocet.

Darüber hinaus lieferte Halter Marine 1976 zwei 8,5-t/36-kn-Boote des Barracuda-Typs mit Wasserstrahlantrieb.

3.039 El Salvador

Die Patrouillenboote GC 1–4 des englischen HDML-Typs wurden 1975 bzw. 1982 ausgemustert.

In Fahrt befinden sich

- das 1967 von der Sewart Seacraft, Berwick, La. (USA), gelieferte Wachboot GC 5 (19,8 × 4,9 × 1,5 m, 33 t, Leichtmetallbootskörper [Sewart Seacraft 65'-Typ], 3 × 530-PS-GM-8V71-Diesel auf drei Wellen, 3-12,7-mm-MG).

Im Jahre 1975 wurden von der Camcraft, New Orleans, drei Patrouillenboote als GC 6–8 geliefert (30,5 × 6,4 × 1,5 m, 100 t, 3 × 400-PS-Diesel, 25 kn, 1-20-mm, 3-MG, 10 Mann). Ein weiteres Boot wurde 1981 bestellt, scheint dann aber storniert worden zu sein.

3.040 Fidschi

Im Sommer 1974 entstand für Küstenwach-, Zoll- und hydrographische Aufgaben im Rahmen der Royal Fiji Military Forces (RFMF) eine kleine Marinegruppe. Kern sind drei 1975/76 beschaffte, bereits 1955 fertiggestellte Patrouillenboote des US-M-Boot-Typs Bird (ex *Woodpecker, Warbler, Vireo,* 43,9 × 8,5 × 2,6 m, 320/370 t, 2 × 440-PS-GM8-268-A-Diesel, 13 kn, 2500 sm/10 kn, 39 Mann, 1-20-mm, 2-12,7-mm-MG). Sie erhielten die Namen *Kikau, Kula, Kiro* und die Pennant-Nummern 204–206. Die Minensucheinrichtung wurde entfernt und durch eine Hubschrauber-Plattform ersetzt.

3.041 Finnland

Die finnischen Light Forces gliedern sich in echte Schnellboote und langsame, Überwachungs- und Sicherungsaufgaben dienende Patrouillenboote. Torpedo-Schnellboote sind lt. finnisch-sowjetischem Friedensvertrag nicht erlaubt, FK-Schnellbote werden von den Sowjets selbst geliefert.

Vom Altbestand wurden ausgemustert

- die 1957 gelieferten Artillerie-Schnellboote *Vasama 1–2* der englischen Dark-Klasse 1977 bzw. 1979,
- die 1961 bzw. 1964 fertiggestellten Artillerie-Schnellboote *Nuoli* 4–5 1979/80. Von den verbleibenden elf Booten wurden sechs (*Nuoli* 5, 8, 10–13) modernisiert und *Nuoli* 7 1981, *Nuoli* 1–3 1983 und *Nuoli* 6 gestrichen. Als Erprobungsboot für einen Ersatz der ausgemusterten Boote baute die Laivateollisuus-Werft in Turku 1980/81 das Versuchsboot 30/*Hurja* (22,0 × 5,0 × m, /60 t, GFK-Bootskörper, . . . Diesel, 24 kn). Als Bewaffnung sind vorgesehen 1 × 2-30-mm und SSM.

In Fahrt befinden sich ferner

- das 1968/70 bei Resposaaren Kenepoja, Björneborg, gebaute, mit 18 kn relativ langsame, mit einem pontonförmigen Stahlbootskörper versehene Versuchsboot 16/*Isku* (Bild 52, 28,0/26,4 × 8,7 × 2,0 m, 115/140 t, 4 × 1200-PS-M-50-

Diesel, 18 kn, 1 × 2-30-mm, 4-SS-N-2-Starter). Es diente ursprünglich der Ausbildung von Personal für vier 1974/75 in der Sowjet-Union angekaufte FK-Schnellboote des Typs Osa II, die als 11–12, 14–15/*Tuima, Tuisku, Tuuli, Tyrsky,* in Dienst kamen. Die elektronische Ausrüstung wurde nur teilweise übernommen und durch eigengefertigte bzw. westliche Geräte ergänzt. Der Ankauf bzw. Nachbau von fünf weiteren Booten dieses Typs war in den endsiebziger Jahren im Gespräch, unterblieb dann aber zugunsten einer Eigenproduktion.

Im Jahre 1978 wurde bei Wärtsilä, Helsinki, der Prototyp einer zukünftigen Entwicklung, das Kampfboot 80, geordert. Die 60/*Helsinki* (Sk 45) wurde am 3. 9. 80 auf Kiel gelegt. Der Stapellauf erfolgte am 5. 11. 80, die Ablieferung am 1. 9. 81. Die technischen Daten lauten: 45,0 × 9,0 × 3,0 m, 280/350 t, Leichtmetallbootskörper, 3 × 3650-PS-MTU-16V538TB92-Diesel, 30 kn, 1-57-mm-L/70-Bofors, 1 × 2-23-mm, 4 SSM-Starter, Minen, Philips 9LV225-Feuerleitanlage. Die Entscheidung über die Art der vorgesehenen SSM steht noch aus. Man neigt jedoch der schwedischen RBS-15 zu. Am 19. 1. 83 wurden Mittel für drei weitere Boote zur Lieferung 1. 6. 85, 1. 10. 85 und 1. 6. 86 bewilligt. Insgesamt sind drei Flottillen zu je vier Booten geplant. Die 1985 fertiggestellte *Turku* (Bild 53) wurde aufgrund der Erfahrungen mit dem Prototypboot in Details leicht modifiziert. Im Frühjahr 1986 wurde *Oulu* in Dienst gestellt.

Küstensicherungs- und Überwachungsaufgaben im Rahmen der Marine dienen

- die 1957 fertiggestellten, 1980/81 modernisierten Patrouillenboote *Rihtniemi* und *Rymättylä,*
- die 1959 fertiggestellten, 1976 bzw. 1980 modernisierten Patrouillenboote *Ruissalo, Raisio, Ryöttä.*

Einen beachtlichen Ausbau erfuhr die Küstenwache: Zu den 1956/60 fertiggestellten, 1972/74 modernisierten Booten *Koskelo, Kuikka, Kaakkuri, Kiisla, Kuovi, Kurki, Tavi, Telkä* und der 1964 fertiggestellten *Viima* traten bzw. treten

- 1977/84 sieben 12-kn-Boote, RV 37-41, RV 142, 243 (14,3 × 3,6 × 1,6 m),
- 1980/87 vier Patrouillenboote der Lokki-Klasse. Das von Laivateollisuus in Turku gebaute Typboot *Lokki* kommt bei 26,8 × 5,2 × 2,1 m Hauptabmessungen auf 50/60 t und hat einen Leichtmetallbootskörper. Zwei 1000-PS-MTU-8V396TC83-Diesel ermöglichen 24 kn.
- 1983/84 neun 10-t/28-kn-Boote (PV 11, 12, 104, 108, 205, 210, 306, 307)

1983 wurden bei Rauma-Repola und Hollming je zwei Patrouillenboote eines neuen Typs geordert (20,5 × 5,9 × 1,0 m, 28/38 t, 2 × 500 PS-MTU-Diesel, 24 kn), die auch Einrichtungen zum Minenlegen erhalten sollen.

Eine neuere Selbstdarstellung der finnischen Marine (Laakonen, O./Knuuttila, J., Die finnische Marine gestern und heute, MRS 75/641) betont, daß die Light Forces im Hinblick auf die finanzielle, geographische und politische Lage des Landes auch fürderhin einen hohen Stellenwert besitzen werden.

3.042 Frankreich

Frankreich hat, wie die Bundesrepublik Deutschland und Großbritannien, eine umfangreiche und höchst agile Industrie für den Bau von Light Forces, die jedoch vorherrschend für den Export tätig ist. Die Light Forces der französischen Marine sind dagegen relativ schwach.

Ausgemustert wurden in den Jahren 1975/80 die 1955/59 fertiggestellten U-Jäger der Le Fougueux-Klasse, während die 1958/59 von Lürssen bzw. nach Lürssen-Plänen gebauten Patrouillenboote V I-I2 sukzessiv an kleinere Marinen abgegeben wurden. Damit ist aus dem Altbestand nur noch das 1964 fertiggestellte Versuchsboot *La Combattante* vorhanden. Das von der CMN in Cherbourg gebaute Boot führte seinerzeit die

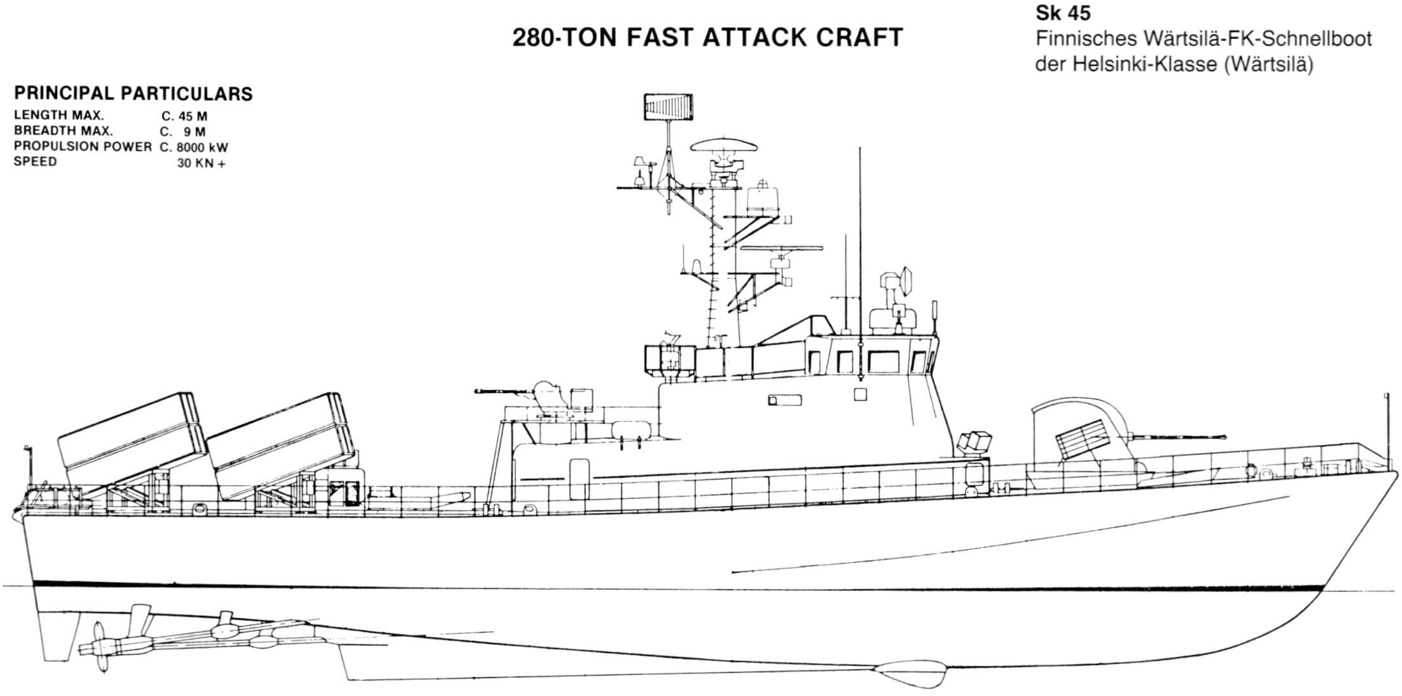

Sk 45
Finnisches Wärtsilä-FK-Schnellboot der Helsinki-Klasse (Wärtsilä)

Exocet-Versuche durch und bildete dann die nominelle Basis einer großen Anzahl von Export-Schnellbooten. 1978/79 wurden die Antriebsmotoren durch die neuen PA4VGDS-Diesel ersetzt, wobei die Gesamtleistung auf 4000 PS anstieg. Anfang 1985 wurde das Boot der Gendarmerie Maritime übergeben.
Erst der 1972 in Kraft gesetzte »plan bleu« führte zu einer sukzessiven Erweiterung der französischen Light Forces zum Schutz der Küstengewässer und zur Verwendung in Übersee. Es entstanden

- 1975/77 bei Auroux, Acheron (*Trident, Glaive*) und CMN, Cherbourg (*Epée, Pertuisane*) vier Patrouillenboote der Patra-Klasse (Sk 46, Bild 54, 40,7/38,5 × 5,9 × 1,6 m, 115/130 t, 2 × 2200-PS AGO195V12-Diesel, 28 kn, 1500 sm/15 kn, 1-40-mm, 1-12,7-mm-MG, 6-SS-12-M-Starter, 18 Mann).

Die Stahlbootskörper sind in sechs wasserdichte Abteilungen unterteilt und so ausgelegt, daß die Schwimmfähigkeit beim Vollaufen zweier nebeneinander liegender Abteilungen erhalten bleibt. Ursprünglich sollten 30 Boote, davon sechzehn für Überseeaufgaben, gebaut werden, doch erwies sich der Typ letztlich für die vorgesehenen Aufgaben als zu klein. Deshalb entschloß man sich zur Entwicklung eines größeren Boots, dem »Super-Patra-Typ« PS 400. Das 1985 bei Auroux gebaute Boot *Rapiere* wurde an Mauretanien geliefert.
Im Rahmen des Bauprogramms 1977/81 wurden zwischen Mai 1982 u. Januar 1984 zehn Boote des Typs PS 400 (Sk 47) vergeben: *La Gracieuse, La Glorieuse, La Fougueuse, La Capricieuse, La Boudeuse, L'Audacieuse, La Moqueuse, La Railleuse* an CMN, Cherbourg, *La Rieuse, La Tapageuse* im Unterauftrag an La Perriere, Lorient. Mit 54,5/50,0 × 8,0 × 2,6 m, 406/446 t, 2 × 4000-PS-SEMT-Pielstick-18PA4V200 VGDS-Dieseln, 24,5 kn, 24 Mann, 1-40-mm, 1-20-mm und – für den Auslandsdienst – Vorrichtungen für den Einbau von 4 MM-38-Exocet-SSM-Startern lassen sie ein höheres Maß an Seefähigkeit erwarten, doch scheint die Geschwindigkeit recht bescheiden.
L'Audacieuse (Bild 55) machte im Sommer 1984 als P 682 Probefahrten. Erwähnenswert sind noch drei schnelle Patrouillenboote, die Esterel, Cannes, der französischen Marine lieferte

- 1974 *Tourmaline* (27,0 × 5,0 × 1,5 m, 45 t, 2 × 550-PS-MTU-Diesel, 27 kn, 750 sm/15 kn, 1-20-mm, 9 Mann),
- 1979/80 *Athos, Aramis* (Sk 48, Bild 56, 32,1 × 6,45 × 1,9 m, 100 t Einsatzverdrängung, 2 × 2000-PS-SACM-Diesel, 28 kn, 1500 sm/15 kn, 1-20-mm, 2-12,7-mm MG, 12 Mann).

Sk 46
Französische Auroux/CMN-Patrouillenboote des Typs Patra (DTCN)

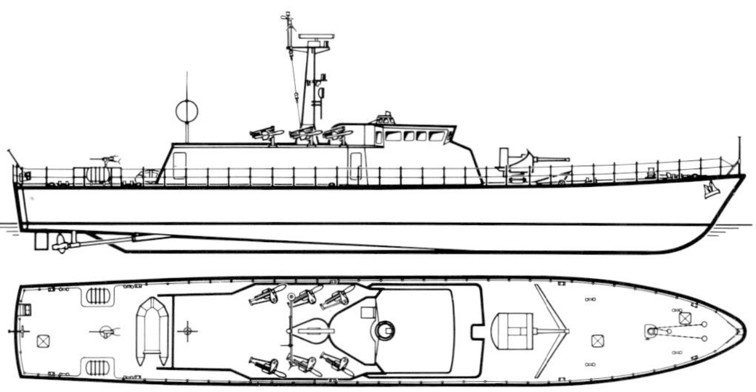

Sk 47
Französische CMN-Patrouillenboote des Typs PS 400 (CMN)

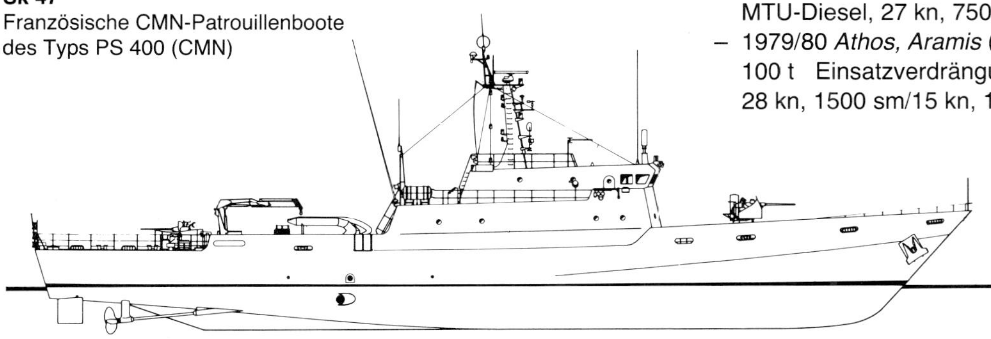

Sk 48
Französische Esterel-Patrouillenboote *Athos, Aramis* (Esterel)

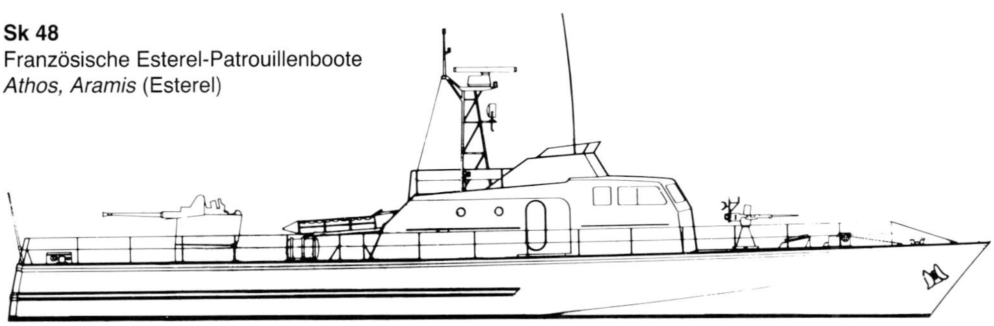

Sk 49
Gabun-Esterel-FK-Schnellboot Typ 42 (Esterel)

3.043 Gabun

Die Marine Gabuns wurde in den letzten Jahren weiter ausgebaut. Vom Altbestand sind noch das 1968 in Gabun gebaute Patrouillenboot GC 01/*President Leon M'Ba* und das 1972 von der Ateliers et Chantiers Navals de L'Esterel gelieferte Patrouillenboot GC 2/*Colonel Djoue Dabany (ex President Albert Bernard Bongo)* in Fahrt.
1975 lieferte die Swiftship, Morgan City, La., GC 03/*N'Guene* (32,17/29,18 × 7,8 × 2,3 (Prop.) m, Leichtmetallbootskörper, 90/118 t, 3 × 1200-PS-GM-16V149-E-Diesel, 27 kn, 825 sm/25 kn, 21 Mann, 1 × 2-40-mm, 1 × 2-20-mm, 2-12,7-mm-MG, Radar Decca 916). Fünf weitere Boote dieses Typs wurden 1977 bestellt, dann aber storniert.

1978 lieferte die Chantiers Navals de L'Esterel, Cannes, das FK-Schnellboot GC 05/*President el Hadj Omar Bongo* (Sk 49, Bild 57, 42,2 × 7,8 × 1,95 m, 160 t, Holzbootskörper, 3 × 3600-PS-MTU-16V538TB91-Diesel, 38 kn, 28,4 t Kraftstoff, 1000 sm/18 kn, 20 Mann, 1-40-mm-Bofors, 1-20-mm, 1 × 4-SS-12-M-SSM-Starter, Decca RM 1226-Radar).

1977 lieferte die italienische Intermarine Sarzana GC 04/*Ngolo* des Typs Intermarine Mk. 4 (27,3 × 6,8 × 2,1 m, 65/88 t, GFK-Bootskörper, 2 × 3500-PS-MTU-16V538TB91-Diesel, 43,8 kn (Probefahrt), 1000 sm/35 kn, 16 Mann, 1-40-mm, 2-20-mm, Radar Decca 916). Das Boot brannte am 13. 3. 80 aus und wurde 1981 durch ein Fahrzeug gleichen Typs und Namens ersetzt.

Zwei große und sehr kampfkräftige Fahrzeuge wurden 1976 bei der Intermarine, Sarzana, bestellt: 37,35 × 8,0 × 1,55 m, 165 t Einsatzverdrängung, GFK-Bootskörper, 3 × 3500-PS-MTU-20V562TY90-Diesel, 35 kn, 24 Mann, 1-76-mm-Oto-Melara, 1-40-mm, 4 Otomat-SSM-Starter. Der Auftrag wurde jedoch später storniert.

Bei der Küstenwache sind zehn Patrouillenboote kleiner Abmessungen in Fahrt. Im November 1984 wurden zwei Boote des Typs P 400 in Frankreich bestellt.

3.044 Ghana

Die 1967 von der Sowjet-Union gelieferten Patrouillenboote der Poluchat-Klasse (P 20-23) wurden 1970 (P 22) bzw. 1973 ausgemustert. Die 1962 in Dienst gekommenen Patrouillenboote der englischen Ford-Klasse, P 13-14/*Elmina, Komenda,* sind weiterhin in Fahrt.

Von sechs 1973 bei der Ruthoff-Werft, Mainz, bestellten Patrouillenbooten kamen nur zwei, P 24-25/*Dela, Sahene,* im Sommer 1975 in Fahrt (35,2 × 6,5 × 1,8 m, 160 t, 2 x 1500-PS-MTU-MD16V538TB90-Diesel, 30 kn, 1000 sm/30 kn, 1-40-mm mit beidseits angeordneten Leuchtraketenwerfern, 32 Mann). Sie werden im Fischereischutz verwandt. Die restlichen vier bestellten Boote wurden storniert, als die Werft im Juli 1975 konkurs ging. Bei der Abwicklung des Ghana-Auftrags soll es neben finanziellen Problemen auch Beanstandungen hinsichtlich der Qualität der Bauausführung gegeben haben (105). 1981 wurden beide Boote von der Lürssen-Werft modernisiert.

Ende 1976 wurden der Lürssen-Werft als Bau-Nummern 13458-13461 Aufträge für je zwei Patrouillen- und Artillerie-Schnellboote erteilt (106, 107):

– die auf dem Typ TNC 45 basierenden Patrouillenboote P 26-27/*Dzata, Sebo* (Sk 50, Bild 58, 44,9/42,3 × 7,0 × 2,7 m, 234/269 t, 2 × 3600-PS-MTU-16V538TB91-Diesel, 29,5/27,5 kn, 1800 sm/17 kn, 1-76-mm-Oto-Melara, 1-40-mm, 2 MG, 35 Mann, Thomson-CSF-Canopus A) wurden im Januar 1978 begonnen. Sie liefen im September 1979 vom Stapel und wurden im Dezember 1979 bzw. Mai 1980 geliefert,

Sk 50
Ghana-Lürssen-Patrouillenboote *Dzata, Sebo* (Lürssen)

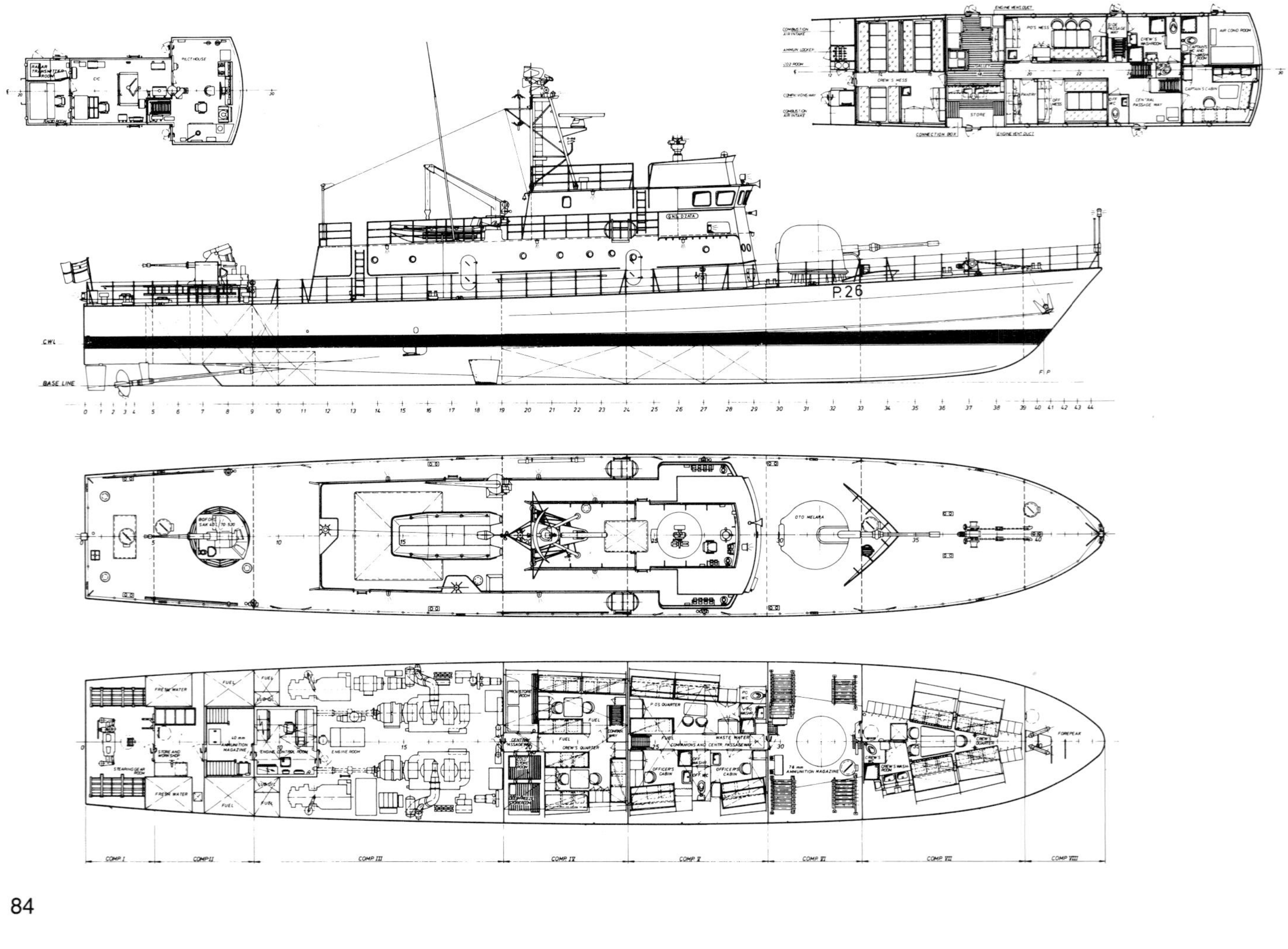

– die auf dem Typ FPB 57 basierenden Artillerie-Schnellboote P 28-29/*Achimota, Yogaga* (Sk 51, Bild 59, 58,1 × 7,62 × 3,0 m, 4,95 m Seitenhöhe, 323/389 t, 3 × 3600-PS-MTU-16V538TB91-Diesel, 33/30 kn, 5200 sm/17 kn, 1-76-mm-Oto-Malara, 1-40-mm-Bofors, 47 Mann, Thomson-CSF – Canopus A) liefen im März 1979 von Stapel und wurden Ende März 1981 geliefert. Die Fertigstellung erfolgte an sich schon 1979. Gemäß Bauvertrag war eine Lieferung ohne Bewaffnung und Feuerleitanlagen vorgesehen. Diese Systeme sollten in Ghana eingebaut werden. Die Umstellung auf den Einbau durch die Werft und die Ausbildung der Besatzungen verzögerten den Abmarsch nach Ghana. Schließlich lieferte Fairey Marine 1978 zwei Boote des Typs Spear 2 (4,5 t, 2 × 180-PS-Diesel, 29 kn, 3 MG, 3 Mann).

3.045 Gilberts

Die zentralpazifischen Gilbert-Inseln wurden 1979 als Commonwealth-Republik unabhängig. 1980 wurde von Cheverton, Cowes (GB), ein 17-m/22-t-/23,6-kn-Patrouillenboot beschafft (1 MG, 7 Mann).

3.046 Grenada

Das in Band 3 unter Abschnitt 6.1993 Westindische Inseln geführte Grenada erhielt im Februar 1973 volle Selbstverwaltung. Für die Verteidigung bleibt Großbritannien verantwortlich. Für Zoll- und Küstensicherungsaufgaben ist ein 15-t/22-kn-Patrouillenboot des 40'-Brooke Marine-Typs vorhanden, das 1972 geliefert wurde. 1978 folgten drei 4,5-t/26-kn-Boote des Typs Spear von Fairey Marine, Hamble.

3.047 Griechenland

Schon seit Jahren wird die Stärke der griechischen Marine weniger von NATO-Überlegungen als von der Relation zur türkischen Marine bestimmt, bestehen doch zwischen beiden Ländern einige nur aus der Historie zu verstehende Probleme. Es ist naheliegend, daß der enge Seeraum der Ägäis und der Stützpunkt Kreta den Light Forces einen erheblichen Stellenwert zuweisen. In diesem Zusammenhang ist auch bemerkenswert, daß sich beide Länder seit Jahren mit Erfolg bemühen, eine eigene Kriegsschiffbau-Kapazität aufzubauen bzw. vorhandene zu erweitern.

Ausgemustert wurden

– 1974 die ex-deutschen Torpedo-Schnellboote *Delphin, Polikos, Polideykis, Phoinix,*
– *1976 die ex-US-LSSL-Patrouillenboote P. Maridakis, P. Chantzikonstandis* und das ex-deutsche Torpedo-Schnellboot *Ailos* des englischen Ferocity-Typs,
– 1977 das ex-US-PGM-Patrouillenboot *A. Pezopoulos,*
– 1979 die ex-US-PGM-Patrouillenboote *P. Arsnaloglou, P. Vlachavas* und das ex-deutsche Torpedo-Schnellboot *Astropi* des englischen Brave-Typs.
– 1983 die fünf 1966/67 für griechische Rechnung gebauten Torpedo-Schnellboote der norwegischen Tjeld-Klasse, P 21, 23-26/*Andromeda, Kastor, Kyknos, Pigassos, Toxotis.*

In der Reihenfolge des Alters sind zur Zeit folgende durchweg gut erhaltene ältere Light Forces vorhanden

Sk 51
Ghana-Lürssen-Artillerie-Schnellboote *Achimota, Yogata* (Lürssen)

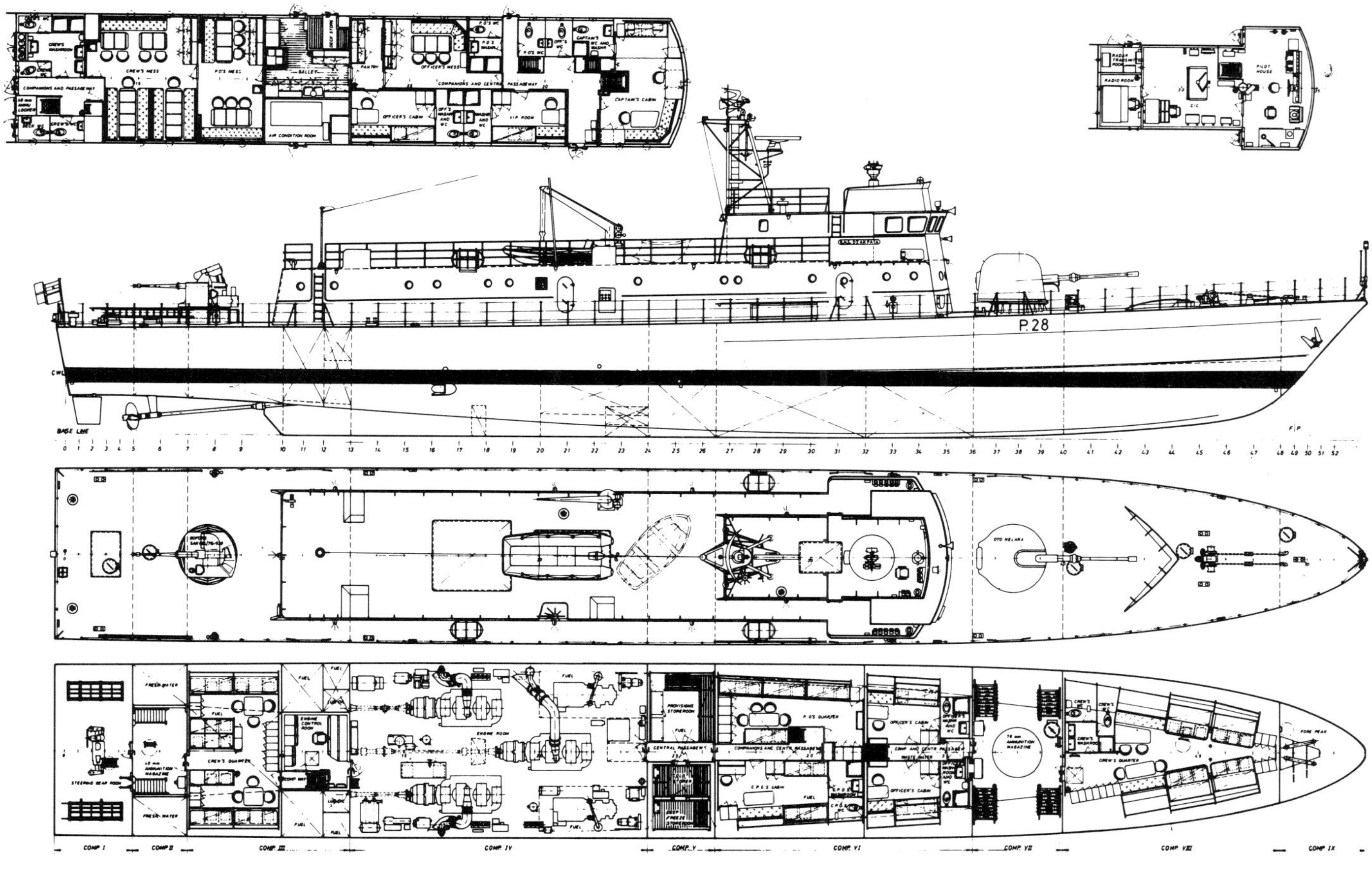

Sk 52
Griechische Esterel-FK-Schnellboote *Kelefstis Stamou, Diapos Antoniou* (Esterel)

- sechs in den Jahren 1957/59 für die deutsche Bundesmarine gebaute Torpedo-Schnellboote der Jaguar-Klasse, die in Vollzug eines am 11. 8. 75 in Bonn mit der Türkei und Griechenland abgeschlossenen Vertrages der griechischen Marine zugesprochen wurden. *Seeadler, Falke, Habicht, Greif, Kondor, Kormoran, Geier* wurden P 50–56/*Esperos, Kaitaigis, Kentayros, Kyklon, Lailaps, Scorpios, Tyfon.* Drei weitere Boote (*Albatros, Bussard, Sperber*) wurden Griechenland zum Gewinnen von Ersatzteilen übergeben (108). *Kartaigis* wurde 1981 ausgemustert.
- das 1970 für die englische Marine gebaute, 1985 angekaufte GT-Schnellboot *Scimitar* (Bild 60), das heute als *Akilon* fährt.
- vier 1970/72 von der CMN, Cherbourg, für griechische Rechnung gebaute FK-Schnellboote der Combattante II-Klasse: P 14–17/*Ipopliarchos Aninos, I. Arliotis, I. Konidis, I. Batsis* (Bild 61, ex P 53–56/*Nafsithoi, Euniki, Kimothoi, Kalypso).*

An Neubauten sind im Einsatz

- zwei 1975 bei den Chantiers Navals de L'Esterel, Cannes, für Zypern in Bau befindliche FK-Schnellboote kleinerer Abmessungen (32,0 × 5,75 × 1,6 m, 80/115 t, Holzbootskörper, 2 × 1350-PS-MTU-12V331TC81-Diesel, 28 kn, 30 t Kraftstoff, 850 sm/25 kn, 2-20-mm, 1 × 4-SS-12-SSM-Starter), die von Griechenland angekauft und als P 28–29/*Diapos Antoniou, Kelefstis Stamou* (Sk 52, Bild 62) in Dienst kamen (109, 110, 111). 1980 erhielten sie die Pennant-Nummern P 286–287. Ursprünglich war einmal der Nachbau von sechs Booten in Griechenland vorgesehen, doch wurde dann größeren und leistungsfähigeren Fahrzeugen der Vorzug gegeben.

Im September 1974 wurden vier Boote des Typs La Combatante III B 1 an die CMN in Cherbourg vergeben. Sie liefen zwischen November 1976 und Mai 1977 von Stapel und wurden bis Ende 1977 als P 20–23/*Antipliarchos Laskos,* (Sk 53, Bild 63), *A. Blessas, A. Mykonios, A. Troupakis,* geliefert. Die technischen Daten lauteten: 56,15 × 8,0 × 2,5 m, 385/425 t, 4 × 4500-PS-MTU-MD20V538TB91-Diesel, Festpropeller, 37,0 kn Kurzhöchstfahrt, 35,0 kn Dauerhöchstfahrt, 800 sm/32,5 kn, 2750 sm/15 kn, 42 Mann, 520 KWE-Anlage, 2-76-mm-Oto-Melara, 2 × 2-30-mm-Emerlec, 4 MM-38-Exocet, 2-53,3-cm-Heck-TR für SST-4-Drahtlenktorpedos (112, 113). Am 22. 12. 76 wurde aufgrund einer 45-Mio.-Dollar-Spende griechischer Reeder mit der CMN ein Vertrag über den Bau von weiteren sechs leicht modifizierten Booten der Combattante III-Serie abgeschlossen. Ursprünglich sollte die CMN zwei Boote mit Liefertermin Dezember 1978/Februar 1979 bauen. Die restlichen vier Boote sollten mit französischer Hilfe bei der Hellenic Shipyard in Scaramanga gebaut werden (114). Tatsächlich wurden schließlich alle sechs Boote 1978/81 in Griechenland gebaut. P 24–29/*Simaiforus Kavaloudis, Antipliarchos Kostakos, Ipopliarchos de Jannis, S. Xenos, S. Simitzopoulos, S. Starakis* haben gegenüber dem französischen Grundtyp leicht veränderte Abmessungen, Verdrängung, Antriebsleistung sowie weniger Elektronik und auch eine abweichende FK-Bewaffnung: 56,2 × 7,9 × 2,5 m, 330/430 t, 4 × 3750-PS-MTU-Diesel, 32,5 kn, 2750 sm/15 kn, 2-76-mm-Oto-Melara, 2 × 2-30-mm-Emerlec, 6 Penguin-SSM-Starter, 2-53,3-cm-Heck- TR.

In den Jahren 1974/81 wurden von griechischen Reedern einige Patrouillenboote finanziert und nach den Spendern benannt. Die nach Plänen der deutschen Werft Abeking & Rasmussen, Lemwerder gebauten Boote wurden bei der Neoziah-Werft auf Syros (P 289–290/*N.I. Goulandris I-II,* 24,0 × 6,2 × 1,1 m, 40 t, 2 × 1350-PS-MTU-Diesel, 30 kn, 1600 sm/12 kn, 2-20-mm) und den Hellenic Shipyards (P 61–63/*E. Panagopoulos I-III,* 24,0 × 6,2 × 1,1 m, 39 t, 25 kn, 1600 sm/12 kn) gebaut. Letzteren folgte 1982 der Nachbau *Agathos.* N. I. *Goulandris I* mußte am 24. 6. 83 nach einem Brand auf See aufgegeben werden.

Im November 1977 lief bei den Hellenic Shipyards das erste Boot einer neuen Serie von Patrouillenbooten nach Plänen der Werft Abeking & Rasmussen, Lemwerder, von Stapel, das der griechische Großreeder Niarchos für SAR-Zwecke gespendet hatte (Bild 64, 29,0 × 5,0 × 1,7 m, 75/86 t, 2 × 1350 PS-MTU12V331TB81-Diesel, 27 kn, 2-20-mm, 15 Mann). Außer P 266–269/*Adamidis, Delos, Knossos, Lindos* wurden 4 derartige Boote für die Küstenwache u. drei für den Zoll gebaut.

Rekapituliert man die Entwicklung der griechischen Marine in den letzten Jahren, so wird erkennbar, daß der Schwerpunkt sich zunehmend zu den schnellen Light Forces verlagerte. Gleichzeitig bemühte man sich, eigene Fertigungskapazitäten aufzubauen. Die derzeitige Boots-, Antriebs- und Waffenvielfalt ermöglicht einerseits wertvolle Erfahrungen, bedingt andererseits aber einen erheblichen logistischen Aufwand (115, 116).

3.048 Großbritannien

Obwohl Großbritannien sich aus seinen weltweiten maritimen Verpflichtungen weitgehend zurückgezogen hat und Sicherungsaufgaben in den heimischen Gewässern, z. B. der Bohrinseln in der Nordsee, eine erhebliche Bedeutung gewonnen haben, sind die Light Forces nicht nur relativ zur immer noch vorhandenen Bedeutung der Royal Navy, sondern auch absolut unterrepräsentiert. Von den Altbeständen wurde *Dark Gladiator* 1976 vor Portsmouth von den Fregatten *Amazon* und *Naiad* als Zielschiff versenkt. Die drei von Vosper Thornycroft gebauten,

1970/71 in Dienst gestellten, vom Typ Brave abgeleiteten, unbewaffnet Übungszwecken dienenden 40-kn-Schnellboote *Scimitar, Cutlass, Sabre* wurden 1984 verkauft. *Scimitar* ging an die griechische Marine. 1985 folgte das von Vosper Thornycroft als Spekulationsbau gebaute, 1972 von der Royal Navy angekaufte, 1973 für Fischereischutzzwecke und Zielübungen in Dienst gestellte, mit 2 MG bewaffnete 40-kn-Schnellboot *Tenacity.* Ausgemustert aber noch vorhanden sind auch die Schnellboote *Brave Borderer, Dark Hero,* das Seaward Defence Boot *Droxford* des Typs Ford und das später zu behandelnde Tragflügelboot *Speedy.*

Im Jahre 1973 wurden bei R. Dunston Ltd., Hessle, vier Patrouillenboote bestellt. Es handelte sich um ein Derivat der am Schluß dieses Abschnitts erscheinenden 1967/70 von Brooke Marine bzw. Fairmile Construction, Berwick-on-Tweed, gebauten, der Royal Air Force unterstehenden 159-t/21-kn-Boote der Seal-Klasse, von denen die ehemalige *Sea Otter* heute als *Redpole* fährt. Vorgesehen für die Überwachung des

Sk 53
Griechische CMN-FK-Schnellboote der Combattante III/*Antipliarchos Laskos*-Klasse (CMN)

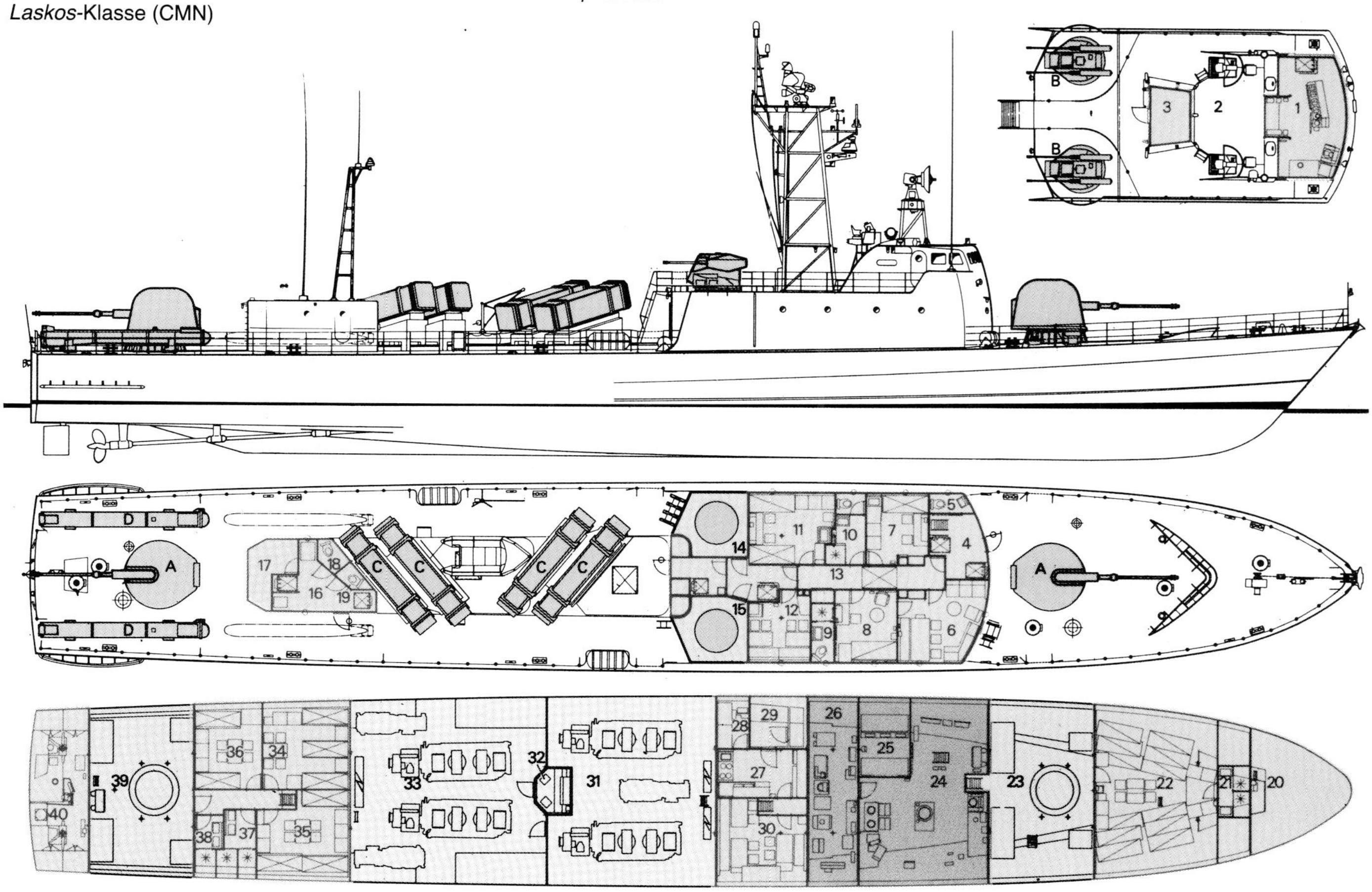

1 - Wheelhouse
2 - Uncovered bridge
3 - Ventilation
4 - Access room
5 - Ratings' W.C.
6 - Officers' wardroom
7 - 2 Officers' cabin
8 - Captain's cabin
9 - Captain's sanitary unit
10 - Officers' sanitary unit
11 - 3 Officers' cabin
12 - Petty Officers' mess room
13 - Alleyway
14 - 30 mm ammunition magazine
15 - 30 mm ammunition magazine
16 - Aft deckhouse
17 - Ventilation
18 - Petty Officers' W.C.
19 - Ratings' W.C.
20 - Forepeak
21 - Ratings' sanitary unit
22 - Fore crew space
23 - 76 mm ammunition magazine
24 - Combat Information Centre
25 - Radio
26 - Instrument room
27 - Galley
28 - Provision room
29 - Cold room
30 - Crew's mess room
31 - Fore engine room
32 - Engine control room
33 - Aft engine room
34 - Aft crew space
35 - Senior Petty Officers
36 - Junior Petty Officers
37 - Petty Officers' sanitary unit
38 - Ratings' sanitary unit
39 - Aft 76 mm ammunition magazine
40 - Steering gear.

A - 76 mm OTO MELARA Guns
B - 30 mm EMERLEC automatic twin Gun
C - "EXOCET" Missiles in containers
D - Wire guided torpedoes

Lodging - Accommodations
Machinery compartments
Operational rooms
Ammunition magazines
Weapons

Off-Shore-Bereichs der Nordsee mit den Ölfeldern usw. wurden sie etwas vergrößert und zur Verbesserung des Seeverhaltens mit Stabilisierungsanlagen versehen. Das am 20. 9. 74 von Stapel gelaufene Typboot P 260/*Kingfisher* (Bild 65) kam bei 36,6/33,8 × 7,2 × 2,0 m Hauptabmessungen auf 195 t Einsatzverdrängung. Zwei 2100-PS-Paxman-16YJCM-Diesel vermitteln 21 kn. Mit 35 t Kraftstoff wird ein Fahrbereich von 2000 sm/14 kn erreicht. Die Bewaffnung besteht aus 1-40-mm und 2 MG, die Besatzung umfaßt 19 Mann.

Ursprünglich war eine weitaus größere Serie derartiger Boote vorgesehen, doch wurden diese Pläne aufgrund der schnell zunehmenden Kritik an *Kingfisher* nicht realisiert. Das Boot erwies sich als topplastig. Es vibrierte stark und zeigte sich insgesamt als wenig geeignet für den vorgesehenen Verwendungszweck. Von vornherein mußte daher auf die ursprünglich vorgesehene zweite 40-mm auf dem Vorschiff verzichtet werden. Bei P 262–264/*Cygnet, Peterel, Sandpiper,* die zwischen Oktober 1975 und Januar 1977 von Stapel liefen und zwischen Juli 1976 und September 1977 in Dienst kamen, wurden die Bullaugen unter Deck entfernt, die Zahl der Ventilatoren auf dem Achterdeck reduziert, die Radarkonsole leichter gemacht usw., um Toppgewichte abzubauen. Die Erhöhung der Verdrängung auf 216 t ab *Peterel* läßt auch die Anordnung von Ballast vermuten. Trotzdem blieb die Stabilität weiter unbefriedigend, so daß der Ersatz der 40-mm- durch 1-20-mm erwogen wurde (117). Auch die bei Seegang auf 16 kn reduzierte Geschwindigkeit war unbefriedigend.

Die schon vor der Fertigstellung der Kingfisher-Klasse einsetzende Diskussion um den optimalen Schutz der Nordsee-Bohrinseln und der Fischerei in Nordsee und Nordatlantik brachte eine Vielzahl von Studien hinsichtlich des Einsatzes von konventionellen Booten/Schiffen, Tragflügelbooten, Luftkissenfahrzeugen, Hubschraubern usw. So entwickelte u. a. die Marine Division der British Tool Makers aus eigener Initiative ein 60-m/550-t/25-kn-Patrouillenboot (118). Die Marine entschied sich jedoch für zwei Alternativen:

1. Mitte 1975 wurden bei Hall & Russel, Aberdeen, fünf im Bootskörper Trawlern ähnliche Wachfahrzeuge der Island-Klasse bestellt, die mit 925/1260 t Verdrängung außerhalb des Rahmens der hier zu behandelnden Fahrzeuge liegen.

2. 1978 wurde nach Erprobung eines Tragflügelboots bei Navaltecnica/Rodriguez in Messina bei Boeing Marine, Seattle, das Tragflügelboot *Speedy* (Bild 66) bestellt, das zum für kommerzielle Zwecke entwickelten Typ Jetfoil 929-115 dieser Firma gehört, jedoch veränderte Aufbauten und Antriebsanlage erhielt. Da die Firma Boeing bereits eine fertige Studie für den Einsatz eines derartigen Fahrzeugs für Fischereischutzzwecke für die Selbstverteidigungskräfte Japans vorliegen hatte, konnte der Preis auf günstige 6,2 Mio. Pfund festgesetzt werden. Das Boot lief am 9. 7. 79 »von Stapel« und kam nach eingehenden Erprobungen im Juni 1980 in Dienst. Die technischen Daten lauteten: 27,43 × 9,14 × 5,2/2,4 m, 227 t, 2 × 3800-PS-Allison-501-K20A-GT auf Wasserstrahlantrieb R 20 von Rockeldyne für 43 kn Schwebefahrt, 2 × 550-PS-GM-8V92TI-Diesel auf Wasserstrahlantrieb für bis zu 14 kn Marsch- und Manövrierfahrt im Schwimmzustand, 560 sm/43 kn, 1500 sm/14 kn, 2 MG, 18 Mann. Das Boot, das auch für Schnellboot-Zieldarstellung genutzt und Ende 1980 vorübergehend der Erprobungsstelle 71 der Bundeswehr in Eckernförde für Erprobungen und Messungen zur Verfügung gestellt wurde, wurde dann im Frühjahr 1983 zur Disposition gestellt, nachdem sich gezeigt hatte, daß längere Einsätze in der Nordsee und im Atlantik – vor allem im Winter – nicht möglich waren.

1981 wurden bei Hall Russel, Aberdeen, fünf große Patrouillenboote für den Einsatz in Hongkong bestellt. Sie kamen 1984/85 in Dienst als P 239–243/*Peacock, Plover, Starling, Swallow, Swift* (62,6 × 10,0 × 2,7 m, 690 t, 2 × 7000-PS-Crossley-Pielstick-18PA6V280-Diesel, 25 kn, 1-76-mm-Oto-Melara, 4 MG, 31 Mann).

An SAR- und Patrouillenbooten sind bzw. waren weiterhin vorhanden

a) bei der Royal Navy
- *Tiger Bay,* ein 1982 in Port Stanley (Falklands) erbeutetes Boot des von Bohm & Voss, Hamburg, für Argentinien gebauten Typs Mar del Plata. Es wurde 1984 ausgemustert,
- fünf 1982/84 bei Fairey Marine, Hamble, gebaute Boote für die RNR, P 281–285/*Attacker, Chaser, Fencer, Hunter, Striker* (20,0 × 5,2 × 1,5 m, 34 t, 2 × GM-12V71TI-Diesel, 21 kn, 1-20-mm, 11 Mann),
- vierzehn 1985/87 von Watercraft, Shoreham, gebaute Patrouillenboote des Typs P 2000: *Loyal Example, L. Explorer, L. Expreß, L. Exploit, Archer, Smiter, Pursuer, Biter, Blazer, Dasher, Puncher, Charger, Ranger, Trumpeter* (20,8 × 5,8 × 1,5 m, 80 t, GM-Diesel, 24 kn, 1-20-mm, GFK-Bootskörper),

b) bei der Royal Air Force, Marine Section
- die 1972/81 bei Kames & Stone, Brightlingsea, gebauten SAR-Boote 4000–4007/*Spitfire, Sunderland, Stirling, Halifax, Hampden, Hurricane, Lancaster, Wellington* (24,1 × 5,5 × 1,5 m, 70 t, 2 × 2100-PS-Paxman-Diesel, 22 kn, 9 Mann),
- die 1967/70 von Brooke Marine und Fairmile Construction gebauten SAR-Boote 5000–5001/*Seal, Seagull* (36,6 × 7,2 × 2,0 m, 159 t, 2 × 2100-PS-Paxman-Diesel, 21 kn, 18 Mann), die dann die Basis für die Kingfisher-Klasse abgegeben hatten.

Erwähnenswert ist auch das Interesse, daß die Royal Navy unverändert den Luftkissenfahrzeugen entgegenbringt, deren Produktion für vorherrschend ausländische Kunden gerade in diesem Lande einen breiten Raum einnimmt. 1961 war die Interservice Hovercraft Trials Unit (IHTU) begründet worden, in deren Rahmen die drei Teilstreitkräfte die in diesem Fahrzeugtyp liegenden Möglichkeiten auf breiter Basis untersuchten (s. Band 3). Die Einheit wurde 1974 aufgelöst und 1975 als Naval Hovercraft Trials Unit (NHTU) mit einer BH 7 (Sk 54, Bild 67), einer SR-N6Mk1 (Sk 55, Bild 68), zwei SR-N6Mk2 und einer VT2 wieder begründet. Im Vordergrund stand der Einsatz dieser Fahrzeuge für Minensuchzwecke. Im Rahmen der Haushaltseinsparungen wurde die Einheit im September 1982 aufgelöst.

3.049 Guatemala

Die seit 1959 in Aufbau befindlichen Küstensicherungsstreitkräfte bestehen, der Aufgabe entsprechend, vorherrschend aus Patrouillenbooten kleiner und mittlerer Größe. Ausgemustert wurden
- 1979 die 1961 beschafften Boote P 281–282/*Xucuxuy, Camalote* (8,6 m, 6,5 t, GM-Diesel, 30 kn, 1 MG),

– 1982 die 1963 angekauften Patrouillenboote P 401–402/*Tikal, Ximiche* (US-Coast-Guard 40'-Typ) und die 1964/65 angekauften Patrouillenboote P 631–632/*Cabrakan, Hanaphu* (19,2 × 4,7 × 0,9 m, 32 t, 2 GM8V71-Diesel, 25 kn, 10 Mann, 2-12,7-mm-MG) des US-AVR/63'-Coast Guard-Typs.

Zur Zeit sind vorhanden:

- die 1967 bzw. 1972 angekauften Patrouillenboote P 851–852/*Utatlan, Subteniente Usorio Sarabria* (25,9 × 5,7 × 1,0 m, 60 t, 2 × 1100-PS-GM-Diesel, 23 kn, 400 sm/12 kn, 12 Mann, 2 MG) des Typs Sewart 85'/Commercial Cruiser,
- drei 1972 (P 651–653/*Tecunuman, Kaibilbalam, Azumanche*) und zwei 1976 (P 654–655/*Tzacol, Bitol*) von Halter Marine, New Orleans, gelieferte Patrouillenboote (19,7 × 5,2 × 0,9 m, 32 t, 2 × 1100-PS-GM-12V71-Diesel, 25 kn, 10 Mann, 1-12,7-mm-MG, 1 × 3-7,62-mm-MG),
- ein 1977 von der Halter Marine, New Orleans, geliefertes Patrouillenboot, P 1051/*Kukolkan* (Bild 69) der Broadsword-Klasse (32,0 × 6,2 × 1,9 m, 90/100 t, 2 × 1600-PS-GM-16V149TI-Diesel, 32 kn, 60-KW-E-Anlage, 20 Mann, 1 rückstoßfreies 75-mm-Geschütz, 1-81-mm-Mörser, 1-12,7-mm-MG, 1 × 4-7,62-mm-MG),
- eine Anzahl Flußpatrouillen- u. Wachboote.

3.050 Guinea

Der sich zwischen Ost und West bewegende Kurs des Landes prägt auch die relativ kleine, vorherrschend mit sowjetischen und chinesischen Fahrzeugen ausgerüstete Flotte. Erst 1980 wurden die Beziehungen zum Ostblock kühler.

Ausgemustert wurden

- 1981 vier 1971/72 von der UdSSR ohne TR gelieferte Schnellboote des Typs P 6,
- 1983 zwei 1972/73 von der UdSSR gelieferte Patrouillenboote des Typs MO VI.

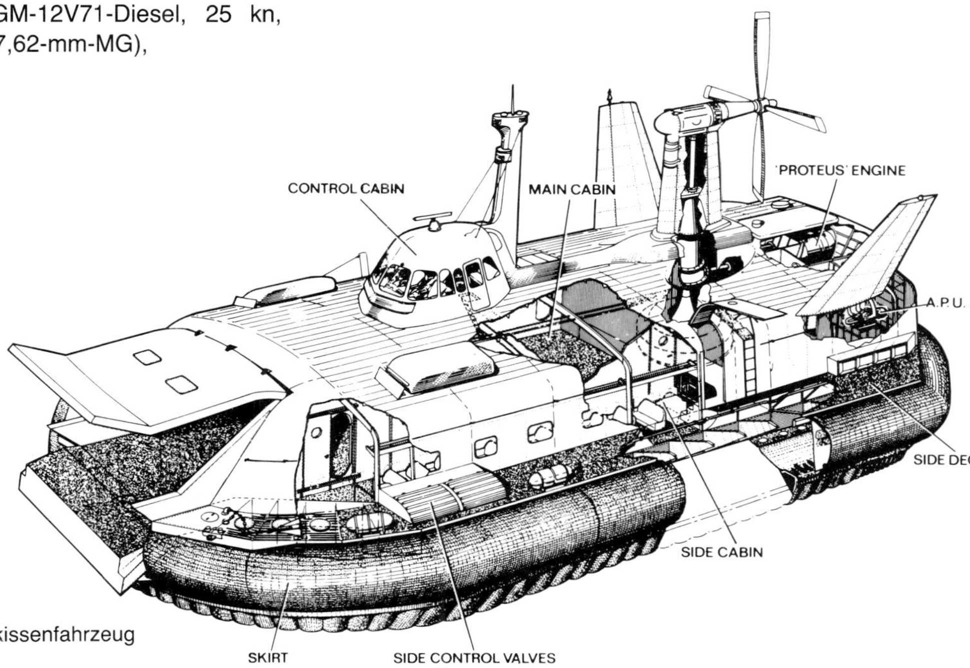

Sk 54
Englisches Brtitish Hovercraft Corp.-Luftkissenfahrzeug des Typs BH 7 (BHC)

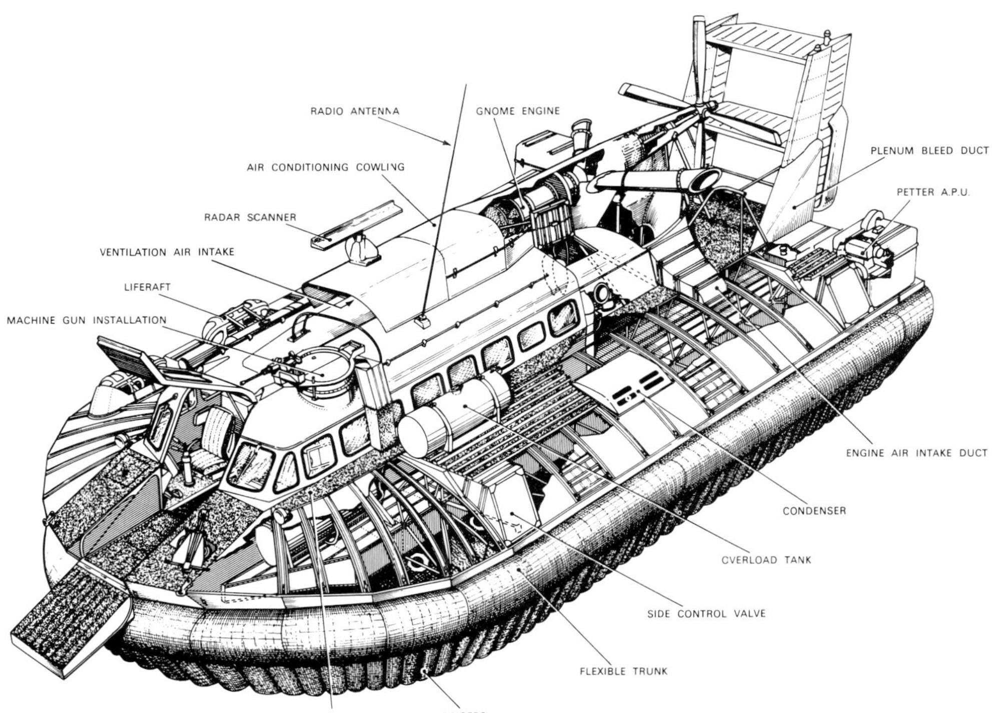

Sk 55
Englisches British Hovercraft Corp.-Luftkissenfahrzeug des Typs SR-N6 (BHC)

In Fahrt befinden sich
- vier 1978/79 von der UdSSR gelieferte Torpedo-Schnellboote der Shershen-Klasse (ohne TR),
- sechs 1973, 1974 und 1976 zu je zwei von China gelieferte Artillerie-Schnellboote des Typs Shanghai II (P 733-738),
- sechs 1964/70 von der UdSSR gelieferte Patrouillenboote der Poluchat-Klasse,
- das 1978/79 von D'Esterel, Cannes, gebaute Patrouillenboot *Almamy Bocar Birc Barry* (28,0 × 5,2 × 1,6 m, 56 t, 2 × 1450-PS-MTU-Diesel, 35 kn, 1-20-mm, 13 Mann),
- acht 1965/72 von der UdSSR ohne TR gelieferte Schnellboote des Typs P 6,
- zwei 1972/73 von der UdSSR gelieferte Patrouillenboote des Typs MO VI.

Im November 1984 erhielt Swiftship den Auftrag für ein Patrouillenboot (19,8 × 5,6 × 1,6 m, 36,5 t, 2 × 1600-PS-Diesel, 27 kn, 3 MG, 1-81-mm-Mörser, 10 Mann).

3.051 Guinea-Bissau

Die Unabhängigkeit des Landes wurde 1974 anerkannt. 1974/79 lieferte die Sowjet-Union vier Schnellboote der P 6-, zwei der Shershen-Klasse (ohne TR!) und zwei Patrouillenboote der Poluchat-Klasse. Aus Frankreich stammen die 30-t/25-kn-Patrouillenboote *Cabo Roxo* und *Ilha de Poilao*. 1979 lieferte die Werft Aresa, Barcelona, drei Patrouillenboote des spanischen Typs LVC (Sk 56, 15,9 × 4,36 × 1,33 m, 21 T, 24 kn, 1 MG). Vier weitere Boote gleichen Typs wurden im September 1981 bestellt.

1981 lieferte Le Compte, Vianen das Patrouillenboot *Naga* (Bild 70, 30 t, 30 kn, MTU-Diesel, 1 × 2 MG).

Schließlich wurden 1983 zwei Boote der chinesischen Shandong-Klasse beschafft.

Sk 56
Guinea-Bissau-Aresa-Patrouillenboot (Aresa)

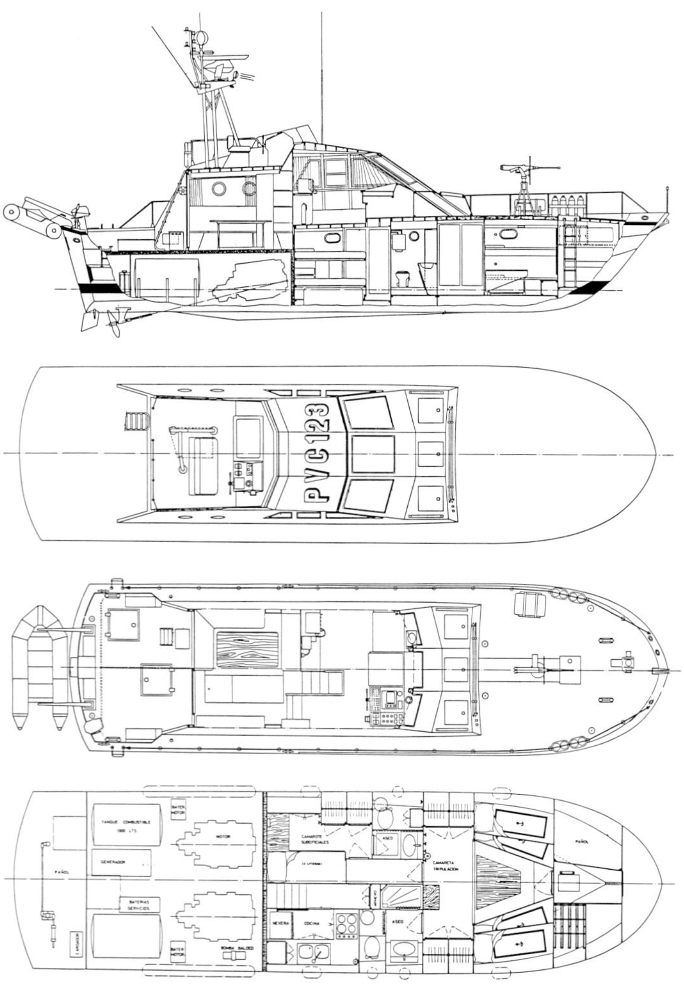

3.052 Guyana

Guyana's Küstenwache unterhält z. Z. acht Patrouillenboote:
- *Jaguar, Margay, Ocelot* (12,2 × 3,65 × 1,05 m, 10 t, GFK-Bootskörper, Leichtmetallaufbauten, 2 × 185-PS-Cummins-D336A-Diesel, 20 kn, 150 sm/12 kn, 6 Mann, 1-7,62-mm-MG), die 1971 von Vosper Thornycroft geliefert wurden.
- ein 1976 bestelltes Boot des 103'-Vosper Thornycroft-Typs, das 1977 als *Peccari* in Fahrt kam (31,3 × 6,0 × 1,7 m, 96/109 t, 2 × 1750-PS-12 Zyl. Paxman-Ventura-Diesel, 27 kn, 22 Mann, 2-20-mm). Ein weiteres 1977 bestelltes Boot wurde storniert,
- fünf 1980 von Nordkorea gelieferte 35-t/40-kn-Schnellboote mit 2-14,5-mm-MG (Sin Hung-Klasse).

3.053 Haiti

Nach der 1977 bzw. 1980 erfolgenden Ausmusterung von GC 1-2/*Savannah, 16 Aout 1946* und MH 8-9/*La Crete a Pierrot, Vertieres* und MH 21 in 1982 sind z. Z. 14 Patrouillenboote vorhanden
- zwei 9,5-m-Boote des Bertram-Miami-31'-Enforcer-Typs (MH 5-6),
- drei 1973 gebaute, 1976 übernommene Boote des Swiftship-65' – Commercial-Cruiser-Typs: MH 22-23 (19,8 × 5,0 × 1,5 m, 30 t, 3 × 530-PS-GM-8V71-Diesel, 25 kn, 1 MG),
- neun 1980/81 von Monark, Monticello, Ark., gelieferte Boote, MH 11-19/*Le Maroon, Oge, Chavannes, Capois, Bauckman, Makandal, Charlemagne Perrault, Sonthonax, Bois Rond Tonnere* (9 t, 2 × GM-6V71N-Diesel, 25 kn, 3 MG).

3.054 Honduras

Die für die vorgesehenen Aufgaben offensichtlich zu kleinen Boote *Belize* und *Belmopan* des Brooke Marine-40'-Typs wurden verkauft. Dafür wurden 1977 zwei ursprünglich von Haiti bei Swiftship, Morgan City, bestellte Boote des 65'-Typs (19,9 × 5,6 × 1,6 m, 36,3 t, 3 × 530-PS-GM-8V71-Diesel, 25 kn, 5 Mann, 2 MG) als GC (heute FN) 6501-6502/*Gral* (dann *Aguan* heute *Nacaome*), *J. T. Cabanas* (heute *Goascoran*) angekauft. Drei weitere, mit MTU-Dieseln ausgerüstete Boote dieses Typs lieferte die Werft 1980 als FN 6503–6505/*Petula, Ulua, Chaluteca.*

Als FN 8502/Chamelecon wurde ein Boot des US-Commercial-Cruiser-Typs (25,9 × 5,8 × 1,0 m, 50 t, 23 kn) angekauft.

Schließlich lieferte Swiftship, Morgan City, im April 1977 FN 1051/*Guaymuras* und im März 1980 FN 1052–1053/*Honduras, Hibures* (Swift-105'-Typ, 31,5 × 6,6 × 2,1 m, 103 t, 2 × 3500-PS-MTU-Diesel, 32 kn, 16 Mann, 5 MG).

Vorhanden sind ferner zwei 3-t/24-kn-Boote, FN 2501–2502.

3.055 Hongkong

Der Marine District der Royal Hongkong Police Force unterhält eine für die Größe und die Eigenart des zu überwachenden Gebiets bemerkenswerte Anzahl von Patrouillenbooten unterschiedlicher Größe und Qualität, deren Aufgaben sehr deutlich nur auf Polizeizwecke beschränkt sind. Einige wurden inzwischen ausgemustert. Im einzelnen:

- PL 1–2/*Sea Lion, Sea Tiger* (33,9 × 7,3 × 3,2, 222 t, 2 × 340-PS-Lister-Blackstone-ER6 MGR-Diesel, 11,8 kn, 900 sm/11,8 kn, 25 Mann), die 1965 von der Hongkong United Dockyard gebaut wurden,
- PL 3/*Panther* (17,6 m, 37 t, 16 kn), das 1958 bei Vosper Thornycroft, Singapore, entstand und 1984 ausgemustert wurde,
- PL 4/*Seahorse* (22,8 × 4,6 × 1,4 m, 72 t, 3 × 230-PS-Cummins-Diesel, 15,5 kn, 600 sm/15,5 kn, 21 Mann), das 1958 bei Vosper Thornycroft, Singapore, entstand und 1985 ausgemustert wurde,
- PL 6/*Islander* (19,8 × 4,4 × 1,8 m, 48 t, 152-PS-Gardner-Diesel, 10,5 kn, 1400 sm/9 kn, 11 Mann),
- PL 7/*Dragon* (18,5 t, 2 × 380-PS-Cummins-Diesel, 23,5 kn, 6 Mann), das 1975 bei Hip Hing Chung gebaut wurde,
- PL 9-16/*Snipe, Puffin, Wren, Mallard, Gull, Tern, Cormorant, Kestrel* (13,7 × 4,6 × 2,1 m, 27,7 t, 144-PS-Gardner-Diesel, 9 kn, 1700 sm/8 kn, 5 Mann, 1946 in Australien gebaut). *Mallard* wurde 1984 ausgemustert,
- WJB 20–22/*Jetstream, Swiftstream, Tidestream* (12,3 × 3,5 × 0,6 m, 17 t, 2 × 270-PS-Cummins-Diesel, 24 kn, 380 sm/24 kn, 5 Mann), die 1971 bei Choy Lee gebaut wurden,
- PL 26–34/*Sea Rover, Sea Farer, Sea Roamer, Sea Rider, Sea Nomad, Sea Wanderer, Sea Raker, Sea Resuer* (24,5 × 5,2 × 1,6 m, 52 t, 2 × 245-PS-Gardner-Diesel, 10 kn, 1600 sm/10 kn, 12 Mann), die 1954/55 in Hongkong und Choy Lee gebaut wurden. *Sea Rider, Sea Nomad* und *Sea Raker* wurden 1983/84 ausgemustert. Die übrigen sollten 1985/86 ersetzt werden,
- PL 35–45 u. PL 85–89 (4,8 t, 20 kn, 160 sm/20 kn), die 1970 u. 1981 in Choy Lee gebaut wurden,
- PL 50–56/*Sea Cat, Sea Puma, Sea Leopard, Sea Eagle, Sea Hawk, Sea Lynx, Sea Falcon* (23,9 × 5,2 × 1,7 m, 82 t, 2 × 650-PS-Cummins-Diesel, 20,7 kn, 400 sm/20 kn, 16 Mann, 1-12,7-mm-MG), die 1973/75 von Vosper Thornycroft, Singapore, geliefert wurden,
- PL 60–69 (26,2 × 5,9 × 1,8 m, 86 t, 2 × 1300-PS-MTU-12V936 TC82-Diesel für 23 kn + 1 × 200-PS-MAN-Marschdiesel für bis zu 8 kn, 1400 sm/8 kn, 1-12,7-mm-MG, 14 Mann), die 1980/81 bei Chang Wah, Kowloon, gebaut wurden. Den Entwurf machte die holländische Damenwerft.
- neun 1981 beschaffte Boote des 30'-Fairey-Marine-Spear-Typs,
- PL 70–84/*King Lai, King Yee, King Lim, King Hau, King Dai, King Chung, King Shun, King Tak, King Chi, King Tai, King Kwan, King Mai, King Yan, King Yung, King Kan* (26,5 × 5,8 × 1,8 m, 95 t, 2 × 1500-PS-MTU-Diesel, 23 kn, 1-12,7-mm-MG, 17 Mann), die 1984/85 von der Chang Wah Shipbuilding & Engineering Co. Ltd. geliefert wurden.

3.056 Indien

Aus den Beständen der indischen Marine wurden die vier 1957/58 in Italien gebauten Patrouillenboote *Shirayu, Subhadra, Suvarna, Savitri* 1975 verkauft. Von den in Indien gebauten Wachbooten der Akshay-Klasse wurden *Akshay* und *Ajay* 1974 an Bangladesh, *Amar* an Mauritius abgegeben.
In Fahrt befinden sich

- das 1961 fertiggestellte Patrouillenboot T 35/*Abhay*, das letzte Boot der Akshay-Klasse,
- die 1969 von der Sowjet-Union gelieferten Patrouillenboote T 501–505/*Panaji, Pamban, Puri, Panvel, Pulicat* der sowjetischen Poluchat-Klasse. Ein 1973 Bangladesh überlassenes Boot wurde zurückgegeben. Sie fahren bei der Küstenwache,
- acht 1971 gelieferte FK-Schnellboote der sowjetischen Osa I-Klasse: K 82–89/*Veer, Vidjut, Vijeta, Vinash, Nipat, Nashat, Nirbhik, Nirghat.* Einige dieser Boote scheinen bereits stark abgefahren zu sein. So wurden je drei SS-N-2-SSM-Starter der *Vijeta* und *Nashat* Ende 1975 auf den Fregatten *Talwar* und *Trishu* installiert. Offensichtlich werden an diesen Booten Modernisierungsarbeiten (Elektronik, Motoren) vorgenommen,
- acht 1976 (sieben) und 1977 (eins) gelieferte FK-Schnellboote der sowjetischen Osa II-Klasse: K 90–97/*Prachand, Prayala, Pratap, Prabal, Chamak, Chapal, Chapak, Charak.* Sie erhielten 1980/81 Eloka-Mittel,
- fünf 1976/80 von der Garden Reach Shipyard, Calcutta, gebaute Patrouillenboote: 51, 52, 53, 56, 57 (37,5 × 7,5 × 1,8 m, 203 t, GFK-Bootskörper, 2 × 3450-PS-Paxman-Deltic-Diesel + 1 × 165-PS-Kirloskar-Cummins-Diesel für 4 kn Marschfahrt auf die Mittelwelle, 1-40-mm-Bofors, Wasserbomben). Der Bau der Boote wurde – offensichtlich durch die GFK-Konstruktion – verzögert. Vier weitere Boote dieses Typs wurden 1980/81 als T 54, 55, 58, 59/*Rajhans, Rajtarang, . . . , Rajshri* für die Küstenwache fertiggestellt.

1980 lieferte die Swallow-Craft, Pusan (Korea) acht 32-t/20-kn-Patrouillenboote als C01-08 für die Küstenwache.
1983 lieferte Sumidagawa (Japan) mit T 64/*Jija Bai* den Prototyp einer Serie von vier weiteren Neubauten für die Küstenwache (44,– × 7,4 × 3,5 m, 281 t Einsatzverdrängung, 2 × 2000-PS-MTU12V538TB82-Diesel, 25 kn, 1-40-mm). Drei weitere Boote dieses Typs baute die Garden Reach, Calcutta.
Eine wesentliche Verstärkung erfuhren die indischen Light Forces durch drei 1977/78 von der Sowjet-Union gelieferte FK-Korvetten des Typs Nanushka II, die als *Vijay Durg, Sindhu Durg* und *Hos Durg* in Dienst kamen. Drei weitere sollen offensichtlich beschafft werden.

3.057 Indonesien

Aus der Aufbausituation und gewissen politischen Ambitionen der fünfziger und sechziger Jahre ergab sich, daß die indonesische Marine einen sehr heterogenen und damit logistisch schwer zu unterhaltenden Fahrzeugbestand besaß. Diese Problematik traf besonders für das umfangreiche in den Jahren 1958/65 von der Sowjet-Union gelieferte Material zu, für das nach dem Bruch der Zusammenarbeit beider Länder im Herbst 1965 keine Ersatzteile mehr geliefert wurden. Eine Äußerung der indonesischen Regierung vom Sommer 1970, daß alle

Fahrzeuge russischen Ursprungs zum Verschrotten verkauft werden sollten, wurde jedoch nicht wahr. Durch Kannibalisierung einiger abgefahrener Einheiten konnte man einige der ex-russischen Fahrzeuge noch weit in die siebziger Jahre, drei U-Jäger des Typs Kronstadt sogar bis dato in Dienst halten. Insgesamt bemühte sich die indonesische Marine jedoch in den siebziger Jahren um eine sukzessive Typenbereinigung und um die Beschaffung von weniger, dafür aber hochwertigem Material.

Ausgemustert wurden
- die zwölf Wachboote der 1950 gebauten Alkai-Klasse,
- die sieben Wachboote der 1952 gebauten Durian-Klasse,
- die sieben Wachboote der 1953 gebauten Balam-Klasse,
- 1974 der U-Jäger *Tenggiri* (Typ US PC) und das FK-Schnellboot *Palanggeni* (Typ sowj. Komar),
- 1975 die U-Jäger *Tutju, Tongkol* (Typ sowj. Kronstadt) und die restlichen Torpedo-Schnellboote des sowjetischen Typs P 6,
- 1976 die U-Jäger *Tohok, Katula, Momate* (Typ sowj. Kronstadt), der U-Jäger *Krapu* (Typ jugosl. PBR 501) und die FK-Schnellboote *Katjabola, Tristusta* (Typ sowj. Komar). Das FK-Schnellboot *Hardadali* war im gleichen Jahr durch Grundberührung verlorengegangen,
- 1977 das Torpedo-Schnellboot *Serigala* (Typ Lürssen),
- 1979 der U-Jäger *Torani* (Typ US-PC), das Torpedo-Schnellboot *Kumbang* (Typ Lürssen) und die FK-Schnellboote *Kalamisani, Nagapasa, Saratama* (Typ sowj. Komar).

Die restlichen Boote aus dem Altbestand wurden 1980/82 ausgemustert. Vorhanden sind noch
- die 1973 von Australien übernommenen Boote *Sibarau, Siliman* (ex Bandolier, Archer) der australischen Attack-Klasse, die 1973/74 übernommen wurden. 1982/83 folgten *Sigalu, Silea, Siribua* (ex Barricade, Acute *Bombard*) und schließlich 1985 *Sikuda, Sada* (ex Attack, Barbette),
- der 1960 angekaufte U-Jäger 805/*Hiu* (Typ US-PC),
- drei U-Jäger des sowjetischen Typs Kronstadt: *Baracuda, Pandorong, Sura,*
- drei U-Jäger des jugoslawischen Typs PBR: *Layang, Todak, Dorang,*
- 15 in den Jahren 1957/60 in Deutschland und Italien für die Seepolizei gebaute Wachboote, DKN 901–905, 907–916 (39,0 × 5,88 × 1,6 m, 140 t, 2 × 1500-PS-MTU-Diesel, 24 kn, 2 × 2-20-mm),
- die 1959/60 von Lürssen gebauten Schnellboote *Beruang, Harimau* (Typ Jaguar), die ohne TR als reine Artillerieträger laufen.

Neu beschafft wurden
a) für die Marine
- 1973/74 von Fairey Marine zwei Patrouillenboote des Typs Spear,
- 1982 ein Tragflügelboot des Typs Boeing Jetfoil 929-115. *Bima Samudera I* (Bild 71, 100 t, 43 kn) lief am 22. 10. 81 von Stapel und diente zunächst Versuchszwecken (Wach- und Zolldienst im südchinesischen Meer). 1983 wurden zwei weitere Fahrzeuge dieses Typs zur Lieferung in den Jahren 1984/86 geordert. Darüber hinaus besteht eine Option für die Lieferung von sechs Bootskörpern, deren technische Ausrüstung von PAL in Surabaya durchgeführt werden soll. Planungen sehen langfristig die Beschaffung von insgesamt 47 derartiger Fahrzeuge vor, die in Indonesien selbst gebaut werden sollen. Von Boeing sollen nur die Tragflügel und die elektronischen Steuerungseinrichtungen bezogen werden,
- 1975/77 von De Havilland, Sidney, sechs Patrouillenboote, 851–856/*Samadar, Sasila, Sabola, Sawangi, Sadarin, Salmaneti* (15,7 × 4,8 × 1,3 m, 22/27 t, Leichtmetallbootskörper, 2 × 700-PS-GM-12V71TI-Diesel, 30 kn, 1-20-mm, 10 Mann, Decca 110), die den für Burma gebauten entsprechen,
- vier im Jahre 1977 bei der Korea Tacoma Marine Industry (KTI), Masan, bestellte, zwischen Juni 1979 und Februar 1980 von Stapel gelaufene, 1979/80 abgelieferte FK-Schnellboote des Typs PSSM Mark 5, 621–624/*Mandau* (Bild 72), *Rencong, Badik, Keris* (53,6 × 8,0 × 2,3 m, 250/290 t, eine 25000-PS-General-Electric-LM-2500-GT, 2 × 1120-PS-MTU-12V331TC81-Diesel, zwei Wellen, Verstellpropeller, 41 kn Höchst-, 17 kn Marschfahrt, 2000 sm/17 kn, 1-57-mm-L/70-Bofors, 1-40-mm-L/70-Bofors, 1 × 2-20-mm, 4 MM-38-Exocet-SSM-Starter, Decca AC 1229, HSA-WM-28, 32 Mann). Der von der US-Mutterwerft als PSSM Mk. 5 bezeichnete Entwurf ist eine Weiterentwicklung der US-Asheville- und der koreanischen Paek Ku-Klasse. Bei der Inauftraggabe hieß es, daß vierzehn weitere Boote in Indonesien nachgebaut werden sollten. Tatsächlich wurden jedoch erst 1982 vier weitere Boote zum Bau bei KTI bewilligt. Die Gesamtzahl der Boote soll jetzt auf vierzehn gebracht werden.

b) für das Transportministerium
- 1980/81 von SFCN, Villeneuve, fünf SAR-Boote, KN 201–205/*Kujang, Parang, Celurit, Cundrik, Belati* (37,7 × 6,0 × 1,8 m, 156 t, 2 × 2250-PS-SACM-AGO-VZ-Diesel, 28 kn, 1500 sm/18 kn, 1-20-mm, 18 Mann),
- 1980/82 von Deutsche Industriewerke, Berlin (Bootskörper) und Schlichtingwerft, Travemünde (Ausrüstung) vier SAR-Boote, KN 206–209/*Golok, Panan, Pedang, Kapak* (37,5 × 7,0 × 2,0 m, 200 t, 2 × 2000-PS-MTU-16V652TB91-Diesel, 25 kn, 1500 sm/18 kn, 1-20-mm, 18 Mann).

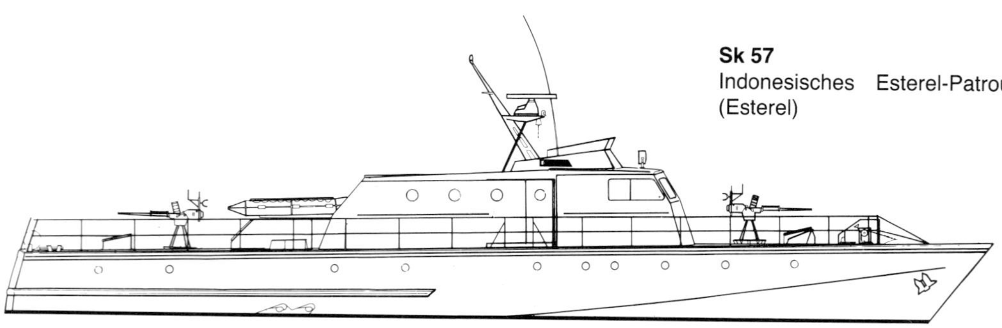

Sk 57
Indonesisches Esterel-Patrouillenboot der Serie BC 3001-3007 (Esterel)

c) für den Zolldienst

- 1975/81 von Chantiers Navals de L'Esterel zehn Patrouillenboote, BC 1001–1010, (28,2 × 5,2 × 1,6 m, 45/57 t, 2 × 1350-PS-MTU-12V331TC81-Diesel, 32 kn, 800 sm/15 kn, 1-20-mm, 15 Mann),
- 1980/81 von Chantiers Navals de L'Esterel sieben Patrouillenboote, BC 3001–3007 (Sk 57, Bild 73, 28,2 × 5,2 × 1,6 m, 46/57 t, 2 × 1350-PS-MTU-12V331TC81-Diesel, 34 kn, 800 sm/15 kn, 1-20-mm, 18 Mann),
- 1980/81 von CMN sieben Patrouillenboote, BC 2001–2007 (28,5 × 5,4 × 1,7 m, 59/71 t, 2 × 1200-PS-MTU-12V331TC92-Diesel, 30 kn, 1 MG),
- 1980/85 insgesamt 48 Patrouillenboote (28,0 × 5,4 × 1,6 m, 61/69 t, 2 × 1350-PS-Deutz- bzw. MTU-Diesel, 30 kn, 19 Mann). Es bauten nach dem Lürssen-28-m-Typ Lürssen BC 4001–4006 und BC 5001–5006 (Sk 58, Bild 74), Fulton Marine BC 6001–6006, Van Gangebrugge BC 6006–6012 und BC 7001–7006. Die restlichen baute die PAL in Surabaya. Weitere 28 in Indonesien zu bauende Boote sind geplant.

Seit 1982 läuft ein Auftrag über acht Boote des Lürssen-Typs PB 57 (Sk 59, 58,1 × 7,62 × 2,73 m, 347/416 t, 3 × 2800-PS-MTU-Diesel, 30,5/28,1 kn, Bordhubschrauber, 1-40-mm, 57 Mann), von denen Lürssen die beiden Prototypboote lieferte und der Marinewerft PAL bei Surabaya (Java) beim Bau der restlichen sechs Boote in absteigender Linie technische und personelle Hilfe gewährt. Lürssen lieferte die beiden antriebslosen Bootskörper im Laufe des Jahres 1984 zur Endausrüstung in Indonesien.

Sk 58
Indonesisches Lürssen-Patrouillenboot der Serie BC 4001 (Lürssen)

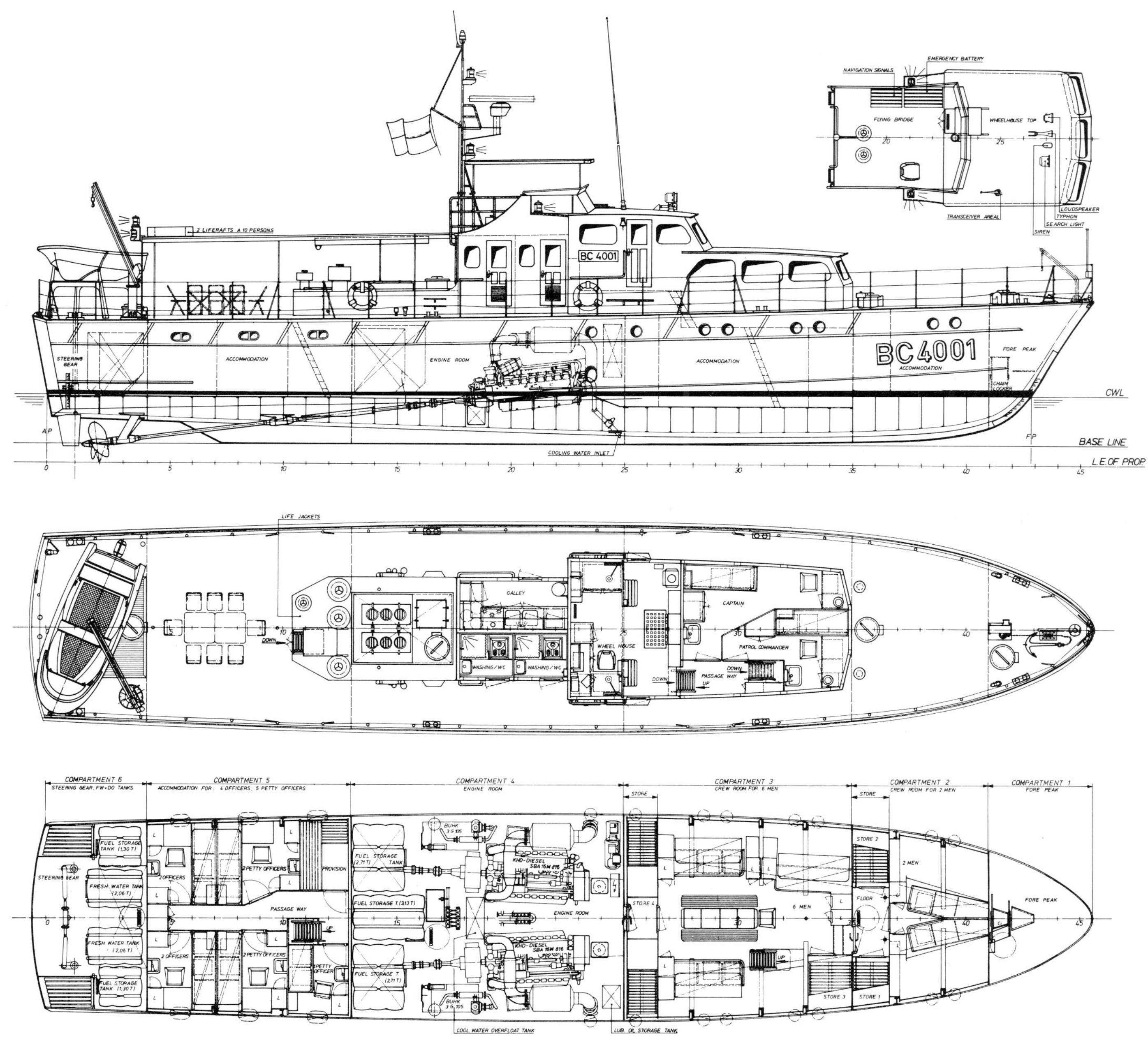

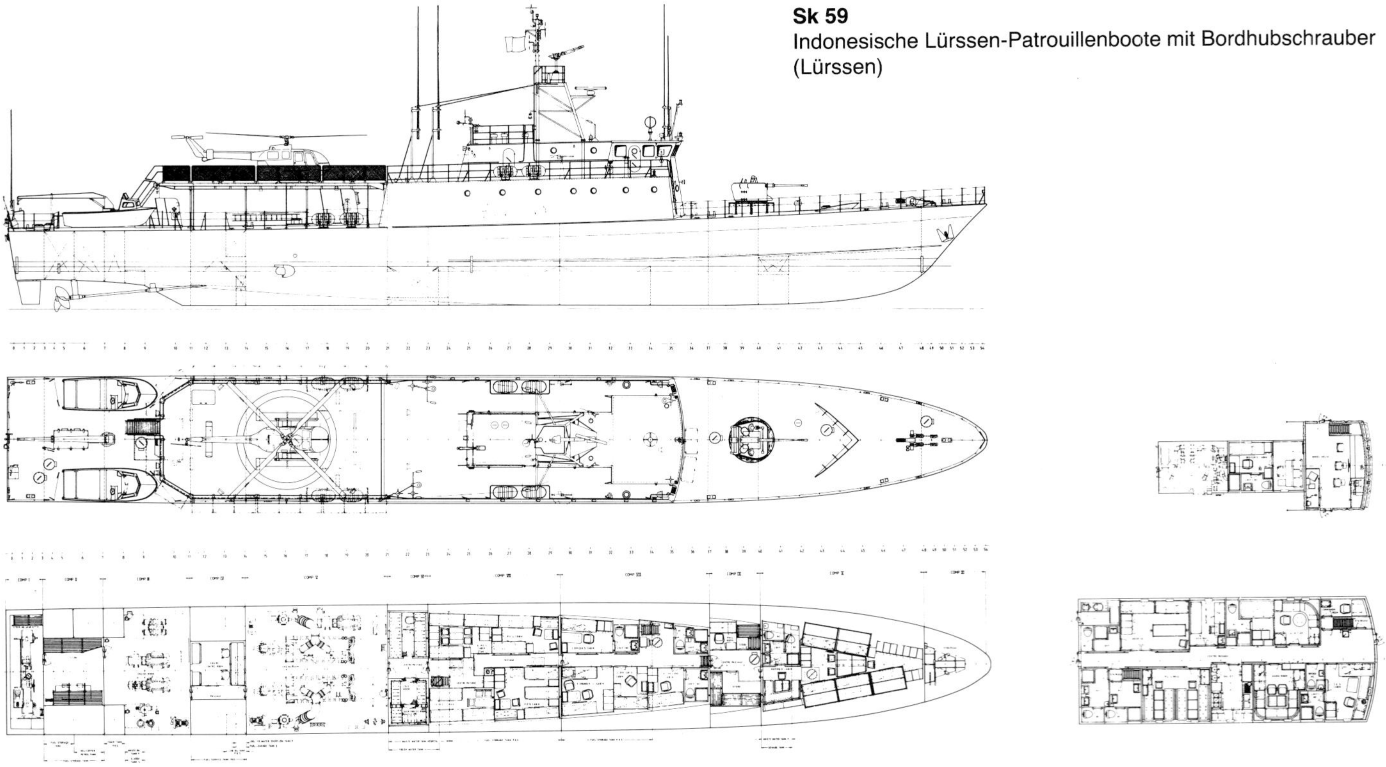

Sk 59
Indonesische Lürssen-Patrouillenboote mit Bordhubschrauber (Lürssen)

3.058 Irak

Die Flottenpolitik des Irak, der sowohl 1972 wie 1978 Freundschaftsverträge mit der Sowjet-Union abschloß und von dort neben zahlreichen Waffen für die Landstreitkräfte auch einiges schwimmende Material erhielt, ist – unabhängig vom irakisch-iranischen Krieg – undurchsichtig. Obwohl das Land nur eine Küstenlinie von 58 km Länge besitzt, wurden Anfang 1981 Aufträge für moderne Fregatten und Korvetten an italienische Werften vergeben. Der Schwerpunkt der Seestreitkräfte liegt jedoch eindeutig bei den Light Forces.

Die vier 1937 in England gebauten Patrouillenboote Nr. 1–4/ *Abd Al Rahman, Al Ghazi, Datal Diyan, Janada* sind noch vorhanden, dienen jedoch nur noch Unterkunftszwecken.

Aus sowjetischen Lieferungen sind – unter Berücksichtigung vom Iran behaupteter aber unbestätigter Kriegsverluste – vorhanden

- vier der sechs 1972/74 übergebenen FK-Schnellboote der Osa I-Klasse. Zwei Boote sollen ausgemustert worden sein,
- vier der acht 1974/77 in Paaren übergebenen FK-Schnellboote der Osa II-Klasse. Vier sollen von iranischen Flugzeugen und Kriegsschiffen zerstört worden sein,
- vier der zwölf 1959/61 von den Sowjets gelieferten Torpedo-Schnellboote der P 6-Klasse. Zwei Boote wurden 1977 ausgemustert, sechs sollen versenkt worden sein,
- drei 1962 von den Sowjets gelieferte U-Jäger der SO I-Klasse (310–312),
- zwei Ende der siebziger Jahre von den Sowjets erhaltene Patrouillenboote der Poluchat-Klasse,
- fünf 1975 von den Sowjets gelieferte Patrouillenboote der Zhuk-Klasse.

Die Lieferung der Osa- und Zhuk-Boote erfolgte im Zusammenhang mit dem irakisch-sowjetischen Vertrag vom April 1972, der der sowjetischen Marine die Mitbenutzung des Stützpunktes Umn Qasr gestattete.

Im Rahmen des Großauftrags an italienische Werften wurden im Februar 1981 sechs FK-Schnellboote vergeben, die ein Derivat der von der CNR, Muggiano, für Libyen entwickelten Assad Al Tadjer (ex Wadi M'ragh)-Klasse sind (62,3 × 9,3 × 2,9 m, 605/685 t, 4 × 5170-PS-MTU-20V956TB92-Diesel, 34/37 kn, 4000 sm/18 kn, 1-76-mm-Oto-Melara, 1 × 2-40-mm Breda [nicht bei Muggiano-Booten], 1 × 4-Albatros-SAM-Starter, 6 bzw. 2 Otomat-Teseo-SSM-Starter, 1 Hubschrauber bei Muggiano-Booten, 2 × 3 A/S-TR [nicht bei Muggiano]). Die ersten zwei Boote wurden im Januar und Mai 1982 bei der CNR, Muggiano, auf Stapel gelegt. Vier weitere Boote, die statt des Hubschraubers 6 Otomat-Teseo-SSM-Starter und 2 × 3-32,4-cm-UTR erhalten sollten, wurden an Breda, Venedig (Werke Mestre und Marghera) vergeben. Sie erhielten die Namen F 210–215/*Hussar El Hussair, Abdullah Ibn Abiserk, Tariq Ibn Zyiad, Khalid Ibn Alwalid, Saab Ibn Waggas, Salah Aldin Alayubi.* Die Stapelläufe erfolgten zwischen Oktober 1982 u. März 1984, die Indienststellungen 1985/86.

Eventuelle Verluste aus der Anfang 1986 durchgeführten Offensive des Iran, die zur Besetzung der Hafenstadt Fao führte, sind noch nicht bekannt.

3.059 Iran

Bis zum Zeitpunkt der Revolution im Februar 1979 hatten die iranischen Streitkräfte, nicht zuletzt auch die Marine, die seinerzeit stärkste in der Golf-Region, höchst ehrgeizige Pläne entwickelt und zum Teil auch schon realisieren können. Der politische Umsturz und später auch der irakisch-iranische Krieg führten jedoch zu Stornierungen und in gewissen Bereichen auch zur Stagnation. Bewährte Führungskräfte wurden ausgeschaltet, vielfach fehlten Ersatzteile usw.

Von den älteren Patrouillenbooten blieben

- sechs der zehn 10-t/30-kn-Boote der Man-Klasse (Sewart-40'-Typ, 12,2 × 3,4 × 1,1 m, 2 GM-Diesel, 30 kn, MG) bei der Küstenwache,
- die vier 1956/59 in Dienst gestellten P 201–204/*Keywan, Tiran, Mehran, Mahan* (US Coast Guard 95'-Typ, die beiden letzteren angeblich von irakischen Streitkräften versenkt),
- die drei 1967/70 in Dienst gestellten P 211–213/*Parvin, Bahram, Nahid* (angeblich von irakischen Streitkräften versenkt)

  in Fahrt, während die drei 1970/71 von Abeking & Rasmussen gebauten schnellen Patrouillenboote der Gohar-Klasse, die für Fischereischutzzwecke verwandt worden waren, 1975 an den Sudan abgegeben wurden.

Für Überwachungs- und Sicherungszwecke wurden in den Jahren 1973/77 in den USA beschafft

- zwanzig Patrouillenboote des Petersen (Wisconsin-) Typs (19,8 × 5,6 × 2,0 m, 28,6/37,4 t, 3 × 700-PS-GM-8V71TI-Diesel, 30 kn, 500 sm/30 kn, 5 Mann, 1 × 3-20-mm, 1-12,7-mm-MG (Nr. 201–220). Mindestens sechs dieser Boote sollen im Krieg verlorengegangen sein,
- achtzig zum Teil im Iran gebaute Boote der verbesserten Petersen Mk.-III-Klasse (28,6 t, 3 Diesel, 30 kn, 3-20-mm, 1-12,7-mm, 5 Mann). Mindestens elf dieser Boote sollen im Krieg verlorengegangen sein,
- zwanzig Patrouillenboote des Petersen 50'Mk2-Typs (15,3 × 4,8 × 1,9 m, 22 t, 2 × 425-PS-Detroit-8V71-Diesel, 28 kn, 2 × 2-12,7-mm-MG),
- über 40 Patrouillenboote des US-Bertram-31'-Enforcer-Typs.

Echten Kampfaufgaben innerhalb der Seestreitkräfte dienen die 1974 in zwei Serien zu je sechs Booten bei CMN, Cherbourg, bestellten zwölf FK-Schnellboote P 221–232/*Kaman, Zoubin, Khadang, Peykan, Joshan, Falakhon, Shamshir* (Bild 75), *Gorz, Gardouneh, Khanjar, Neyzeh, Tabarzin* der Combattante-II-Klasse (47,0/44,0 × 7,0 × 2,3 m, 249/275 t, 4 × 3600-PS-MTU-16V538TB91-Diesel, 38/35,5 kn, 41 t Kraftstoff, 800 sm/30 kn, 31 Mann, 1-76-mm-Oto-Melara, 1-40-mm Breda-Bofors, 4 Harpoon-SSM-Starter, HSA-WM-28-Anlage). Die Kiellegungen erfolgten zwischen dem 5. 2. 75 und dem 12. 9. 77, die Stapelläufe zwischen dem 8. 1. 76 und dem 15. 9. 78, die Indienststellung der ersten neun Boote zwischen dem 12. 8. 77 und dem 11. 9. 78. Die letzten drei Boote wurden im April 1979 wegen nicht eingegangener Abschlußzahlungen festgelegt und verließen erst im August 1981 mit Genehmigung der französischen Regierung Cherbourg. Auf dem Wege durch das Mittelmeer wurde P 232/*Tarbazin* am 13. 8. 81 bei Cadiz von unter Führung des ehemaligen iranischen Marinechefs, Admiral Habibolhahi, stehenden Royalisten gekapert. Nach Kraftstoff- und Proviantübernahme in Marokko erschien das Boot fünf Tage später vor Marseille und drohte, dies bei Verweigerung der Kraftstoffversorgung zu beschießen. Eingehende Verhandlungen sowie Zusicherung von Straffreiheit und politischem Asyl durch französische Stellen brachten die Royalisten dann zum Aufgeben. Das Boot wurde dann von der französischen Marine nach Toulon geschleppt und dort von einer neuen iranischen Besatzung übernommen. Alle drei Boote wurden dann in Mers-el-Kebir an Bord des iranischen Frachters *Gheymat* übernommen und nach dem Iran transportiert.

Nach irakischen Berichten sollen drei dieser Boote, darunter P 224/*Peykan,* während des Krieges versenkt worden sein, zwei durch SS-N-2 der Seestreitkräfte, eines durch Exocet AM 39 vom Hubschrauber.

Die insgesamt 14 noch aus der Schah-Ära stammenden Luftkissenfahrzeuge 101–106 (Typ BH 7/*Wellington*) und 01–08 (Typ SRN 6/*Winchester*) dürften zwar noch vorhanden, mangels geschultem Personal und Ersatzteilen jedoch für längere Zeit nicht einsatzfähig gewesen sein. Gerade in den Sumpfgebieten des Euphrat-Deltas hätten sich gute Einsatzmöglichkeiten im irakisch-iranischen Krieg ergeben. 1984 wurde mit der Grundüberholung der Fahrzeuge beim Hersteller in Großbritannien begonnen.

3.060 Irland

Außer Fischereischutzfahrzeugen von 425–1760 t und 15–19 kn sind keine Fahrzeuge der hier zu behandelnden Typen vorhanden.

3.061 Island

Außer einigen größeren, im Fischereischutz verwandten Fahrzeugen (Bild 76) sind keine der hier zu behandelnden Typen vorhanden. Im Rahmen des »Kalbeljau-Krieges« mit England hatte die isländische Regierung die USA 1975/76 um Überlassung einiger Schnellboote der US-Asheville-Klasse gebeten und auch in Norwegen bezüglich der Überlassung von Patrouillenbooten angefragt. Da beide Regierungen ablehnten, inspizierte eine isländische Kommission am 24. 3. 76 in Bremen eines der von der Hamelner Schiffbau-Gesellschaft für den Libanon gebauten, dann aber nicht abgenommenen Boote. Es wurde nicht akzeptiert, da es für eine Hochseeverwendung wenig geeignet schien (183).

3.062 Israel

Die Richtigkeit der in den sechziger Jahren eingeleiteten Neuorganisation und -ausrüstung der israelischen Marine wurde durch die Erfahrungen des Yom-Kippur-Kriegs nachhaltig bestätigt. Da sich hier die bis dahin einzigen wirklich relevanten Seekriegsereignisse seit 1945 abspielten (für kleine FK-Träger wie Schnellboote usw. gilt das bis heute) und erstmals auf beiden Seiten technisch weitgehend gleichwertige FK-Waffenträger der hier zu behandelnden Größenordnung zum Einsatz kamen, sollen die wesentlichen Begegnungen kurz dargestellt werden. Während die Israelis an Land vom Gegner ganz eindeutig überrascht wurden und erst relativ spät, sozusagen aus der Nachhand, zum Schlagen kamen, lag die Initiative auf See von der ersten Stunde an auf israelischer Seite.

Kämpfe im Mittelmeer: Bereits in der Nacht des 6. 10. 73 trafen das große israelische FK-Schnellboot *Reshev* und vier Boote der Saar-Klasse vor Latakia auf ein syrisches Torpedo-Schnellboot, das durch Artilleriefeuer versenkt wurde. Von drei in den Kampf eingreifenden syrischen FK-Schnellbooten des sowjetischen Typs Osa/Komar abgefeuerte SS-N2-SSM konnten ausmanövriert werden. Ein FK wurde durch Maschinenwaffen abgeschossen. Die israelischen Boote versenkten zwei syrische Komar und ein M-Boot des sowjetischen Typs T 43 mit Gabriel-SSM und Artillerie, ein drittes FK-Schnellboot wurde durch geschicktes Manövrieren und Artilleriefeuer auf den Strand gejagt.
Der Ablauf der Gesamtaktion wurde offensichtlich durch eine gewisse Nervosität auf beiden Seiten charakterisiert.

In der Nacht des 7./8. 10. gelang es israelischen Flugzeugen aus einem vor der Sinai-Küste stehenden ägyptischen Flottenverband (darunter zum ersten und einzigen Male in diesem Kriege auch Zerstörer!) ein FK-Schnellboot des Typs Osa zu versenken. Der ägyptische Verband zog sich zurück, ehe die Israelis weitere Verbände, vor allem eigene FK-Schnellboote, heranführen konnten. In der Nacht des 8./9. 10. versuchten vier ägyptische Osa erneut, Küstenpunkte westlich von Gaza zu beschießen. Sechs angreifenden israelischen Rheshev/Saar gelang es vor Dermyat innerhalb von zehn Minuten zwei Osa, zwanzig Minuten später, bei der Verfolgung der mit Höchstfahrt Richtung Alexandria ablaufenden Ägypter, einen weiteren Osa mit Gabriel-SSM zu versenken. Von den Ägyptern auf 24 sm Entfernung abgeschossene SS-N2 konnten ebenso ausmanövriert werden wie ein während des Gefechts von der Küste aus abgefeuerter FK. Von diesem Zeitpunkt an erschienen die ägyptischen und syrischen FK-Schnellboote beim Auftreten israelischer Seestreitkräfte im Mittelmeerraum nur noch im engeren Hafenvorfeld. Sie feuerten ihre FK auf große Entfernungen ab und zogen sich wieder zurück.
In der Nacht des 10./11. 10. kam es erneut zu einem Gefecht vor Latakia. Die Syrer schossen ihre FK inmitten auf Reede liegender Handelsschiffe und von am Kai liegenden Booten ab. Ein griechisches und ein japanisches Handelsschiff wurden beschädigt, zwei syrische FK-Schnellboote versenkt.
In der Nacht des 11./12. 10. stießen israelische Schnellboote nach Norden gegen den Ölhafen von Tartus, nach Süden gegen den Suez-Kanal vor. Die Tartus-Gruppe versenkte zwei syrische FK-Schnellboote und schoß ein russisches Handelsschiff in Brand. Die Suez-Gruppe versenkte zwei ägyptische FK-Schnellboote. Die wiederum auf große Entfernungen zum Einsatz gebrachten SS-N2 konnten ausmanövriert werden, zwei FK wurden durch Maschinenwaffen abgeschossen.
Im weiteren Kriegsverlauf von israelischen Booten mit FK und Artillerie durchgeführte Küstenbeschießungen brachten keine nennenswerten Erfolge, zeigten aber die zunehmende Seeherrschaft der Israelis im Mittelmeerraum. Am 12. und 13. 10. kämpften israelische Boote vor Latakia gegen syrische Küstenartillerie und vor dem östlichen Nildelta gegen ägyptische FK-Schnellboote. Am 14. und 15. 10. unternahmen die Ägypter eine erfolglose amphibische Operation an der Sinaiküste, während die Israelis die Radarstation bei Abukir mit FK beschossen.
Den Israelis gelang es, befreundete und eigene Handels- und Nachschubschiffe bis zu 400 sm vor der Küste aufzunehmen und, z. T. mit Kraftstoffergänzung in See, sicher in die Häfen zu bringen. Gegen Kriegsende unternahmen die immer ungestörter operierenden israelischen Boote zahlreiche FK-Angriffe gegen Schiffe im Hafen von Port Said, Öllager der syrischen Stadt Bania und gegen Stellungen bei Damietta im Nildelta. Bei letzterem Einsatz wurden zwei ägyptische Patrouillenboote versenkt.

Kämpfe im Roten Meer: Im Gegensatz zum Mittelmeer war die ägyptische Marine im Roten Meer bei Kriegsbeginn allgemein, vor allem aber auch mit den größeren Einheiten, recht aktiv. So wurde die vom eigentlichen Kriegsschauplatz weit entfernte Enge von Bab-el-Mandeb durch Zerstörer und M-Boote für israelische Schiffe gesperrt, Kleinbootsverbände unternahmen am ersten Kriegstag Kommando-Unternehmungen gegen die Ölraffinerie bei Ras-el-Sudr und gegen israelische Stellungen bei Sharm-el-Sheik. Landungsversuche auf Sinai wurden von israelischen Flugzeugen und Schnellbooten der Dabur-Klasse vereitelt. Der Landungsverband wurde unter Verlust eines Patrouillenboots und dreier Landungsboote zurückgeschlagen. Bei einem Gegenschlag gegen den ägyptischen Stützpunkt Gadarka wurden zwei ägyptische Boote versenkt bzw. schwer beschädigt, worauf die Ägypter den Stützpunkt aufgaben und ihre Verbände weiter nach Süden verlegten. In der Nacht des 8./9. 10. konnten israelische Flugzeuge zwei gegen Sharm-el-Sheik operierende ägyptische FK-Schnellboote beschädigen, am 10./11. 10. wurde ein Patrouillenboot beim Angriff auf die Ölraffinerie Ras-el-Sudr versenkt.
Am 14./15. 10. unternahmen israelische Dabur-Boote einen massiven Schlag gegen den Ausgangspunkt der o. g. ägyptischen Unternehmen, den Stützpunkt Ras Gharib, wobei die offensichtlich völlig überraschten Ägypter bei minimaler Gegenwehr mindestens achtzehn Kai- und Ankerlieger unterschiedlicher Art durch Versenkung oder schwere Beschädigung einbüßten.
In der letzten Kriegsphase hatten die Israelis auch im Roten Meer die Seeherrschaft errungen. Beide Seiten belästigten sich mit Kommando-Unternehmungen und raidartigen Küstenbeschießungen. So versenkten israelische Kampfschwimmer am 11. und 21. 10. im Hafen von Hurgada je ein Komar durch Haftladungen (119, 120, 121, 122, 123).
Analysiert man die hier in großen Zügen dargestellten Kriegsereignisse, so lassen sich folgende Feststellungen treffen:
1. Die Israelis vernichteten ohne eigenen Totalverlust mit Sicherheit a) von der syrischen Marine sieben FK-Schnellboote, ein Torpedo-Schnellboot und ein M-Boot, b) von der ägyptischen Marine sechs bis acht FK-Schnellboote, zwei bis drei Patrouillenboote und eine größere Anzahl meist kleinerer Landungsboote.
2. Die Kämpfe wurden vorherrschend von den FK-Schnellbooten ausgetragen, von denen die Israeli vierzehn, Ägypter und Syrer mindestens fünfundzwanzig zum Einsatz bringen konnten.
3. Die geographische Enge des Kampfraums machte den Einsatz großer Fahrzeuge unmöglich. Er wäre zu risikoreich gewesen.
4. Die Israelis erzielten die Haupterfolge mit den Gabriel-SSM, obwohl diese, von der Reichweite her, den gegnerischen SS-N2 unterlegen waren. Dieser Nachteil wurde ganz offensichtlich durch geschickten taktischen Ansatz der eigenen Boote und hochwertige Eloka-Maßnahmen kompensiert.

Bild 55
Französisches CMN-Patrouillenboot *l'Audacieuse* des Typs PS 400 (CMN)

Bild 56
Französisches Esterel-Patrouillenboot *Aramis* (Esterel)

Bild 57
Gabun-Esterel-FK-Schnellboot *President el Hadj Omar Bongo* (Esterel)

Bild 58
Ghana-Lürssen-Patrouillenboot *Dzata* (Lürssen)

Bild 60
Griechisches Vosper-Schnellboot ex brit. *Scimitar* (Archiv Verfasser)

Bild 59 ▲
Ghana-Lürssen-Artillerie-Schnellboot *Achimota* (Lürssen)

Bild 61
Griechisches CMN-FK-Schnellboot *Ipopliarchos Batsis* (Archiv Verfasser)

Bild 62
Griechisches Esterel-FK-Schnellboot *Kelefstis Stamou* mit alter Kenn-Nummer (Esterel) ▼

Bild 63
Griechisches CMN-FK-Schnellboot *Antipliarchos Laksos* (CMN)

Bild 64
Hellenic Shipyards/A&R-29-m-Patrouillenboot der griechischen Marine (Archiv Verfasser)

Bild 65
Englisches R. Dunston-Patrouillenboot *Kingfisher* (Archiv Verfasser)

Bild 66
Englisches Boeing-Tragflügel-Patrouillenboot *Speedy*
(Archiv Verfasser)

Bild 68
Englisches British Hovercraft-Luftkissenfahrzeug Typ SR-N 6 (BHC)

Bild 71
Indonesisches Boeing-Tragflügel-Patrouillenboot *Bima Samudera* (Archiv Verfasser)

Bild 72
Indonesisches Korea Tacoma-FK-Schnellboot *Mandan* (Archiv Verfasser)

Bild 67
Englisches British Hovercraft-Luftkissenfahrzeug Typ BH 7 (BHC)

Bild 69
Guatemala Halter Marine-Patrouillenboot *Kukolan* (Halter)

Bild 70
Guinea-Bissau Le Comte-Patrouillenboot *Naga* (Le Comte)

Bild 73
Indonesisches Esterel-Patrouillenboot BC 3001 (Esterel)

Bild 74
Indonesisches Lürssen-Patrouillenboot BC 5001 (Lürssen)

Bild 75
Iranisches CMN-FK-Schnellboot *Shamshir* (CMN)

Bild 76
Isländisches Arhus-Vaerft-Fischereischutzschiff TYR (Archiv Verfasser)

Bild 77
Vulcan-Phalanx-CIWS auf israelischem FK-Schnellboot der Reshev-Klasse (Archiv Verfasser)

Bild 78
Israelisches *Ramta*-Patrouillenboot der Dabur-Klasse (Archiv Verfasser)

Bild 79
Israelisches *Ramta*-FK-Klein-Schnellboot Typ Dvora (Archiv Verfasser)

Bild 81
Italienisches Boeing/CNR-Tragflügel-FK-Schnellboot des Typs Sparviero (Archiv Verfasser)

Bild 80
Israelisches Grumman Aerospace-Tragflügel-FK-Schnellboot *Shimrit* (Grumman)

Bild 82
Japanisches Torpedo-Schnellboot PT 15 (Archiv Verfasser)

Bild 83
Jugoslawisches Titovo-FK-Schnellboot des Typs *Rade Koncar* (Archiv Verfasser)

Bild 86
Kuwait-Lürssen-FK-Schnellboot *Al Betteel* (Lürssen)

Bild 84 (oben rechts)
Jugoslawisches Titovo-FK-Schnellboot des Typs *Rade Koncar* (Archiv Verfasser)

Bild 85 ▶
Südkoreanisches Artillerie-Schnellboot *Kilikuri 11* (Typ US CPIC) (Archiv Verfasser)

Bild 87
Kuwait-Lürssen-Schnellboot *Istiqlal* (Lürssen)

Bild 88
Libanesisches Crestitalia-Patrouillenboot CP 1003 (Crestitalia)

Bild 89
Liberianisches Karlskronavarvet-Patrouillenboot *Master Sergeant Samuel K. Doe* (Archiv Verfasser)

Bild 90
Libysche CNR-FK-Korvette *Assad al Tadjer* (Archiv Verfasser)

Bild 91
Libysches CMN-FK-Schnellboot *Sharara* (ex *Beir Grassa)* (CMN)

Bild 92
Malaysisches Hong Leong-Lürssen-Patrouillenboot *Jerong* (Lürssen)

Bild 93
Malaysisches Karlskronavarvet-FK-Schnellboot *Handalan* (Karlskronavarvet)

Bild 94
Malaysisches Hong Leong-Lürssen-Patrouillenboot *Lang Hitam* (Lürssen)

Bild 95
Marokkanisches SFCN-FK-Schnellboot *Okba* (DTCN)

Bild 98
Nicaragua-Esterel-Patrouillenboote des Typs *El Tayacan* (Esterel)

Bild 96
Marokkanisches CMN-Patrouillenboot *El Jail* (CMN)

Bild 99 (oben)
Nigerianisches Brooke Marine-Patrouillenboot *Makurdi* (Brooke)

Bild 100 (Mitte)
Nigerianisches CMN-FK-Schnellboot *Siri* (CMN)

Bild 101 (unten)
Nigerianisches Lürssen-FK-Schnellboot *Ekpe* bei Probefahrt (Lürssen)

Bild 97
Mauretanisches Auroux-Patrouillenboot *Le 10 Juillet* (Auroux)

Bild 102
Nigerianische Vosper-Thornycroft-Korvette *Erinomi* (Archiv Verfasser)

Bild 103
Norwegisches Bergens MV-FK-Schnellboot *Skjold* beim Abschuß eines Penguin-SSM (Archiv Verfasser)

Bild 104
Norwegisches Bergens MV-FK-Schnellboot *Gnist* (Archiv Verfasser)

Bild 105
Norwegisches Westermarin-Torpedo/FK-Schnellboot *Snar* (Archiv Verfasser)

Bild 109
Oman Karlskronavarvet-Patrouillenboot *Harras 7* des Typs CG 29 (Karlskronavarvet)

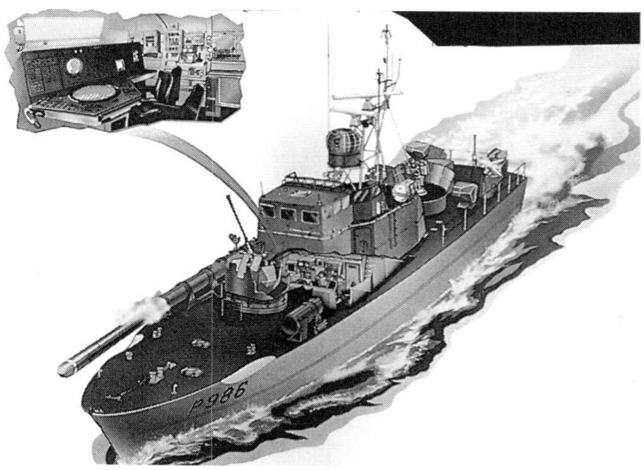

Bild 106
Norwegisches Bergens MV.-Torpedo/FK-Schnellboot *Hauk* (Kongsberg Vapenf.)

Bild 108 ▶
Oman Vosper-Patrouillenboot *Harras 1* (Archiv Verfasser)

Bild 114
Qatar-CMN-FK-Schnellboot *Damsah* (CMN)

Bild 110 (oben rechts)
Oman Vosper-FK-Schnellboot *Dhofar* (Vosper)

Bild 111 ▶
Pakistanisches China-FK-Schnellboot des Typs Hegu (Archiv Verfasser)

Bild 112 (darunter)
Peruanisches SFCN-FK-Schnellboot *Herrera* (DTCN)

Bild 113 (unten)
Polnisches Torpedo-Schnellboot des Typs Wisla (BMVg)

Bild 107
Oman Brooke Marine-Artillerie-Schnellboot *Al Falk* (Archiv Verfasser)

Bild 115
St. Vincent Vosper-Patrouillenboot *George Mc Intosh*
(Archiv Verfasser)

Bild 116
Saudi-Arabisches Bayerisches SBG-Patrouillenboot Nr. 143
(Baer. SBG)

Bild 117
Saudi-Arabisches Peterson-FK-Schnellboot *Abu Obaidah* (Peterson)

Bild 119
Vulcan-Phalanx-CIWS (Archiv Verfasser)

Bild 118
Saudi-Arabisches Peterson-FK-Schnellboot *Abu Obaidah* (Peterson)

Bild 121
Schwedisches Karlskronavarvet-FK/Torpedo-Schnellboot *Lulea*
(Karlskronavarvet)

Bild 122
Serienbau der schwedischen Spica-II-Klasse bei der Karlskronavarvet
(Karlskronavarvet)

Bild 125
Schwedisches Karlskronavarvet-FK-Schnellboot *Stockholm*
(Karlskronavarvet)

Bild 120
Schwedisches Götaverken-Torpedo-Schnellboot *Spica*
(Archiv Verfasser)

Bild 123 und 124 (unten)
Schwedisches Bergens MV.-FK-Schnellboot *Hugin* bei Probefahrt und mit FK-Ausrüstung (Archiv Verfasser)

Bild 127
Senegambia Fairey Marine-Patrouillenboot Typ Tracker *Jato* (Fairey Marine)

Bild 128
Senegambia-SFCN-Artillerie-Schnellboot *Njambur* (Archiv Verfasser)

Bild 126
Schwedisches Karlskronavarvet-FK-Schnellboot *Stockholm* beim Zuwasserbringen (Karlskronavarvet)

Bild 128 a
Seschellen-Picchiotti-Patrouillenboot *Andromache* (Picchiotti)

Bild 129 und 130 (unten)
Singapore-Artillerie-Schnellboote der *Sovereignty*-Klasse (Vosper)

Es ist hervorhebenswert, daß mehrere SS-N2 durch Maschinenwaffen abgeschossen wurden. Die Gabriel steigt nach dem Abschuß auf 100 m Höhe, geht auf 7500 m Entfernung vom Abschußboot auf 20 m und auf 1200 m Entfernung vom Ziel auf 3 m Flughöhe herunter (Radarhöhenmesser). Im Scheitelpunkt der Flugkurve setzt die optische bzw. Radarleitung der Waffe ein. Die Endphasensteuerung erfolgt durch Funkkommandosteuerung oder semi-aktiven Suchkopf. Angeblich sollen während des Krieges 85 % der abgefeuerten Gabriel-SSM das Ziel erreicht haben. Die SS-N2 hat Trägheitslenkung und aktive Radarzielansteuerung. Daß die Ägypter und Syrer mit rund 50 abgefeuerten SS-N2 keinen Treffer auf den israelischen Schnellbooten erzielten, dürfte zwei Ursachen haben: Viele FK wurden sicher unüberlegt, fast alle auf die größtmögliche Entfernung zum Einsatz gebracht. Damit hatten die Israelis Zeit, die Abwehr zu organisieren. Von einer generellen Unterschätzung der SS-N2 sollte man jedoch Abstand nehmen.

5. Die Wirkung der FK gegen kleine Schiffsziele war vernichtend, gegen größere, z. B. die vor Latakia getroffenen Handelsschiffe, lokal erheblich, ohne jedoch die Schwimmfähigkeit zu beeinträchtigen. Schießversuche mit FK aller Konstruktionen gegen Schiffsziele haben diese Erkenntnis allenthalben unterstrichen. Der Einsatz der kostenaufwendigen FK gegen Landziele ist nur dann interessant, wenn die zu zerstörenden Objekte in angemessener Relation zum materiellen und taktischen Wert des FK stehen.

Wenn auch die in den sechziger Jahren von der israelischen Marine entwickelte und konsequent durchgeführte Beschränkung der finanziellen und materiellen Mittel auf hochwertige, schnelle, FK und Artillerie tragende Light Forces durch den Kriegsverlauf voll und ganz als für die Erledigung aller in einem regional beschränkten Seekrieg anfallenden Aufgaben entsprechend bestätigt wurde, so ist doch vor einer vorschnellen Schlußfolgerung zu warnen. Zum einen wird sich nicht jeder Seekrieg regional so eng begrenzen lassen, zum anderen muß klar erkannt werden, daß das nur sehr sporadische Eingreifen von Luftstreitkräften in das Seekriegsgeschehen für küstennahe Gewässer absolut atypisch ist. Dies ist einzig mit den besonderen Umständen des Yom-Kippur-Kriegs zu erklären, der die Luftstreitkräfte beider Parteien weitgehend an andere, landgebundene Aufgaben fesselte. Damit blieben aber auch die Stützpunkte der Light Forces beider Seiten praktisch unbelästigt und die in See stehenden Boote konnten nicht demonstrieren, ob geschickte taktische Führung, moderne Feuerleitanlagen und Rohrwaffen mit hoher Kadenz die eigentliche »Achillesferse« aller Light Forces, die Bedrohung aus der Luft, beseitigen konnten.

Die Erfolge der israelischen Marine im Yom-Kippur-Krieg waren im eigenen Lande aber derart überraschend, daß sie im Hinblick auf die allgemeine Bewertung, die Mittelzuteilungen usw. zu einer völligen Neueinschätzung der gegenüber Heer und Luftwaffe immer etwas unterbewerteten Teilstreitkraft Marine führten. Diese aber setzte den in den sechziger Jahren eingeleiteten Trend konsequent fort, ausschließlich relativ kleine, aber schnelle und sehr schlagkräftige Fahrzeuge zu unterhalten. Dabei konzentrierte man sich im Hinblick auf zu erwartende Schwierigkeiten beim Import von Kriegsmaterial – siehe das Festlegen der letzten Boote der Saar-Klasse durch Frankreich Ende 1969! – ab 1968 zunehmend auf eigene Entwicklungen und den Aufbau einer entsprechenden Fertigungskapazität bei Israel Shipyard Ltd., Haifa und Ramta, die beide Zweigbetriebe der Israel Aircraft Industries Ltd. sind. Im Rahmen der durchgreifenden Modernisierung und Standardisierung der israelischen Light Forces wurden ältere Fahrzeugbestände konsequent ausgemustert und neue beschafft.

Ausgemustert wurden

- 1973/74 die 1950/51 von Chantiers de Meulan gebauten, Anfang der sechziger Jahre noch einmal grundlegend modernisierten Torpedo-Schnellboote der Ayah-Klasse,
- 1973/74 die 1956/57 von Baglietto gebauten Torpedo-Schnellboote der Ophir-Klasse,
- 1975 vierzehn 1973 von den USA erhaltene Patrouillenboote des Swift- und zwölf des Bertram-Typs,
- 1976 das Wachboot *Yarkon.*

Damit sind aus den Beständen der sechziger Jahre noch in Fahrt

- das 1958 von Burmester, Bremen, gebaute 96-t/22-kn-Boot *Yarden,* das heute als Schulboot im Einsatz ist,
- die vier 1968 in Japan gebauten Patrouillenboote der *Kedma*-Klasse,
- diverse Klein-Schnellboote des Sandaire-Firefish-Model III-Typs, die für Sonderunternehmen (Kommando, Fernlenk usw.) verwandt werden können,
- neun 1974 angekaufte Patrouillenboote des US-PBR-Typs,
- die zwölf 1967/69 von CMN nach Lürssen-Plänen gebauten Schnellboote der Saar II-III-Klasse. Die ersten sechs Boote hatten ursprünglich als Saar I 3-40-mm, 4 UTR und ein Elac-Sonar. Als Saar II umgerüstet fahren sie heute alternativ 1-40-mm vorn, je einen Gabriel-SSM-Starter an Bb und Stb sowie 2 × 3 Gabriel-SSM-Starter achtern oder je 1-40-mm vorn und achtern, je ein Gabriel-SSM-Starter an Bb und Stb und 2 Gabriel-SSM-Starter achtern oder 40-mm und UTR. Die zweite Serie von sechs Booten, Saar III, fährt 1-76-mm-Oto-Melara, 1-40-mm, 2 Harpoon- und 2 Gabriel-SSM-Starter. Alle zwölf Boote sind jedoch technisch so eingerichtet, daß kurzfristig zahlreiche Bewaffnungsalternativen je nach vorgesehener Aufgabe realisiert werden können.

Die im Oktober 1968 anlaufende Eigenentwicklung eines großen FK-Schnellboots wurde konsequenterweise Saar IV genannt. Im Vordergrund stand neben der dringend erwünschten Unabhängigkeit von ausländischen Herstellern der Wunsch nach einem Fahrzeug, das neben angemessener Schlagkraft einen ausreichenden Fahrbereich besaß, um die israelische Schiffahrt im Kriegsfall im Mittel- und Roten Meer auf größere Strecken zu sichern. Das Typboot *Reshev* (Sk 60) wurde im

Sk 60
Israelisches FK-Schnellboot der Reshev-Klasse (Archiv Verfasser)

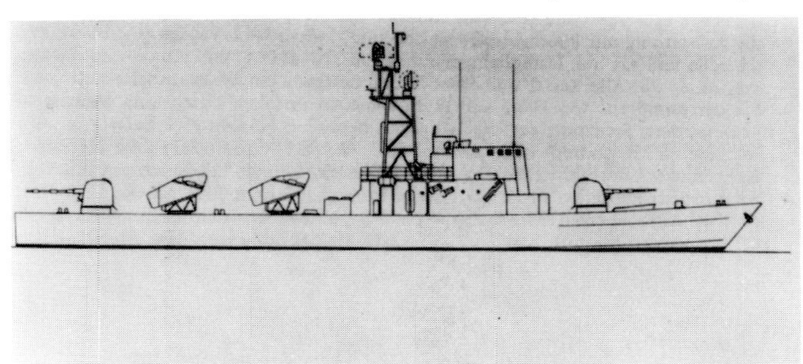

Januar 1970 begonnen und lief am 19. 2. 73 von Stapel. Das zweite Boot, *Keshet,* kam im August 1973 zu Wasser. Beide Boote konnten sich bereits im Yom-Kippur-Krieg ausgezeichnet bewähren. Sie marschierten im März 1974 innerhalb von 28 Tagen mit ausschließlicher Kraftstoffergänzung in See 12 800 sm rund um Afrika in das Rote Meer. Zwei andere Boote, *Yaffo* u. *Tarshish,* liefen im Juli 1976 nach New York zur Teilnahme an der Naval Review in Norfolk anläßlich der 200jährigen Gründung der USA.

Bis Ende 1975 kamen die vier Schwesterboote *Kidon, Romach, Tarshish* und *Yaffo* in Fahrt. Die technischen Daten lauteten: 58,1 × 7,6 × 2,4 m, 415/450 t, Rundspant-Verdrängungsboot, Stahlbootskörper mit Leichtmetallaufbauten, 4 × 2670-PS-MTU-MD871-Diesel auf vier Wellen, Festpropeller, 32 kn, 1650 sm/30 kn, 4000 sm/17,5 kn, 2-76-mm-Oto-Melara, 2-20-mm-Oerlikon, 6 Gabriel-SSM-Starter (ab Anfang 1978 4–5 Gabriel-SSM-+ 2 × 4 Harpoon-SSM-Starter), 45 Mann (davon sechs Offiziere), Radar Thomson-CSF (Neptune TH-D1040, Selenia Orion RTN-10X, ECM MN-53 Intercept). Jüngst wurde eine 76-mm durch ein Vulcan-Phalanx-CIWS ersetzt. (Bild 77) Die OPZ wird im Einsatz von 20 Mann, d. h. fast der halben Besatzung, besetzt. Die Antriebsanlage wird durch eine weitgehend automatisierte Überwachung von dem zwischen den Motorenräumen liegenden Leitstand gefahren. Zwei Frischwassererzeuger liefern je 2 t/Tag. Alle Wohn- und Arbeitsräume sind klimatisiert. Die 76-mm besitzen optische und elektronische Feuerleitung, die 20-mm und die 12,7-mm-MG sind nicht an die Feuerleitanlage angeschlossen. Die Boote besitzen vollen ABC-Schutz und ein Sonargerät israelischer Konstruktion. Zu den Flugkörpern ist zu bemerken, daß die Harpoon eine Zielansteuerung israelischer Konstruktion besitzt. Die Gabriel III-SSM, die neueste Version dieser Waffe, hat eine TV-Kamera, die an das jenseits des Radarhorizonts stehende schießende Boot Lageinformationen übermittelt. *Tarshish* hatte vorübergehend statt der achteren 76-mm eine Hubschrauber-Plattform. Diese diente Versuchszwecken für spätere Bauten. Der Hubschrauber soll zur Zielanweisung für die über den Radarhorizont des schießenden Bootes reichenden Harpoon-SSM dienen. Nach Abschluß der Erprobungen wurde die Anlage wieder ausgebaut. (124, 125, 126)

Bereits im Januar 1975 wurden weitere vier Boote in Auftrag gegeben, die zwischen Juli 1978 und Juli 1979 von Stapel liefen und 1979/80 als *Nitznahon, Komeniut, Atsmout, Moledet* in Dienst kamen. Auch sie erhielten jüngst das Vulcan-Phalanx-CIWS.

Die ausgezeichnete Bewährung der Reshev-Klasse in Krieg und Frieden führte a) zu einer erheblichen Erweiterung der Produktionskapazität bei der Israel Shipyards in Haifa, b) zu einem Export- und Lizenznahmevertrag mit Südafrika, c) zum Ankauf der Boote *Romach* und *Keshet* durch Chile und d) zur Weiterentwicklung des Typs.

1979 wurden mit *Aliya, Geoula, Romach* und *Kechet* vier weitere, leicht modifizierte, als Saar 4/5 bezeichnete Boote geordert. Sie kamen zwischen Ende 1980 und Mitte 1982 in Dienst. Durch eine Verlängerung auf 61,7 m stieg die Verdrängung auf 488 t und die Geschwindigkeit fiel auf 31 kn. Gleichzeitig erlaubte die Verlängerung die Anbordgabe eines Bell Kiowa-Hubschrauber, mit zugehörigem Hangar, der sowohl A/S-Zwecken dienen als auch als Zieldatenübermittler für den SSM-Einsatz gegen jenseits des Radarhorizonts stehende Ziele eingesetzt werden kann. Als Bewaffnung wurden zunächst 1 × 2-30-mm, 2-20-mm, 4-12,7-mm-MG, 4 Gabriel- und 2 × 4 Harpoon-SSM-Starter gewählt. Zwischenzeitlich wurde jedoch die 30-mm durch ein 20-mm-Vulcan-Phalanx-CIWS-System ersetzt. Es muß offen bleiben, ob durch den Einsatz der Phalanx das zum Einsatz gegen Flugzeuge und SSM in Entwicklung befindliche Barak-1-System aufgegeben wurde. Der Hubschrauberhangar wurde dann aber doch nur auf den ersten beiden Booten eingebaut. Bei *Romach* und *Kechet* kam anstelle des Hangars ein Vulcan-Phalanx-CIWS und 1-76-mm-Oto-Melara. Da das Hubschrauber-Konzept mit der *Tarshish* erprobt war, ist anzunehmen, daß der Aufwand des Hubschraubers bei den normalerweise doch im engeren Küstenvorfeld operierenden Booten zu groß schien, zumal in diesen Seeräumen bei entsprechender taktischer Führung immer eine enge Kooperation mit landgestützten Seeluftstreitkräften möglich ist. Auch dürfte sich im Rahmen der Libanon-Einsätze das Fehlen einer schlagkräftigen Kanone zum Landzielbeschuß usw. als störend bemerkbar gemacht haben. Vier weitere Boote der Romach-Klasse sind in Bau.

Auch Saar 4 und 4/5 werden in unterschiedlichen Versionen für den Export angeboten: a) mit 16 000-PS-MTU-Dieselanlage für 36 kn, b) als General Purpose/Assault-Version mit 2-76-mm, 2 × 2-30-mm, 6–7 Gabriel- bzw. 2 × 4 Harpoon-SSM-Startern und c) als Anti-Submarine/Escort-Typ, der bei gleicher Artilleriebewaffnung wie b) vier UTR trägt (127, 128, 129, 130, 131, 132, 133).

Parallel zur Reshev-Klasse baute die in Beer-Schewa, 70 km von der See entfernt liegende *Ramta* Systems & Structures, eine Tochterfirma der Israel Aircraft Industries, auf der Basis von zwölf 1973 aus den USA beschafften schnellen Patrouillenbooten (Typ Sewart Seacraft) die Dabur-Klasse (Bild 78) in Serie (19,8 × 5,8 × 0,8 m, 25/35 t, Leichtmetallbootskörper, 2 × 950-PS-GM-12V71TI-Diesel, 25 kn, 1200 sm/17 kn, 2-20-mm, 2 × 2-12,7-mm-MG, 6 Mann, z. T. auch 2 TR oder ungelenkte FK zum Landzielbeschuß). Die Boote, deren erster Israel-Bau im April 1975 geliefert wurde, sind sowohl im Mittelmeer wie im Roten Meer eingesetzt und eignen sich auch für den Überlandtransport. 1976 wurden sechs Boote an die libanesischen Christen ausgeliehen, 1978 je vier an Argentinien und Nicaragua verkauft. Der derzeitige Bestand liegt bei 36 Booten.

Obwohl die Dabur-Klasse als bemerkenswert seetüchtig gilt, lieferte die *Ramta* als Ersatz für die aus militärischer Sicht als zu langsam angesehenen Boote der Dabur-Klasse den Typ Dvora (Bild 79, 21,62 × 5,49 × 0,94 m, 2,7 m Seitenhöhe, 38/47 t, Leichtmetallbootskörper, 2 × 2450/2700-PS-MTU-12V331TC81-Diesel mit Z-Getriebe auf zwei Wellen, 36 kn, 11,7 m^3 Kraftstoff, 2-20-mm, 2-12,7-mm, 2 Gabriel-SSM-Starter, 8-10 Mann, Radar Decca 926). Es handelt sich hier um die kleinsten SSM-Träger der Welt! Die ersten Boote machten 1979 ihre Werfterprobungen. Der Bestand scheint z. Z. bei 4–6 Booten zu liegen. Zwei Boote waren von Nicaragua bestellt worden. Der Auftrag mußte auf amerikanischen Druck 1979 zurückgegeben werden (134, 135).

1977 soll sich bei *Ramta* noch ein 10-m/8,4-t-Küstenpatrouillenboot (PBCR-BS) in Entwicklung befunden haben, das mit einem Detroit-6V53-N-Diesel und einem Jacuzzi-14YJ-Wasserstrahlantrieb für 26 kn ausgelegt war (134).

Es war erkennbar, daß die israelische Industrie es in einer knappen Dekade geschafft hatte, im Schnellbootbau einen bemerkenswerten Stellenwert einzunehmen. Als der Führer der israelischen Schnellboote im Yom-Kippur-Krieg, Michael Barkai, im September Befehlshaber der israelischen Marine wurde, lag es auf der Hand, daß Israel den bereits eingeschlagenen Weg der Entwicklung schlagkräftiger Light Forces konsequent weiterverfolgen würde und stets an neuzeitlichster Technik interessiert war. Unter diesen Umständen nimmt es a) nicht wunder, daß die israelische Marine um 1976/77 intensive Studien über Antriebsfragen, Baumaterialien für die Bootskörper und strömungstechnische Untersuchungen anstellte (135, 136) und b) Anfang 1977 in Verhandlungen mit der Grumman Aerospace Corp. über den Bau von Tragflügelschnellbooten eintrat.

Die Grumman Aerospace hatte, nachdem das ursprünglich als NATO-Konzept entwickelte, dann aber nur von den USA weiterverfolgte PHM nach dem Boeing-Entwurf in Fertigung ging, aus der Flagstaff Mk. 1 (s. Band 3) in Eigeninitiative den Typ Flagstaff Mk. 2 (Sk 61) entwickelt, der gegenüber dem Vorläufer einen längeren Rumpf, mehr Leistung, ein geändertes Tragflügelsystem, eine neue automatisierte Steuerung im Schwebezustand und auch eine veränderte Kraftübertragung erhielt. Flagstaff Mk. 2 wiegt bei 25,6 × 7,3 × 1,6 m Hauptabmessungen 71/105 t. Als Antrieb dient eine 5400-PS-Allison-501KF-GT-Anlage, die über Kegelrad-Z-Getriebe über die hintere Tragflügelstütze auf einen vierflügligen Verstellpropeller von 1,32 m Drm. wirkt und das Boot auf 52 kn bringt. Im Schwimmzustand mit hochgeklappten Tragflügeln vermitteln zwei 130-PS-GM-Diesel, die auf einziehbare Propellerwellen und Propeller arbeiten, 8 kn Marsch- und Manövrierfahrt. Die Bewaffnung besteht aus 1 × 2-30-mm-Emerlec, 2 Gabriel- und 4 Harpoon-SSM-Startern. Ursprünglich war eine 76-mm-Oto-Melara vorgesehen. Die Bunker fassen 22,3 t Kraftstoff, der Fahrbereich beträgt 900 sm/28 kn (die untere Grenze der Schwebefahrt). Die Besatzung besteht aus 15 Mann. Die Tragflügel sind aus massivem geschmiedeten Aluminium, die Stützen aus geschweißtem Stahl gefertigt. Die hintere Stütze ist als Ruder für die Schwebefahrt drehbar. Das von der Grumman Lantana-Werft in Florida gebaute Fahrzeug lief am 27. 5. 81 als M 161/*Shimrit* (Bild 80) von Stapel. Die Übernahme durch die israelische Marine verzögerte sich aufgrund technischer Schwierigkeiten mit dem Z-Getriebe um acht Monate. Gemäß Vertrag baute die Israel Shipyard ein zweites Boot, M 162/*Livnit*. Ursprünglich sollten zehn weitere Boote in Israel nachgebaut werden, doch scheint sich die Ansicht durchgesetzt zu haben, daß die Boote in der vorliegenden Version für den vorgesehenen Zweck doch nicht so ideal sind. Immerhin scheint aber die Idee eines Tragflügel-Schnellboots noch nicht endgültig ad acta gelegt worden zu sein, was bei der gerade auf technischem Gebiet höchst progressiven israelischen Marine auch überraschend wäre. Neueren Nachrichten zufolge wird jedenfalls weiter an einem US/israelischen Tragflügelboot-Konzept gearbeitet. Ein Neubau, *Snapirit,* wurde bei der Israel Shipyard geordert und im Frühjahr 1986 fertig. Planungen einer 850-t-Korvette C 850 wurden aus Kostengründen zugunsten der Tragflügelboote zurückgestellt. Ob sie wieder aufgegriffen werden, scheint fraglich. Kostengründe dürften auch die Inbaugabe der konstruktiv baufertig durchgearbeiteten Korvetten QU-09-35 fraglich machen, die eine Einsatzverdrängung von 1000 t erreichen sollen und bemerkenswerterweise als Saar 5 bezeichnet werden.

Sk 61
Israelisches Grumman Aircraft-Tragflügel-FK-Schnellboot *Shimrit* (Grumman)

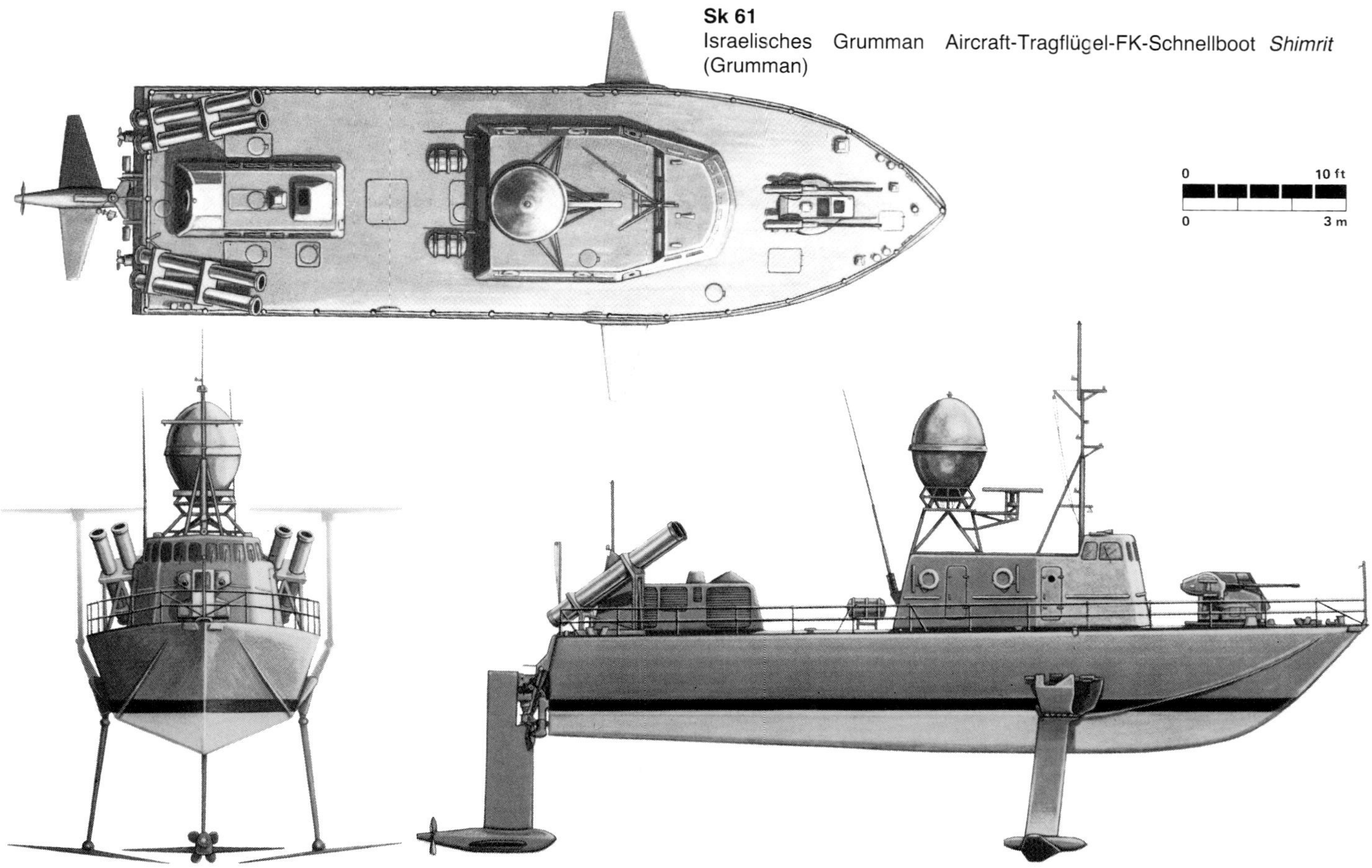

Zu der z. Z. im Einsatz befindlichen Gabriel III ist noch zu erwähnen

1. Der FK ist in drei Versionen lieferbar:
- Fire and forget: selbstzielsuchend,
- Fire and update: Während des Zielanflugs können die Zieldaten durch Data link auf den jeweils aktuellen Stand gebracht werden,
- Fire and control: Der FK wird während des Anflugs durch das Schiffsfeuerleitradar geführt.

Die beiden letzteren Einsatzarten vermindern die ECM-Anfälligkeit und ermöglichen auch den Einsatz gegen jenseits des Radarhorizonts befindliche Ziele.

2. Das Interesse an der Gabriel III ist derzeit so groß, daß Exportkunden Lieferfristen bis zu 30 Monate hinnehmen müssen.

3. Die Israel Aircraft Industries Ltd. hat eine Konsole für die Bedienung der auf den meisten Booten gleichzeitig gefahrenen Gabriel- und Harpoon-SSM entwickelt, mit der die Boote gleichzeitig beide FK-Typen einsetzen können. Aufgrund der unterschiedlichen Konfiguration der beiden Waffen kann der Gegner vor erhebliche Probleme beim Einsetzen von EloGM und Düppeln gestellt werden, wenn z. B. eine Salve aus einer Harpoon mit aktiver und zwei Gabriel mit semiaktiver Lenkung abgeschossen wird. Durch die Aktualisierung der Lenkkommandos im Flug kann die Gabriel III auch so gesteuert werden, daß mehrere Flugkörper gleichzeitig aus verschiedenen Richtungen anfliegen (137).

3.063 Italien

Die italienische Marine hat ihre bisherige Nachkriegsbaupolitik fortgesetzt und sich vorherrschend auf den Bau eines Flugzeugträgers, von Kreuzern, Zerstörern, Fregatten, U- und M-Booten konzentriert. Die Light Forces, die einmal gerade in diesem Lande einen so hohen Stellenwert hatten, wurden zwar in höchst progressiver Form, quantitativ aber in einem recht bescheidenen Umfang fortgeführt.

Ausgemustert wurden
- 1970 das U-Jagdboot *Fulmine,*
- 1977 das Patrouillenboot *Vedetta* und das Schnellboot *Folgore,*
- 1982 das Schnellboot MS 453,
- 1983 die Schnellboote *Lampo, Baleno* (ex MS 491–492),
- 1985 die Schnellboote *Freccia, Saetta* (ex MC 591–592).

Damit befinden sich aus dem älteren Bestand nur noch die beiden als Kampfschwimmer-Unterstützungsboote verwandten ex-Schnellboote MS 441 und MS 443 in Fahrt (Typ US Higgins des Zweiten Weltkriegs). Übrig blieb das Tragflügel-Schnellboot P 420/*Sparviero,* das am 9. 5. 73 seine Probefahrten begann und nach langwierigen Versuchen am 17. 7. 74 endgültig von der Marine in Dienst gestellt wurde. Seine technischen Details wurden in Band III eingehend und mit umfangreichem Skizzenmaterial vorgestellt.

Nachdem alle Entwicklungsarbeiten an konventionellen Schnellbooten seitens der italienischen Marine bereits 1964 eingestellt worden waren, sah das Weißbuch 1974 hinsichtlich der Marineplanungen 1974/84 den Bau von je vier Tragflügel-FK-Schnellbooten der Typen Sparviero (Bild 81) und NATO-PHM vor. Nachdem sich Italien dann – wie die Bundesrepublik – entschlossen hatte, aus Kostengründen auf das NATO-PHM zu verzichten (das dann nur von den USA in beschränkter Zahl beschafft wurde), entschied sich die italienische Marineleitung nach Abschluß aller Erprobungen mit der *Sparviero* in den Jahren 1977/80 sechs weitere, technisch in Details leicht modifizierte Boote dieses Typs zu bauen. Tatsächlich trat jedoch eine gewisse zeitliche Verzögerung ein, so daß die diesmal bei Cantieri Navale Riuniti, Muggiano, georderten Boote P 421–426/*Nibbio, Falcone, Astore, Grifone, Gheppio, Condor* erst zwischen März 1982 und Januar 1984 in Dienst kamen. Das Vorlaufboot *Nibbio* der Serie war bereits Anfang 1980 fertig und wurde intensiven Erprobungen unterzogen, deren Erfahrungen dann noch in die Folgeboote einflossen. Über die in Band III enthaltenen ausgiebigen Daten hinaus seien einige Fakten hervorgehoben: Leichtmetallbootskörper geschweißt, Leichtmetallaufbauten genietet, 4500-PS-Rolls-Royce-Proteus-GT auf Wasserstrahlantrieb mit 106 000 l/min Durchsatz für maximal 50 kn und 42 Dauerhöchstfahrt bei See 4. Bei See 5 konnten im Schwebezustand noch 36 kn gelaufen werden. Für das Manövrieren im Schwimmzustand dient ein 160-PS-Diesel, der auf eine einziehbare Propellerwelle arbeitet. Gegenüber der *Sparviero* wurden u. a. verändert: 1. Das Wassereinspritzsystem für die Gasturbine, wodurch die Leistung um 500 PS gesteigert wurde. Das wirkt sich vorteilhaft auf die Zeit bis zum Abheben aus, vor allem bei Überladung des Bootes, 2. stromlinienförmigere Aufbauten, 3. bessere Raumverhältnisse, 4. die Wasserstrahleinläufe, 5. die Wasserstrahlpumpe, 6. rationellere Steuer- und Elektroniksysteme. Ein Teil dieser Änderungen wurde auch bei der *Sparviero* noch durchgeführt. Bewaffnung und Sensoren umfassen 1-76-mm-Oto-Melara, 2 Teseo-SSM-Starter, Argo 10 Mod 3-Feuerleitung mit Orion 10X-Radar, kombiniertes See-/Luftraumüberwachungsradar MM/SPQ 701.

Im Hinblick auf die Reichweite des SSM-Systems können ggf. A/S-Hubschrauber des Typs AS 212 zur Zieldatenübermittlung verwandt werden.

Zur Unterstützung der Tragflügelboote mit ihren sehr spezifischen und empfindlichen Anlagen wurde eine mobile Logistik/Unterstützungseinheit aufgebaut. Sie besteht aus einem Container für die Unterstützungsmannschaft, einer Dieselgeneratoreinheit, einem elektrischen und hydraulischen Kraftmodul, einem elektromechanischen Werkstattmodul, Büromodul und Ersatzteilmodul. Die Einheit ist für die ständige Unterstützung von zwei Tragflügelbooten ausgelegt und kann alle routinemäßigen Wartungs- und Instandsetzungsarbeiten ausführen (138, 139, 140).

3.064 Jamaika

Die 1966/67 von der Sewart Seacraft Inc., Berwick, La., gebauten Patrouillenboote P 4–6 der Discovery Bay-Klasse erhielten 1972/73 General Motors-12V71-Motoren und 1975/77 3 × 1000-PS-MTU-8VTC 81-Diesel für 30 kn und 800 sm/20 kn Fahrbereich. Die Bewaffnung blieb unverändert.

Im Jahre 1974 lieferte die gleiche Werft P 7/*Fort Charles* (32,5 × 5,8 × 2,1 m, 107 t, 2 × 3500-PS-MTU-MB16V538TB90-Diesel, 32 kn, 15 Mann, 1 × 2-20-mm, 2-12,7-mm-MG, 1-81-mm-Mörser. 1980/81 wurde das Boot grundüberholt.

Zwei 42,7-m-Patrouillenboote wurden 1985 bei Swiftship, Morgan City, geordert.

3.065 Japan

Im Rahmen der mit sehr hochwertigem Schiffsmaterial ausgerüsteten japanischen Selbstverteidigungskräfte haben die Light Forces unverändert einen überraschend geringen Stellenwert. Von den vorhandenen Torpedo-Schnellbooten wurden PT 7 und PT 9 1972, PT 8 1974 und PT 10 1975 ausgemustert. Damit sind nur noch die 1970/75 von Mitsubishi, Shimonoseki, gebauten CODAG-Boote 811–815/PT 11–15 in Fahrt. Die im Fünfjahresplan 1972/76 vorgesehenen Folgebauten wurden nicht realisiert. Auch der Bau des 1978 vorgesehenen Tragflügelboots blieb liegen. Im derzeitigen Fünfjahresplan 1983/87 sind sechs FK-Schnellboote als Ersatzbauten für die Ende des Haushaltsjahres 1988 (März 1989) außer Dienst zu stellenden PT 11–15 (Bild 82) eingeplant. Gleichzeitig wird an einem Einsatzkonzept für derartige FK-Träger gearbeitet. Die Boote sollen eine Verdrängung von 250 t haben und mit drei 6000-PS-Mitsubishi-S200-Dieseln 40 kn laufen. Als Bewaffnung sind 1-76-mm-Oto-Melara und sechs Harpoon-SSM-Starter vorgesehen. Die Besatzung wird mit nur 20 Mann angegeben (141), was auf einen hohen Automatisierungsgrad hindeutet.
Von den Seenotbooten der Streitkräfte wurden *Kosuko* 2–5 1973/74 ausgemustert. Damit ist unter dieser Kategorie nur noch das 1966/67 bei Mitsubishi, Shimonoseki, gebaute *Kosuko 6* in Fahrt. Gleichzeitig unterhält die Küstenwache zu diesem Zweck die 1965/69 von der gleichen Werft gebauten PS 42, 47, 48/*Bizan, Asama, Shiramine.*
Aus der Kategorie der Patrouillenboote der Streitkräfte wurden die vier 1956/57 gebauten Fahrzeuge der Kari-Klasse am 15. 3. 77 und die gleich alten Boote der Kamone-Klasse zum 1. 12. 77 außer Dienst gestellt. 1982 folgten die Boote der Otaka-Klasse und fünf Boote der Hatsukari-Klasse. 1984/85 wurde *Umitaka* ausgemustert und *Umidori, Wakataka* und *Kumataka* für andere Zwecke umgebaut. Damit reduziert sich der aktuelle Bestand an Patrouillenbooten bei den Streitkräften auf

- die beiden 1964/66 gebauten Boote PC 319–320/*Shiratori, Hiyodori* (60,0 × 7,1 × 2,3 m, 440 t, 2 × 1900-PS-MAN-Diesel, 20 kn, 2-40-mm, 2 × 3 UTR, Hedgehog, Wabos, 80 Mann),
- die neun 1970/73 von Ishikawajima, Yokohama, gebauten Boote PB 919–927 (17,0 × 4,3 × 0,8 m, 18 t, GFK-Bootskörper, 2 × 380-PS-Diesel, 20 kn, 400 sm/20 kn, 1-20-mm, 6 Mann).

Stärker vertreten sind schnellere Patrouillenboote dagegen bei der Küstenwache. In diesem Rahmen sind erwähnenswert:

- die 1964/71 gebaute Hamagiri-Klasse: PC 48–52 (21,0 × 5,1 × 1,0 m, 40/50 t, 2 × 1100-PS-MTU-Diesel, 26,3 kn, 1 MG, 10 Mann),
- die 1970/71 gebaute PC 53/*Matsunami* (25,0 × 6,0 × 1,1 m, 59 t, 2 × 1100-PS-MTU-Diesel, 20 kn),
- die 1970/75 gebaute Shikinami-Klasse: PC 54–63, 66–71, 74 (21,0 × 5,3 × 1,0 m, 46 t, 2 × 1100-PS-MTU-Diesel, 26,5 kn, 1 MG, 10 Mann),
- die 1973/85 gebaute Akizuki-Klasse: PC 64–65, 72–73, 75–85 (26,0 × 6,3 × 2,1 m, 77 t, 3 × 1000-PS-Mitsubishi-Diesel, 22,1 kn, 10 Mann),
- die 1977/81 gebaute Murakumo-Klasse: PC 201–223 (31,0 × 6,3 × 1,2 m, 85 t, 2 × 2200-PS-MTU-Diesel, 30 kn, 1 MG, 10 Mann),
- die 1979/82 gebaute Akagi-Klasse: PS 101–102 (35,0 × 6,3 × 1,3 m, 180 t, 2 × 2400-PS-Diesel, 26,5 kn, 1 MG, 10 Mann).

Eine Vielzahl sonstiger, z. T. für Binnengewässer vorgesehener Fahrzeuge können hier vernachlässigt werden.
Die Darstellung unterstreicht die Feststellung, daß die japanischen Streitkräfte Coastal Forces, besonders schnelle Offensivboote, heute genauso dilatorisch behandeln, wie vor dem Zweiten Weltkrieg und in langen Nachkriegsjahren.

3.066 Jemen – Arabische Republik

Die arabische Republik Jemen erhielt Ende der sechziger/Anfang der siebziger Jahre von der Sowjet-Union vier Patrouillenboote der Poluchat- und vier Torpedo-Schnellboote der P 4-Klasse. Als diese abgefahren und bis 1983/84 ausgemustert wurden, folgten 1978 vier Patrouillenboote der Zhuk-Klasse und im Mai 1982 zwei FK-Schnellboote der Osa II-Klasse. Zwei Boote der Zhuk-Klasse sind bereits wieder ausgemustert worden.
Die Halter Marine, New Orleans, lieferte 1978 drei Boote des US-Typs Broadsword als *Sana'a, 13. Juni, 25. September* (32,0 × 6,2 × 1,9 m, 91/110 t, 3 × 1100-PS-GM-16V149TI-Diesel, 32 kn, 1 × 2-23-mm, 2 × 2-14,5-mm und 2-12,7-mm-MG, 14 Mann).

3.067 Jemen – Demokratische Volksrepublik

Die Seestreitkräfte der demokratischen Volksrepublik Jemen wurden nach dem Abzug der Engländer 1967 aus Aden zunächst von England (drei Binnen-Minensuchboote der Ham-Klasse), später von der Sowjet-Union beliefert. So 1973 zwei Torpedo-Schnellboote der P 6-Klasse, 1972 zwei U-Jäger des Typs SO I (zwischenzeitlich ausgemustert) und ein Patrouillen-

Sk 62
Jemenitisches Fairey Marine-Patrouillenboot des Typs Tracker (Fairey Marine)

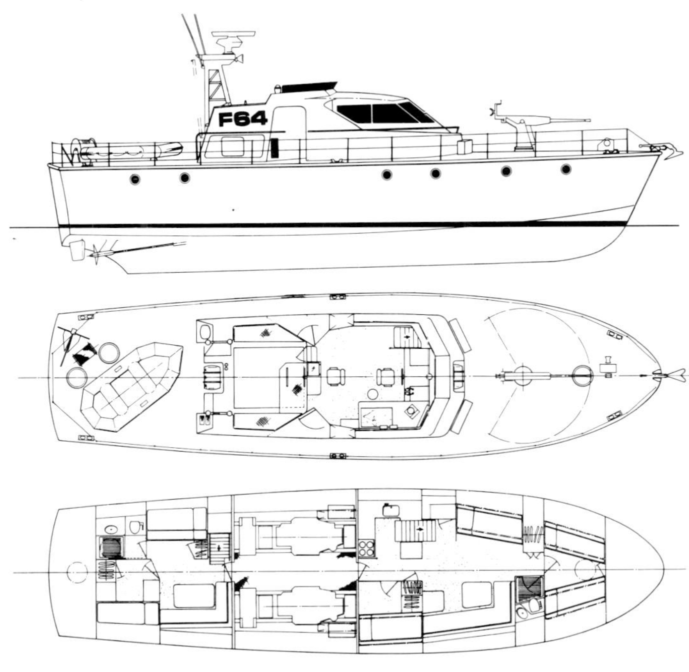

boot der Poluchat-Klasse, 1975 zwei Patrouillenboote der Zhuk-Klasse. Im gleichen Jahr wurden bei Fairey Marine vier kleine Patrouillenboote vom Typ Spear (9,1 × 2,8 × 0,8 m, 4,3 t, 2 × 145-PS-Perkins-T6-354-Diesel, 25 kn, 3 MG, 3 Mann) und ein Boot vom Typ Interceptor bestellt. 1978/79 baute die gleiche Firma fünf Patrouillenboote des Typs Tracker (Sk 62, 19,3 × 5,0 × 1,5 m, 31 t, 2 × 900-PS-MTU-Diesel, 29 kn, 1-20-mm, 11 Mann).

Nach dem 1979 abgeschlossenen und 1980 ratifizierten Freundschaftsvertrag mit der Sowjet-Union wurde den Sowjets Aden und die Insel Socotra als Stützpunkt zur Verfügung gestellt. Die Sowjets revanchierten sich u. a. mit Kriegsschifflieferungen

- 1978 zwei Torpedo-Schnellboote des Typs Mol als Ersatz für die abgefahrenen zwei P 6-Boote,
- 1979/80 fünf und 1982/83 drei FK-Schnellboote der Osa II-Klasse.

3.068 Jordanien

Obwohl 1969 offiziell festgestellt wurde, daß Jordanien keine Flotte sondern nur eine Küstenwache unterhält, die sich auf den Hafen von Akaba stützt, wurde der Bootsbestand 1974 erneuert. Er umfaßt

- vier im August 1979 angekaufte 11,58-m/8,0-t/25-kn-Boote mit 3 MG *(Faysal, Han, Hasayu, Muhammed)* des Typs Bertram-Enforcer,
- zwei 1974 angekaufte 9,14-m/6,5-t-/25-kn-Boote mit 3 MG *(Ali, Abdullah)* des Bertram-30'-Typs,
- acht kleine Patrouillenboote.

1983 wurden in Griechenland zunächst sechs, später noch drei weitere Ptr.-Boote bestellt.

3.069 Jugoslawien

Die in den Jahren 1951/60 auf der Basis des US-Higgins-78'-Typs auf jugoslawischen Werften gebauten rund 100 teils als Artillerie-, teils als Torpedoträger ausgerüsteten Schnellboote des Typs 100, von denen noch 1970 sechs an den Sudan abgegeben wurden, sind in den siebziger Jahren ausgemustert worden. Die letzten sechs 1979. Ausgemustert wurden schließlich 1983 auch die

- fünf Boote des 1953/59 von der Tito-Werft, Kraljevica, gebauten Kraljevica-Typs, PBR 510, 512, 519, 521, 524. Noch 1975 waren zwei Boote dieses Typs an Bangladesh und eines an Äthiopien abgegeben worden.

Vom Altbestand befinden sich noch in Fahrt

- der 1952/55 in Frankreich gebaute U-Jäger PBR 581/*Udarnik,*
- die 1959/60 auf der Tito-Werft, Kraljevica, gebauten, 1970/73 modernisierten U-Jäger PBR 551-552/*Mornar, Borac,*
- sieben Boote des 1965/67 von der Trogir-Werft gebauten Typs PC 130, die mit 2 × 3-20-mm-Hispano-Suiza-HS-831 bewaffnet und im Seegrenzschutz eingesetzt sind. Zwei Boote, *Cer* und *Durmitor,* wurden 1981 an Malta abgegeben.

Nach Stalins Tod konnte Tito die Beziehungen zur Sowjet-Union verbessern, ohne die zum Westen völlig aufzugeben. So gelang es im Rahmen des zweiten Marine-Programms 1962/74

- 1965 von der Sowjet-Union vier Torpedo-Schnellboote der Shershen-Klasse anzukaufen. Sie kamen als *Ivan, Pionir, Partizan, Jadran* in Dienst. Elf weitere Boote dieses Typs wurden 1966/71 in Lizenz bei der Tito-Werft, Kraljevica, unter der Bezeichnung Typ 201 gebaut: *Biokovac, Crvena, Zvijezda, Kornat, Partizan II, Proleter, Sloga, Strjeliko, Pionir II, Topcider, Napredak, Partizan III.* Sie tragen TC-Nummern. (TC = Torpedni Camac),
- 1965/70 von der Sowjet-Union zehn FK-Schnellboote der Osa I-Klasse anzukaufen. Sie kamen als RC 301–310/*Mitar Acev, Vlado Bagat, Petar Drapsin, Steven Filipovic, Velimir Skorpnik, Nikola Martinovic, Josip Mazar-Sosa, Karlo Rojc, Franc Rozman-Stane, Zikaca Jovanovic-Spanac* in Dienst (RC = Racetni Camac). Sie tragen die Namen von Widerstandskämpfern des Zweiten Weltkriegs.

  Im Rahmen des dritten Marine-Programms ab 1975 entstanden,
- 1976/79 bei der Tito-Werft, Kraljevica sechs FK-Schnellboote, die in Anlehnung an die schwedische Spica-Klasse vom Marinekonstruktions-Institut Zagreb entwickelt worden waren und englische Gasturbinen, deutsche Diesel, schwedische Bofors-Geschütze, sowjetische FK und ein holländisches Radarsystem erhielten: RT 401–406/*Rade Koncar* (Bild 83, 84), *Vlado Cetkovic, Ramiz Sadiku, Hasan Zahirovic Laca, Jordan Nikolov-Orce, Ante Banina* (45,0 × 8,4 × 2,5 m, 250 t Einsatzverdrängung, 2 × 5800-PS-Rolls-Royce-Proteus-GT auf zwei und 2 × 3600-PS-MTU-Diesel auf zwei weitere Verstellpropeller [CODAG], 40 kn, 500 sm/35 kn, 2-57-mm-L/70-Bofors, 2-SS-N-2b-SSM-Starter, Radar Decca 1226, Philips TAB, Square Tie, Feuerleitung FCS9LV200, 30 Mann). Diese Boote sollen auf längere Sicht die Fahrzeuge der Osa-Klasse ablösen, die – möglicherweise aus Ersatzteilgründen –, immer wieder Schwierigkeiten machen.
- 1980/82 auf der Tito-Werft, Kraljevica, neun Patrouillenboote: 171–179/*Biokovo, Pohorje, Koprivnik, Ucka, Grmec, Mukos* –/177, *Komaj,* –/179 (32,0 × 6,7 × 2,3 m, 120 t Einsatzverdrängung, 2 × 3000-PS-SEMT-Pielstick-Diesel, 32 kn, 1-40-mm, 1 x 4-20-mm, Minen). Die Serie soll fortgesetzt werden und später den Typ 130 ersetzen,
- 1980/- bei der Tito-Werft, Kraljevica, zehn U-Jäger der Kobra-Klasse (500 t, 1-76-mm-Oto-Melara, 1-40-mm, 1 Bofors A/S-Starter, 2-32,4-cm-UTR). Das Prototypboot wurde Ende 1984 fertiggestellt.

3.070 Kamerun

Die 1964 bzw. 1967 von Frankreich erhaltenen Patrouillenboote der VC-Klasse *Vigilante* und *Audaxieux,* wurden 1975 ausgemustert. 1983 folgte das 1967 gebaute Patrouillenboot *Brigadier M'Bonga Tounda.* Damit ist aus dem älteren Bestand nur noch das 1970 gebaute Patrouillenboot *Le Valeureux* in Fahrt. Im Jahre 1974 wurde das von der Ateliers et Chantiers de l'Afrique in Libreville (Gabun) gebaute Patrouillenboot *Quartier Maitre Alfred Motto* fertig (29,1 × 6,2 × 1,9 m, 96 t Einsatzverdrängung, 2 × 645-PS-Baudoin-Diesel, 15,5 kn, 17 Mann, 2-20-mm, 2 MG). Im September des gleichen Jahres wurde bei der Société Francaise de Constructions Navales ein Boot des PR-48-Typs bestellt, das am 30. 10. 75 als *l'Audaxieux* von Stapel lief und am 11. 5. 1976 in Dienst gestellt wurde. Mit 47,5/45,5 × 7,1 × 2,5 m Hauptabmessungen, 240 t

Einsatzverdrängung, 2 × 2100-PS-MGO-Dieseln, 22,5 kn, 2000 sm/16 kn, 25 Mann, 1 × 2-40-mm und Einrichtungen für die Anbordgabe von SS-12-M-SSM wurde es die kampfkräftigste Einheit der Kamerun-Marine. Im Juli 1976 folgten als weitere schnelle und relativ kampfkräftige Einheiten aus China zwei Artillerie-Schnellboote der Shanghai-Klasse, die als Nr. 101–102/*Cap Cameroun, Man O'War Bay* in Dienst kamen. Im Dezember 1976 folgte für Polizeizwecke ein Patrouillenboot der Fairey-Marine-Interceptor-Klasse.
1981/83 baute die SFCN, Villeneuve, als Flaggschiff das im Januar 1981 georderte FK-Schnellboot P 104/*Bakasi* des Typs P 48S (52,6/51,0 × 7,1 × 2,3 m, 270/308 t, 2 × 3200-PS-SACM-AGO-195V16RVR-Diesel, 25 kn, 2000 sm/16 kn, 2-40-mm, 8 MM-40-Exocet, 27 Mann). Der Stapellauf erfolgte am 22. 10. 82. Vorhanden sind ferner sechs 2-t-Fluß-Ptr.-Boote.

3.071 Kap Verden

Die kleine, aus neun Hauptinseln bestehende Republik rund 250 sm vor der Küste Senegals wurde 1975 aufgrund eines Referendum unabhängig. Seit Januar 1979 erhielt das linksorientierte Land von der Sowjet-Union drei Schnellboote des Typs Shershen (ohne TR!) und drei Patrouillenboote des Typs Zhuk.

3.072 Kenia

Die Marine Kenias verfügt heute über acht Patrouillenboote. Neben den drei 1966 von Vosper gelieferten Booten der Simba-Klasse und der im Februar 1974 in Dienst gestellten *Mamba* von Brooke Marine kamen im Sommer 1975 mit P 3121–3123/ *Madaraka, Jamhuri, Harambee* drei Boote des Brooke Marine-107'-Typs in Fahrt (32,6 × 6,1 × 1,7 m, 120/145 t, 2 × 2700-PS-16zyl.-Paxman-Valenta-Diesel, 25,5 kn, 2300 sm/12 kn, 21 Mann, 2-40-mm). Die *Mamba* und die drei Boote der Madaraka-Klasse wurden in den Jahren 1980/83 in Mombasa umgebaut und erhielten 1 × 2-30-mm und vier Gabriel-SSM-Starter. 1983 lieferte Akerboom, Leiden (NL), zwei ursprünglich nur als Lotsenboote vorgesehene Fahrzeuge (22,5 × 5,3 × 1,8 m, 55 t, 2 × 280-PS-Kelvin-TAS-6-Diesel, 12 kn).
Eine wesentliche Stärkung der Schlagkraft stellen zwei im September 1984 bei Vosper Thornycroft georderte FK-Schnellboote dar (310/400 t, 56,7 × 8,2 × 2,4 m, 4 × 4500 PS Paxman-Diesel, 40 kn, 1-76-mm-Oto-Melara, 1 × 2-40-mm, 8 Gabriel-SSM-Starter).
Für Polizeizwecke lieferte Cheverton, Cowes, 1982 *Mlinzi, Mchunguzi* (17,0 × 4,4 × 1,5 m, 25 t, 2 × 340-PS-Diesel, 17 kn, 8 Mann).

3.073 Kiribati

Die zentralpazifischen, ehemals englischen Gilberts-Inseln wurden 1979 als Commonwealth-Republik selbständig. Um 1980 wurde ein Patrouillenboot beschafft (17,0 × 4,5 × 1,2 m, 22 t, 2 × 400-PS-GM-Diesel, 23,6 kn, 7 Mann, 1 MG). Ein bei Cheverton bestelltes 24-t/22-kn-Boot wurde 1984 von den Malediven angekauft.

3.074 Komoren

Die nordwestlich Madagaskar gelegene Inselgruppe erklärte 1975 einseitig die Unabhängigkeit von Frankreich. 1981 wurden zwei von der Ishihara Dockyard Co. Ltd. (Japan) gebaute Patrouillenboote beschafft: *Karthala, Ntringhui* (18,0 × 4,3 × 1,1 m, 26,5 t Einsatzverdrängung, 2 × 450-PS-Nissan-RD10TAO6-Diesel, 20 kn). Die Lieferung erfolgte aufgrund einer Vereinbarung mit der japanischen Regierung.

3.075 Kongo

Nach einer Zeit von zehn Jahren, in der nur eine kleine Zahl von Zoll- und Wachbooten unterhalten wurde, erhielt die Volksrepublik Kongo (ex Kongo-Brazzaville)
- 1966 von China vier Patrouillenboote des Typs Yulin,
- 1975 von China drei Artillerie-Schnellboote des Typs Shanghai II (P 201–203),
- 1979 von der Sowjet-Union zwei Patrouillenboote des Typs Poluchat,
- 1979 von der Sowjet-Union ein Schnellboot des Typs Shershen (ohne TR).

Im August 1980 wurden bei Bazan, Cadiz, drei Patrouillenboote bestellt, die im April 1983 geliefert wurden: P 601–603/*L'Intrepide, Le Vaillant, Le Terrible* (heute *Marien N'gouabi, Les Trois Glorieuses, Les Maloango)* – (32,7 × 6,15 × 1,9 m, 125/134 t, 2 × 1600-PS-Bazan/MAN-V8V16/18TLS-Diesel, 22 kn, 700 sm/ 17 kn, 1-40-mm-Breda-Bofors, 1-20-mm-Oerlikon, 2-12,7-mm-Browning M2-MG, CSEE optical director). Sie entsprechen der spanischen Piranha-Klasse.
Im Oktober 1983 wurden drei Boote in Frankreich bestellt.

3.076 Korea, Nord

In den sechziger Jahren vorherrschend von der Sowjet-Union und China mit schwimmendem Material beliefert, begann Nordkorea in den siebziger Jahren zunehmend, einen eigenen Kriegsschiffbau voranzutreiben. Wenngleich diese Bauten z. Z. meist noch mehr oder minder deutlich auf den vorhandenen Vorbildern aufbauen, so ist der Trend zur Eigenständigkeit doch nicht zu übersehen. Den vorgesehenen Aufgaben entsprechend liegt der Schwerpunkt der koreanischen Marine bei den Light Forces, die einerseits den Kern der Küstenverteidigung bilden, andererseits aber in den letzten Jahren auch immer wieder von südkoreanischen Seestreitkräften bei Diversantenunternehmungen entdeckt wurden.
Der genaue quantitative Bestand Nordkoreas ist gerade bei den Light Forces nicht immer eindeutig zu fixieren. Die Auswertung anerkannter Flottenbücher ergibt

a) ca. 40 FK-Schnellboote:
- zwölf 1968/73 von der Sowjet-Union gelieferte Boote des Typs Osa I. Vier weitere sind bereits ausgemustert.
- acht von der Sowjet-Union gelieferte Boote des Typs Komar. Zwei sind bereits ausgemustert. Beide Typen werden in leicht modifizierter Form als Soju- bzw. Sohung-Klasse seit 1980/81 in Nordkorea nachgebaut. Der Gesamtbestand der Nachbauten liegt bei etwa 14–20 Booten.

b) ca. 170 Torpedo-Schnellboote:
- zehn 1959/60 von der Sowjet-Union gelieferte Boote des Typs P 4. Zwei wurden bereits ausgemustert.
- etwa 60 von der Sowjet-Union und China gelieferte Boote des Typs P 6. Fünf wurden bereits ausgemustert. Eine gewisse Anzahl in Nordkorea gefertigter, als Sinpo-Klasse bezeichneter Nachbauten führt statt der TR für Diversanteneinsätze sechs 14,5-mm-MG.
- drei 1968 von der Sowjet-Union gelieferte Boote des Typs Shershen. Ein Boot ist bereits ausgemustert.
- 15 Ende der fünfziger Jahre nach dem Vorbild des sowjetischen Typs P 2 in Nordkorea gebaute Boote der Iwon-Klasse (19,8 × 3,7 × 1,5 m, 40 t, Diesel, 2 × 2-25-mm, 2-53,3-cm-TR).
- sechs in den sechziger Jahren in Nordkorea gebaute Boote der An Ju-Klasse (19,8 × 3,7 × 1,8 m, 35 t, 4 Diesel, 1 × 2-25-mm, 2-53,3-cm-TR, 20 Mann).
- ca. 75 zwischen 1955 und 1970 in Nordkorea gebaute, vom sowjetischen Typ D 3 des Zweiten Weltkriegs abgeleitete Boote der Typen Sin Hung und Ku Song (18,3 × 3,4 × 1,7 m, 35 t, Diesel, 2 × 2-14,5-mm-MG, 2-45,7- bzw. 53,3-cm-TR).

c) ca. 205 Artillerie-Schnellboote:
- 15 seit 1967 von China gelieferte Boote des Typs Shanghai I,
- 8 seit 1967 von China gelieferte Boote des Typs Shanghai II,
- 8 1968 von China gelieferte Boote des Typs Shantou,
- 4 Mitte der sechziger Jahre in Nordkorea gebaute Boote der Chodo-Klasse (42,7 × 5,8 × 2,6 m, 130 t, 2 × 3000-PS-Diesel, 25 kn, 1-76-mm, 2-37-mm, 2 × 2-25-mm, 40 Mann),
- 4 Ende der fünfziger Jahre in Nordkorea gebaute Boote der K 48-Klasse (38,1 × 5,5 × 1,5 m, 110 t, 2 × 2000/2500-PS-Diesel, 24 kn, 1-76-mm, 3-37-mm, 2 × 2 [3]-14,5-mm-MG),
- 4 Mitte der sechziger Jahre in Nordkorea gebaute Boote der Sariwan-Klasse (62,1 × 7,3 × 2,4 m, 500/550 t, 2 × 1500-PS-Diesel, 21 kn, 1-100-mm, 1 × 2-37-mm, 3 [4] × 4-14,5-mm-MG, Wabos, 65 Mann),
- 6 1975/78 von China gelieferte Boote des Typs Hainan,
- zwanzig 1957/60 von der Sowjet-Union gelieferte Boote des Typs MO VI,
- 66 Boote der ab 1974 in Nordkorea gebauten, mit Bootskörpern und Antriebsanlagen der sowjetischen P 6/Komar ausgerüsteten Chaho-Klasse (27,7 × 6,1 × 1,8 m, 80 t Einsatzverdrängung, 4 × 1200-PS-M50-Diesel, 38–40 kn, 4 × 2-25-mm, 4-14,5-mm-MG, 40-fach-Werfer für ungelenkte FK zum Landzielbeschuß),
- 38 Boote der aus der Chaho-Klasse abgeleiteten Chong Jin-Klasse, die ab 1975 in Nordkorea gebaut wurden und mit 1-85-mm und 2 × 2-14,5-mm-MG bewaffnet sind,
- 15 teils 1968 von der Sowjet-Union gelieferte, teils in den sechziger Jahren in Nordkorea nachgebaute Boote des sowjetischen Typs SO I,
- 10 Boote des nach sowjetischen Unterlagen in Nordkorea gebauten Typs KM 4 (14,0 × 3,2 × 0,9 m, 10 t, 1-37-mm, 1-14,5-mm-MG),
- 7 Boote der in den mittsiebziger Jahren in Nordkorea gebauten Taechong-Klasse (44,2 × 5,5 × 2,4 m, 140 t, Diesel, 1 × 2-57-mm, 1 × 2-25-mm, 2 × 2-14,5-mm-MG).

d) ca. 100 Spezialschnellboote:
Die ab etwa 1975 in Großserie in Nordkorea gebauten rd. 100 Schnellboote der Nampo-Klasse erhielten einen von den sowjetischen Schnellbooten des Typs P 6 abgeleiteten Bootskörper, der für amphibische Einsätze im Vorschiff eine leichte, einziehbare Landungsrampe erhielt (27,7 × 6,1 × 1,8 m, 82 t, 4 × 1200-PS-M50-Diesel, 40 kn, 375 sm/40 kn, 2 × 2-14,5-mm-MG, 19 Mann).
Analysiert man den Bestand der nordkoreanischen Marine an Light Forces, so ist einerseits die große Zahl, andererseits aber auch die Heterogenität des Bestandes festzustellen. Diese wird jedoch seit Mitte der siebziger Jahre durch systematischen Serienbau auf eigenen Werften überwunden. Die Absicht von Raid-Unternehmungen weist besonders die Nampo-Klasse aus.

3.077 Korea, Süd

Das Land, das im internationalen Schiffbau an herausragender Stelle steht, hat in den letzten Jahren einige Anstrengungen unternommen, seine weitgehend überalterten, meist von den USA übernommenen Seestreitkräfte durch Neubauten schlagkräftiger zu machen.
Ausgemustert wurden
- PC 707–709, die letzten drei Boote des US-Typs PC aus dem Zweiten Weltkrieg,
- vier 1963/69 von den USA gelieferte Patrouillenboote des Sewart-40'-Typs, SB 1–3, 5,
- neun 1967 von den USA gelieferte Patrouillenboote des Sewart-65'-Typs, FB 1–3, 5–10,
- acht 1958/59 für die US Coast Guard gebaute, 1968 an Südkorea abgegebene Patrouillenboote, PB 3, 5, 6, 8–12 des USCG-95'-Typs.

In Fahrt befinden sich derzeit noch
- die 1971/72 in Korea gebauten FK-Schnellboote *Kilurki 71–72* (jetzt *PK 10–11*) – (32,9 × 8,0 × 1,1 m, 120/140 t, 3 × 3400-PS-MTU-Diesel, 35 kn, 1000 sm/20 kn, 1-40-mm, 1-20-mm, 2 MM-38-Exocet-SSM-Starter, 28 Mann),
- das 1971 von den USA gelieferte FK-Schnellboot *Paek Ku 51* (ex PG 96/*Benicea*) der US-Asheville-Klasse, das heute 1-76-mm, 1-40-mm, 2 × 2 MG und acht Harpoon-SSM-Starter trägt,
- das 1975 nach Abschluß der Erprobungen von den USA an Südkorea abgegebene Artillerie-Schnellboot *Kilurki 211* (ex *Gireogi*) des US-CPIC-Typs (Bild 85)

Planungen, vier weitere Boote der US-Asheville-Klasse zu kaufen, wurden zurückgestellt. Man entschloß sich zu Neubauten:
- 1973/75 bei der Korea Tacoma, Chinkae, als *Kilurki 211–213,* 215–219, 221–223, 225–229, 231–233, 235–239, 251–253, 255–259 zweiunddreißig weitere Boote des US-CPIC-Typs (32,9 × 8,0 × 1,1 m, 115/144 t, 3 × 3600-PS-MTU-Diesel, 39 kn, 1000 sm/20 kn, 1-40-mm, 1 × 2-30-mm, 2 × 2-20-mm, 1 × 2-MG, 28 Mann),
- 1974/78 bei der Tacoma Boat Building Co. vier (*Paek Ku* 52, 53, 55, 56) und der Korea Tacoma International weiterer vier FK-Schnellboote (*Paek Ku* 57-59, 61) des Tacoma-PSMM5-Typs (Sk 63), den die Werft aus der US-Asheville-Klasse (gleicher Bootskörper) entwickelt hatte. Die mit einem Leichtmetallbootskörper versehenen Boote kommen bei 50,3 × 7,3 × 2,9 m Hauptabmessungen auf 240/270 t. Die auf zwei Wellen und Verstellpropeller wirkende COGAG-Antriebsanlage besteht aus 6 × 2800-PS-Avco-Lycoming-TF-35-GT, die zu je drei, einzeln zuschaltbar, auf eine Welle arbeiten

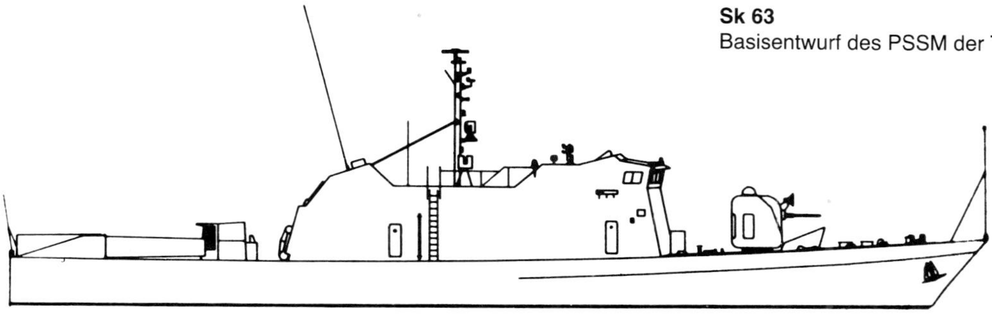

Sk 63
Basisentwurf des PSSM der Tacoma Boat Building (Archiv Verfasser)

und gute 40 kn ermöglichen. Der Fahrbereich wird mit 550 sm/39 kn bzw. 2400 sm/18 kn angegeben. Die Besatzung umfaßt 32 Mann, die Bewaffnung besteht aus 1-76-mm-Oto-Melara, 1-40-mm, 2 MG und 4 Standard- bzw. Harpoon-SSM-Startern. Die in den USA gebauten Boote kamen zwischen März 1975 und Februar 1976, die in Korea gebauten 1977/78 in Fahrt. Sie sind bemerkenswerterweise mit Stabilisatoren ausgerüstet.

- 1975/78 bei Korea Shipbuilders, Pusan, sechsunddreißig Patrouillenboote, PK 151–159, 161–169, 171–179, 181–189 (25,7 × 5,4 m, 80 t, 2 × 3500-PS-MTU-16V538TD90-Diesel, 42 kn, 1-40-mm, 1-20-mm, 2 × 2-12,7-mm-MG, 1 × 2-7,62-mm-MG, 16 Mann). Sie werden als Sea Hawk-Klasse bezeichnet.

Für die Küstenwache wurde eine unbekannte Zahl von Patrouillenbooten in vier Größenordnungen gebaut

- Sea Whale-Klasse: 61,0 × 8,0 × 2,3 m, 510 t Einsatzverdrängung, 2 × 4800PS-MTU-Diesel, 25 kn, 4000 sm/15 kn, 1-40-mm, 2-20-mm, 2 MG, 36 Mann. Seit 1980 wurden bei Korea Shipbuilders und Korea Tacoma drei Boote fertiggestellt (PC 501–503)
- Sea Shark-Klasse: 48,2 × 7,1 × 2,1 m, 280 t Einsatzverdrängung, 2 × 3600-PS-Diesel, 25 kn, 3300 sm/15 kn, 4-20-mm, 2-12,7-mm-MG, 34 Mann. Zur Zeit sind von Korea Shipbuilders und Hyundai in den Jahren 1979/80 vier Boote gebaut worden.
- Sea Gull-Klasse: 24,0 × 5,5 × 2,0 m, 80 t, 2 × 1850 PS-Diesel, 30 kn, 950 sm/20 kn, 18 Mann. Sie entstanden 1971/72 bei Korea Shipbuilders
- Swallow-Klasse: 32 t, 25 kn, 2 MG.

3.078 Kuwait

Der Ausfall Irans als Ordnungsmacht im Persergolf und die immer wieder offen geäußerten Expansionsgelüste des islamisch-revolutionären Iran veranlaßten die kuwaitische Regierung zur generellen Verstärkung der Streitkräfte – eine Entscheidung, die der der anderen Golfstaaten parallel lief. Auch die Seestreitkräfte, die früher praktisch nur eine Coast Guard darstellten, wurden in diese Planungen einbegriffen. Das Marinepersonal wurde zwischen 1974 und 1982 fast verzehnfacht. Ein Mitte 1977 mit einer japanischen Firma abgeschlossener Vertrag zum Ausbau eines Marinestützpunkts bestätigte den zu erwartenden Ausbau der schwimmenden Verbände.

Die Seestreitkräfte besitzen zur Zeit

- sechs 1980/84 bei Lürssen, Vegesack, als Baunummern 13494–13499 gebaute FK-Schnellboote des Typs TNC 45 (Sk 64)): *Al Saadi, Al Ahmadi, Al Abdali, Al Sanbouk, Al Betteel* (Bild 86), *Al Bomm* (44,9/42,3 × 7,0 x 2,7 m, 252/275 t, 4 × 3750-PS-MTU-16V538TB92-Diesel, 41,5/39,0 kn, 1675 sm/16 kn, 1-76-mm-Oto-Melara, 1 × 2-40-mm-Breda-Bofors-Compatto, 2 MG, 4 MM-40-Exocet-SSM-Starter, Radar Decca 1226, PEAB-9LV228-Feuerleitanlage, ECM Decca Cutlass, RDC-2, Dagaie-Düppelstarter, 36 Mann). Ursprünglich waren die ersten Boote als K 451–456/*Werjia, Mashuwale, Jaalboot* etc. in Dienst gestellt worden. Die Ausbildung der Besatzungen und das Einfahren der Boote erfolgten 1983/84 mit Unterstützung der Werft und der Bundesmarine von Wilhelmshaven aus.
- zwei 1981/84 bei Lürssen, Vegesack, gebaute FK-Schnellboote des Typs FPB 57 (Sk 65): *Istiqlal* (Bild 87), *Sabhan* (58,1/54,4 × 7,62 × 2,78 m, 369/425 t, 4 × 2800-PS-MTU-16V538TB91-Diesel, 33,5/31,2 kn, 1500 sm/30 kn, 1-76-mm-Oto-Melara, 1 × 2-40-mm-Breda-Bofors-Compatto, 4-MM-40-Exocet-SSM-Starter, Sensoren wie oben, 47 + 6 Mann). Ursprünglich waren die Boote als reine Artillerieträger vorgesehen. Die politischen Vorgänge in der Region führten dann zu einer FK-Nachrüstung.

Die Küstenwache besitzt

- zehn 1965/72 bei Vosper Thornycroft und Vosper Thornycroft Singapore gebaute Patrouillenboote der Al Salemi-Klasse (Thornycroft 78'-Typ): *Al Salemi, Al Shurti, Al Mubaraki, Aman, Intisar, Marzook, Mashhoor, Maymoon, Wathah,*
- vierzehn 1972/77 von Vosper Thornycroft Private Ltd., Singapore gelieferte Patrouillenboote des 36'-Typs: *Antar; Al Salmi II, Al Sebbach, Istiqlal II, Qaruh, Warbah* sowie acht ohne Namen (11,8 × 3,3 × 0,8 m, 6,5 t, 2 × 210-PS-Subre-Diesel, 27 kn, 2 × 2 MG, 4 Mann),
- fünf im September 1973 (zwei) und 1978 (drei) bei Vosper Thornycroft Private Ltd., Singapore, bestellte, 1974/79 gelieferte Patrouillenboote des 56'-Typs: *Dastoor, Kasar, Qahir, Sagar, Salam* (17,1 × 4,9 × 1,3 m, 25 t, Stahlbootskörper mit Leichtmetallaufbauten, 2 × 675-PS-MB6V331-Diesel für 26 kn bei den ersten zwei und 2 × 900-PS-Diesel für 29–30 kn bei den letzten drei Booten, 320 sm/20 kn, 2 MG, 8 Mann),
- das im Oktober 1974 bestellte und im Januar 1976 in Dienst gestellte, bei Vosper Thornycroft Private Ltd., Singapore, gebaute Patrouillenboot *Mahroos* (46'-Typ, 14,1 × 4,5 × 1,2 m, Stahlrumpf mit Leichtmetallaufbauten, 21 t, 2 × 390-PS-Rolls-Royce-C8M-410-Diesel, 21,5 kn, 5 Mann) das 2-20-mm und 4 MG tragen kann,

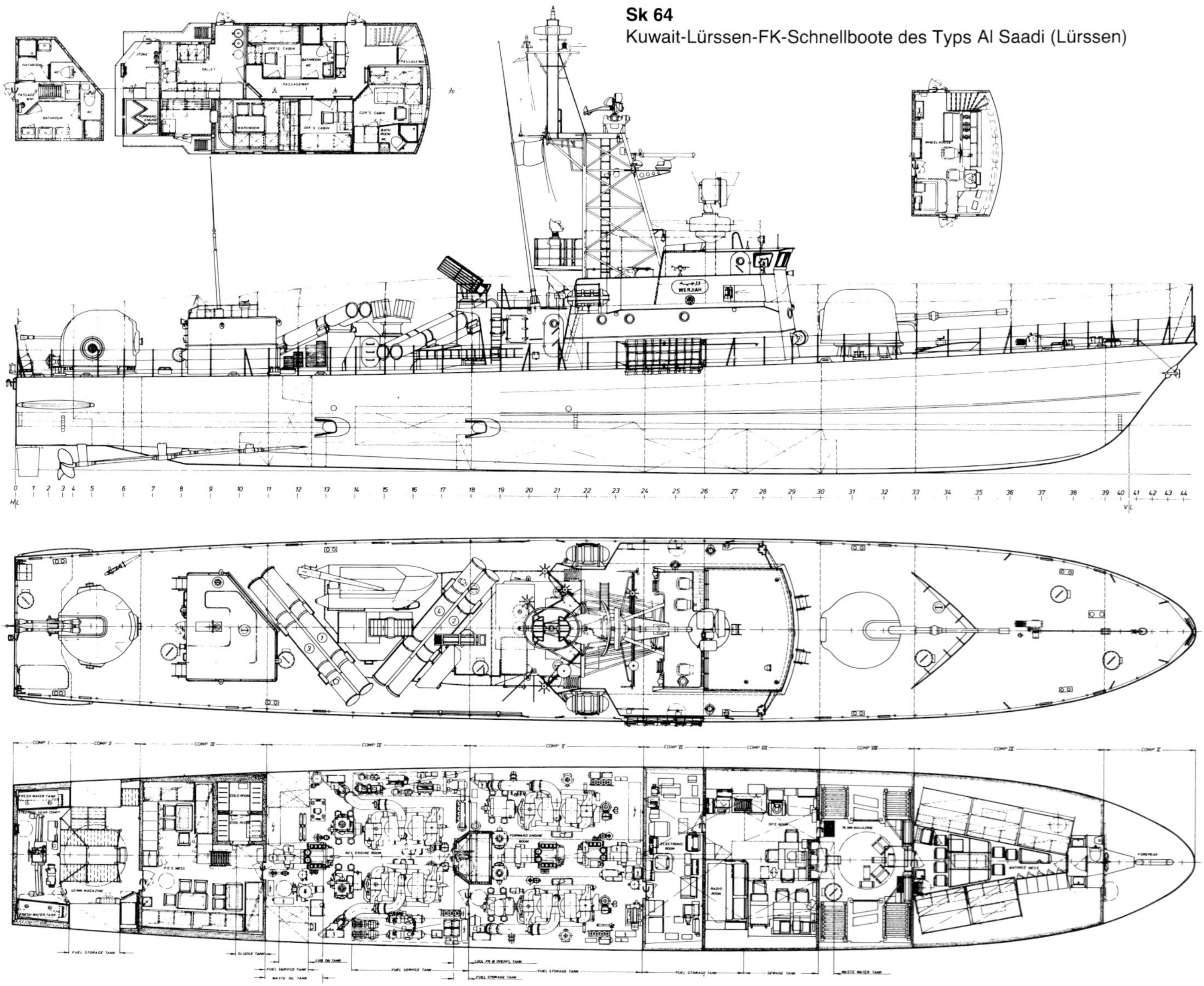

Sk 64
Kuwait-Lürssen-FK-Schnellboote des Typs Al Saadi (Lürssen)

- zehn 15,2- und drei 12-m-Patrouillenboote,
- das im August 1979 von Halter Marine gelieferte Patrouillenboot *Dhaher* (19,7 × 5,2 × 1,1 m, 34 t, 2 × 850 PS-MTU-8V331TB 92-Diesel, 32 kn, 1 × 2 MG, 15 Mann),
- 27 in den Jahren 1977/85 von der Magnum Marine (USA) gebaute Küsten-Patrouillenboote (8,3 × 2,4 × 0,7 m, . . . t, 660 PS, 60 kn, 200 sm),
- 1984/85 sechs British Hovercraft-Luftkissenfahrzeuge.

3.079 Laos

Der Fahrzeugbestand ist völlig unübersichtlich und wird auch in den neueren Flottenbüchern wie Jane's Fighting Ships und Weyers Flottentaschenbuch als vage bezeichnet. Jane vermutet, daß Nordvietnam Laos PBR überlassen hätte.

3.080 Libanon

Das durch die Interessen der Nachbarn und Großmächte sowie innerpolitische Querelen gequälte Land verfügt über minimale, der Küstenüberwachung dienende Light Forces.
Das aus dem Zweiten Weltkrieg stammende Patrouillenboot *Djounieh* des englischen Fairmile-B-Typs wurde 1975 ausgemustert.
Damit sind aus dem Altbestand nur noch die drei Boote der 1955 gelieferten Byblos-Klasse und die 1959 gelieferte *Tarablous* in Fahrt. Der Zustand dieser Boote ist, bedingt durch Alter und politische Verhältnisse, schlecht.
Fünf im Januar 1974 bei der Hamelner Schiffbau-Gesellschaft bestellte 135-t-Patrouillenboote wurden nicht ausgeliefert, da das Land nicht zahlen konnte. Nach einem vorübergehenden Interesse Islands, das 1976 schnelle Patrouillenboote für den »Kabeljau-Krieg« mit England suchte, zeigten sich zunächst die Philippinen interessiert. Dorthin gingen zwei Boote. Die drei anderen Boote wurden dann im Januar 1978 als *Jihad, Salam* und 1 weiteres von Libyen angekauft. Von der Hamburger

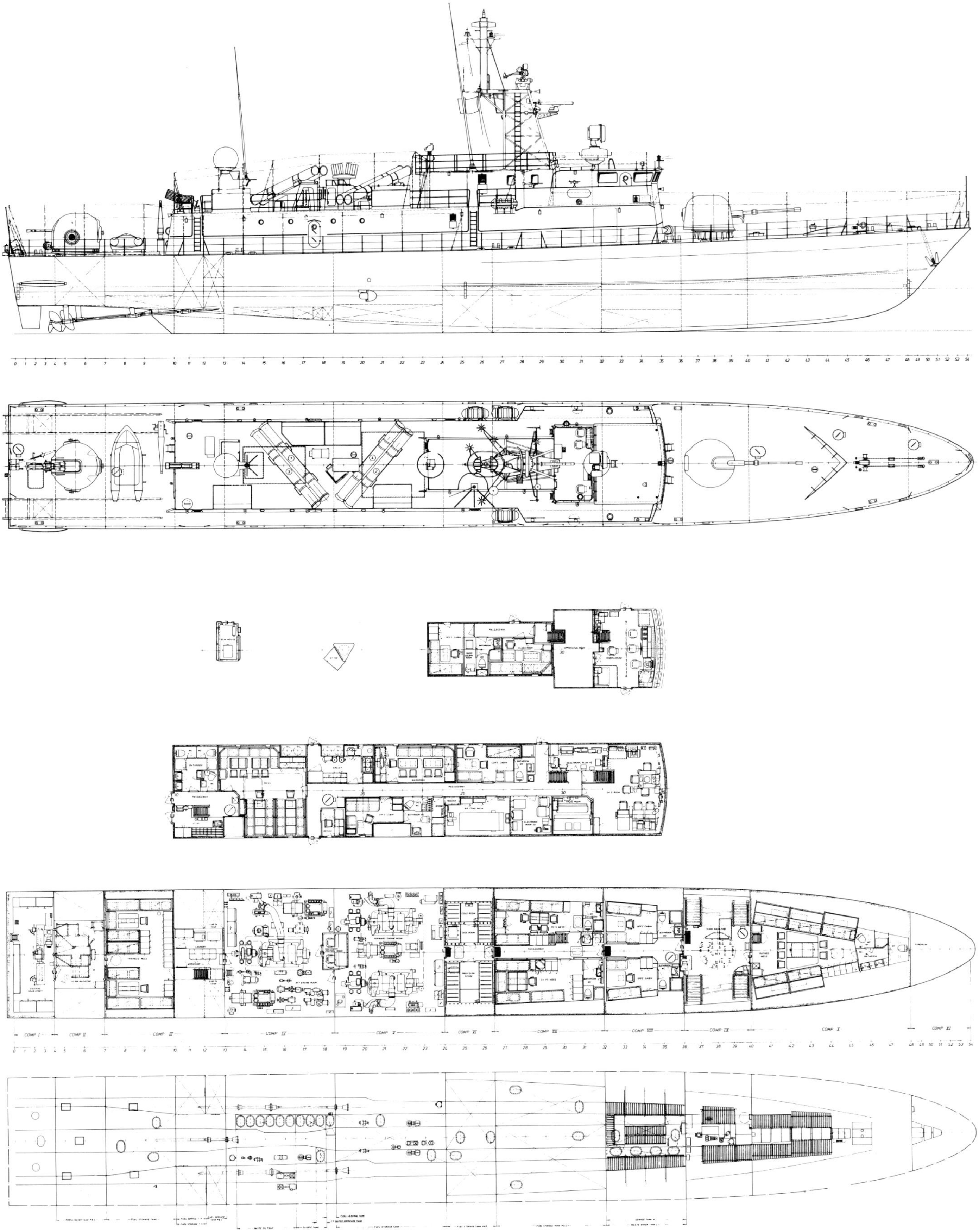

Sk 65
Kuwait-Lürssen-FK-Schnellboote des Typs Istiqlal (Lürssen)

Firma Eimbcke Trading & Shipping nach Tripoli überführt, werden sie für Küstenwachzwecke eingesetzt.
1979/80 wurden für Zollzwecke zwei Patrouillenboote des Typs Fairey Marine Tracker Mk. 2 (31,5 t, 2 × 610-PS-Diesel, 25 kn, 11 Mann) und von der Crestitalia, La Spezia, sechs 9-m-Patrouillenboote als CP 1001–1006 (Bild 88) beschafft.
1975/76 soll Israel den libanesisch-christlichen Streitkräften zur Küstensicherung fünf Patrouillenboote der Dabur-Klasse zur Verfügung gestellt haben.

3.081 Liberia

Die ausschließlich der Küstenwache dienenden Seestreitkräfte des Landes sind unverändert gering, wurden aber in den letzten Jahren deutlich modernisiert.
Ausgemustert wurden 1976 die 1957 beschafften Wachboote M 4001–4002 des US-Coast-Guard-40'-Typs und 1981 das 1967 gelieferte Patrouillenboot *Alert* des US-PGM-Typs.
Im Jahre 1976 lieferte die Swiftship Inc., Morgan City, Lou., zwei kleinere Patrouillenboote, *Cavilla, Mano* (19,8 × 5,8 × 0,8 m 38 t, 2 × 960-PS-GM-V12-71-Diesel, 24 kn, 600 sm/21,5 kn, 1-81-mm-Mörser, 2-M60-MG, 1-12,7-mm-MG), auf der US-Swift-Klasse aufbauende Leichtmetallboote mit etwas vergrößerten Abmessungen, ferner die *St. Paul* (12,8 × 3,7 × 0,6 m, 11 t, 2 × 435-PS-GM-V8-71-Diesel, 20 kn, 4 Mann, 4 M60-MG).
Eine deutliche Verstärkung waren die 1978/80 bei der Karlskronavarvet gebauten Patrouillenboote CG 8801–8803/*Master Sergeant Samuel K. Doe* (Bild 89), *Albert Porte, General Thomas Quiwonkpa* (26,7 × 5,2 × 1,1 m, 50 t, 2 × 950-PS-MTU-Diesel, 25 kn, 1 × 2 + 1 MG, 8 Mann).

3.082 Libyen

Die junge, aufgrund von Selbsteinschätzung und Öleinnahmen finanziell gut gestellte libysche Marine ist ausschließlich mit sehr modernem und hochwertigem Material ausgestattet, das je nach Bedarfslage in den westlichen Industrieländern oder im Ostblock beschafft wird.
Aus der Zeit der Erstausrüstung sind noch vorhanden
- ein 1962 von J. I. Thornycroft, Singapore, gebautes Patrouillenboot (23,8 × 4,6 × 1,4 m, 3 × 315-PS-Rolls Royce-Diesel, 22,5 kn, 400 sm/15 kn, 1 MG),
- das 1966 von Vosper Ltd., Portsmouth, gebaute 440/500-t-Patrouillenboot C 411/*Tobruk,* das 1984 in der Türkei grundinstandgesetzt wurde,
- drei 1968/69 von Vosper Thornycroft gelieferte Patrouillenboote der Benina-Klasse (*Benina, Homs, Misurata).* Die Schwesterboote *Arrakib, Akrama, Farwa* wurden 1978/79 an Malta abgegeben,
- drei 1969 von Vosper Ltd., Portsmouth, gelieferte FK-Schnellboote (*Susa, Sirte, Sebha),* die 1977 und 1983/84 in Italien grundinstandgesetzt und mit moderner Elektronik versehen wurden,
- vier 1969/70 von Brooke Marine gelieferte Patrouillenboote der Garian-Klasse (Nr. 611–614/*Sabratha, Zleiteni [ex Garian], Khawlak, Merawa),* die ab 1984 bei Taskizak, Istanbul, grundinstandgesetzt wurden.

1976/77 trafen fünf, 1978/79 vier und 1980 drei von der Sowjet-Union angekaufte FK-Schnellboote des Typs Osa II ein. Sie erhielten die Kenn-Nummern 511, 513, 515 usf. und die Namen *Al Katum, Al Zuara, Al Baida, Al Nabha, Al Safhra, Al Fikar, Al Mathur, Al Muwashan, Al Sakab, Al Bitar, Al Sadab* und ein weiterer. Noch im Jahre 1975 war die Beschaffung von 24 derartigen Booten angekündigt worden, doch entschied man sich dann für die Beschaffung westlicher Konstruktionen.
1974 wurden bei den Cantieri Riuniti del Muggiano, La Spezia, vier FK-Korvetten bestellt. Es wurde eine Lieferung bis Ende 1979 gefordert, doch zog sich die Ablieferung des letzten Bootes bis zum Frühjahr 1981 hin. Die beiden ersten Boote wurden am 25. 5. 76, das dritte Boot am 26. 10. 77 und das letzte am 25. 5. 78 auf Kiel gelegt. Die Stapelläufe erfolgten im September 1977, April 1978, Dezember 1978 und Juni 1979. Die Ablieferungen erfolgten als Nr. 425–415 zwischen September 1979 und März 1981. Ursprünglich trugen sie die Namen *Wadi M'ragh, Wadi Majer, Wadi Mercit, Wadi Megrawa,* doch wurden sie 1981/83 in *Assad Al Tadjer* (Bild 90), Assad Al Tougour, Assad Al Kkali, Assad Al Hudud umbenannt. Die technischen Daten lauten: 61,7/57,8 × 9,3 × 2,9 m, 630 t Einsatzverdrängung, 545 t Probefahrtsverdrängung, 4 × 3650/4100-PS-MTU-16V956TB91-Diesel auf Festpropeller für 31,5/34 kn, 126/140 t Kraftstoff, 1400 sm/30 kn, 3400 sm/18 kn, Flossenstabilisatoren, 3 × 200-KW-GM-Dieselgeneratoren, 1 × 50-KW Dieselgenerator 440V/60 Hz, 15 t Frischwasser, 1-76-mm-Oto-Melara, 1 × 2-35-mm-Oerlikon, 2 × 3 – ILAS-UTR für Whitehead A244-Torpedos, 4 Otomat-SSM-Starter (80 km), 2 Minenschienen für 16 Minen, Selenia RAN 11 L/X-See-/Luftsuchradar, Divisione Sistemi Feuerleitsystem NA10-Mod 2 mit 10X Zielfolgeradar Orion und optischem Zielgerät 2C03, Decca TM 1226-Navigations-Radar, Thomson-CSF-Diodon-Sonar, Selenia IPN-10-Kommando- und Steuersystem zum Einsatz als Verbandsführer, Selenia ISN-1-EloUm-System, 58 Mann, IFEN automatisiertes Entmagnetisierungssystem, Antrieb in zwei getrennten Räumen.

Das L/B-Verhältnis des in elf wasserdichte Abteilungen unterteilten Schiffskörpers ist ganz offensichtlich mehr auf Seefähigkeit als auf Geschwindigkeit ausgelegt (142).
Im Mai 1977 wurden bei CMN zehn FK-Schnellboote des Typs Combattante II G (Sk 66) bestellt (49,4 × 7,55 × 2,5 m, 310/334 t, 4 × 5300-PS-MTU-MD20V538TB91-Diesel, 41/38,5 kn, 1500 sm/15 kn, 1-76-mm-Oto-Melara, 1 × 2-40-mm-Breda, 4 Otomat-SSM-Starter, 31 Mann, Thomson-CSF-Triton und Castor, CSEE-Panda-Feuerleitung). Auch diese Boote wurde 1983 überraschend umbenannt. Die Tabelle zeigt die Kenn-Nummer, den heutigen und den alten Namen, das Kiellegungs-, Stapellauf- und Indienststellungsdatum:

518	*Sharara*	ex Beir Grassa (Bild 91)	13. 3. 78	28. 6. 79	2. 82
522	*Shehab*	ex Beir Gzir	10. 6. 78	22. 1. 80	3. 4. 82
524	*Wahg*	ex Beir Gtifa	30. 1. 79	20. 5. 80	29. 5. 82
526	*Waheed*	ex Beir Glulud	20. 10. 79	30. 9. 80	30. 6. 82
528	*Shouaiai*	ex Beir Alganduala	12. 9. 79	14. 1. 81	5. 9. 82
532	*Shoula*	ex Beir Ktitat	17. 12. 79	22. 4. 81	28. 10. 82
534	*Shafak*	ex Beir Alkarim	11. 3. 80	26. 6. 81	17. 12. 82
536	*Bark*	ex Beir Alkardmen	9. 6. 80	23. 6. 81	11. 3. 83
538	*Rad*	ex Beir Alur	20. 10. 80	30. 11. 81	10. 5. 83
542	*Laheeb*	ex Beir Alkuessat	20. 1. 81	9. 1. 82	29. 7. 83

Anfang 1980 wurden bei der türkischen Marinewerft Taskizak zwölf Boote des von Abeking & Rasmussen entwickelten, dort in Lizenz gebauten Typs SAR 33 (Sk 67) bestellt (33,0 × 8,6 x 1,85 m, 155–170 t, 3 × 4500-PS-SACM-Diesel, 42 kn, 2-40-mm, 23 Mann), die offiziell im Zolldienst verwandt werden.
Im Oktober 1981, Februar 1983 und Februar 1984 traf jeweils eine in der Sowjet-Union angekaufte FK-Korvette des Typs Nanushka II ein. Sie kamen als Nr. 416–418/*Ean Mara, Ean Al Gazala* und *Ean Zara* in Dienst. Ein weiteres Boot, Nr. 419/*Ean Sakuit,* folgte Anfang September 1985.
Weitere Informationen besagen, daß im Frühjahr 1980 vier FK-Schnellboote des jugoslawischen Typs Rade Koncar bestellt worden sind.

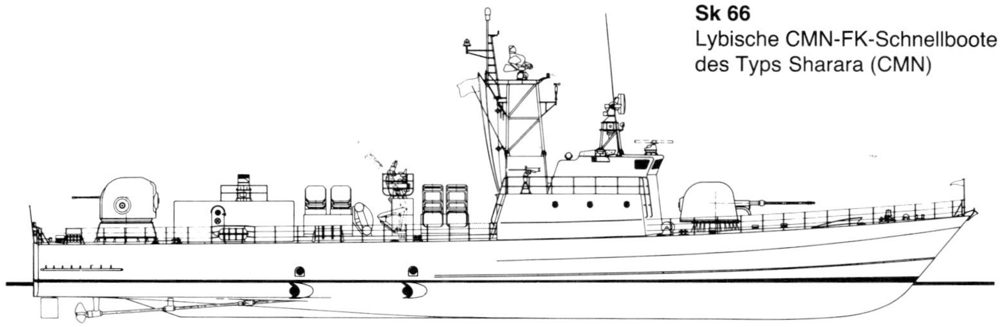

Sk 66
Lybische CMN-FK-Schnellboote des Typs Sharara (CMN)

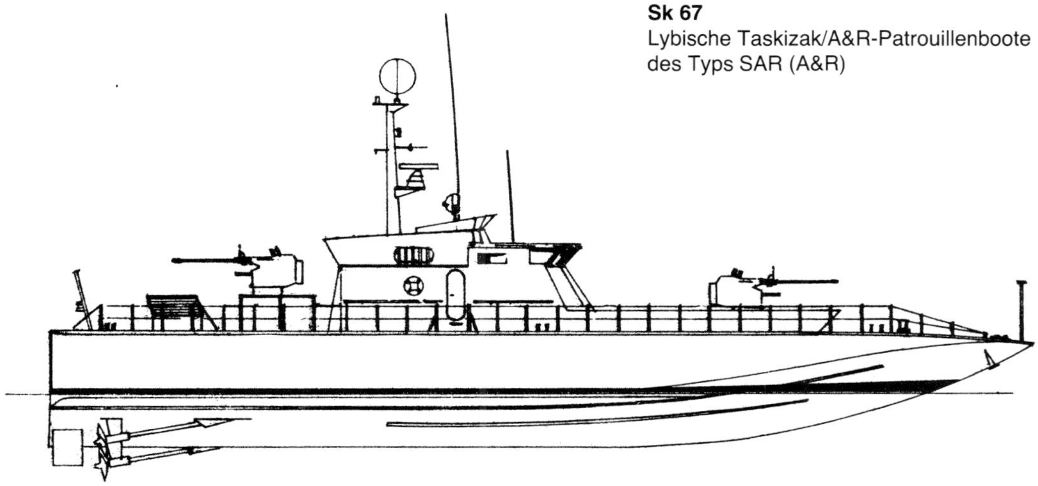

Sk 67
Lybische Taskizak/A&R-Patrouillenboote des Typs SAR (A&R)

Schließlich kaufte die libysche Marine im Januar 1978 drei von der Hamelner Schiffswerft ursprünglich für den Libanon gebaute Patrouillenboote an, die wegen Zahlungsunfähigkeit des Libanon nicht ausgeliefert worden waren. Sie kamen als *Jihad, Salam* und 1 weiteres in Dienst (37,0 × 6,2 m, 150 t, MTU-Diesel, 27 kn). Im Rahmen der amerikanisch-libyschen Konfrontation am 25. 3. 86 kam es zur Versenkung bzw. Beschädigung von drei libyschen Schnellbooten. Versenkt wurden angeblich ein Nanushka II- und ein La Combattante II G-Boot.

3.083 Madagaskar (Malagasy)

Am 3. 6. 75 endete die neunzigjährige militärische Präsenz Frankreichs. Der Stützpunkt Diego Suarez war bereits Anfang 1975 im Rahmen des im Juni 1973 geschlossenen Räumungsabkommens Malagasy übergeben worden.
Die schwimmenden Verbände des Landes sind weiterhin unbedeutend. An Altbeständen sind das 1967 fertiggestellte Patrouillenboot *Mailaika* und fünf 1962 von der Bayerischen Schiffbaugesellschaft gelieferte 46-t/22-kn-Patrouillenboote vorhanden. 1979/80 wurden aus Nordkorea vier Patrouillenboote der Nampo-Klasse beschafft, die für Landungszwecke eine Bugrampe besitzen. Drei dieser Boote gingen jedoch im April 1984 im Taifun verloren.

3.084 Malawi

Das 1964 unabhängig gewordene Malawi hat keine Meeresküste. Nur auf dem Njassa-(Malawi-)See werden seit 1968 fünf kleine Patrouillenboote unterhalten. Darunter ein Boot vom Fairey-Marine-Typ Spear (9,1 × 2,8 × 0,8 m, 4,3 t, 2 × 290-PS, 25, kn, 2 MG), das 1976 beschafft wurde. Die vorgesehene Bestellung eines Schnellboots des Lürssen-Typs FPB 36 konnte nicht realisiert werden, da keine Möglichkeit gesehen wurde, das Boot über Land zum Njassa-See zu transportieren (143). 1984 lieferte dann SFCN das Patrouillenboot *Chikala* (21,0 × 4,9 × 1,6 m, 36 t, 2 × 650-PS-Poyaud – 520V12M2-Diesel, 22 kn, 650 sm/15 kn, 1 MG, 6 Mann), das in vorfabrizierten Teilen verschifft und in Malawi zusammengebaut wurde.

3.085 Malaysia

Malaysia hat sich in der letzten Dekade sehr intensiv um den Ausbau einer schlagkräftigen Marine bemüht. Lag der Schwerpunkt bisher auf Schnell- und Patrouillenbooten, so wurden in jüngster Zeit auch größere Neubauten geordert.
Von den 1963 von Vosper gelieferten sechs Patrouillenbooten der Sri Kedah-Klasse wurden das Typboot *Sri Kedah* und das Schwesterboot *Sri Pahang* 1976 ausgemustert. 1977 wurden dann die vier erst 1967 abgelieferten, mit Holzbootskörpern versehenen Torpedo-(später FK-)Schnellbote der Perkasa-Klasse (engl. Brave-Klasse) gestrichen. Ein Hinweis auf die kurze Lebenszeit leichter, hochbeanspruchter Holzbootskörper unter tropischen Verhältnissen.

Damit reduzierte sich der ältere Bestand auf

- drei Patrouillenboote der 1963/64 gelieferten Sri Kedah-Klasse. *Sri Perak* ging 1983 im Sturm verloren.
- vier 1964/65 von Vosper Thornycroft gelieferte Patrouillenboote der Sri Sabah-Klasse, ein Derivat der Sri Kedah-Klasse,
- vierzehn 1966/67 von Vosper Thornycroft gelieferte Patrouillenboote der Kris-Klasse, ein Derivat der Sri Sabah-Klasse,
- achtzehn 1963/70 von Vosper Thornycroft Private Ltd., Singapore, gelieferte, Polizeizwecken dienende Patrouillenboote der PX-Klasse (PX 1–18),
- sechs 1973/74 von Vosper Thornycroft Private Ltd. Singapore, gelieferte, Polizeizwecken dienende Patrouillenboote der verbesserten PX-Klasse (PX 19–24),
- vier 1972/73 von der CMN und den Chantiers Navals Franco-Belges gelieferte FK-Schnellboote der Perdana-Klasse (La Combattante II).

Im Rahmen der erforderlichen Modernisierung und Erweiterung der Light Forces wurden 1974 bei Hong Leong Lürssen, Butterworth, Singapore, sechs schnelle Patrouillenboote bestellt: P 3505–3510/*Jerong*, (Sk 68, Bild 92), *Todak*, *Paus, Yu, Baung, Pari* liefen zwischen Juli 1975 und Januar 1977 von Stapel und kamen zwischen März 1976 und März 1977 in Dienst. Der Bootskörper entspricht mit 47,0/44,9 × 7,0 × 2,48 m Hauptabmessungen und 225/252 t Verdrängung etwa der La Combattante II/S 148-Klasse. Die auf 3 × 3600-PS-MTU-MD 872-Diesel reduzierte Antriebsleistung ergibt über drei Wellen und Festpropeller 34/31,5 kn. Der Fahrbereich wird mit 2000 sm/15 kn, die Besatzung mit 36 Mann angegeben. Die Bewaffnung besteht aus 1-57-mm-Bofors und 1-40mm-Bofors (CSEE Naja optronic detectors, HSA WM 28).

Im Oktober 1976 wurden dann bei der Karlskronavarvet in Stockholm vier FK-Schnellboote einer von der Bauwerft modifizierten Version der schwedischen Spica-Klasse als Ersatz für die auszumusternde Perkasa-Klasse bestellt (Rumpf Spica, doch andere Antriebsanlage, Aufbauten und Bewaffnung): 43,6 × 7,1 × 2,5 m, 3,9 m Seitenhöhe, 240 t Einsatzverdrän-

Sk 68
Malaysische Hong Leong-Lürssen-Patrouillenboote der Jerong-Klasse (Lürssen)

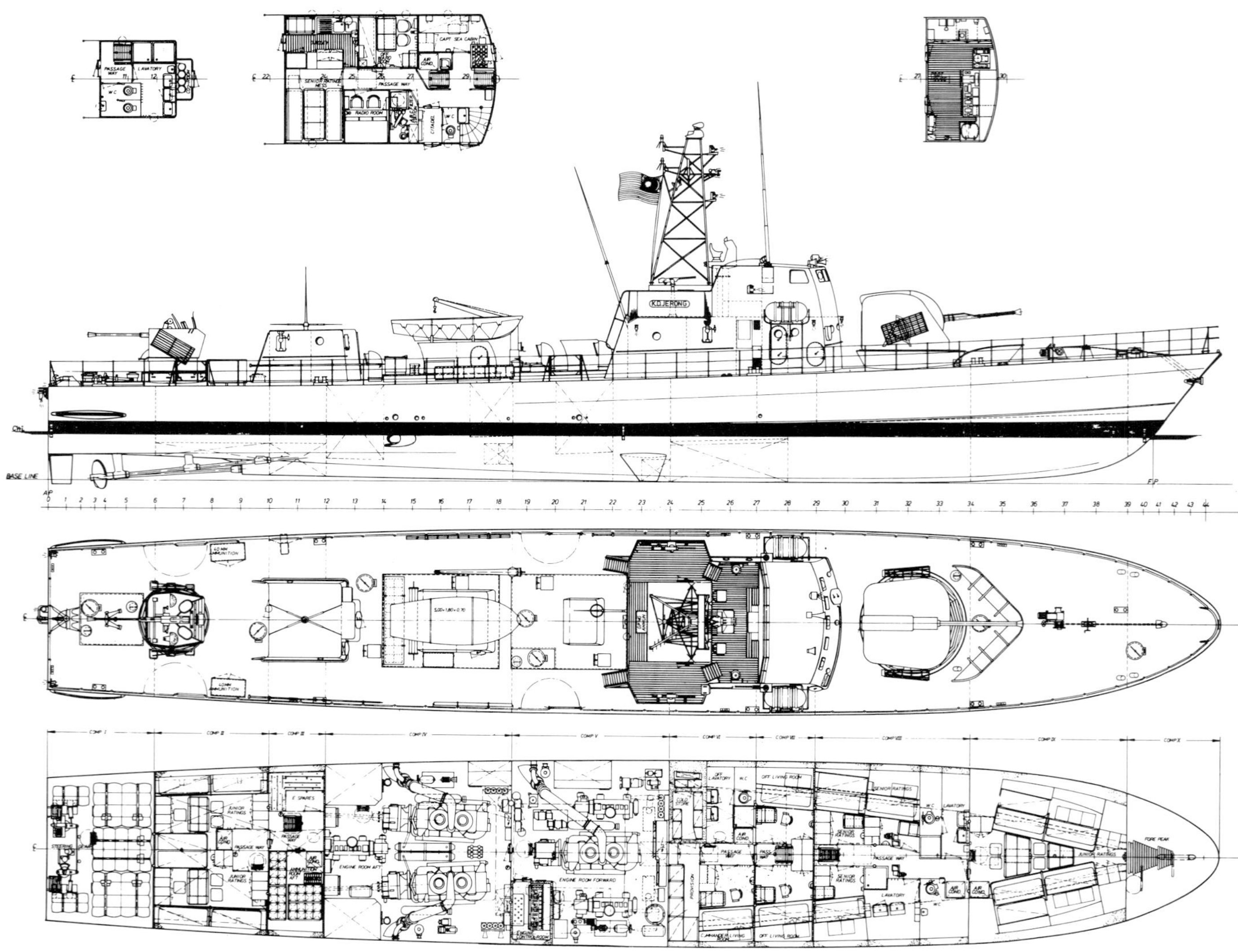

gung, 3 × 3600-PS-MTU-16V538TB91-Diesel auf Festpropeller für 34,5 kn Kurzhöchst- und 30 kn Dauerhöchstfahrt, 43 t Kraftstoff, 1850 sm/14 kn, 1-57-mm-Bofors mit seitlich angebrachten Leuchtraketenwerfern, 1-40-mm-Bofors, 2 × 2-MM-38-Exocet-SSM-Starter, Lagedarstellungs- und Feuerleitanlage Philips Teleindustrier 9LV212, Saab-Scania-Fernsehzielverfolgungsgerät, Feindsendermeldeanlage MEL Susie usf. (144). Die Lieferung erfolgte Ende 1979. Die Boote erhielten die Namen P 3511–3514/*Handalan* (Bild 93), *Perkasa, Pendekar, Gempita (145).*

Ende 1985 wurden vier weitere Boote dieses Typs bei der Karlskronavarvet bestellt.

Für die Seepolizei entstanden

- 1972/73 bei Hong Leong Lürssen PX 25–27/*Sri . . ., Sri Kudat, Sri Tawan* (28,0 ×x 5,4 ×x 1,6 ×x 1,6 m, 62,5 t Leichtmetallbootskörper, 2 × 1230-PS-MTU-MB820-Diesel, 25 kn, 1050 sm/15 kn, 1-20-mm, 19 Mann),
- 1980/82 bei Penang Sy neun Boote der Sangitan-Klasse (PX 28–36, 29,0 × 6,0 × 1,7 m, 114 t, 2 × 3350-PS-Paxman-Valenta-Diesel, 36 kn, 2-20-mm, 18 Mann) nach Plänen von Brooke Marine. Diese Firma assistierte auch bei der Fertigung.
- 1980/83 bei Hong Leong Lürssen zwölf Boote der Lang Hitam-Klasse (Bild 94, Sk 69), PZ 10–21, Typ Lürssen FPB 38 (38,5/36,0 × 7,0 × 2,15 m. 194/221 t, 2 × 5000-PS-MTU-20V538TB92-Diesel, 34,7/32,5 kn, 1200 sm/24 kn, 1-40-mm, 1-20-mm, 2 MG, 38 Mann, Kelvon Hughes Radar).

Für den Zoll wurden 1981/83 mit Assistenz von Vosper Private Ltd., Singapore, bei der Malaysia Shipyard and Engineering Co. sechs Boote des Vosper-32-m-Typs gebaut.

Darüber hinaus befinden sich zahlreiche weitere Patrouillenboote kleinerer Abmessungen im Zolleinsatz.

Sk 69
Malaysische Hong Leong-Lürssen-Patrouillenboote der Hitam-Klasse (noch mit alter Bewaffnung) (Lürssen)

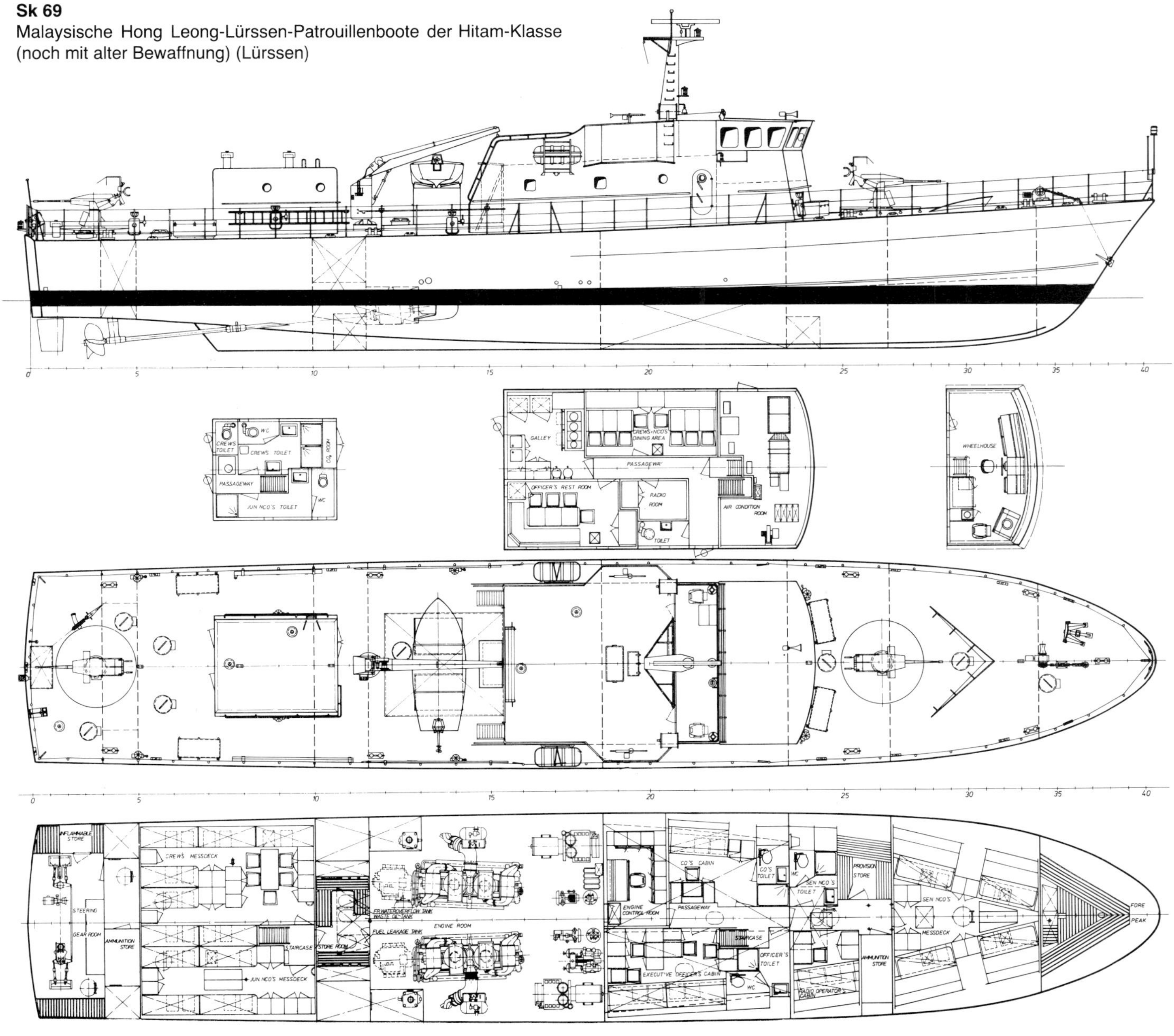

3.086 Malediven

Die rund 450 sm südwestlich von Sri Lanka gelegenen Malediven, eine Inselgruppe von rund 2000 Koralleninseln, erhielten 1965 ihre Unabhängigkeit. Bis 1976 blieb ein Stützpunkt der Royal Air Force erhalten. 1976 wurde eine Küstenwache aus einigen kleineren von der RAF zurückgelassenen Booten gebildet, nachdem schon 1975 ein 13,7-m-Fairey-Marine-Boot angekauft worden war (28 t, 13 kn).
1976 wurde von der RAF ein Scheibenschleppboot als Patrouillenboot übernommen (20,7 ××x 5,8 × 1,8 m, 34,6 t, 2 × 1150-PS-Rolls Royce Sea Griffon-Diesel, 30 kn, 9 Mann).
1984 wurde ein Patrouillenboot von Cheverton angekauft, das ursprünglich von Kiribati bestellt worden war (17,0 × 4,5 × 1,2 m, 24 t Einsatzverdrängung, 2 × 425-PS-GM8V71TI-Diesel, 22 kn, 600 sm/18 kn, 9 Mann).

3.087 Mali

Das 1960 unabhängig gewordene Mali besitzt drei kleine Flußpatrouillenboote auf dem oberen Niger.

3.088 Malta

Aufgrund eines 1972 mit der NATO abgeschlossenen Abkommens blieb die Royal Navy bis 1978 auf Malta präsent. Nachdem 1978 erstmals sowjetische Kriegsschiffe zu Höflichkeitsbesuchen erschienen waren, erklärte der Inselstaat sich 1980 als neutral und blockunabhängig.
Die Seestreitkräfte bestehen ausschließlich aus Patrouillenbooten der Küstenwache.
Sie umfassen
a) aus dem Altbestand
- das ex-deutsche KW-Boot C 27. Die Schwesterboote C 28–29 wurden 1979 ausgemustert,
- zwei Boote des US-Typs PCF (C 23–24),
- ein 1969 auf Malta gebautes Patrouillenboot, das 1973 angekauft wurde (25 t/19 kn), wurde bereits 1979 ausgemustert,
- zwei am 16. 1. 74 von Libyen übernommene, 1967/68 in Jugoslawien gebaute Patrouillenboote (86 t, 21 kn, 1-20-mm), die als C 25–26 in Dienst kamen (ex libysch *Arraid, Tariq).*

1978 übernahm Malta von Libyen die Patrouillenboote *Arrakib, Arkama* und *Farwa* der Benina-Klasse als C 28-30. C 30 ging jedoch bereits 1981 verloren. 1982 wurden von Jugoslawien zwei Patrouillenboote des Typs 131 (ex P 136–137/*Cer, Durmitor)* als C 38–39/*President Tito, Dom Mintoff* übernommen. Als C 68 und C 71 fahren die früher englischen SAR 2768 und SAR 2771. Darüber hinaus sind noch vier kleinere Boote vorhanden: *Pinnace* (28 t, 13 kn), RSL (12 t, 16 kn), *Aphrodite, Kiklan* (Baujahr 1979, 2 MG, Decca-110-Radar).
Die im Frühjahr 1978 gemeldete Absicht, von Bazan, Cadiz, zwei Boote der spanischen Barcelo-Klasse zu beschaffen, wurde nicht realisiert.

3.089 Marokko

Marokko bemühte sich auch in den vergangenen Jahren sehr intensiv, seine Marine im Rahmen der wirtschaftlichen Möglichkeiten des Landes weiter auszubauen. Dies nicht zuletzt im Hinblick auf die wachsende Stärke der algerischen Marine und die zwischen diesen beiden Ländern bestehenden Streitigkeiten. An älteren Fahrzeugen sind in Fahrt
- das 1960 von Frankreich erworbene Patrouillenboot *El Sabiq* (französischer VC-Typ),
- die 1963/64 in Frankreich gebaute U-Jäger *Lieutenant Riffi* (französischer Typ Le Fougueux),
- das 1965/67 in Frankreich gebaute Patrouillenboot *Al Bachir,*
- zwölf 1963 gebaute Zollboote (vier 25-m/23-kn-Boote, acht 13-m-Boote).

Im Juni 1973 wurden bei der Société Francaise de Construction Naval zwei Patrouillenboote des Typs PR 72 bestellt (58,7 × 7,6 × 2,5 m, 375/445 t, 4 × 2750-PS-AGO-195V16CZSHR-Diesel, 28 kn, 2500 sm/16 kn, 43 Mann), die z. Z. 1-76-mm-Oto-Melara und 1-40-mm-Bofors-Breda tragen. Sie werden durch eine Vega-Feuerleitanlage gesteuert. Die Anbordgabe von MM-38-Exocet-SSM-Startern mit zugehörigem Vega-Feuerleitsystem ist kurzfristig realisierbar. *Okba* (Bild 95) lief am 10. 10. 75 von Stapel und kam am 16. 12. 76 in Dienst. *Triki* folgte im Juli 1977. Zwei weitere Boote gleichen Typs waren geplant, wurden aber nicht realisiert (146, 147).
Im Februar 1974 wurde mit der CMN ein Vertrag über den Bau von sechs Patrouillenbooten des Typs P 92 (Sk 70) abgeschlossen. Die Boote 23–28/*El Wacil, El Jail* (Bild 96), *El Mikdam, El Khafir, El Harris, El Essahir* liefen zwischen Juni 1975 und Juni 1976 von Stapel und kamen zwischen Oktober 1975 und Juli 1976 in Dienst. Die mit einem kunststoffbeschichteten Holzbootskörper versehenen Boote verdrängen bei 32,25/30,029 × 5,34 x 1,85 m Hauptabmessungen 75,9/83,7 t. Sie erreichen mit 2 × 1300-PS-MGO-12V-BZSHR-Dieseln 28 kn, laufen 1200 sm/15 kn, haben 12 Mann Besatzung und sind mit 2-20-mm bewaffnet. Sechs weitere Boote dieses Typs waren vorgesehen, wurden aber nicht realisiert. Im Juni 1977 wurde dann mit der Firma Bazan, Cadiz, ein Vertrag über die Fertigung von vier großen Patrouillenbooten

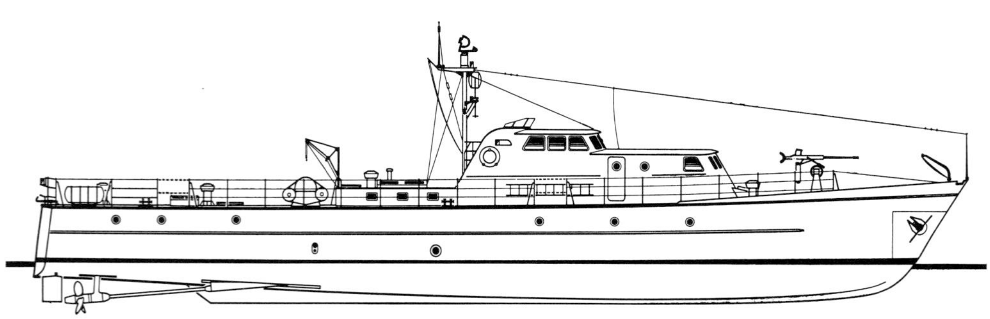

Sk 70
Marokkanische CMN-Patrouillenboote der El Jail-Klasse (CMN)

abgeschlossen, die aus der spanischen Lazaga-Klasse abgeleitet sind und als Cormoran-Klasse bezeichnet werden (55,0/53,0 × 7,54 × 2,7 m, 355/410 t, 3 × 3680/4140-PS-MTU/Bazan-16V956TB91-Diesel, 35/33 kn, 2500 sm/15 kn, 1-76-mm-Oto-Melara, 1-40-mm-Breda-Bofors, 2-20-mm-Oerlikon Gk 204, Wabos, 4 MM-38-Exocet-SSM-Starter, Radar Raytheon 1620, HSA-WM-25, Decca TM-1229C, 32 Mann). Die Boote 304–307/*El Khattabi* (Sk 71), *Commandant Azauggarh, Commandant Boutouba, Commandant El Harty* kamen zwischen Juni 1981 und August 1982 in Dienst.
Anfang 1983 verhandelte Marokko mit Lürssen über den Bau von zehn Booten des Typs FPB 57 in der Nigeria-Version.

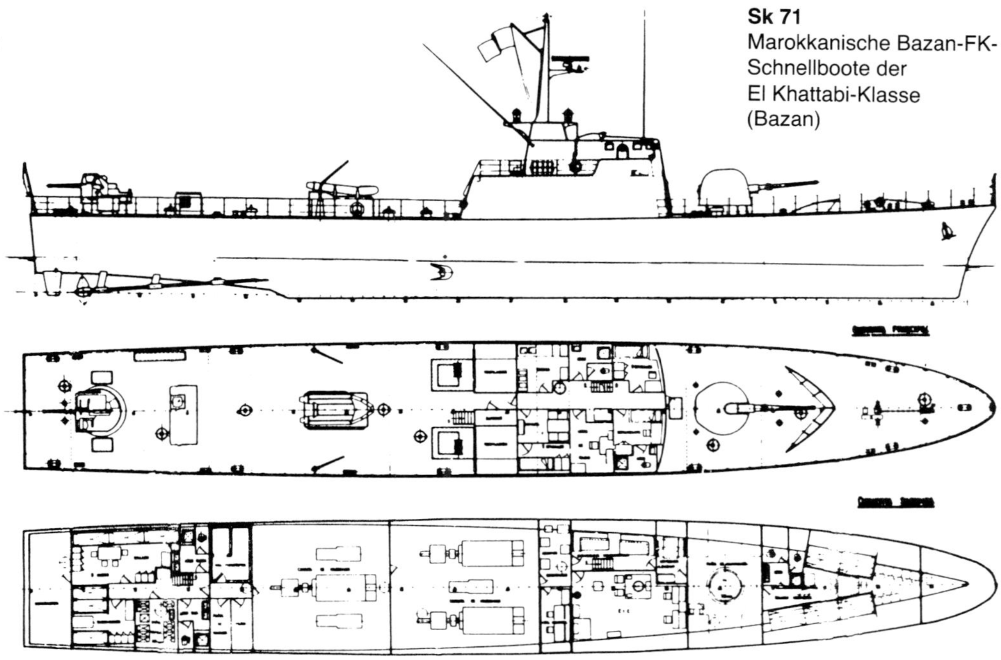

Sk 71
Marokkanische Bazan-FK-Schnellboote der El Khattabi-Klasse (Bazan)

3.090 Mauretanien

Bis Ende der siebziger Jahre bestanden die Light Forces von Mauretanien aus vier Patrouillenbooten: Je zwei der 1964/65 gebauten Im Raq'Ni- und der 1968/69 gebauten Tichitt-Klasse. Neu beschafft wurden

- drei im Juli 1976 bestellte, von Bazan, Carraca, als Lürssen-Lizenzbauten gefertigte Boote der spanischen Barcelo-Klasse (36,2/34,00 × 5,8 × 2,15 m, 135 t, 2 × 3650-PS-MTU-MD16TB90-Diesel, 36/33,5 kn, 1200 sm/16 kn, 1-40-mm, 1-20-mm, 2-12,7-mm-MG, 20 Mann). Die Boote kamen 1978/82 als P 361-363/*El Vaiz, El Beig, El Kenz* in Fahrt.
- das 1980/81 als Spekulationsbau von Auroux, Acheron, gebaute, der französischen Trident-Klasse entsprechende Boot *Rapière,* das im Mai 1982 nach Abschluß der französischen Erprobungen angekauft wurde und als *Le 10 Juillet* (Bild 97) in Dienst kam (40,4 × 5,9 × 1,6 m, 115/147 t, 2 × 2000-PS-AGD-95V12-CZSHR-Diesel, 26,3 kn, 1750 sm/10 kn, 1-40-mm-Bofors, 1-20-mm-Oerlikon, 2-12,7-mm-MG, 20 Mann). Der Einbau von sechs SS-12M-SSM-Startern ist technisch vorbereitet.

3.091 Mauritius

Das 1968 selbständig gewordene Mauritius erhielt im April 1974 von Indien ein Boot der Akshay-Klasse, das unter seinem alten Namen als Patrouillenboot *Amar* in Dienst kam. Darüber hinaus soll die Sowjet-Union jüngst zwei Patrouillenboote des Typs Zhuk geliefert haben.

3.092 Mexico

Eine der Hauptaufgaben der Marine und Küstensicherung Mexicos besteht in der Abwehr von Fischereifahrzeugen, die unberechtigt in mexicanischen Gewässern fangen. Dementsprechend wurden in den letzten Jahren vor allem Wach- und Überwachungsaufgaben dienende Fahrzeuge beschafft.
An älteren Fahrzeugen sind noch in Fahrt:

- zwei Boote des 1959/60 von der Astilleros de Tampico gebauten Azueta-Klasse (IF 06–07/*Azueta, Villapando),*
- vier Boote der 1962/68 von der Astilleros de Tampico und der Icacas-Werft, Guerrero, gebauten Polimar-Klasse (IF 01–04/*Polimar* 1–4).

Die 1973 bei der Associated British Tool Makers Ltd. in England bestellten 21 Patrouillenboote der Azteca-Klasse (34,06/30,94 × 8,6 × 2,0 m, 130/150 t, 2 × 3600-PS-12-zyl.Paxman-Ventura-Diesel, 24 kn, 80-KW-E-Anlage, 2500 sm/12 kn, 24 Mann, 1-40-mm, 1-20-mm) kamen zwischen November 1974 und Juni 1976 in Dienst.

Es bauten

- P 01, 03, 04, 06, 07, 08, 10, 11, 12, 15, 16/*A.Q. Roos, M.R. Arizpe, J.M. Izazgu, J.L. Rayon, M.C. Reyon, A. De La Fuente, J. Ramirez, J. Mariscal, H. J. Corona, F. M. Lizardi, F. J. Mujicadil* die Alisa Shipbuilding Co. Ltd.,
- P 02, 05, 09, 14, 17/*M. de Cordova, J. B. Morales, L. Guzman, F. Romero, P. Rouaix* die Firma Scott & Sons, Bowling,
- P 13, 18-21/*J. M. Maja, J. M. del Castillo Velasco, L. M. Rojas, J. N. Macias, E. B. Calderon* die Lamont & Co. Ltd.

P 22–31/G. J. Zaragoza, Tamaulipas, Yucutan, Tabasco, Veracruz, Campeche, Puebla, M. M. de Juarez, L. Vicario, J. O. Dominguez wurden mit Unterstützung der englischen Leitfirma in Vera Cruz bzw. in Salina Cruz nachgebaut. Fünf weitere Boote wurden 1983 bestellt. Pressenachrichten zufolge sollen insgesamt 74–80 derartiger Boote beschafft werden. Wartungsprobleme, die auf eine Neuentwicklung schließen ließen, scheinen ausgeräumt sein. Ferner befinden sich 17 Flußpatrouillenboote in Fahrt, darunter zehn 1979/83 von der Marinewerft Acapulco gebaute, mit 1-20-mm bewaffnete 15-m/30-kn-Boote.

3.093 Montserrat

Die im Bereich der Antillen liegende Insel Montserrat kaufte 1971 für Polizeizwecke das 15-t-/22-kn-Boot *Emerald Star* (Brooke Marine-Typ), das 1983 neue Dieselmotoren erhielt.

3.094 Mosambik

Die frühere portugiesische Kolonie wurde 1975 unabhängig. Zwei Jahre später, im März 1977, wurde ein Freundschaftsvertrag mit der Sowjet-Union abgeschlossen. Die z. Z. noch geringen, von Tansania und der UdSSR ausgebildeten Seestreitkräfte umfassen an Light Forces

- das ehemals portugiesische Patrouillenbot *Antares* (18 t, 18 kn, 1-20-mm),
- die ehemals portugiesischen Patrouillenboote *Sirius, Vega* (23 t, 15 kn, 1-20-mm),
- drei ehemals portugiesische Patrouillenboote des Typs Jupiter,
- ein 1977 von der Sowjet-Union geliefertes Patrouillenboot des Typs Poluchat,
- fünf von der Sowjet-Union gelieferte Patrouillenboote des Typs Zhuk (drei Boote 1979, zwei 1980).

3.095 Neuseeland

Light Forces sind in der neuseeländischen Marine unverändert nur schwach vertreten. Von den aus dem Zweiten Weltkrieg stammenden, mehrfach modernisierten HDML wurden sechs Boote in den Jahren 1972/77 ausgemustert. Bis 1984 folgten P 3556/*Kahawai* (ex *Takapu)*, P 3536/*Manga*, P 3564/*Kowa* (ex *Koura)* und P 3566/*Mako*. Noch in Fahrt sind P 3552/*Paea* und P 3563/*Kupara*.

Neu beschafft wurden
- vier 1972/75 von Brooke Marine gebaute Patrouillenboote, P 3568–3571/*Pukaki, Rotoiti, Taupo, Hawea* des Brooke-Marine-107'-Typs (32,8 × 6,1 × 1,6 m, 105/134 t, 2 × 1500-PS-Paxman-12YJCM-Diesel, 25 kn, 2300 sm/12 kn, 1 × 2-12,7-mm-MG, 1-81-mm-Mörser, 21 Mann). Sie kamen im Februar bzw. Juli 1975 in Dienst (148). Die ursprünglich bewilligten acht weiteren Boote wurden zurückgestellt.
- vier 1983/84 von der Whangarey Engineering and Construction Co. Ltd. in Auckland gebaute Patrouillenboote, die die HDML ersetzen sollen: P 3553–3556/*Moa, Kiwi, Wakakuka, Hinau* (26,8 × 6,1 × 2,2 m, 91/105 t, 2 × 350-PS-Cummins-Diesel, 12 kn, 1-12-7-mm-MG, 18 Mann).

3.096 Nicaragua

Das immer noch mit inneren Zwistigkeiten kämpfende Nicaragua beschränkte sich bis in die mittsiebziger Jahre auf wenige Küstenwachboote älteren Datums (1947/60). Bemerkenswert war allein das 1972 von der Sewart Seacraft beschaffte Patrouillenboot *Rio Kuringwas* (25,9 × 5,6 × 1,8 m, 60 t, 3 × 360-PS-GM-Diesel, 26,5 kn, 3 MG, 10 Mann), das angeblich von antisandinistischen Kräften in Honduras gekapert worden sein soll. Im April und Mai 1978 wurden je zwei Boote des israelischen Typs Dabur als CG 10-13 beschafft. Bestellte Boote des israelischen Typs Dvora durften auf amerikanische Initiative hin nicht geliefert werden. Dafür wurden im Januar 1982 zwei 28-m-Boote bei Chantiers Navals de L'Esterel bestellt (28,2 × 5,2 × 1,6 m, 75 t Einsatzverdrängung, 2 × 750-PS-Diesel, 24 kn, 800 sm/15 kn, 2-20-mm). Eines dieser Boote, die *El Tayacan,* ging am 25. 2. 84 vor El Bluff auf einer Mine verloren. Zwei weitere Boote dieses Typs wurden dann im Frühsommer 1984 von den Chantiers Navals de L'Esterel geliefert (Bild 98).
Ferner sind vorhanden
- sechs 1980 angekaufte 11,6-m-Boote des US-Typs Hatteras,
- zwei Patrouillenboote des sowjetischen Typs Zhuk (eines im April 1982 über Algerien, das zweite im Juli 1983),
- zwei im Oktober 1983 angekaufte Patrouillenboote des nordkoreanischen Typs Sin Hung.

3.097 Niederlande

Die niederländische Marine, die im Fregatten- und U-Bootbau jüngst interessante Lösungen entwickelte, steht den Light Forces unverändert uninteressiert gegenüber. Z. Z. sind allein drei der früher fünf 1953/55 mit US-Mitteln finanzierten U-Jäger der Balder-Klasse vorhanden (P 803–805/*Bulgia, Freyr, Hadda)*. Die Boote *Balder* und *Hefring* wurden 1984 ausgemustert. 1976 wurden bei Le Comte Holland B. V., Vianen, zwanzig 15-m-Wachboote für Polizei/Zollzwecke bestellt (149). Ferner unterhalten das Finanz- und das Justizministerium je ein 96-t/23-kn- resp. 49-t/19-kn-Patrouillenboot.

3.098 Nigeria

Die von Anbeginn recht aktive nigerianische Marine setzte, lange Zeit finanziell durch den florierenden Oelexport des Landes begünstigt, den Ausbau der Marine, speziell der Light Forces, systematisch fort.
Ausgemustert wurden
- 1965 die Patrouillenboote *Kaduna, Idaban II* der englischen Ford-Klasse,
- 1975 die 1967 angekauften Patrouillenboote *Ekpen, Ekun, Elole* des sowjetischen Typs MO IV,
- 1982/83 die Patrouillenboote *Enugu, Benin, Bonny, Sapele* der englischen Ford-Klasse.

Zur Zeit sind im Einsatz
- die 1971 und 1975 paarweise bei Abeking & Rasmussen, Lemwerder, bestellten, im August 1973 bzw. März 1976 gelieferten Patrouillenboote P 165–166, 169–170/ *Argungu, Yola, Brass, Epe* (29,0 × 5,5 × 1,6 m, 90 t, 2 × 1100-PS-Paxman-8-zyl.-Ventura-YJCM- bzw. 1150-PS-MTU-Diesel,

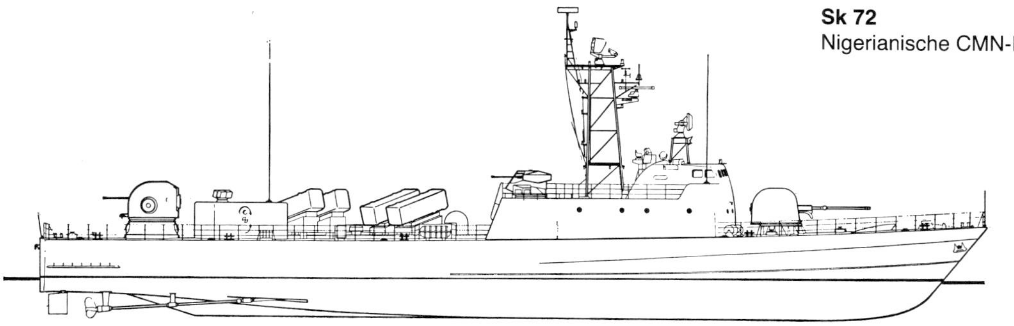

Sk 72
Nigerianische CMN-FK-Schnellboote der Siri-Klasse (CMN)

20 kn, 1-40-mm, 1-20-mm, 25 Mann), (150). Sie werden im Fischereischutz verwandt. *Bass* und *Yola* erhielten 1978 im Rahmen der von der Bauwerft durchgeführten waffentechnischen Modernisierung statt der 40-mm vorn und der 20-mm achtern 2 × 2-30-mm-Emerlec. Bei Bewährung sollen auch die beiden anderen Boote nachgerüstet werden, um sich gegen die zum Teil mit 20-mm bewaffneten Schmuggelboote durchsetzen zu können,

- die 1972 und 1974 paarweise bei Brooke Marine, Lowestoft, bestellten, im August 1974 bzw. April 1977 gelieferten Patrouillenboote P 167–168, 171–172/*Makurdi* (Bild 99), *Hadejia, Jebba, Oguta* (Brooke Marine 107'-Typ, 32,6 × 6,1 × 1,7 m, 115/143 t, 2 × 1500-PS Ruston Paxman-12-zyl.-YJCM-Diesel, 20,5 kn, 2300 sm/12 kn, 2-40-mm, 21 Mann), (151, 152, 153). Die ersten beiden Boote erhielten 1981/82 bei der Bauwerft 2 × 2-30-mm-Emerlec, die beiden letzteren sollen in Nigeria umgerüstet werden,
- acht 1971/72 von Vosper Thornycroft für Flußpolizeizwecke gebaute Patrouillenboote, PL 1–8 (10,4 × 3,1 × 0,9 m, 15 t, 2 × 145-PS-Perkins-Diesel, 19 kn, 1 MG, 6 Mann),
- drei 1978 von Fairey Marine für die Küstenwache gebaute Patrouillenboote (eines Typ Tracker, zwei Typ Spear),
- fünfzehn im Oktober 1978 bestellte, bei Intermarine, Sarzana, für die Küstenwache gebaute Patrouillenboote: P 200–214/*Abeokuta, Akura, Bauchi, Benin City, Enugu, Ikeja, Ilorin, Jos, Kaduna, Kano, Maiduguri, Minna, Owerreri, Port Harcourt, Socoto* (18,2 × 4,5 × 0,9 m, 21 t, 2 × 1200-PS-MTU-8V331-Diesel, 33 kn, 300 sm/30 kn, 1-20-mm, 2 MG, 9 Mann). *Port Harcourt* ging 1984 verloren.

Eine wesentliche Verstärkung der nigerianischen Light Forces wurde Ende 1977 mit der Bestellung von sechs FK-Schnellbooten größerer Abmessungen eingeleitet. Die CMN, Cherbourg, baute 1979/81 P 181–183/*Siri, Ayam, Ekun* des Typs La Combattante III N (Sk 72, Bild 100, 56,65/53,00 × 8,0 × 2,7 m,

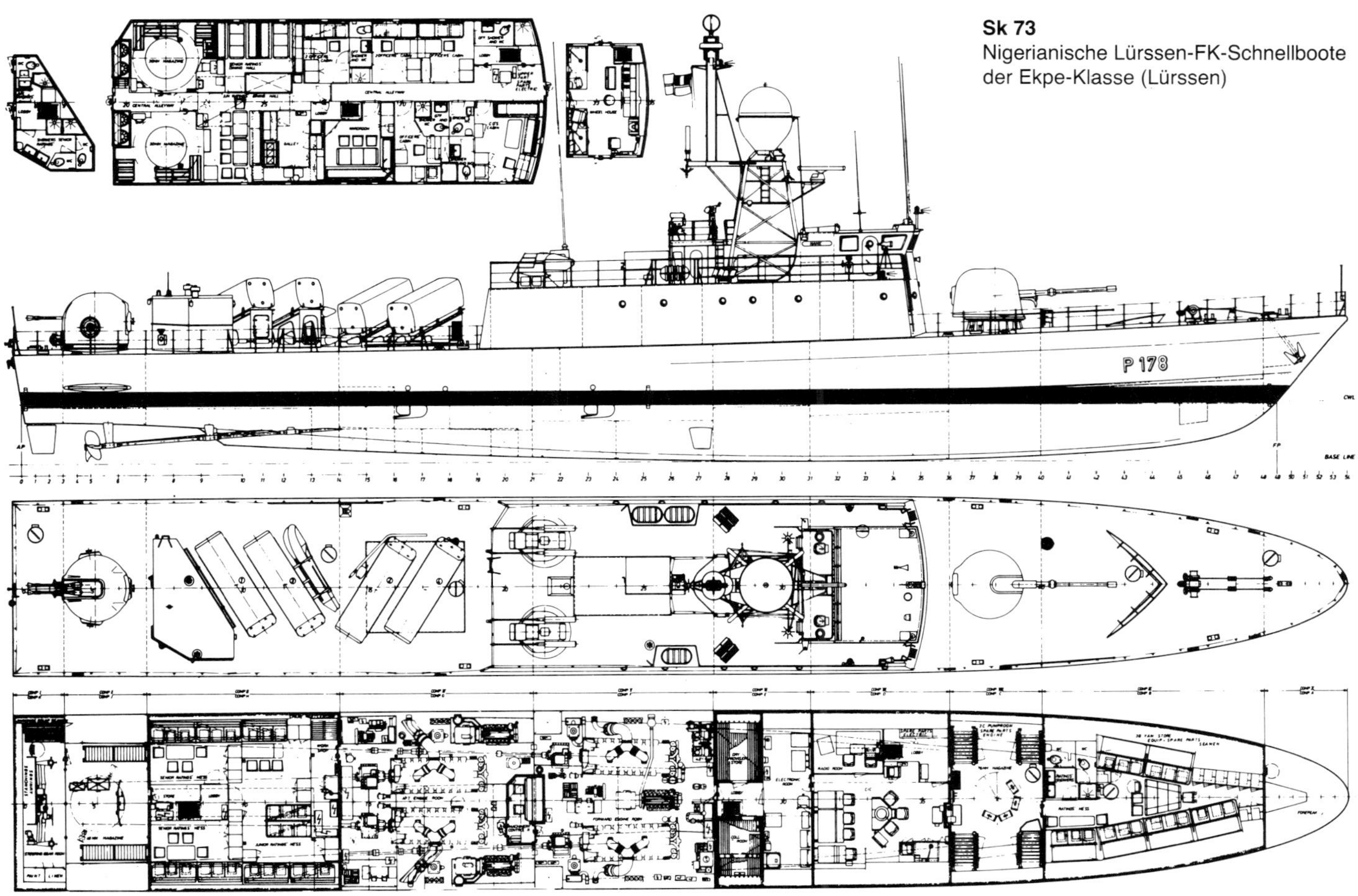

Sk 73
Nigerianische Lürssen-FK-Schnellboote der Ekpe-Klasse (Lürssen)

376/447 t, 4 × 5200-PS-MTU-16V956TB92-Diesel, 37/35 kn, 2000 sm/15 kn, 1-76-mm-Oto-Melara, 1 × 2-40-mm-Breda Compatto, 2 x 2-30-mm-Emerlec, 4-MM-38-Exocet-SSM-Starter, Radar Decca 1226, Thomson-CST-Triton und Castor ESM, Decca RDC-1, 43 Mann). *Ekun* wurde am 18. 9. 81 übergeben, doch konnten alle drei Boote aufgrund verzögerter Zahlungen Frankreich erst am 9. 5. 82 verlassen.
Lürssen, Vegesack, baute mit P 178–180/*Epke* (Sk 73, Bild 101), *Damisa, Agu* in den Jahren 1979/81 drei Boote des Typs FPB 57 (58,1/54,4 × 7,62 × 3,1 m, 403/44 t, 4 × 5000-PS-MTU-16V956TB92-Diesel, 40/36 kn, 1300 sm/30 kn, 1-76-mm-Oto-Melara, 1 x 2-40-mm-Breda-Compatto, 2 × 2-30-mm-Emerlec, 4 Otomat-SSM-Starter, Radar Decca 1226C, HSA WM-28/41, ECM Decca RDC-2 ABC, 54 Mann). Die Boote gingen am 21. 8. 81 in ihr Bestimmungsland. *Agu* geriet am 17. 2. 83 beim gemeinsamen Marsch mit den beiden anderen Booten zu Überholungsarbeiten bei der Bauwerft im Kanal mit Wassereinbruch in Seenot, konnte aber seinen Marsch später fortsetzen.

Erwähnenswert sind ferner
- die beiden 1980/81 von Vosper Thornycroft Ltd. gebauten Korvetten *Erinomi* (Bild 102) und *Enyimiri* (69,0 × 9,6 × 3,0 m, 680/780 t, 4 × 4400-PS-MTU-20V956TB92-Diesel, 27 kn, 2200 sm/14 kn, 1-76-mm-Oto-Melara, 1-40-mm-Bofors, 2-20-mm, 1 Bofors-Zwillings-A/S-Werfer [4 × 3 Seacat vorgesehen], 90 Mann, Radar Plessey AWS 2, Feuerleitung HSA WM 24, Nav. Radar Decca TM 1226, Sonar Plessey PMS 26).
- die relativ große Anzahl von Patrouillenbooten meist kleinerer Abmessungen (incl. sieben kleinen Luftkissenfahrzeugen!) für Polizeizwecke.

Im Februar 1983 wurden fünf Tiger-Hovercraft geordert. Weitere Lürssen-Bauten scheinen im Gespräch zu sein.

3.099 Norwegen

Für die Verteidigung der norwegischen Küstengewässer und der Ostseeausgänge haben Schnellboote einen erheblichen Stellenwert. So bemüht sich Norwegen, seine Schnellboot-Flottille stets auf einem schlagkräftigen Stand zu halten, wobei die Bootsgröße im Hinblick auf Einsatzgebiet, Kosten und Anzahl unverändert relativ klein gehalten wird.
Von den Torpedoschnellbooten der Tjeld-Klasse, die 1960/62 entstanden, wurden gestrichen: *Skarv* 1978, *Teist, Lom, Jo, Hauk, Falk, Sel* 1979. Die restlichen Boote (*Hval, Laks, Knurr, Skrei, Hai, Lyr, Delfin*) gingen ab 1980 mit ihren alten Pennant-Nummern in Reserve. Sie sollen sukzessiv ausgemustert werden.

Damit sind vom Altbestand vorhanden
- die 1965/68 gebauten, als Kanonbater bezeichneten Boote der Storm-Klasse (P 960–979/*Storm, Blink, Glimt, Skjold* (Bild 103), *Trygg, Kjekk, Djerv, Skudd, Arg, Steil, Brann, Tross, Hvass, Traust, Brott, Odd, Brask, Rokk, Gnist* (Bild 104), die 1-76-mm-Oto-Melara, 1-40-mm-Bofors und 4–6 Penguin-SSM-Starter tragen. *Pil* wurde 1982 ausgemustert. Die Feuerleitung und diverse elektronische Anlagen dieser Boote sollen modernisiert werden.
- die 1969/71 gebauten, als Torpedorakettbater bezeichneten sechs Boote der Snögg-Klasse (P 980–985/*Snögg, Rapp, Snar* (Bild 105), *Rask, Kvikk, Kjapp),* die 1-40-mm-Bofors, 1-53,3-cm-TR für Drahtlenktorpedos T 61 und 2–4 Penguin-SSM-Starter tragen. Die Boote verfügen über Decca MSI-80S-Anlagen (je 2 Radargeräte TM 1226), ferner über Restlicht-TV, Laser-Entfernungsmesser, Infrarotsuchantenne, optische Visiereinrichtungen und Datenverarbeitungsanlage (MRS 75/626). Sie sollen Anfang der neunziger Jahre modernisierte Feuerleitung und Elektronik erhalten.

Als Ersatz für die ausgemusterten Boote der Tjeld-Klasse wurden am 12. 6. 75 bei der Bergens Mekaniske Verksteder zehn Boote mit unveränderten Abmessungen und Antriebsanlagen, jedoch modifizierten Aufbauten und veränderter Bewaffnung geordert: P 986–995/*Hauk* (Bild 106), *Orn, Terne, Tjeld, Skarv, Teist, Jo, Lom, Stegg, Falk* kamen 1977/80 in Dienst. 1978/80 baute Westermarin (früher Westermoen), Alta, die Schwesterboote P 996–999/*Ravn, Gribb, Geir, Erle.* Sie tragen 1-40-mm-Bofors, 1-20-mm-Rheinmetall, 2-53,3-cm-TR für Drahtlenktorpedos T 61 und 2–6 Penguin-II-SSM-Starter. Sie verfügen über Decca TM-1226-Radar, Kongsberg MSI-80S-Feuerleitanlage, einen TVT-300-Optronic-Tracker, einen Ericson-Laser-E-Messer und ein SQ3D/SF-Sonar. Die Besatzung ist gegenüber der Snögg-Klasse um zwei Mann verstärkt worden.
1987 soll der Prototyp einer neuen Schnellbootserie zur Verfügung stehen. Nach Abschluß der Erprobungen sind 24 Boote als Ersatz für die Storm- und Snögg-Klasse in den neunziger Jahren vorgesehen.

3.100 Österreich

Das Binnenland Österreich, das zu k.u.k.-Zeiten über eine bemerkenswerte Flußflottille kampfstarker Monitore usw. verfügte, besitzt heute nur einen geringen Bestand an Flußpatrouillenbooten:
- die im April 1970 von der Korneuburg Werft AG gelieferte *Niederösterreich* (29,67 × 5,41 × 1,1 m, 73 t, 2 × 800-PS-MWM-V16-Diesel, 1-20-mm Spz Mk66 Oerlikon, 2-12,7-mm-

Sk 75
Österreichisches Korneuburgwerft-Patrouillenboot *Oberst Brecht* (nach 184)

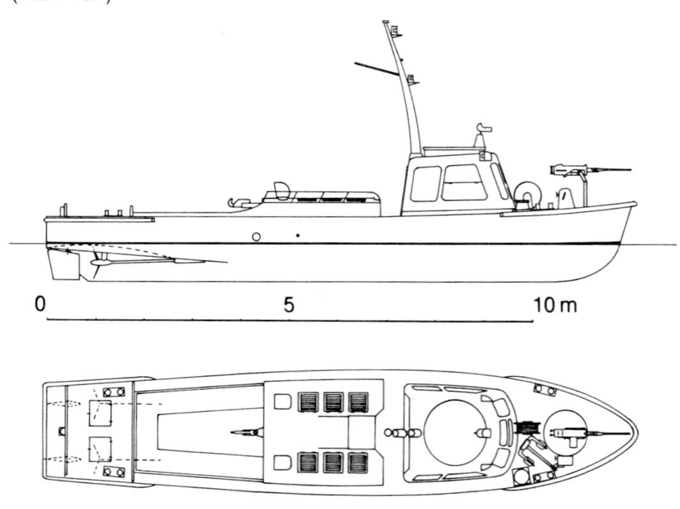

»NIEDERÖSTERREICH«

Sk 74
Österreichisches Korneuburgwerft-Patrouillenboot *Nieder-Österreich* (nach 184)

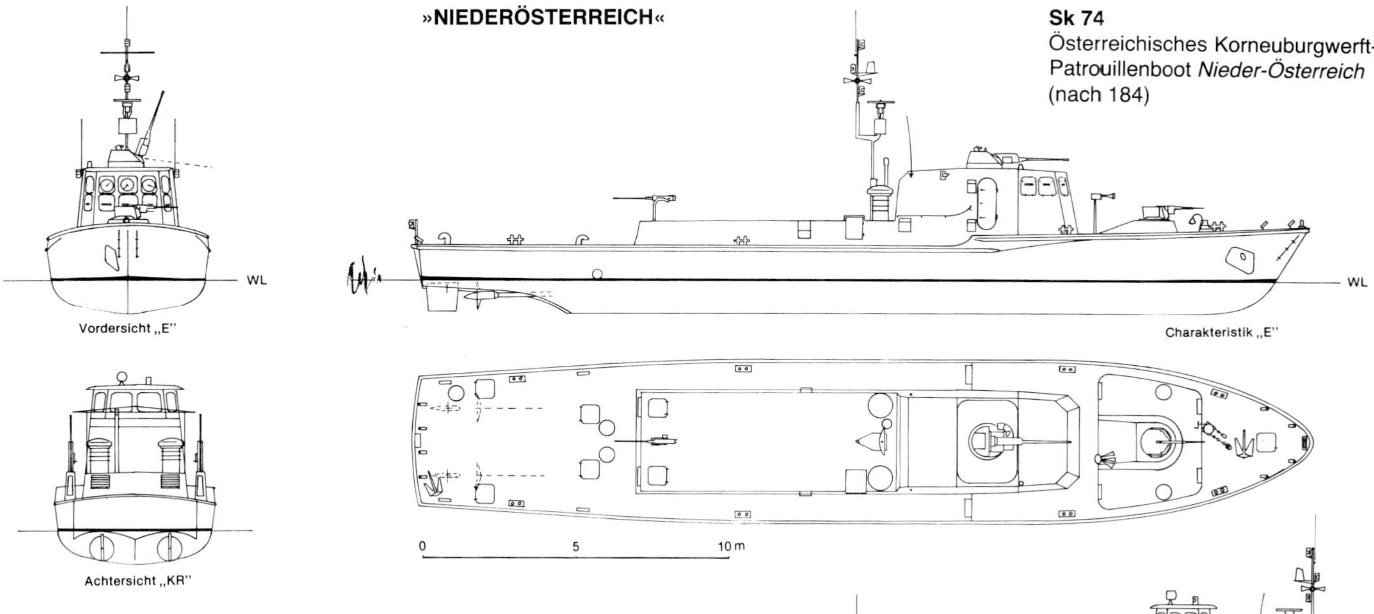

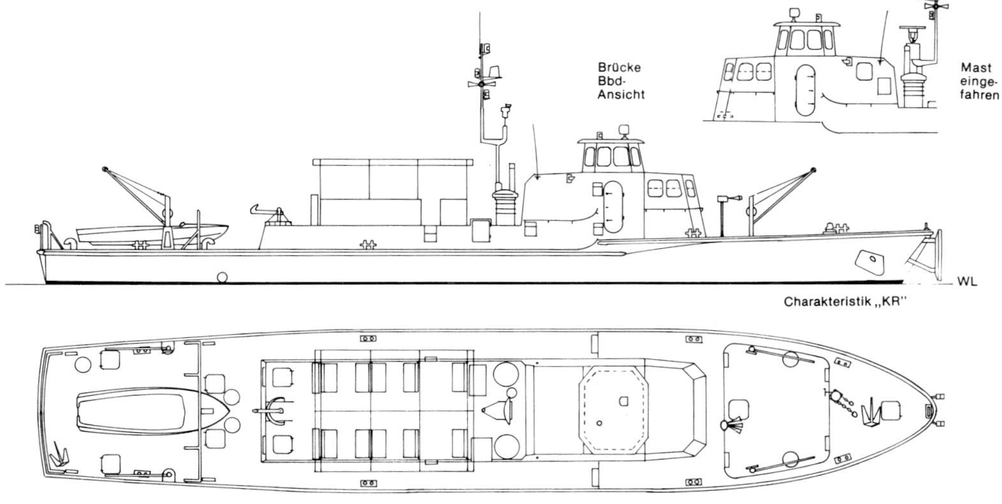

MG, 2-7,62-mm-MG, 12 Mann) war ursprünglich Vorläufer einer Serie von 12 Booten, die dann aus Kostengründen nicht mehr realisiert wurden. Das Boot kann für unterschiedliche Aufgaben ausgerüstet werden. Sk 74 zeigt als Charakteristik »E« die Version als Flußpatrouillenboot und als Charakteristik »KR« die Ausrüstungsversion als Katastrophenhilfs- und Reiseboot,

- das von der Korneuburg Werft AG gelieferte Patrouillenboot *Oberst Brecht* (Sk 75, 12,3 × 2,51 × 0,75 m, 10 t, 2 × 210-PS-Gräf & Stift-Diesel, 10 kn, 1-12,7-mm-MG, 5 Mann),
- zehn 1984 von der Schottelwerft, Speyer, gelieferte unbewaffnete Mehrzweckboote (7,5 × 2,5 × 0,6 m, 4,7 t, 14 kn) des M-Boot-80-Typs, die auch für Pionierzwecke geeignet sind (184).

3.101 Oman

Das kleine Land am Südostende der arabischen Halbinsel hat aufgrund der politischen Umwälzungen in der Golf-Region und seiner geographischen Lage an der für die Öltransporte entscheidenden Straße von Hormuz einen erheblichen strategischen und politischen Stellenwert gewonnen. Mit Hilfe der Royal Navy wurden in den siebziger Jahren die Seestreitkräfte verstärkt und entsprechendes Führungs- und Fachpersonal herangebildet.

Die ersten drei 1973 gelieferten Kriegsschiffe, die Patrouillenboote B 1–3/*Al Bushra, Al Mansur, Al Nejah* des Brooke Marine-120'-Typs gingen zwischen November 1977 und November 1978 zur Generalüberholung zur Bauwerft zurück, wobei sie zwei MM-38-Exocet-SSM-Starter mit Archer-Feuerleitanlage und 1 × 2-40-mm-Breda-Bofors auf dem Vorschiff erhielten. *Al Bushra* ging am 28. 12. 78 verloren, als das Boot in der Biskaya bei einem Sturm vom Deck des Transportschiffes, dem deutschen Schwergutfrachter *Trautenfels,* gewaschen wurde (154). *Al Nejah* wurde 1983 ausgemustert. *Al Mansur* soll in Kürze folgen.

Im April 1974 wurden vier weitere Boote gleichen Typs (Sk 76) bei Brooke Marine bestellt. B 4–7/*Al Wafi, Al Falk* (Bild 107), *Al Mujahid, Al Jabbar* wurden 1977 geliefert. Sie erhielten 1-76-

Sk 76
Oman-Brooke Marine-Artillerie-Schnellboote des Typs Al Wafi (Brooke)

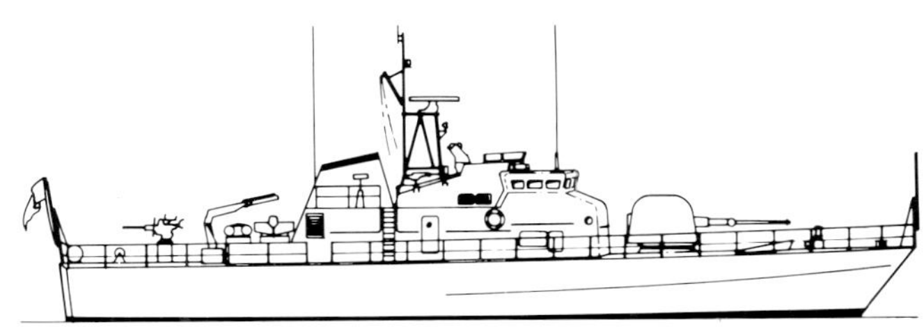

mm-Oto-Melara, 1-20-mm und 2 MG sowie Radar Decca TM 916 und Lawrence-Scott-Optic-Feuerleitanlage.

Im Jahre 1974 wurden die 1955 gebauten holländischen Küsten-Minensuchboote *Axel* und *Aalsmeer* (46,6 × 8,8 × 2,5 m, 373/415 t, 2 × 1250-PS-Werkspoor-Diesel, 14 kn, 2500 sm/10 kn, 38 Mann) angekauft und als Patrouillenboote P 1–2/ *Al Nassiri, Al Salihi in* Dienst gestellt. Die Minensucheinrichtung wurde entfernt und eine dritte 40-mm aufgestellt. 1981 wurden die Boote ausgemustert.

Im April 1975 wurden die kleinen Wachboote W 1–3 (8,2 × 2,7 × 0,8 m, 3,5 t, Diesel, 25 kn) beschafft. Sie fahren ebenso wie die 1975 beschafften acht Cheverton-Boote W 4–11 (3,5 t/ 25 kn) bei der Seepolizei.

Ende 1975 lieferte Vosper Thornycroft, Singapore, die Patrouillenboote *Harras 1–4* (Bild 108, 22,9 × 6,0 × 1,5 m, 45 t, GFK-Bootskörper, 2 × 920-PS-Caterpilar-D438-Diesel, 24,5 kn, 600 sm/20 kn, 2-20-mm, 11 Mann, Radar Decca 101). Ein weiteres Boot dieses Typs, *Harras 5,* folgte Ende 1978 für die Seepolizei.

1980/85 folgte ein breites Spektrum an Patrouillenbooten, die vorherrschend im Bereich der Seepolizei eingesetzt sind:

- *Harras 6* von der Karlskronavarvet AB (Typ schwed. CG 27, 24,0 × 5,5 × 1,9 m, 53 t, Leichtmetallbootskörper, 2 MTU-12V331-Diesel, 25 kn, 1-20-mm, 11 Mann),
- *Harras 7* (Bild 109) und *Harras 10* von der Karlskronavarvet AB (Typ schwed. CG 29, 28,9 × 5,4 × 1,3 m, 84 t, GFK-Bootskörper, 2 x 1400-PS-MTU-12V331TC82-Diesel, 27/ 25 kn, 800 sm/15 kn, 2-20-mm, Radar Decca 1226 C, 13 Mann). Das erste Boot traf am 18. 6. 81 auf eigenem Kiel in Bremerhaven ein und wurde dort am 15. 7. an Bord des kuwaitischen Frachters *Salah Aldren* verschifft. Der Typ CG 29 ist eine verlängerte, in GFK ausgeführte Version des Typs CG 27, der einen Leichtmetallrumpf hat,
- *Harras 8* von der holländischen Werft Le Comte, Vianen, (Typ PT 1903 Mk. III, 19,3 × 5,0 × 1,3 m, 26 t, 2 × 850-PS-MTU-8V331 TC92-Diesel, 30 kn, 1650 sm/17 kn, 2 MG, 10 Mann),
- *Harras 9* (29,9 × 5,8 × 1,2 m 82 t, 2 MTU-12V396-Diesel, 25 kn, 2-20-mm, 13 Mann),
- B 20–23//*Seeb, Shinas, Sadah, Kkasab* von Vosper Thornycroft, Singapore (25,0 × 5,8 × 1,6 m, 61 t, 2 × 1500-PS-MTU-12V331TC92BW-255-Diesel, 200-PS-Cummins-Marschdiesel, 26 kn, 1-20-mm, Decca-Radar, 13 Mann),
- *Zara 15, Zara 17, Zara 18* von Watercraft Ltd., Shoreham (13,9 × 4,3 × 1,4 m, 16 t, 2 × 350-PS-Cummins-VTA903M-Diesel, 22 kn, 510 sm/22 kn, 2 MG, 5–6 Mann),
- *Dheeb Al Bahar I* von Watercraft Ltd., Shoreham (20,8 × 5,8 × 1,5 m, 80 t, GFK-Bootskörper, 2 × 1950-PS-MTU-12V396TB93-Diesel, 36 kn, 700 sm/18 kn, 1-20-mm).

Eine wesentliche Stärkung der Schlagkraft stellen die drei von Vosper Thornycroft UK gebauten, von der für Ägypten gebauten Ramadan-Klasse abgeleiteten FK-Schnellboote dar: B 10–12/*Dhofar* (Bild 110), *Al Sharqiyah, Al Batnah* (56,7 × 8,2 × 2,7 m, 311/400 t, 4 × 4450-PS-18-zyl.-Paxman Valenta-Diesel, 40 kn, 1-76-mm-Oto-Melara, 1 × 2-40-mm-Breda, 6 MM-40-Exocet-SSM-Starter, Plessey AWS-4-Radar, 40 Mann). *Dhofar* wurde 1980 als Ersatz für das verlorengegangene Patrouillenboot *Al Bushra,* die beiden anderen 1981 bestellt. Die Kiellegungen erfolgten zwischen September 1980 und Dezember 1981, die Stapelläufe zwischen Oktober 1981 und Juli 1982, die Indienststellungen zwischen August 1982 und Januar 1984. Die Boote besitzen zum Manövrieren zwei 100-PS-E-Motoren. Ein viertes Boot dieses Typs wurde Anfang 1986 bestellt.

Zur Zeit werden bei der Watercraft, Shoreham, vierzehn 24-kn-Boote gebaut.

3.102 Pakistan

An älteren Light Forces ist nur noch der letzte Überlebende des 1963/65 gebauten Brooke Marine-107'-Typs, die *Rajshahi,* vorhanden. Die drei übrigen Boote gingen im indisch-pakistanischen Krieg verloren. Nach diesem Krieg, ab 1972, bezog Pakistan seine Light Forces ausschließlich aus China. Z. Z. sind vorhanden

- zwölf 1972 (acht) und 1974 (vier) beschaffte Artillerie-Schnellboote der Shanghai II-Klasse: *Lahore Gilgit, Mardan, Pishin, Kalat, Sukkur, Quetta, Sahival, Bannu, Larkana, Bahawalpur,*
- vier 1973 beschaffte Tragflügel-Torpedoschnellboote der Huchwan-Klasse: Nr. 301–304, heute HDF 01–04,
- vier 1976 (zwei) und 1980 (zwei) beschaffte Artillerie-Schnellboote der Hainan-Klasse: *Baluchistan, Sind, Punjab, Sarhad,*
- vier 1981 beschaffte FK-Schnellboote der Hegu-Klasse, die ersten FK-Träger der pakistanischen Marine (P 1021–1024, Bild 111),
- vier 1984 beschaffte FK-Schnellboote der Huangfen-Klasse (ähnl. russ. Osa): 01–04.

Für Zollzwecke baute die Crestitalia, Ameglia, 1979/80 P 551–568 (ital. Typ MC-55, 16,5 × 5,2 × 0,8 m, 22,8 t, 2 × 800-PS-V6-Diesel, 30 kn, 1 MG, 5 Mann) und Fairey Marine lieferte ein Boot des Typs Spear.

Für Flußpatrouillen wurden 1983 von Uniflite, Bellingham (USA) zwei 9-t/30-kn-Boote des US-PBR-Mk.III-Typs und zwei 16-t-Boote beschafft.

3.103 Panama

Die panamesische Küstenwache unterhält z. Z. acht auf die Ost- und Westküste verteilte Patrouillenboote:

- die 1950 fertiggestellten, 1962 im Rahmen des Military Assistance Program von den USA gelieferten Boote GC 14–15/*Marti, Jupiter* (US Coast Guard-40'-Utility-Typ, 12,3 × 3,4 × 1,0 m, 13 t, Stahlbootskörper, 2 × GM-6-71-Diesel, 18 kn, 4 Mann, 1-12,7-mm-MG),
- die 1943 fertiggestellten, 1965 resp. 1966 von den USA an Panama übergebenen Boote GC 12–13/*Ayanasi, Zarti* (US 63'-AUR-Typ, 19,3 × 4,7 × 1,0 m, 35 t, kunststoffbeschichteter Holzrumpf, 2 × GM-8V-71-Diesel, 22,5 kn, 2-12,7-mm-MG, 8 Mann),
- die 1971 in Dienst gestellten, von Vosper Thornycroft gebauten Boote GC 10–11/*Panquiaco, Ligia Elena* (Vosper 103'-Typ, 31,4 × 5,8 × 1,6 m, 96/123 t, 2 × 1400-PS Davey Paxman-12-zyl.-Diesel, 24 kn, 2-20-mm, 23 Mann),
- die 1982 gelieferten, von der Swiftship Inc. gebauten GC 16–17/*Cammandante Torrijos, Presidente Poras* (19,8 × 5,6 × 1,8 m, 35 t, 2 × GM-12V-71TIN75-Diesel, 21 kn, 1-12,7-mm-MG, 8 Mann).

3.104 Papua-Neuguinea

Papua-Neuguinea wurde im September 1975 unabhängig. Zum Aufbau der auf Port Moresby gestützten Küstenwache stellte Australien fünf Patrouillenboote der Attack-Klasse, 84–85, 92–94, zur Verfügung, die unter alter Bezeichnung und Namen als P 84–85, 92–94/*Aitape, Samarai, Ladava, Lae, Madang* weiterfahren.

3.105 Paraguay

Die beiden letzten aus dem Jahre 1944 stammenden Patrouillenboote P 1–2 des US Coast Guard-45'-Typs sind zwar noch existent, dürften aber bereits recht desolat sein. Damit reduzierten sich die effektiven Light Forces des Binnenlandes Paraguay auf insgesamt sechs in den Jahren 1967/71 beschaffte Patrouillenboote des Sewart Seacraft-40'-Typs, die die Kennungen P 101–106 tragen. Die Bewaffnung wurde auf 2-20-mm verstärkt.

3.106 Peru

Die peruanische Marine erfuhr in den letzten Jahren einen bemerkenswerten Ausbau, der nicht nur im Hinblick auf die Probleme mit Chile und die Überwachung der 200-sm-Zone trotz der Finanzlage in den nächsten Jahren konsequent fortgeführt werden soll. Auf dem Gebiet der Light Forces sind an älteren Beständen noch in Fahrt:

- die 1959/60 von der Cantieri Navali Fratelli Benetti, Viareggio, gebauten Flußpatrouillenboote P 240–242/*Rio Piura, Rio Tumbes, Rio Zaramilla* (20,27 × 5,25 × 1,0 m, 37 t Einsatzverdrängung, 2 x 600-PS-GM-Diesel, 18 kn, 1000 sm/14 kn, 2-30-mm),
- die Flußpatrouillenboote PL 230–233/*Rio Punta, Rio Santa, Rio Majes* (16 t, 5 Mann, 2-20-mm). *Rio Chillon* wurde ausgemustert.
- vier 12 resp. 10 t große Patrouillenboote auf dem Titicacasee,
- vier 1963/1965 von Vosper Thornycroft gebaute Patrouillenboote (33,5/31,6 × 6,4 × 1,7 m, 100/130 t, 2 × 3100-PS-Napier-Deltic-Diesel, 30 kn, 1000 sm/15 kn, 2-40-mm, 25 Mann), die 1975 zur Küstenwache überstellt wurden und dabei andere Namen und Kenn-Nummern erhielten: PC 224–229/*Rio Chicawa, Rio Pativilca, Rio Locumba, Rio Vitor,*
- zwei 1966 im Rahmen des Military Aid Programm von den USA erhaltene Patrouillenboote des US-PGM-Typs, die 1975 ebenfalls zur Küstenwache überstellt wurden: PD 222–223/*Rio Sama, Rio Shira* (30,8 × 6,4 × 1,8 m, 130/147 t, 2 × 900-PS-Diesel, 18,5 kn, 1-40-mm, 2 × 2-20-mm, 25 Mann).

Im April 1976 lieferte die peruanische Werft Sima, Callao, mit 248//*Rio Canete* das Typboot einer nach Bazan-Plänen vorgesehenen Serie von sechs Patrouillenbooten für die Küstenwache, die bei 50,62/49,1 × 7,4 × 1,7 m Hauptabmessungen 300 t verdrängen und mit 4 × 1400-PS-MTU-Dieseln 22 kn laufen. Die Besatzung besteht aus 39 Mann, die Bewaffnung aus 1-40-mm und 1-20-mm. 1978/81 folgten nach eingehenden Erprobungen des Typboots P 243–247/*Rio Nepana, Rio Tambo, Rio Ocana, Rio Huarmey* und *Rio Zana,* die im Gegensatz zum Prototyp statt der Stahl-Leichtmetallaufbauten erhielten und mit leistungsstärkeren Bazan-Dieseln auf 25 kn gebracht wurden.

Eine wesentliche Stärkung der Marine brachten sechs im August 1976 bei der SFCN bestellte Boote des PR-72-P-Typs (64,0 × 8,4 × 2,6 m, 470/560/610 t, 4 × 4500-PS SACM-AGO240V16-Diesel auf vier Wellen, 34 kn, 700 sm/30 kn, 2000 sm/16 kn, 36 Mann, 1-76-mm-Oto-Melara, 1 × 2-40-mm-Breda-Bofors, 2-20-mm-Oerlikon, 4 MM-38-Exocet-SSM-Starter, Thomson-CFS-Triton-Suchradar, Thomson-CSF-Vega/Castor II-Feuerleitanlage, CSEE-Panda-Director, Decca 1226), die zwischen Juli 1980 und September 1981 geliefert wurden und als CM 21–26/*Velarde, Santillana, De los Heros, Herrera* (Bild 112), *Larrea, Sanchez Carrion* in Dienst kamen. Drei der Bootskörper wurden im Unterauftrag von der Werft Lorient gefertigt. Die peruanische Marine bezeichnet diese Fahrzeuge offiziell als Korvetten.

Schließlich baute McLaren, Niteroi, 1981/82 für die Küstenwache sieben 43-t/25-kn-Boote, die 2-20-mm tragen: *La Punta, Chillon, Santa, Majes, Reque, Rames, Jlave.* 1982 wurden schließlich drei 5-t/29-kn-Boote als P 33–35 beschafft.

3.107 Philippinen

Die Marine der Philippinen setzt sich heute aus Fahrzeugen zusammen, die a) aus Altbeständen stammen, b) 1976 aus Südvietnam und Cambodscha flüchteten und meist zum Schrottpreis angekauft wurden, c) neu beschafft wurden. Ausgemustert wurden in den Jahren 1977/81 die 1942/44 gebauten Patrouillenboote des US-PC-Typs *Batangas, Capiz* und *Ecija.*

Aus Altbeständen stammen

- vier 1959/60 unter MDAP von den USA gelieferte Patrouillenboote des US PGM-Typs: : 61–64/*Agusan, Catanduanes, Romblon, Palawan,*
- vierzehn 1966/70 von den USA gelieferte resp. auf den Philippinen nachgebaute Patrouillenboote des US-Swift-Typs: PCF 300, 301, 303, 306, 307, 309–317. PCF 302, 304, 305 wurden 1976, PCF 308 1979 ausgemustert.
- sechs Anfang 1972 gelieferte Patrouillenboote des 65'-Sewart Seacraft-Typs, die unter den Bezeichnungen PCF 318–323 laufen. 1975/76 folgten PCF 333–350 (19,8 × 4,9 × 1,0 m, 29/37 t, 3 × 500-PS-GM-71TI-Diesel, 25 kn, 1 × 2-12,7-mm-MG, 8 Mann). Vierundzwanzig weitere Boote dieses Typs sind im Zulauf.
- drei 1970/71 für die Küstenwache beschaffte, in Singapore resp. Cavite gebaute Patrouillenboote FB 83–84/ *Abra, Bukindon, Tablas.*

An Fluchtschiffen der hier zu behandelnden Größenordnung wurden angekauft

- das ehemals kambodschanische Patrouillenboot E 312 des 1942/44 gebauten US-PC-Typs, das heute als P 26/*Negros Oriental* fährt,
- das ehemals südvietnamesische Patrouillenboot *Hong Troc* (ex PGM 83) des US-PGM-Typs, das heute als P 60/*Basilan* fährt,
- zwei Patrouillenboote des US-PBR-Typs.

Neu beschafft wurden

- 1976 von den USA als PS 25/*Nueva Viscaya,* ein 1942 gebautes Boot des US-PC-Typs (Schwesterschiff von P 26/ *Negros Oriental,*
- Ende 1978 zwei bei der Hamelner Schiffswerft für den Libanon in Bau befindliche, wegen der innenpolitischen Wirren in diesem Lande nicht abgenommene Patrouillenboote (30,6 × 5,7 × 1,7 m, 2,6 m Seitenhöhe, 130/150 t, 2 × 1000-PS-MTU-MB820D61-Diesel, 16 kn, 2-20-mm, 2 MG). Sie kamen als P 101–102/*Katitingan, Bacong Lakas* in Dienst. Planungen von Nachbauten in Cavite wurden wegen beschränkter Eignung der Boote auf zwei beschränkt: *Katapangan, Bagong Silang.*
- sechs 1974/75 von der De Havilland Marine, Sidney, gelieferte Patrouillenboote (PC 326–331, 14,0 × 4,6 × 1,0 m, 16,5 t Einsatzverdrängung, GFK-Bootskörper, 2 × 370-PS-Caterpilar-D348-Diesel, 25 kn, 500 sm/12 kn, 2-12,7-mm-MG, 8 Mann). Im August 1975 wurden achtzig weitere Boote dieses Typs mit 2 × 900-PS-MTU-8V331TC80-Dieseln als Lizenzbauten bei der Marcelo-Werft in Manila bestellt. Sie sollten in den Jahren 1976/78 mit zwei Booten/Monat geliefert werden, doch trat Ende 1976 eine Verzögerung des Serienbaus ein, nachdem ein Großbrand vierzehn in Ausbau befindliche Bootskörper zerstört hatte. So sind z. Z. erst PC 411–435 in Dienst gekommen.
- 1974 von Sumidagawa (Japan) im Rahmen japanischer Reparationslieferungen die im SAR-Dienst eingesetzten Boote SAR 99–100/*Bessang Pass, Tirad Pass* (44,0 × 7,4 × m, 279 t Einsatzverdrängung, 2 × 4000-PS-Diesel, 27,5 kn, 2 x 2-12,7-mm-MG, 32 Mann). Weitere Boote dieses Typs waren geplant, kamen aber dann nicht zur Ausführung. *Bessang Pass* soll 1983 verlorengegangen sein,
- 1975 von Vosper (Private) Ltd., Singapore, SAR 77/*Bataan* und TP 77/*Ang Pinunu* (37,9 × 7,2 × 1,8 m, 150 t, 2 × 3750-PS-Diesel, 30 kn). Ersteres dient SAR-Zwecken, letzteres als Führungsboot. Ein Teil der genannten Boote ist im Bereich der Küstenwache eingesetzt.

Im Jahre 1980 wurden bei der Korea Tacoma drei FK-Schnellboote des Typs PSMM bestellt (53,6 × 8,0 × 2,0 m, 280 t, eine 25000-PS-GT + 2 × 1000-PS-MTU-Diesel, 41 kn, 1-57-mm, 1-40-mm, 2-20-mm, 4 MM-38-Exocet-Starter). Offensichtlich verhinderte die Finanzlage des Landes die Realisierung.

3.108 Polen

Im Rahmen der allgemeinen Modernisierung der polnischen Seestreitkräfte trennte man sich von einigen überalterten und abgefahrenen Fahrzeugen. So wurden 1973 sechs U-Jäger der Kronstadt-Klasse und drei Torpedoschnellboote des Typs P 6 ausgemustert. Im Jahre 1974 folgten die beiden restlichen Kronstadt's und sechs P 6, 1975 vier weitere P 6. Von den restlichen P 6, die zwischenzeitlich alle ausgemustert sind, wurden drei Boote als Zieldarstellungsfahrzeuge mit Radarreflektoren ausgerüstet. Zwei offensichtlich abgefahrene Boote sollen bei Scharfschießübungen versenkt worden sein. 1980/81 wurden drei Patrouillenboote der Oksywie-Klasse ausgemustert.

Die Offensivkraft der polnischen Light Forces repräsentieren z. Z.

- dreizehn 1963/65 von der Sowjet-Union gelieferte FK-Schnellboote der Osa I-Klasse, Nr. 421–433,
- sieben seit Anfang der siebziger Jahre in Polen gebaute Torpedoschnellboote der Wisla-Klasse als 452–454, 456–459 (Bild 113) (25,0 × 5,5 × 1,8 m, 70 t, 4 × 1200-PS-M-50-FA-Diesel, 34 kn, 1 × 2-30-mm, 4-53,3-cm-TR), die offensichtlich nicht ganz problemlos sind. Lief der Bau s. Z. nur zögernd an, so wurden bis 1983 bereits drei Boote ausgemustert.
- die drei ab Dezember 1983 von der Sowjet-Union gelieferten FK-Korvetten der Tarantul I-Klasse, die als 435–437/*Hutnik, Gornik, Stoczniowiec* in Dienst kamen und qualitativ eine beachtliche Verstärkung der Light Forces Polens darstellen. Es wird angenommen, daß insgesamt acht derartige Fahrzeuge einmal den Kern der polnischen Seekriegsflotte darstellen werden.

Der Bestand an Wach- und Patrouillenbooten hat sich nicht wesentlich verändert. Neben einigen kleineren und veralteten Booten von Zoll usw. laufen

- neun 1959/62 gebaute Patrouillenboote der Gdansk-Klasse (311–319),
- ein 1962/64 gebautes Patrouillenboot der Oksywie-Klasse (304),
- fünf 1965/66 gebaute Patrouillenboote der Obluze-Klasse (321–325),
- acht ca. 1966/67 gebaute Patrouillenboote der leicht modifizierten Obluze-Klasse (351–358),
- 17 ab 1973 gebaute Patrouillenboote der Pilica-Klasse (30,0 × 6,0 1,5 m, 100 t, 3 × 1200-PS-MSO-F4-Diesel, 24 kn, 1 × 2-25-mm, 15 Mann) als 161–177,
- 12 Patrouillenboote der Wisloka-Klasse (23,0 × 5,0 × 1,1 m 40 t, 14 kn, 1 × 2 MG) als KP 141–152,
- 23 Patrouillenboote der K 8-Klasse (KP 931–953),
- drei Patrouillenboote der KP 130-Klasse (KP 129–131).

Die meisten dieser Fahrzeuge unterstehen der Küstenwache.

3.109 Portugal

Durch die Loslösung Angolas aus dem portugiesischen Staatsverband und die durch innenpolitische Vorgänge hervorgerufene wirtschaftliche Stagnationsphase der siebziger Jahre erlitten auch die portugiesischen Seestreitkräfte erhebliche materielle Einbußen durch Materialabgaben und Streichungen. Diese betrafen besonders die Light Forces, zumal diese vorherrschend im Kolonialbereich eingesetzt gewesen waren. Ausgemustert wurden

1973 – *Porto Santo, Maio* des US-PC/franz. Le Fougueux-Typs,

1975 – *Azevia, Corvina, Dourade* der Azevia-Klasse,
- *Boavista, Brava, Santa Lucia* des US-PC/franz. Le Fougueux-Typs,
- *Antares* der Antares-Klasse,
- *Espiga, Formalhaut, Aldebaran, Bellatrix, Arcturus, Procion, Sirius, Vega* der Altair-Klasse,
- *Cassiopeia, Orion* der Argos-Klasse,
- *Marte, Mercurio, Saturno, Urano* der Jupiter-Klasse,
- *Alvor, Aljezur, Albufeira,* der Alvor-Klasse,

1975 – *Sao Nicolau* des US-PC/franz. Le Fougueux-Typs,
– *Bicuda* der Azevia-Klasse,
– *Regulus* der Antares-Klasse,
– *Castor* der Altair-Klasse,
– *Argos, Dragao, Hidra, Sagitario* der Argos-Klasse.

In Angola zurückgelassen bzw. an dieses Land übergeben wurden

- *Altair, Espiga, Formalhaut, Pollux, Rigel* der Altair-Klasse,
- *Centauro, Escorpiao, Lira, Orion, Pegaso* der Argos-Klasse,
- *Jupiter, Venus* der Jupiter-Klasse.

An Mosambik wurden abgegeben

- *Sirius, Vega* der Altair-Klasse,
- drei Boote der Jupiter-Klasse,
- *Antares* der Antares-Klasse.

Damit reduzierte sich der Bestand an Light Forces sehr drastisch auf

- die beiden 1967 in Dienst gestellten Patrouillenboote der Dom Aleixo-Klasse (P 1148–1149),
- die zehn 1969/73 in Dienst gestellten Patrouillenboote der Cacine-Klasse (P 1140–1147, 1160–1161),
- sechs 1974/75 in Dienst gestellte, vom Arsenal Alfeite gebaute Patrouillenboote der Albatroz-Klasse: P 1162–1167/ *Albatroz, Acor, Andorinha, Aguia, Cisne, Condor* (23,6 × 5,6 × 1,6 m, 45 t, 2 × 550-PS-Cummins-Diesel, 20 kn, 2500 sm/ 12 kn, 1-20-mm, 1-12,7-mm-MG, 8 Mann),
- vier 1981 gebaute 9-t/26-kn-Boote mit GFK-Bootskörper: *Bonanza, Mar Chao, Surriada, Mareta.*

Ferner sind drei kleine Hafenpatroillenboote vorhanden. Eine Verstärkung dieses Bestandes scheint z. Z. nicht in Aussicht zu stehen.

3.110 Quatar

Das zentral am persischen Golf gelegene Scheichtum Quatar bemüht sich durch einen forcierten Aufbau der Marine Police Division und Light Forces allen anfallenden Überwachungs- und Sicherungsaufgaben im Küstenvorfeldbereich gerecht zu werden. Bis in die neuere Zeit waren nur zwei 1969 von Whittingham & Mitchell, Chertsey, gebaute Boote von 22,5 m Länge und 75 t Verdrängung vorhanden, die 2-20-mm trugen. Es folgten drei Boote des Keith Nelson-Typs 45' (13,6 × 3,8 × 1,1 m, 13 t, 2 × 400-PS-Caterpilar-Diesel, 26 kn, 1-12,7-mm-MG, 2-7,62-mm-MG), von denen ein Boot zu einem zivilen Lotsenversetzboot umgerüstet wurde.

1972/73 wurden bei Vosper Thornycroft sechs Patrouillenboote des bewährten 110'-Typs bestellt (33,5/31,1 × 6,3 × 1,6 m, 110/140 t, 2 × 3200-PS-Paxman-16-zyl.-Valenta-Diesel, 27 kn, 25 Mann, 2-20-mm), die zwischen Januar 1975 und März 1976 als Q 11–16/*Barzan, Hwar, That Assuari, Al Wussaail, Fateh-Al-Khair, Tariq* in Fahrt kamen (Sk 77).

Anfang 1974 wurden bei Fairey Marine sieben Boote des Typs Spear bestellt (9,1 × 2,8 × 0,9 m, 4,3 t, 2 × 145-PS-Diesel, 26 kn, 3-7,62-mm-MG, 4 Mann), die zwischen Juni 1974 und Februar 1975 in Dienst kamen. Weitere fünf Boote wurden im Dezember 1975 bestellt. 1976 folgten dann Aufträge für einmal drei und einmal zehn Boote, so daß 1977 insgesamt 25 Boote dieses Typs in Fahrt waren.

Die gleiche Firma konnte im November 1975 zwei Boote des Typs Interceptor liefern (1,25 t, 270 PS, 35 kn).

Im Oktober 1980 wurden bei CMN, Cherbourg, mit drei FK-Schnellbooten des Typs La Combattante III M (56,0/53,0 × 8,16 × 2,5 m, 345/395/432 t, 4 × 4800-PS-MTU-20V538TB93-Diesel, 38,5 kn, 2000 sm/15 kn, 1-76-mm-Oto-Melara, 1 × 2-40-mm-Breda-Bofors, 1 × 2-30-mm-Oerlikon, acht MM-38-Exocet-SSM-Starter, Dagaie-Düppelwerfer, Radar Decca 1226, Thomson-CSF Pollux/Castor, 2 CSEE Naja-Feuerleitanlagen, 42 Mann) die ersten Kampfboote geordert. Die Kiellegungen erfolgten am 6. 5., 26. 8. und 27. 10. 81, die Ablieferungen als Q 01–03/*Damsah* (Bild 114), *Al Chariyah, Rbigah* zwischen November 1982 und Mai 1983.

1980 lieferte die Watercraft, Shoreham, sieben Patrouillenboote des Typs P 1200 (11,9 × 4,1 × 1,1 m, 12,5 t, 2 × 300-PS Wizeman Mercedes WM 400-Diesel, 29 kn, 2 MG, 4 Mann).

Schließlich wurden im Februar 1983 bei Fairey Marine vier Boote des Typs Tracker (20,0 × 5,2 × 1,5 m, 34 t, 2 × 650-PS-GM-12V71TI-Diesel, 24 kn, 650 sm/20 kn, 11 Mann) bestellt, die 1984/85 als Q 31–34 in Dienst kamen.

Sk 77
Qatar-Vosper-Thornycroft-Patrouillenboote der Barzan-Klasse (Vosper)

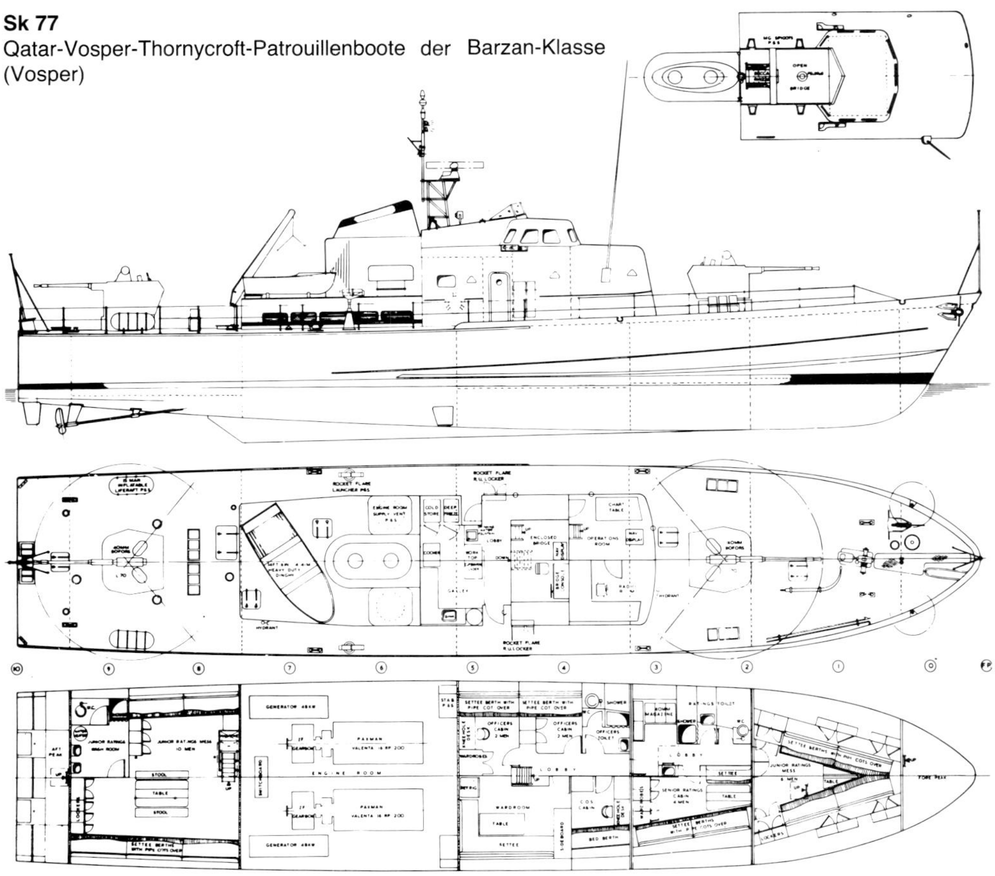

3.111 Rumänien

Die rumänische Marine ist, entsprechend der allgemeinen politischen Linie des Landes, bemüht, innerhalb des Ostblocks eine gewisse Eigenständigkeit zu bewahren.
Bis Anfang der siebziger Jahre erhielt Rumänien seine Kriegsschiffe fast ausschließlich aus der Sowjet-Union. Von diesen Beständen sind noch vorhanden
- drei 1970 gelieferte U-Jäger der Poti-Klasse (31–33),
- drei 1956 gelieferte U-Jäger der Kronstadt-Klasse (1–3),
- sechs 1964 gelieferte FK-Schnellboote der Osa I-Klasse (194–198).

Von den zwölf heute weitgehend abgefahrenen Torpedoschnellbooten der P 4-Klasse, deren Bewaffnung schon in den mittsiebziger Jahren teilweise entfernt wurde, wurden acht Boote 1978/79 ausgemustert. Der Rest dürfte bald folgen.
Ferner sind noch acht der zehn 1954 in Galata gebauten Flußpatrouillenboote der VG-Klasse (40 t, 18 kn) sowie einige kleinere Flußboote vorhanden. Mit ihrer Ausmusterung ist zu rechnen.

Ab 1973 setzte eine Neuorientierung der Beschaffung und ein schneller Ausbau der Light Forces ein. China lieferte drei Tragflügelboote der Huchwan-Klasse, neunzehn weitere wurden in Rumänien bei der Dobreta-Werft in Turnu nachgebaut (VT 51–72). Darüber hinaus erwarb Rumänien nach dem Ankauf von drei Booten die Lizenz zum Nachbau von Artillerie-Schnellbooten der chinesischen Shanghai II-Klasse, von denen bisher 16 Fahrzeuge in Mangalia gebaut wurden. Die Boote VP 20–40 tragen 1-57-mm und 1 × 2-37-mm, die Boote VP 41–44, *Venus, Saturn* (letztere mit veränderten Aufbauten) 1-37-mm, 2 × 2–14,5-mm-MG, Wabos und 2 × 5-rohr.A/S-Werfer des sowjetischen Typs MBU.
Für die Donau-Flottille wurden seit 1973 achtzehn moderne Patrouillenboote gebaut (32,0 × 4,8 × 0,9 m, 85 t, 2 × 600-PS-Diesel, 17 kn, 1-85-mm, 2 × 2-14,5-mm-MG, 2-81-mm-Mörser, 25 Mann). Z. Z. sind VB 76–93 vorhanden. Ein Weiterbau ist nicht unwahrscheinlich.
Ende der siebziger Jahre begann dann mit zunächst zwei Prototypen und später achtzehn Folgebooten der Eigenbau eines neuen, als Epitrop-Klasse bezeichneten Torpedo-Schnellboottyps (39,0 × 7,7 × 1,8 m, 200 t, 3 × 4000-PS-M503A-Diesel, 38 kn, 2 × 2-30-mm, 4-53,3-cm-TR), dessen Bootskörper von der sowjetischen Osa abgeleitet sein soll. Der Gesamtbestand soll offensichtlich bei zwanzig Booten bleiben.

3.112 Sabah

Im Bereich Sabah der malaysischen Föderation sind sechs Patrouillenboote im Überwachungseinsatz
- die 1964 gebaute *Sri Melaka* (96 t, 27 kn),
- die 1970 von Vosper (Private) Ltd., Singapore, gelieferten *Sri Gumantong* und *Sri Lebuan* des verbesserten malaysischen Typs PX (27,8 m, 92 t, 2 × 1250-PS-MTU-Diesel, 25 kn, 2-20-mm, 18 Mann),
- die 1975 von Cheverton, Isle of Wight, gelieferten *Sri Semporna* und *Sri Bangji* (16,8 × 4,6 × 0,9 m, 50 t, 20 kn, 300 sm/15 kn, 1 MG, 11 Mann).

Ende 1976 wurde bei der Mengsina Ltd., Singapore, das 18-m-Boot *Kuala Bengkoka* fertig.

3.113 Salomonen

In der englischen Pazifikkolonie mit ihren sechs Hauptinseln ist das 1978 von De Havilland, Hombush Bay (Austr.) gelieferte Patrouillenboot *Tulagi* im Einsatz (15,7 × 4,8 × 1,4 m, 27 t, 2 × 600-PS-Diesel, 28 kn, 1 MG).

3.114 St. Kitts

Die Küstenwache von St. Kitts fährt ein im September 1974 geliefertes Patrouillenboot des Fairey Marine-Typs Spear (9,1 × 2,8 × 0,8 m, 4,3 t, 2 × 180-PS-Diesel, 30 kn, 2 MG, 2 Mann).

3.115 St. Lucia

Die Küstenwache bzw. der Zoll von St. Lucia unterhalten
- das 1970 von Brooke Marine gelieferte Patrouillenboot *Helen* (12,2 × 3,4 × 1,3 m, 14 t, 2 × 185-PS-Cummins-Diesel, 21 kn, 2 MG),
- die im November 1981 bzw. Mai 1983 gelieferten Patrouillenboote *Vigilant, Heron II* (8,2 × 2,4 m, 6 t, 23 kn),
- ein im November 1983 bei Swiftship, Morgan City geordertes 19,8-m-Boot.

3.116 St. Vincent

Das von Brooke Marine für die Polizei von St. Vincent gelieferte Patrouillenboot *Chatoyer* (13,78 × 4,0 × 1,2 m, 15 t, 2 × 185-PS-Cummins-Diesel, 21 kn, 3 MG) ging 1979 im Hurricane verloren. Als Ersatz lieferte Vosper Thornycroft im März 1981 SVG 05/*George Mc Intosh* (Bild 115, 22,9 × 6,0 × 1,0 m, 70 t, 2 × 900-PS-Caterpillar-12VD348TA-Diesel, 24,5 kn, 600 sm/20 kn, 1-20-mm, 11 Mann). Darüber hinaus sind zwei kleinere Wachboote (SVG 06–07/*Larkai, Brighton*) vorhanden.

3.117 Saudi-Arabien

Die saudische Marine bemüht sich im Rahmen des im Januar 1972 abgeschlossenen US/Saudi-arabischen Abkommens über Waffenlieferungen, Personalausbildung und Bau militärischer Anlagen um die Verstärkung ihrer Streitkräfte. In diesem Zusammenhang wird mit amerikanischen und europäischen Firmen an der Realisierung des »SAUDI-ARABIAN NAVAL EXPANSION PROGRAM (SNEP)« gearbeitet, das durch die politischen Entwicklungen im Bereich des Persergolfs und des Roten Meeres erhebliche Bedeutung besitzt. Aufgaben und Einsatzgebiet entsprechend liegt der Schwerpunkt des Ausbaus der Seestreitkräfte bei den Light Forces.
An älteren Beständen sind noch vorhanden
- das 1960 von den USA gelieferte Patrouillenboot *Riyadh* (US Coast Guard 95'-Typ),
- zwei Ende der sechziger Jahre von den USA gelieferte Boote des 40'-Utility-Typs bei der Küstenwache,
- die 1968/69 von Lürssen gebauten, 1976/77 von der Bauwerft grundüberholten Torpedo-Schnellboote *Damman, Khabar, Maccah* (deutsche Jaguar-Klasse),
- die 30-t/25-kn-SAR-Kreuzer ASR 1–2,

– elf 1965/68 von Whittingham & Mitchell, Chertsey, gebaute 20-t/13,7-m-Patrouillenboote bei der Küstenwache,
– zehn von Fairey Marine, Hamble, gebaute 7,0-m/20-kn-Patrouillenboote bei der Küstenwache,
– zwanzig von Whittingham & Mitchell gebaute 6-m-Boote.

Ab 1974 setzte dann der energische Ausbau ein. Zunächst wurden bei der Planing Associates Ltd. in London 43 kleine Patrouillenboote des Typs C 80 bestellt (8,9 × 2,9 × 0,6 m, 2,8 t, 1 × 210-PS-Caterpillar-Diesel auf Castoldi-Wasserstrahlantrieb für 20 kn, 1 MG). Die Realisierung des Auftrags wurde der Northshore Yacht Yards übertragen. Die 1975 ausgelieferten Boote stehen im Dienst der Küstenwache.

Im Jahre 1975 wurde der Halter Marine, New Orleans, der Auftrag zum Bau von zwölf Patrouillenbooten der Rapier-Klasse übertragen (15,2 × 4,6 × 1,1 m, 26 t, 2 × 650-PS-GM-Diesel, 28 kn, 2 MG, 9 Mann). Drei Boote kamen 1976, der Rest 1977 in Fahrt als P 127–138.

Im Januar 1976 wurde bei der CMN ein Auftrag über acht Patrouillenboote des Typs P 32 plaziert (32,0 × 5,3 × 2,9 m, 90 t, kunststoffbeschichteter Holzbootskörper, 2 × 1350-PS-MGO-12V-Diesel, 29 kn, 1500 sm/15 kn, 2-20-mm, 17 Mann). Einen entsprechenden Typ baute die Werft auch für Marokko. 1978/79 lieferte die Bayerische Schiffbaugesellschaft zwanzig und die Arminiuswerft, Bodenwerder, fünf Patrouillenboote, P 139–164, für die Küstenwache (17,3 × 4,9 × 1,4 m, 33 t, 2 × 600-PS-GM-12V71TI-Diesel, 22/25 kn, 2 MG, 7 Mann, Sk 78, Bild 116).

Sk 78
Saudi-Arabische-Bayerische SBG-Patrouillenboote des Typs 139 (Bayer. SBG)

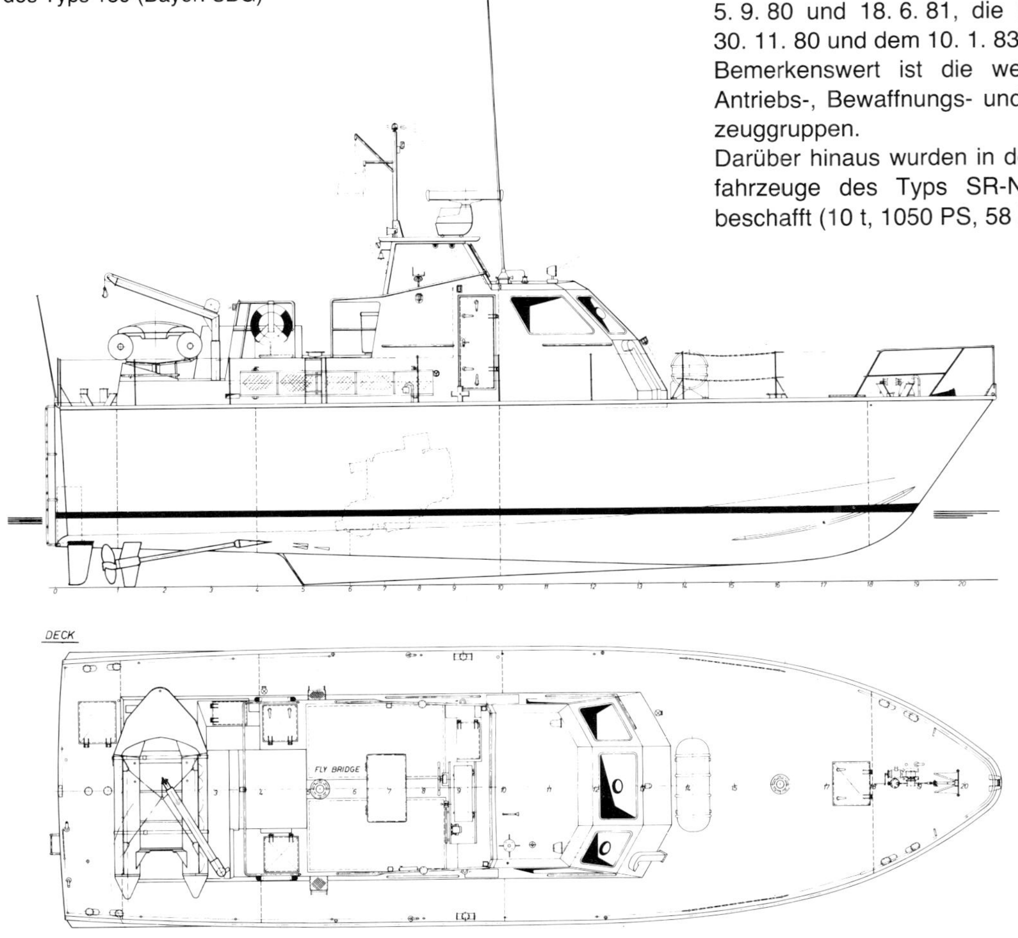

Größere, schlagkräftige Einheiten wurden im Rahmen des SNEP in den USA bestellt: Am 16. 2. 77 erhielten Peterson Builders, Wisconsin, den Auftrag zum Bau von neun schnellen FK-Trägern (Nr. 511, 513, 515, 517 usf.): *Al Siddiq, Al Farouq, Abdul Aziz, Faisal, Kahlid, Amir, Tariq, Oqbah, Abu Obaidah* (Bild 117, 118). Die technischen Daten: 58,1 × 8,1 × 2,0 m, 320/384 t, CODOG-Antrieb mit 1 × 23000-PS-General Electric LM-2500-GT und 2 × 3060-PS-MTU-Dieseln, 38 kn mit GT, 18 kn mit Diesel, 1-76-mm-Oto-Melara, 1-81-mm-Mörser, 1-20-mm-Vulcan-Phalanx (Bild 119, die erstmalige Verwendung des 20-mm-Phalanx-Systems auf einem FPB!), 2-20-mm, 2 × 2 Harpoon-SSM-Starter, AN/SPS 60 See- und Luftraumüberwachungsradar, Mk 92-Feuerleitanlage, 35 Mann. Die Kiellegungen wurden vertraglich zwischen November 1977 und Mai 1980, die Stapelläufe zwischen Juni 1979 und August 1981 festgelegt. Tatsächlich erfolgten dann die Kiellegungen zwischen September 1978 und September 1981, die Stapelläufe zwischen September 1979 und April 1982 und die Indienststellungen zwischen dem 15. 12. 80 und dem 6. 12. 82.

Am 30. 8. 77 wurden bei der Tacoma Boatbuilding Co. Inc., Tacoma (Wash.), vier große FK-Korvetten bestellt: 612, 614, 616, 618/*Badr, Al Yarmook, Hitteen, Tabuk* (74,7 × 9,6 × 2,7 m, 732/815 t, CODOG-Antrieb mit 1 × 23000-PS-General Electric LM-2500-GT und 2 x 2000-PS-MTU-Dieseln, 30 kn mit GT, 20 kn mit Dieseln, 1-76-mm-Oto-Melara, 2-40-mm-Mörser, 1-20-mm-Vulcan-Phalanx-CIWS, 2 × 4 Harpoon-SSM-Starter, 2 × 3-M32-A/S-TR, AN/SPS-40A-See- und Luftraumüberwachungsradar, Mk 92-Feuerleitanlage, SQS56-Sonaranlage, 64 Mann). Die Kiellegungen erfolgten am 6. 10. 79, 7. 1. 80, 19. 5. 80 und 22. 9. 80, die Stapelläufe am 26. 1. 80, 13. 5. 80, 5. 9. 80 und 18. 6. 81, die Indienststellungen zwischen dem 30. 11. 80 und dem 10. 1. 83.

Bemerkenswert ist die weitgehende Standardisierung der Antriebs-, Bewaffnungs- und Elektronikelemente beider Fahrzeuggruppen.

Darüber hinaus wurden in den Jahren 1970/81 16 Luftkissenfahrzeuge des Typs SR-N6 der British Hovercraft Corp. beschafft (10 t, 1050 PS, 58 kn, 1 MG).

Für die Küstenwache wurde in den siebziger und achtziger Jahren eine größere Anzahl meist kleinerer Patrouillenboote beschafft:

– zwei 27-m-Boote mit Leichtmetallbootskörper aus der Bundesrepublik,
– sieben 21-m-Boote (Nr. 84–85, 88–91, 569),
– 33 13,5-m-Boote (Nr. 92, 97–105, 107–114, 116–117, 120–123, 125–126, 565, 570–571, 574–577),
– zwei 16-m- und vier 25-m-Boote von Brooke Marine,
– sechs im Lande gebaute 14,1-m-Boote (Nr. 1365, 1380, 1451–1452, 1460–1461),
– acht in Japan gebaute 9,9-m-Boote (Nr. 11–18),

- ein 7,8-m-Boot,
- ein 7,2-m-Boot,
- zwei 5,7-m-Boote,
- 300 Binnen-Boote von 5,1 und 4,2 m Länge.

Ferner wurden 1981 für die Küstenwache acht SR-N6mod.8-Luftkissenfahrzeuge beschafft. Damit sind insgesamt 24 Luftkissenfahrzeuge im Einsatz.

3.118 Schweden

Schon bei der Aufstellung des Flottenplans 1960/61 setzte sich in Schweden die Erkenntnis durch, daß bei weiterer Entwicklung der sehr befriedigenden großen Schnellboote die Eignung zum selbständigen Einsatz, gegebenenfalls durch Zielanweisungen von land- und luftgestützten Ortungsträgern, anzustreben sei. Ja, man konzidierte, daß die technische Entwicklung der beiden Lenkwaffensysteme mit Eigenantrieb, Torpedo und Flugkörper, zu jenem Zeitpunkt, wo die vorhandenen schwedischen Zerstörer überaltert sind, soweit fortgeschritten sein dürfte, daß kleinere Einheiten in den in Frage kommenden Aufgabenbereichen den Zerstörer ablösen könnten. Grundlage dieser Überlegungen waren vor allem die Eigenarten des schwedischen Seeraums (Flachwasser, beschränkte räumliche Ausdehnung, starke Gliederung der Küste auf der schwedischen und finnischen Seite usw.) und die eskalierenden, die finanziellen Möglichkeiten des Landes überschreitenden Kosten moderner Zerstörer.
Man ging von der Überlegung aus, daß a) eine größere Anzahl kleinerer Einheiten eine größere Überlebenschance im Gefecht hätte und b) die Entwicklung der Sensoren- und Waffentechnik kleineren Einheiten eine permanent wachsende Schlagkraft geben würde. Diese besitzen darüber hinaus eine größere Flexibilität beim Anpassen an die technische Entwicklung.
Neuere Überlegungen führten dann zu einem Konzept, das die Verteidigung der archipelartigen schwedischen Küsten durch ein Zusammenwirken aller drei Teilstreitkräfte sichern soll. Die Marine, seit Jahren hinsichtlich der Mittelzuweisungen meist das »Aschenbrödel« der drei Teilstreitkräfte, konzipierte ihren Aufgabenbereich so, daß U-Boote, vorgeschobene Minenfelder, die teilweise schon im Frieden ausliegen und durch zentrale Schaltung aktiviert werden können, ein lückenloses Küstenartillerie-System, landgestützte Kampfflugzeuge und FK-/Torpedo-Schnellboote aus vielfach verbunkerten Stützpunkten schwerpunktmäßig zum Einsatz gebracht werden.
Tatsächlich bilden heute die Light Forces den schlagkräftigen Kern der schwedischen Marine.
Von den älteren Fahrzeugen wurden – z. T. nach längerer Liegezeit im Reservestatus – ausgemustert

- 1972 die Torpedo-Schnellboote T 32–37,
- 1975 die Torpedo-Schnellboote T 38–41,
- 1976 die Torpedo-Schnellboote T 42–45. Sie wurden bei der Karlskronavarvet umgebaut zu Patrouillenbooten V 01–04/*Skanör, Smyge, Arild, Viken* (2 × 1000-PS-MTU-Diesel, 27 kn, 1-40-mm, 12 Mann) für die *Malmö Marina Bevakningsomrade* zur Überwachung der Durchfahrtsbestimmungen für Kriegsschiffe im Öresund usw. (156),
- 1977/83 die Torpedo-Schnellboote T 102–112/*Plejad, Polaris, Pollux, Regulus, Rigel, Aldebaran, Altair, Antares, Arcturus, Argo, Astrea* und T 47–52. Die Boote T 47, 48, 50, 52 kamen 1983 nach einem bei der Marinewerft Stockholm durchgeführten Umbau zu Patrouillenbooten als V 05–08/*Öregrund, Slite, Sandhamn, Lysekil* mit 2 × 1000-PS-Dieseln, 27 kn und 1-40-mm wieder in Dienst.

Im Dienst befinden sich ferner

- vier der sechs 1964/67 gebauten Torpedo-Schnellboote der Spica I-Klasse (T 121, 123, 125, 126/*Spica* (Bild 120), *Capella, Vega, Virgo.* T 122 und T 124/*Sirius, Castor,* waren 1985 ausgemustert worden. Die vier Boote sollen unter Reduzierung der Zahl der TR von sechs auf vier RBS-15-SSM-Starter erhalten. Ursprünglich hatte die schwedische Marine – vor allem für die Modernisierung der Spica II/Norrköping-Klasse – Harpoon-SSM gewünscht, doch entschloß man sich dann, Devisen zu sparen und die eigenen Erfahrungen, Arbeitsplätze und das aus vorangegangenen Entwicklungen vorhandene Know-how durch eine eigene Entwicklung zu erhalten. So bildeten die Firmen Bofors und Saab/Scania die Saab-Bofors-Missile-Corporation (SBMC) zur Entwicklung des Seeziel-FK Robot 15. Im Sommer 1982 wurden auf der *Pitea* (Spica II) zwei Versuchskanister zum Probeschießen auf dem Achterdeck eingebaut. Als technische Daten werden angegeben: Länge 4,35 m, Rumpfdurchmesser 0,5 m, Spannweite 1,4 m. Spannweite mit beigeklappten Flügeln 0,85 m, Gewicht einschl. Startrakete 780 kg, Fluggewicht 595 kg, Strahlturbinentriebwerk, Geschwindigkeit Mach 0,9, Reichweite 62 sm, Marschflughöhe variabel, Radarsuchkopf.

1973/76 wurden die zwölf von der Karlskronavarvet gebauten Torpedo-Schnellboote der Spica II-Klasse in Dienst gestellt: T 131–142/*Norrköping, Nynäshamn, Norrtalje, Varberg, Västeräs, Västervik, Umea, Pitea, Lulea* (Bild 121), *Halmstad, Strömstad, Ystad,* eine Weiterentwicklung des Typs Spica I. Die technischen Daten: 43,6 × 7,1 × 2,4 m, 230 t Einsatzverdrängung, 3 × 4300-PS-Rolls Royce-Proteus-GT, 40,5 kn, 1-57-mm-L/60-Bofors mit acht seitlich angebrachten Leuchtraketenwerfern, 6-53,3-cm-TR für drahtgelenkte Langstreckentorpedos TP 61, Philips Teleindustrier 9LV200 See- und Luftraumüberwachungsradar und Feuerleitanlage, Torpedofeuerleitanlage Philips TORCI, Sea Giraffe. Der Arbeits- und Kostenaufwand konnte während des Baus (Bild 122) von Boot zu Boot so gesenkt werden, daß die Werft schließlich zwölf Boote zu dem Preis liefern konnte, der für die ursprünglich elf bestellten Boote angesetzt war (157).
Anfang der achtziger Jahre wurden die Boote bis 1984 nacheinander umgerüstet auf a) modernisierte Elektronik und Feuerleitung. Kernstück der Zielauffaßanlage ist ein Frequenzsprungradar. Die von Stansaab Electronic gebaute elektronische Plottanlage kann gleichzeitig bis zu 24 Ziele verfolgen, b) vier RBS-15-SSM-Starter und c) die neue 57-mm-L/70-Bofors, die aus der L/60-Waffe entwickelt worden ist. Diese Waffe wiegt ohne Munition 6 t und hat eine Kadenz von 200 Schuß/min (120 bei L/60). Eine Rohrkühlanlage sichert die Treffgenauigkeit bei längerem Einsatz. Bei Feuereröffnung sind im automatischen Betrieb zunächst 40 Schuß möglich. Mit der Umrüstung wurden die Boote als Robotbatar bezeichnet und statt des T wurde ein R vor die Pennant-Nummern gesetzt. Praktische Erfahrungen zeigten jedoch, daß die Gewichtsverhältnisse und die Geschwindigkeit mit sechs TR nicht sehr günstig sind. Es wurde daher dafür gesorgt, daß die hinteren vier TR schnell von Bord gegeben und durch 4 × 2 RBS-15-SSM-Starter ersetzt werden können.

Während die Spica I- und II-Boote in Gruppen von drei bis vier Booten vorherrschend im Off-Shore-Bereich eingesetzt werden sollen, entstand mit der Hugin-Klasse ein FK-Schnellboottyp für den Gruppen- und Einzeleinsatz im Bereich der engeren Schären- und Inselwelt. Obwohl eigene Planungsarbeiten für derartige Fahrzeuge vorlagen, entschloß man sich – nicht zuletzt auf der Basis von Handelskompensationen – bei Bergens Mekaniske Verksteder ein Versuchsboot zu bestellen, dessen Bootskörper ein Derivat der norwegischen Storm-Klasse ist. Nach intensiven Erprobungen des am 24. 11. 72 in Dienst gestellten Versuchsboots *Jägaren,* das später die Kenn-Nummer P 150 erhielt, wurde am 15. 5. 75 ein Vertrag mit zwei norwegischen Werften über die Lieferung von 15 (später 16) Folgebooten abgeschlossen. Diese hatten mit 35 Mio. SKr das günstigste Angebot gemacht. Bergens Mekaniske Verksteder sollte zehn (später elf), Westamarin fünf Boote bauen. Auch hier wurden Handelskompensationen vereinbart.

Waffen und Elektronik wurden in Schweden eingebaut. P 151–156/*Hugin* (Bild 123, 124), *Munin, Magne, Mode, Väale Vidar, Mjöllner, Mysing, Kaparen, Väktaren, Snapphanen, Spejaren, Styrbjörn, Starkodder, Tordön, Tirfing* kamen im Vierteljahresrhythmus zwischen dem 3. 7. 78 und dem 23. 1. 82 in Dienst. *Hugin* sollte eigentlich schon im September 1977 übergeben werden, und man hatte eine neunmonatige Erprobung vorgesehen, um eventuelle Änderungen beim zweiten Boot gleich berücksichtigen zu können. Durch Verzögerung wurde *Hugin* erst im Februar 1978 zur Fertigstellung vorgesehen, doch führte am 12. 1. 78 ein Brand auf dem Boot dazu, daß *Hugin* dann zusammen mit dem zweiten Boot *Munin* in Dienst kam. Die Boote kommen bei 36,4/33,6 × 6,3 × 1,5 m Hauptabmessungen auf 120 t Typ- und 150 t Einsatzverdrängung. Der Bootskörper ist als Stahlbau mit 3 mm Beplattung ausgeführt. Das untere Deck besteht teils aus Leichtmetall, teils aus Marinesperrholz, die Aufbauten sind aus Leichtmetall. Der Bootskörper ist in neun wasserdichte Abteilungen unterteilt. Ein relativ hoher Freibord läßt wenig Wasser überkommen. Als Antrieb dienen zwei Daimler-Benz-Diesel Typ 518, die vor rund 20 Jahren von Lürssen in die Torpedo-Schnellboote der Plejad-Klasse eingebaut worden waren. Mit der Ausmusterung der Plejad-Klasse (die letzten drei hatten noch im November 1978 in Göteborg als Reserve gelegen) wurden die Motoren an MTU abgegeben, generalüberholt und – mit Turboaufladern versehen – unter der neuen Bezeichnung MTU-20V672TY90 auf 3600 PS gebracht. Da das Vorlaufboot *Perseus* der Plejad-Klasse Götaverken-Diesel hatte und später Versuchsboot für die Rolls Royce-Proteus-GT war, standen 33 Motoren und einige Reservemotoren zur Verfügung. Diese Reaktivierung älterer Motoren war letztlich vor allem unter dem Aspekt möglich, daß die Laufzeiten relativ gering waren, da die Boote – wie die meisten schwedischen Kriegsschiffe – stets längere Zeiten in Reserve gelegen hatten. Die Höchstgeschwindigkeit beträgt 32–33 kn/1700 Upm, die Marschfahrt 27 kn/1500 Upm. Die Bunker fassen 21,7 m^3 Kraftstoff. An Waffen und Sensoren werden gefahren: 1-57-mm-L/70-Bofors, 6 Penguin Mk 2 (in Schweden RB 12 genannt), Radar-, Kampfinformations- und Feuerleitsystem Philips 9LV200 Mk 2 (LV = Luftabwehr. Mk 2 wurde aus dem 9LV200 Mk 1 der Spica II-Klasse entwickelt. Mk 1 arbeitet analog, Mk 2 voll digitalisiert), Sonar Simrad SQ3D/SF (Antenne unter dem Turm. Das Gerät arbeitet bei über 22 kn), Schienen für Wabos und Minen. Zum Fahren von Minen müssen die SSM-Starter jedoch entfernt werden (158, 159, 160).

Am 25. 6. 81 wurden bei der Karlskronavarvet zwei große, als Führungsschiffe von FK-Schnellbooten vorgesehene Fahrzeuge als Typ YA 81 geordert. Entgegen den ursprünglichen Planungen eines FK-Kampfboots wurden aufgrund neuerer Erfahrungen mit dem permanenten Auftreten unbekannter U-Boote in schwedischen Hoheitsgewässern Änderungen in Richtung einer Verstärkung der A/S-Fähigkeit vorgenommen. Gleichzeitig wurde die vorgesehene Bezeichnung Robotbat in Kustkorvett umgeändert. K 11/*Stockholm* (Sk 79, Bild 125) wurde am 1. 8. 82, K 12/*Malmö* am 14. 3. 83 auf Kiel gelegt. Die »Stapelläufe« (Bild 126) erfolgten im August 1984 und März 1985, die Indienststellungen im Februar bzw. Oktober 1985. Die technischen Daten lauten: 50,0 × 7,5 × 2,0 m, 310 t Einsatzverdrängung, CODAG-Antrieb mit 1 × 6000-PS-Allison-5-70KF-GT und 2 × 2000-PS-MTU16V396TB93-Dieseln, 32 kn mit GT, 20 kn mit Dieseln, 1-57-mm-L/70Bofors, 1-40-mm-Bofors, 2-53-cm-TR für Drahttorpedo 613 (Antrieb durch Kerosin und konzentriertes Wasserstoffsuperoxid),

Sk 79
Schwedische Karlskronavarvet-FK-Schnellboote des Typs Spica III (Archiv Verfasser)

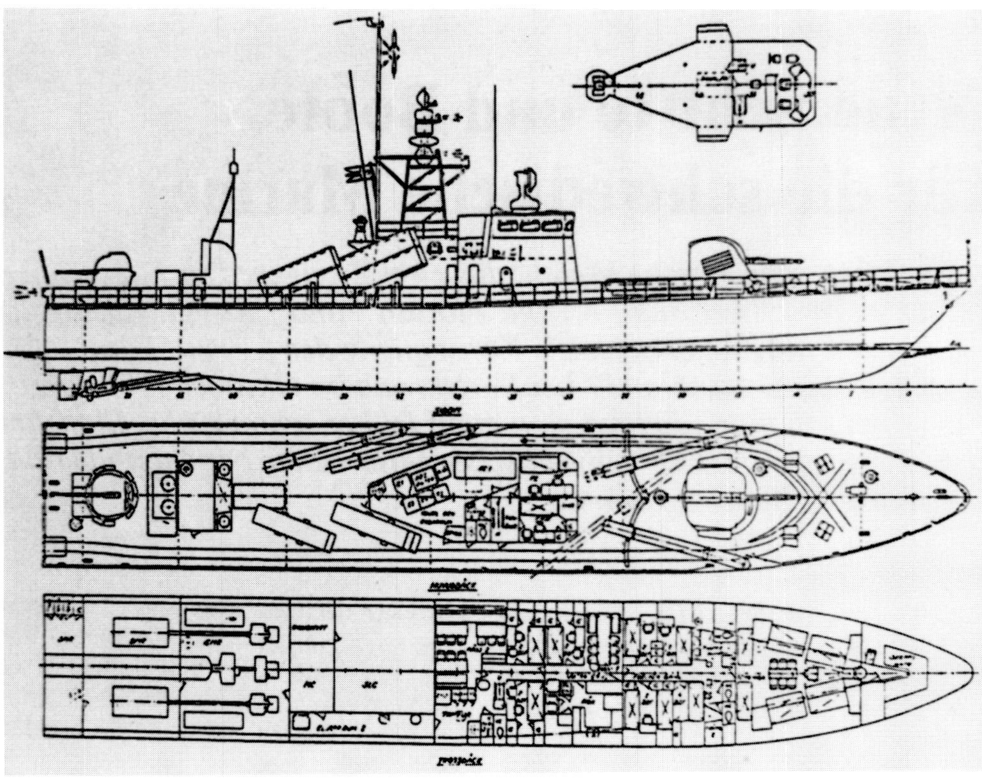

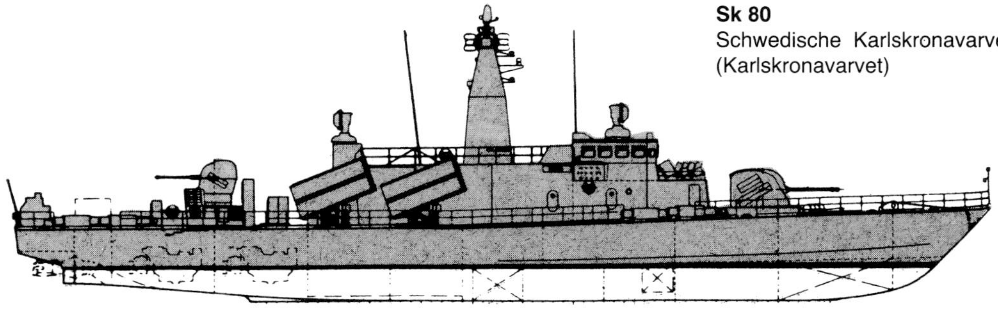

Sk 80
Schwedische Karlskronavarvet-FK-Schnellboote des Typs Göteborg (Karlskronavarvet)

4 RBS-15-SSM-Starter, Wabos, See- und Luftraumüberwachung Ericsson Sea Giraffe, Feuerleitung Philips PEAB 9LV300, ESM Saab-Scania EWS 905, Sonar Thomson-CSF TSM 2642, VDS, 30 Mann.
1984/85 wurden als Ersatz für die vier später auszumusternden FK-Schnellboote der Spica-I-Klasse bei der Karlskronavarvet vier FK-Schnellboote als K 21–24/*Göteborg, Gälve, Kalmar, Sundsvall* bestellt (57,0 × 8,0 × 1,9 m, 360 t, CODAG-Antrieb mit 1 × 6000-PS-Allison-570KF-GT + 2 × 2000-PS-MTU-16V396TB93-Dieseln, 30 kn, 1-57-mm-L/70-Bofors, 1-40-mm-Bofors, 2-53,3-cm-TR und/oder 4 UTR, 8 RBS-15-SSM-Starter, 31 Mann). Neueren Nachrichten zufolge soll der Antrieb der Fahrzeuge jetzt auf MTU-Diesel und Wasserstrahlantrieb umkonzipiert worden sein. Sk 80 wurde der schwedischen Marinezeitschrift »Under Svensk Flag« entnommen.
Vier weitere Boote, u. a. *Hörnösand, Helsingborg,* sind geplant.
An Patrouillenbooten sind vorhanden

- die vier 1953 von der Karlskronavarvet fertiggestellten ehemaligen Minenräumboote *Tarnö, Tjurkö, Sturkö, Ornö,* die im Januar 1979 als Patrouillenboote V 51–55 umgerüstet wurden (42,0 × 7,0 × 3,0 m, 275 t, 2 × 450-PS-Nohab-Diesel, 14,5 kn, 2-40-mm-Bofors). Sie sollen in absehbarer Zeit ausgemustert werden,
- die 1960/61 bzw. 1966/67 in zwei Serien gebauten Boote 61–77 (21,1 × 4,6 × 1,3 m, 28 t Typverdrängung, Diesel, 18 kn, 1-20-mm),
- die im Februar 1983 bestellten, 1984/85 von der Djupviks Varvet gelieferten Boote V 09–11/*Dalarö, Sandhamn, Östhammar* (23,4 × 5,1 × 1,1 m, 50 t, 2 × 1050-PS-MTU-8V396TB83-Diesel, 30 kn, 1-40-mm, 7 Mann). Sie wurden anstelle des vorgesehenen Umbaus weiterer Torpedo-Schnellboote der T47/52-Serie für Überwachungszwecke im Öresund gebaut.

Im Rahmen der Küstenwache sind im Einsatz

- Tv 101–105 (26,7 × 5,2 × 1,1 m, 50/53 t, 2 × 900-PS-Diesel, 25 kn, 8 Mann), die 1969/73 von der Djupviks Varvet gebaut wurden,
- T 171–172 (50,0 × 8,5 × 2,4 m, 280 t, GFK-Rumpf, 2 × 2250-PS-Hedemora-V16A-Diesel, 20 kn, 1-20-mm, Simrad Sonar, Hubschrauberdeck), die 1978/81 von der Karlskronavarvet gebaut wurden,
- Tv 116, ein 1935 gebautes 36-t-Boot,
- Tv 281–285 (21,0 × 5,0 × 1,1 m, 37 t, 2 × 1050-PS-Cummins-Diesel, 28 kn, 5 Mann), die 1979/81 von der Djupviks Varvet gebaut wurden. Weitere sollen geplant sein.
- Tv 220, 230, 232, 1954/57 gebaute 12-t-Boote mit Leichtmetallrumpf,
- T 234, ein 1960 gebautes 15-t-Boot,
- Tv 251–254 aus 1958/61,
- Tv 236, 238, 240–250, 255–261, 1961/72 gebaute 17-t-Boote,
- Tv 271–278, 1974/77 gebaute 20-t/20-kn-Boote,
- Tv 281–285, 1977/83 gebaute 37-t/27-kn-Boote

sowie eine Vielzahl kleinerer Fahrzeuge.

3.119 Schweiz

Zur Überwachung der über drei große Seen verlaufenden Staatsgrenze standen bis 1981 zehn ältere, aus dem Jahre 1941 stammende und dem Heer unterstehende Patrouillenboote zur Verfügung. Ersatzbedarf war vorhanden. Nachdem der Prototyp *Aquarius* die Erwartungen erfüllte, wurden am 19. 11. 81 die ersten zwei von zehn Serienbooten des Typs P 80, *Venus* und *Mars,* in Dienst gestellt, die von der Werft Müller AG, Spiez, im GFK-Airex-Verbundbauverfahren hergestellte Bootskörper erhielten. Die technischen Daten lauteten: 10,6 ×3,3 ×0,9 m,5,9 t, 2 × 45-PS-Volvo-Penta-AQ255A-Otto-Motoren, 35/32,5 kn, 500 l Kraftstoff, 2-12,7-mm-MG, 6 Mann. Neben den genannten umfaßt die Serie: *Antares, Castor, Orion, Perseus, Pollux, Saturn, Sirius, Uranus* (161).

3.120 Senegambia

Die am 1. 2. 82 vollzogene Konföderation von Senegal und Gambia als Senegambia führte auch zu einer Zusammenlegung der Seestreitkräfte und Küstenwachverbände.
Ausgemustert wurden

- 1974 der 1961 von Frankreich zur Verfügung gestellte U-Jäger *Senegal* des US-PC-Typs,
- 1979 die 1963 bzw. 1965 von Frankreich als *Casamance* und *Sine-Salourn* zur Verfügung gestellten Boote des französischen Typs SC.

Das 1971 von Chantiers Navals Franco-Belges gelieferte Patrouillenboot *Saint-Louis* (Typ P 48 der heute SFCN genannten Werft) erhielt 1974 und 1977 mit *Popenguine* und *Podor* je ein Schwesterboot (47,5 × 7,1 × 1,5 m, 250 t Einsatzverdrängung, 2 × 1200-PS-MGO-Diesel, 23 kn, 2000 sm/16 kn, 2-40-mm, 33 Mann).
Darüber hinaus wurden beschafft

- im März 1974 zwei Boote des Fairey Marine-Typs Huntress (7,1 × 2,7 × 0,8 m, 180 PS, 29 kn, 2 Mann) für Zollzwecke,

– Ende Februar 1974 ein Boot des Fairey Marine-Typs Spear (9,1 × 2,8 × 0,8 m, 4,3 t, 2 × 180 PS-Diesel, 30 kn, 1-12,7-mm-MG, 1-7,62-mm-MG, 4 Mann),
– 1974/77 drei Boote des Fairey Marine-Typs Lance (14,8 × 4,7 × 1,3 m, 15,7 t, 2 × 425-PS-GM-8V71TI-Diesel, 24 kn, 2 MG, 7 Mann) als *Djibrill, Djilor, Goree* für die Seepolizei Senegals. Ein viertes Boot, P 1/*Seadog*, wurde 1976 für Gambia geliefert,
– 1977/78 drei Boote des Fairey Marine-Typs Tracker (19,3 × 5,0 × 1,5 m, 34 t, GFK-Bootskörper, 2 × 650-PS-GM-12V71TI-Diesel, 24 kn, 650 sm/20 kn, 1-20-mm, 11 Mann) als P 2/*Jato* (Bild 127), für Gambia. Im gleichen Jahr folgten P 3–4/*Challenge, Champion*,
– 1979 drei Boote des kanadischen Interceptor-Typs von der 1972 gegründeten Les Bateaux Turbec Ltd., St. Catharine (26,5 × 5,8 m, 52/62 t, 2 × 1350-PS-Diesel, 32,5 kn, 2-20-mm) als *Casamanche II, Sine-Saloum II, Senegal II.*

Sk 80 a
Seschellen-Picchiotti-Patrouillenboot *Andromache*(Picchiotti)

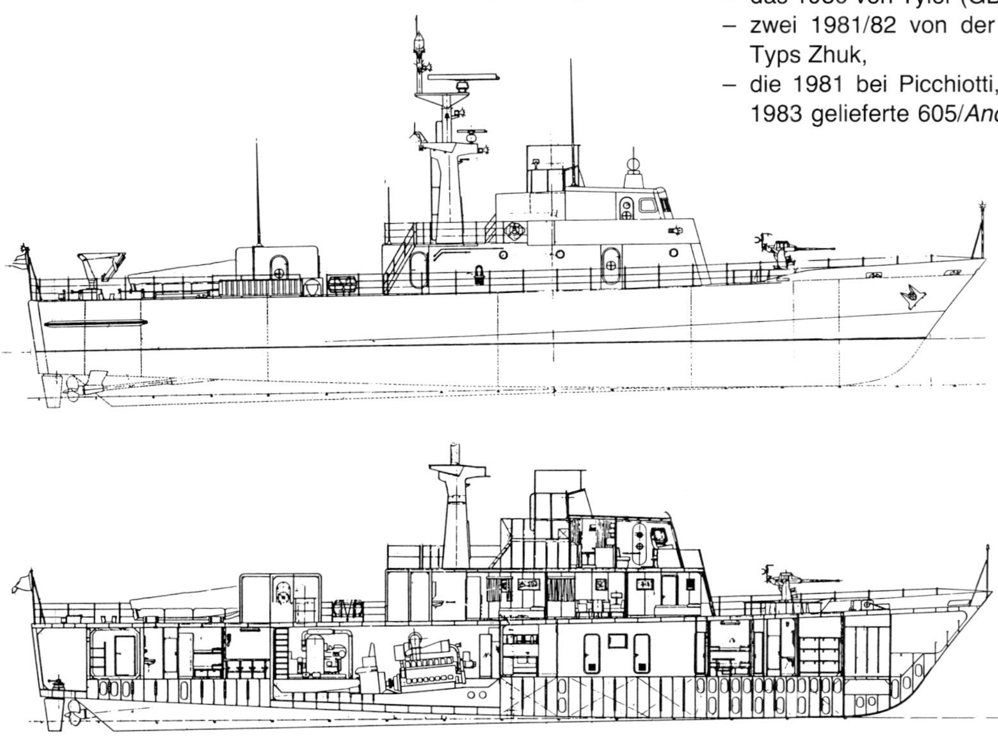

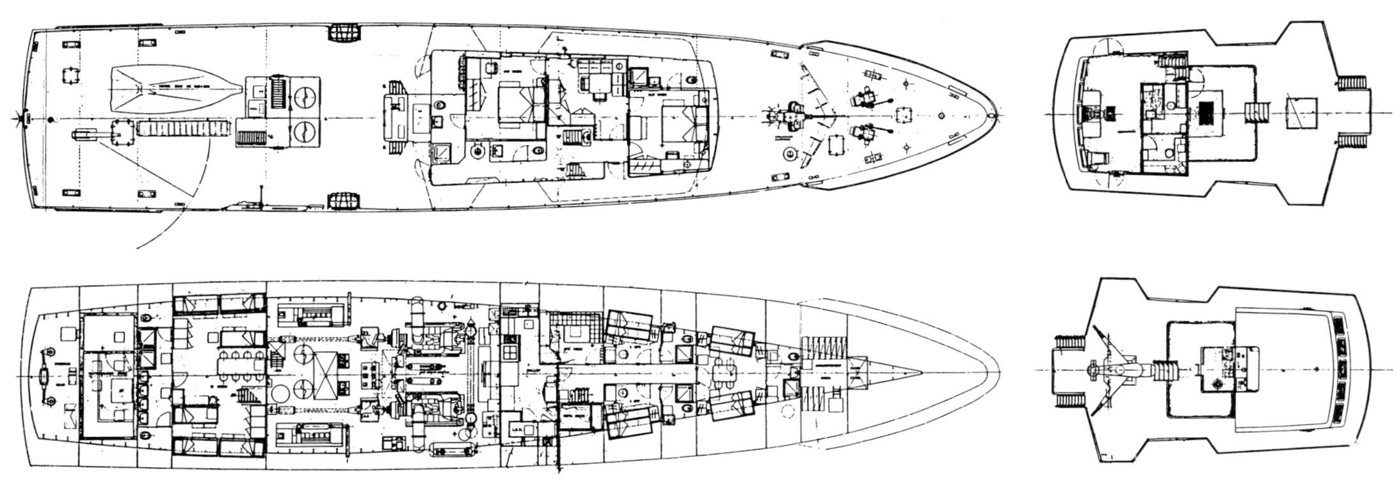

1979 wurde bei SFCN ein Artillerieschnellboot des französischen Typs PR72M bestellt (58,7 × 8,2 × 2,2 m, 375/451 t, 4 × 3200-PS SACM-AGO195V16RVR-Diesel, 29 kn, 2500 sm/15 kn, 2-76-mm-Oto-Melara, 2-20-mm, zwei CSEE-Optronic-Feuerleitgeräte, 39 + 7 Mann). Der Stapellauf erfolgte am 22. 10. 80, die Probefahrten mit französischem Personal im September 1981 und die endgültige Indienststellung im Jahre 1983 als *Njambur* (Bild 128).
1981/82 lieferte Celaya, Bilbao schließlich noch zwei Patrouillenboote (16,0 × 4,6 × 2,3 m, 22 t, 2 × 435-PS-GM-Diesel, 20 kn, 1-12,7m-MG, 8 Mann).

3.121 Seschellen

Die 1976 unabhängig gewordene Inselgruppe im Pazifik besitzt fünf Patrouillenboote,
– das am 20. 1. 79 als Geschenk überlassene französische KM-Boot *Croix du Sud,* das ohne Minensuchgeschirr als *Topaz* fährt,
– das 1980 von Tyler (GB) gebaute 40-t/26-kn-Boot *Junion,*
– zwei 1981/82 von der Sowjet-Union gelieferte Boote des Typs Zhuk,
– die 1981 bei Picchiotti, Viareggio, bestellte und im Januar 1983 gelieferte 605/*Andromache* (Sk 80 a, Bild 128 a, 41,8/38,6 × 8,0 × 2,5 m, 240/268 t, 2 × 3400-PS-Paxman-16RP200CM-Valenta-Diesel, 24/28 kn, 3000 sm/16 kn, 1-20-mm, 2 MG, 24 Mann). Die Beschaffung eines weiteren Bootes ist geplant.

3.122 Sierra Leone

Sierra Leone unterhält ein 1976 erworbenes Patrouillenboot des Fairey Marine-Typs Tracker, *President Sioka Stevens* (19,2 × 4,9 × 1,4 m, 31,5 t, 2 × 650-PS-GM-Diesel, 24 kn, 1200 sm/20 kn, 1-20-mm, 2 MG, 11 Mann) und ein Boot des von der Sowjet-Union gelieferten Typs Zhuk.
1973 wurden von China zwei Artillerie-Schnellboote der Shanghai II-Klasse als 002–003 angekauft. Diese sind inzwischen ausgemustert (003 im Jahre 1983).

3.123 Singapore

Die Marine und die Seepolizei von Singapore besitzen an Altbeständen
- das 1955 gebaute Patrouillenboot P 75/*Endeavour,*
- das 1954/56 gebaute Patrouillenboot P 68/*Panglima,*
- die 1969/71 von Vosper Thornycroft in Portsmouth bzw. Singapore gebauten Artillerie-Schnellboote P 69–74/*Independence* (Sk 81), *Freedom, Justice* (1-40-mm,1-20-mm), *Sovereignty, Daring, Dauntless* (1-76-mm, 1-20-mm, Sk 82, Bild 129, 130),
- die 1971/72 bei Lürssen und 1972/75 bei Singapore Shipbuilding & Engineering Co. (1969 gegründet) gebauten FK-Schnellboote P 76–81/*Sea Wolf, Sea Dragon* (Bild 131), *Sea Tiger, Sea Hawk, Sea Scorpion* des Lürssen-Typs TNC 45, die 1-57-mm, 1-40-mm und 5 Gabriel-SSM-Starter tragen (Feuerleitung HSA WM 28/5),
- die 1969 von Vosper Thornycroft für die Seepolizei gelieferten Patrouillenboote PX 10–13.

Neu beschafft wurden
- 1978/79 zwanzig Boote, PC 32–51, für die Seepolizei (2-t-Outborder),
- 1979 sechs Patrouillenboote des australischen De Havilland-Typs Capricornia für die Seepolizei (15,7 × 4,8 × 1,3 m, 27 t, 28 kn, 2 MG),
- 1980/81 zwölf Patrouillenboote von der Singapore Shipbuilding & Engineering Co. für die Seepolizei (11-12,14-23/*Swift Knight, Swift Lancer, Swift Swordsman, Swift Warrior, Swift Archer, Swift Warlord, Swift Combatant, Swift Challenger, Swift Cavalier, Swift Conqueror, Swift Centurion, Swift Chieftain).* Die technischen Daten: 22,7 × 6,2 × 1,6 m, 45,7 t, 2 × 1330-PS-Deutz-SBA-16M816 bzw. 1475-PS-MTU12V331TC92-Diesel, 33/35 kn, 550 sm/20 kn, 1-20-mm, 1 MG, 12 Mann. Sie sind technisch zur Anbordnahme von 2 Gabriel-SSM-Startern eingerichtet (Sk 83, Bild 132),
- 1980/81 zwanzig Patrouillenboote von der Sembawang Shipb., PX 14–33 (2 × 360-PS-MTU-Diesel, 32 kn) für die Seepolizei,
- 1984 elf Patrouillenboote von der Singapore Shipb. & Engineering Co., PT 1–11 (14,5 × 4,23 × 1,2 m, 20 t, 2 × 538-PS-MAN-D2542MLE-Diesel, 29 kn, 1 MG, 2 + 6 Mann) für die Seepolizei (Bild 133).

3.124 Somalia

Die somalische Marine wurde bis zum Abbruch der Beziehungen während der äthiopisch-somalischen Kämpfe um die Provinz Ogaden ausschließlich von der Sowjet-Union mit schwimmendem Material versorgt. Diese Lieferungen umfaßten
- 1966 drei, 1967 zwei und 1977 ein Patrouillenboot(e) des Typs Poluchat I,
- 1968/72 sieben Torpedoschnellboote des Typs P 6,
- im September 1975 und Januar 1976 je ein FK-Schnellboot des Typs Osa II,
- 1972 vier Torpedoschnellboote der Mol-Klasse, die teils mit, teils ohne TR im Einsatz sind.

Der Unterhalt der Fahrzeuge dürfte nach dem Bruch mit der Sowjet-Union im Hinblick auf fehlende Ersatzteillieferungen Schwierigkeiten bereiten. Einen gewissen Ersatz könnte China liefern. So wurden 1983/84 bereits drei Boote des Typs P 6 und ein Boot des Typs Poluchat ausgemustert und kannibalisiert.
Im Februar 1984 sollen bei Bazan, San Fernando, zwei Patrouillenboote des spanischen Typs Cormoran bestellt worden sein.

Sk 81
Singapore-Vosper-Artillerie-Schnellboote der Independence-Klasse (Vosper)

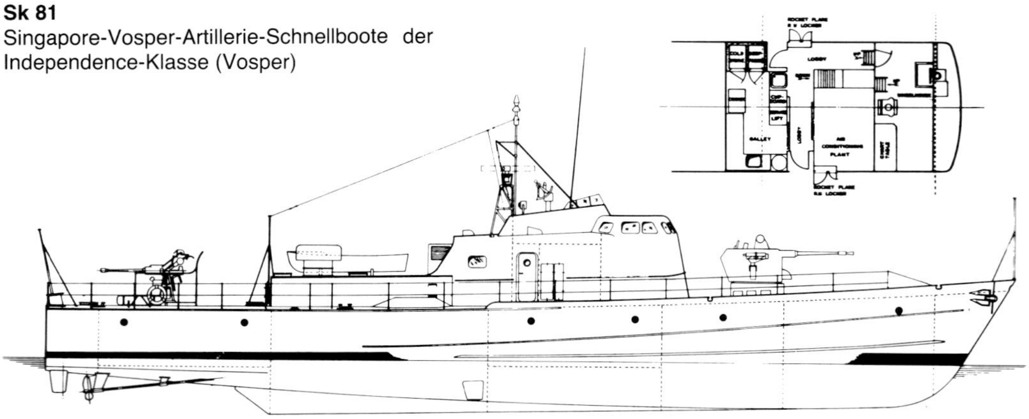

Sk 82
Singapore-Vosper-Artillerie-Schnellboote der Sovereignty-Klasse (Vosper)

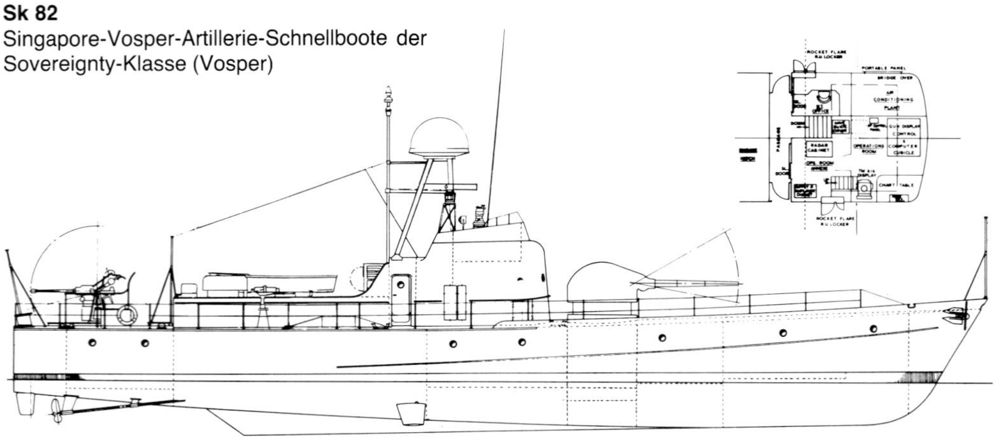

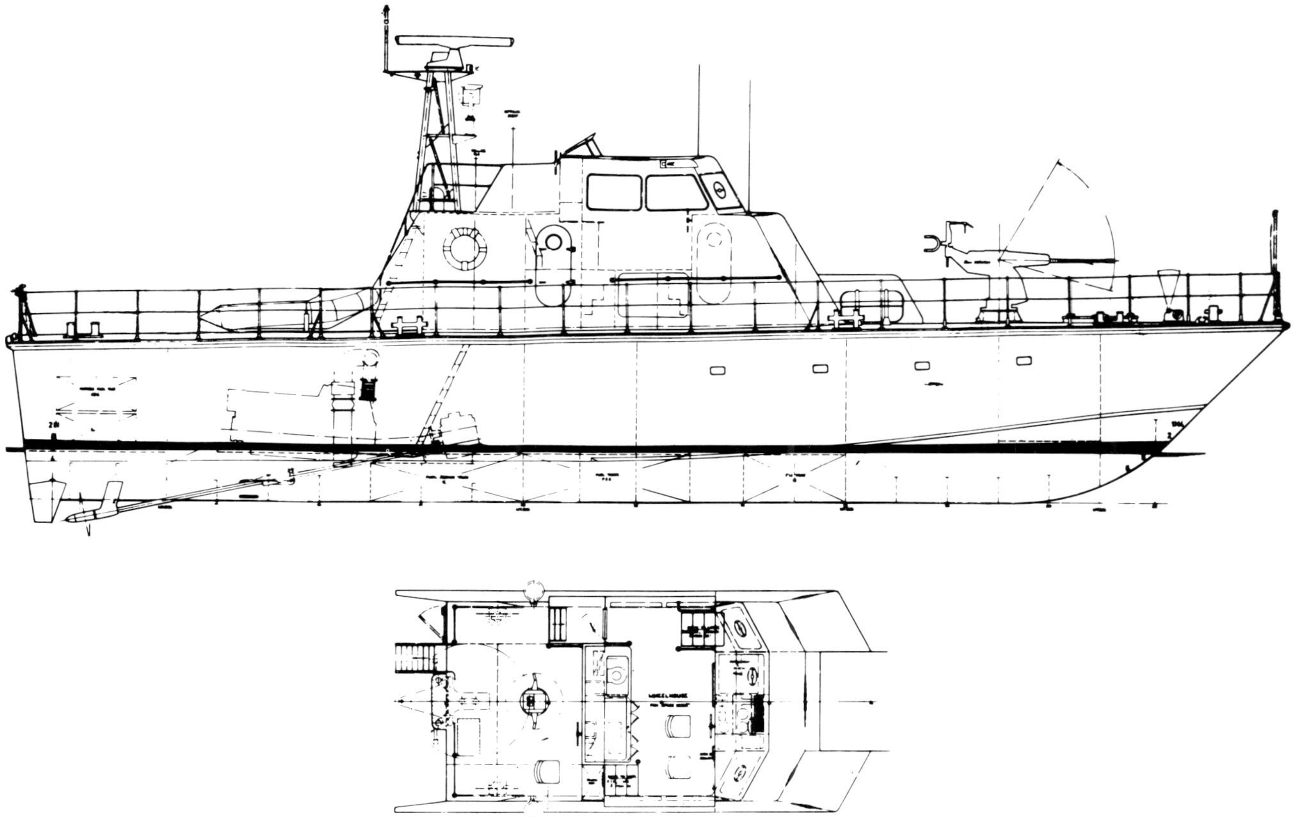

Sk 83
Singapore-Singapore Shipbuilding & Eng.-Patrouillenboote der Swift-Klasse (Singapore SB & Eng.)

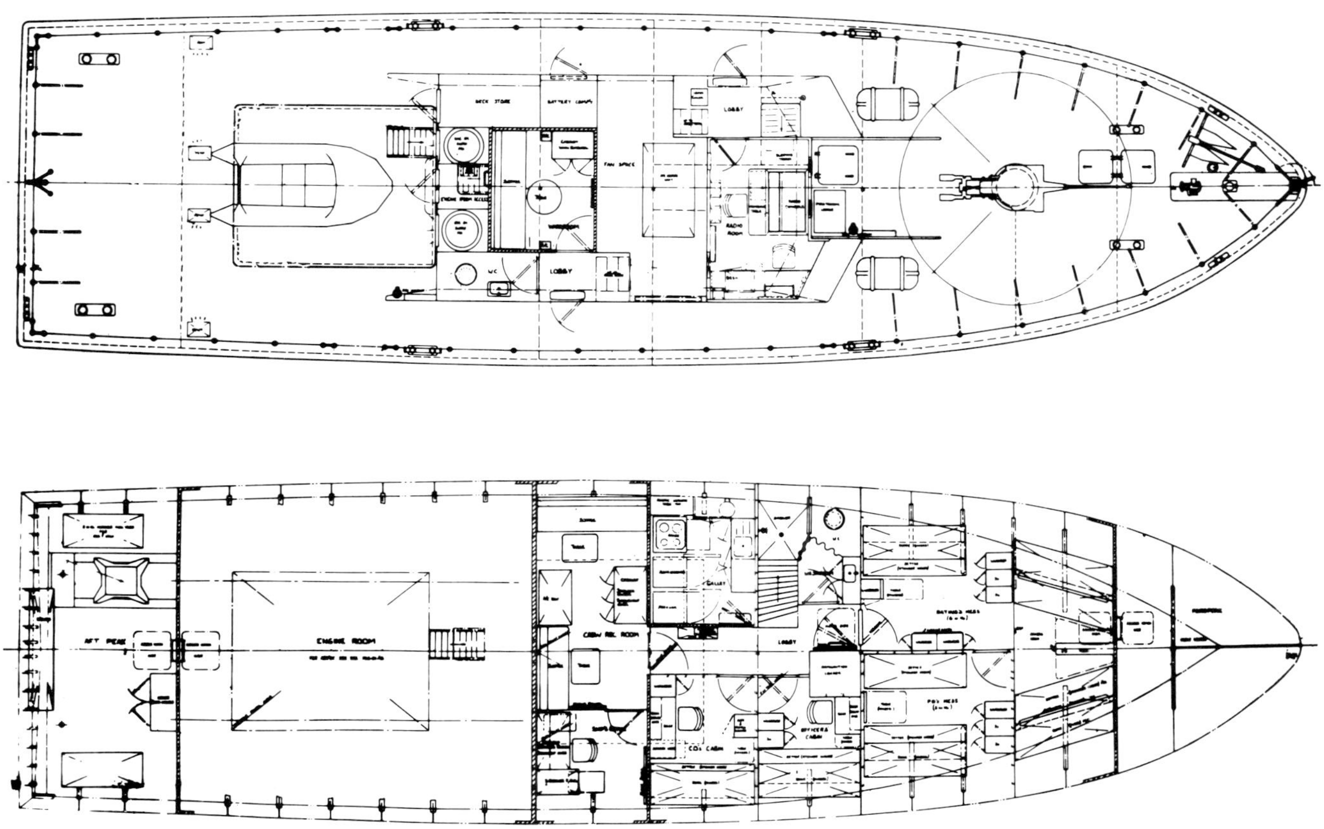

3.125 Spanien

Der Ausbau der spanischen Marine schritt – teilweise mit US-Hilfe – weiter fort. Ältere Fahrzeuge wurden ausgemustert:

- 1974 die Patrouillenboote V 1–4, 9–13, 18 und *Candido Perez* (US-PC-Typ),
- 1977 die Torpedoschnellboote LT 30–31 (Lürssen-Typ), die als Zielboote aufgebraucht wurden.

An älteren Beständen sind noch in Fahrt

- die 1963 bzw. 1969 von Bazan, La Carraca, und Arsenal Cartagena gebauten, in Form, Abmessungen usw. unterschiedlichen Patrouillenboote PVI 01/*Cabo Fradera*, PVI 31–32 (ex V 5–6),
- die 1963/65 von Bazan, Cadiz, gebauten Patrouillenboote PAS 11–13 (ex LAS 10, 20, 30),
- die 1964/65 von Bazan, La Carraca, gebauten Patrouillenboote PVI 21–25 (ex LM 1–5),
- die 1957/58 von CMN, Cherbourg, gebauten, Zollzwecken dienenden Patrouillenboote *Albatros I–III* (französischer VC-Typ).

Eine entscheidende Verstärkung der Schlagkraft der spanischen Light Forces begann 1972, als mit der deutschen Lürssen-Werft ein Vertrag über den Bau eines großen Patrouillenboots des Typs FPB 57 und den Lizenzbau von fünf Folgebooten bei Bazan, La Carraca, abgeschlossen wurde. Von der Marine betrieben, jedoch friedensmäßig zunächst vorherrschend im Fischereischutz verwandt, wurden und werden die Bau- und Betriebskosten der Fahrzeuge jeweils zur Hälfte aus den Etats des Verteidigungs- und des Handelsministeriums aufgebracht. Das Typboot PC 01/*Lazaga* (Sk 84, Bild 134) lief am 10. 10. 74 bei Lürssen von Stapel und ging nach Abschluß der Werfterprobungen im April 1975 nach Spanien, wo Bazan, La Carraca, Ausrüstung und Bewaffnung vornahm. Die Indienststellung erfolgte dann am 16. 7. 75. Die von Bazan gebauten Folgeboote PC 02–06/*Alsedo, Cadarso, Villaamil, Bonifaz, Recalde* kamen zwischen Juli 1976 und Dezember 1977 in Fahrt. Die Boote verdrängen bei 58,1/54,4 × 7,62 × 2,8 m Hauptabmessungen 275/318/398 t. Sie erhielten einen vom Lürssen-FPB-57-Typ abgeleiteten Bootskörper, jedoch eine auf 2 × 4500-PS-MTU-(Bazan)-MA15TB91-Diesel reduzierte Zweiwellenantriebsanlage für 28,0/31 kn und 6500 sm/17 kn. Die Besatzung besteht aus 34 Mann, die Bewaffnung z. Z. aus 1-76-mm-Oto-Melara, 1-40-mm-Breda-Bofors 350P, 2-20-mm-Oerlikon GK 204 und Wabos. Darüber hinaus sind technische Einrichtungen vorgesehen für die Anbordgabe von 2 × 3-32,4-cm-UTR und 4-Harpoon-SSM-Startern. Die Elektronik umfaßt u. a. eine Feuerleitanlage HSA WM 28/41, Sonar, ECM, IFF und ein Decca TM 626-Navigationsradar.

Im Dezember 1973 kam es zu einem analogen Vertrag mit Lürssen. Wieder sollte Lürssen den Prototyp und Bazan die Folgeboote herstellen. Diesmal übernahm das Handelsministerium die Baukosten, die Marine dagegen Bemannung und Betrieb. PC 11/*Barcelo* (Sk 85, Bild 135) wurde am 20. 3. 76 in Dienst gestellt. Die von Bazan, La Carraca gebauten Folgeboote PC 12–16/*Laya, Javier Quiroga, Ordonez, Acevedo,*

Sk 84
Spanische Lürssen/Bazan-Artillerie-Schnellboote der Lazaga-Klasse (Lürssen)

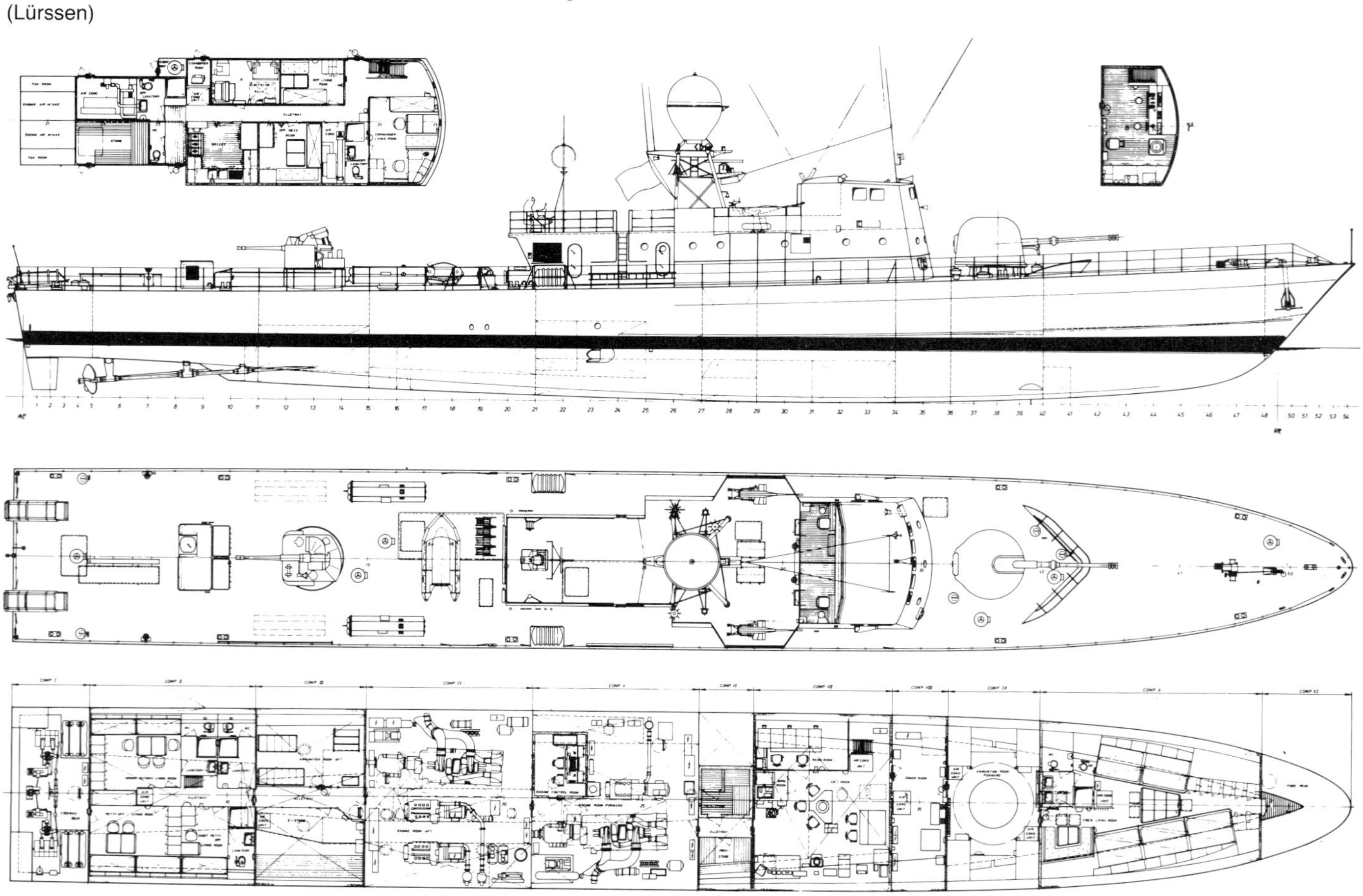

Candido Perez kamen zwischen Dezember 1976 und November 1977 in Dienst. Aufbauend auf dem für Chile und Ekuador entwickelten Lürssen-Typ TNC 36 verdrängen die Boote bei 36,2/34,00 × 5,8 × 2,15 m Hauptabmessungen im Einsatz 134 t. Die Antriebsanlage besteht aus 2 × 3160-PS-MTU-(Bazan)-MD16VTB90-Dieseln für 36 kn, die Bunkerkapazität erlaubt 1200 sm/16 kn. Die Bewaffnung besteht aus 1-40-mm-Breda-Bofors 350, 1-20-mm-Oerlikon GAM 204, 2-12,7-mm-MG mit einem Panda-CSEE-Leitgerät für die 40-mm-Waffe. Einrichtungen für die Anbordgabe von 2-53,3-cm-TR, ggf. auch SSM-Startern, sind vorhanden. Die Besatzung der friedensmäßig im Fischereischutz eingesetzten Boote besteht aus 20 Mann.

An Patrouillenbooten entstanden ferner

- 1977 bei Viudes, Barcelona, nach Bazan-Plänen PVC 21 (ex V 33) mit 16,0 × 4,1 × 1,2 m, 20 t, GFK-Bootskörper, 2 × 550-PS-MAN-D2542MTE-Diesel, 27 kn, 700 sm/18 kn, 9 Mann,
- 1977 bei Aresa, Barcelona, PVC 31 (15,0 × 3,9 × 1,2 m, 16,4 t, Holzbootskörper, 2 × 370-PS-Cummins-8TV370M-Diesel, 26 kn, 1 MG),
- 1978/79 bei Rodman, Vigo, PVI 11–19, 110–130 (ex LVI 1–20, 8,9 × 3,1 × 0,7 m, 4,2 t, 240 PS, 18 kn, 1 MG),
- 1978/83 bei Aresa, Barcelona, PVC 11–19, 110–123 (15,9 × 4,4 × 1,1 m, 18,5/21 t, GFK-Bootskörper, 2 × 350-PS-Baudoin-Inter-Diesel, 26 kn, 1-12,7-mm-MG),
- 1979/82 bei Bazan, Ferrol, PVZ 31–34/*Conejera, Dragonera, Espalmador, Alcanada* (ex LVE 1–4, 32,2 × 4,8 × 1,4 m, 85 t, Leichtmetallbootskörper, 2 × 1400-PS, 25 kn, 1200 sm/15 kn),
- 1978/82 bei Bazan, Cadiz, PVZ 21–29, 210/*Anaga, Tagomago, Marola, Mouro, Grosa, Medas, Izaro, Tabarca, Deva, Bergantin* (44,4 × 6,6 × 2,5 m, 280/296 t, 1 × 4300-PS-MTU-Diesel, 22 kn, 4000 sm/13 kn, 1-76-mm-Oto-Melara, 2-20-mm, 2 MG, 25 Mann) für Fischereischutzzwecke im Bereich der Wirtschaftszone.

Für Zollzwecke entstanden

- 1974 bei Chantiers Navals de L'Esterel *Aguila* (Bild 136, 32,0 × 5,8 × 1,6 m, 80 t, 2 × 1350-PS-MTU-Diesel, 30 kn, 2 MG, 16 Mann),
- 1974/82 bei J. Roberto Rodriguez e Hijos, Vigo *Aguilacho, Gavilan I–III* (45 t, 2750 PS, 30 kn, 750 sm/30 kn, 1-20-mm, 8 Mann),

Sk 85
Spanische Lürssen/Bazan-Artillerie-Schnellboote der Barcelo-Klasse (Lürssen)

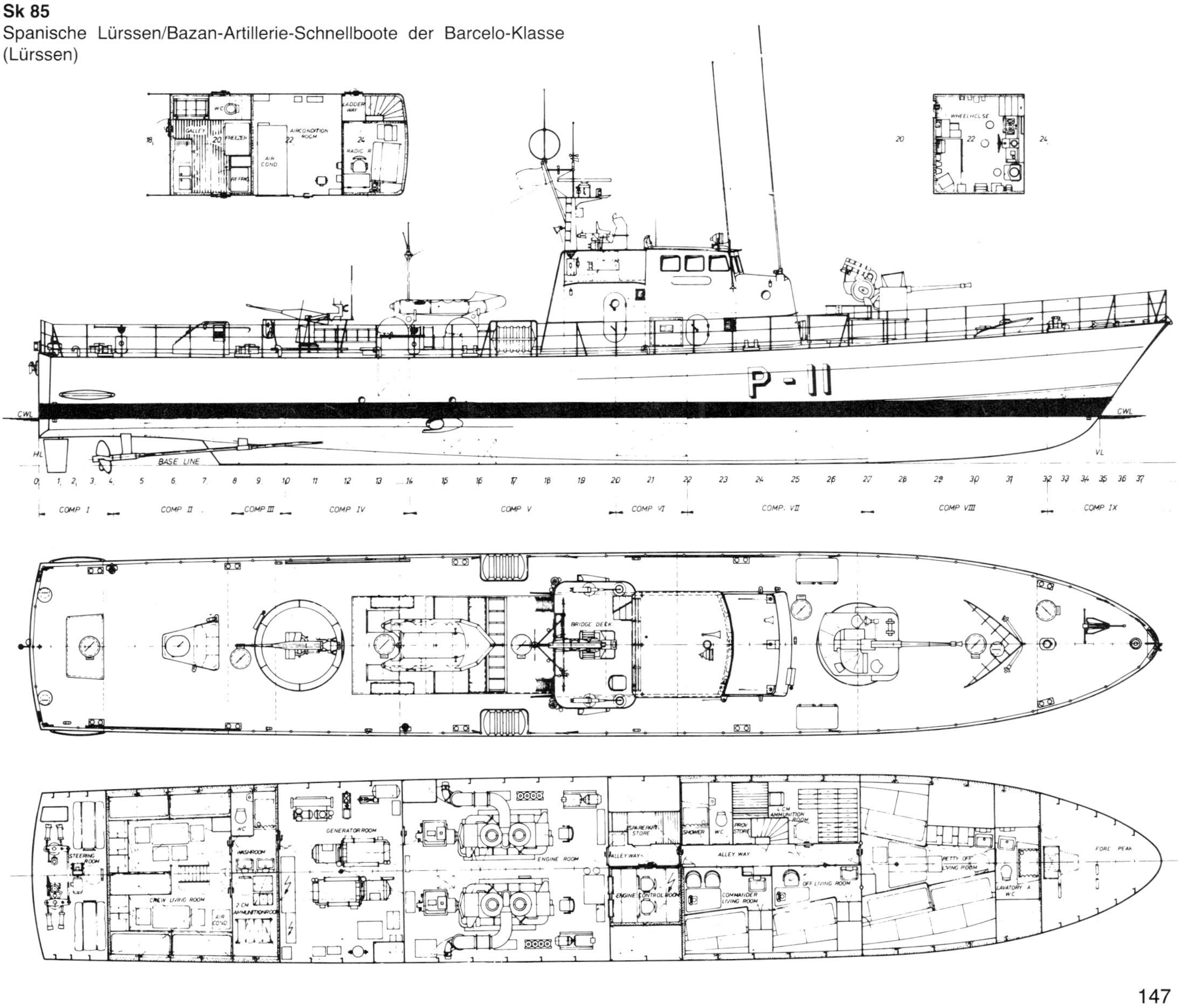

- 1983 PVC 41 (14,5 × 3,5 m, 35 t, 300 PS, 9 Mann) sowie insgesamt 18 kleinere Boote von 22, 16,5 und 11,5 m Länge.

Im Januar 1986 begann die Empresa Nacional Bazan mit den Erprobungen des ersten von zwei auf eigene Rechnung gebauten 374-t-Booten des Typs Cormoran. Das 374-t-Boot hat drei 4000-PS-MTU-Diesel. Die Mittelwelle hat Verstellpropeller für Marschfahrt, die Außenwellen haben Festpropeller für max. 35 kn. Als Bewaffnung sind 1-76-mm-Oto-Melara, 1-40-mm-Breda-Bofors und 4 Harpoon-SSM-Starter vorgesehen.
1974 erhielt die Firma Chaconsa in Murcia von der Marineversuchsanstalt den Auftrag für die Entwicklung und den Bau des Versuchs-Luftkissenfahrzeugs VCA-3, Pläne für ein 30-t-Boot VCA-30 wurden offensichtlich nicht weiter verfolgt.

3.126 Sri Lanka

Von den Altbeständen wurden ausgemustert
- 1975/76 die kleinen Patrouillenboote *Diyakawa, Korawakka, Seruwa, Taeawa,*
- 1978/83 die 1967 von Vosper Thornycroft Ltd., Singapore, gebauten Patrouillenboote P 101, 103, 105–107, 201–211. P 102 war 1979 verlorengegangen.
- 1983 das 1972 von China gelieferte Artillerie-Schnellboot *Dakshaya* (Typ Shanghai II) und das im Dezember 1975 von der Sowjet-Union gelieferte Schnellboot *Samudra Devi* (Typ Mol), das ohne TR als reiner Artillerieträger gefahren hatte.

An älteren Beständen sind vorhanden
- zwei 1956 von der Korody Marine Corp. gebaute Patrouillenboote, P 411–412/(20,1 × 4,3 × 1,2 m, 36 t, 2 × 450-PS-GM-Diesel, 16 kn),
- vier 1967 von Vosper Thornycroft Ltd., Singapore, gebaute Patrouillenboote, P 104, 108, 109, 110, die letzten von ehemals 21,
- sechs 1972/80 von China gelieferte Artillerie-Schnellboote des Typs Shanghai II: P 3140–3141, 3144–3147/*Sooraya, Weeraya, Balawatha, Jagatha, Rakshaka, Ranakami.*

Ab Mitte der siebziger Jahre wurde der Bestand – nicht zuletzt zur Überwachung der Küsten gegen illegale Einwanderung – ausgebaut:
- zwischen April und Oktober 1977 lieferte Cheverton (GB) die Küstenpatrouillenboote P 421–425 (17,0 × 4,5 × 1,2 m, 17,5/22 t, 2 × 400-PS-GM-8V71TI-Diesel, 23 kn, 1000 sm/12 kn, 3 MG, 7 Mann). Der Auftrag erfolgte aufgrund einer Ausschreibung, obwohl man zum Einsparen von Devisen zunehmend Eigenbauten anstrebt.
- elf 1980/83 von der Colombo Dockyard gebaute Patrouillenboote: P 431–436, 445–449 (20,0 × 5,5 × 2,1 m, 40/44 t, 2 × 620-PS-GM-12V71TI-Diesel, 22 kn, 1500 sm/14 kn, 2-20-mm, 10 Mann),
- vier 1981/82 von der Colombo Dockyard gebaute Patrouillenboote: P 201–204 (14,2 × 3,9 × 1,0 m, 21 t, 2 × 425-PS-GM-8V71TI-Diesel, 20 kn, 450 sm/14 kn, 2 MG, 6 Mann).

Am 31. 12. 81 erhielt die Colombo Dockyard den Auftrag für zwei große, äußerlich schlepperähnliche Patrouillenboote, die im Dezember 1983 bzw. April 1984 als P 601–602/*Jayesagara, Sagarawardene* in Dienst kamen (39,8 × 7,0 × 2,1 m, 330 t Einsatzverdrängung, 2 × 1050-PS-MAN-Diesel, 15 kn, 3000 sm/11 kn, 1 × 2-25-mm, 36 Mann). Der Bau von drei weiteren Booten dieses Typs soll im August 1984 in Auftrag gegeben worden sein.
Schließlich wurden 1985 von Israel zwei Boote des Typs Dabur beschafft.

3.127 Sudan

Der Abzug der jugoslawischen Militärmission im Jahre 1972 führte dazu, daß ein erheblicher Teil der aus Jugoslawien stammenden Patrouillenboote wegen Ersatzteilmangels und Überalterung ausgemustert wurde. So 1981 die sechs Artillerieschnellboote des Typs 101 und das Patrouillenboot *El Khartoum* des Kraljevica-Typs. Noch vorhanden sind
- die 1961 gebauten Patrouillenboot PBV 1–4/*Gihad, Horriya, Istaqlal, Shaab,*
- das Patrouillenbott *El Fasher* des Kraljevica-Typs,
- die drei 1975 vom Iran angekauften, 1969/71 von Abeking & Rasmussen, Lemwerder, gebauten Patrouillenboote 128–130/*Sheikan, Kadir, Karari* (ex Gohar, Shahpar, Shahram, 29,0 × 5,0 × 1,5 m, 70 t, 2 × 1100-PS-MB-Diesel, 27 kn, 1220 sm/20 kn, 3 MG, 19 Mann),
- vier 1975 vom Iran angekaufte, 1970 von Sewart Seacraft gebaute 10-t/30-kn-Boote, die als *Halote, Maroub, Fijab* und *Salak* fahren.

Nach vorliegenden Berichten wurde im Frühjahr 1984 eine grundlegende Modernisierung des Flottenbestandes eingeleitet. Bei Bazan, San Fernando, wurden bestellt
- sechs 36-m-Patrouillenboote,
- zwei FK-Schnellbotte (51,9 × 7,5 × 1,9 m, 355 t Einsatzverdrängung, 3 × 4500-PS-MTU-16V956TB9i-Diesel, 36 kn, 2500 sm/15 kn, 1-76-mm-Oto-Melara, 1-40-mm, 8 Harpoon-SSM-Starter, 30 Mann).

Die Realisierung scheint jedoch z. Z. noch offen.

3.128 Südafrika

Die südafrikanische Marine unterhält an älteren Patrouillenbooten fünf 1954/59 beschaffte Fahrzeuge der englischen Ford-Klasse und die beiden SAR-Zwecken dienenden, 1961/62 von der Krögerwerft, Rendsburg, gebauten Boote P 1551–1552.
Ende 1974 wurde nach dem weitgehenden Waffenembargo der westlichen Industriestaaten mit Israel ein Vertrag über den Bau von zunächst sechs (später acht) FK-Schnellbooten der israelischen Reshev-Klasse abgeschlossen, von denen drei von Israel Shipyards, Haifa, und die restlichen aufgrund eines Vertrages vom 15. 11. 77 – teilweise aus geliefertem vorgefertigtem Material – bei Sandock Austral, Durban, gebaut werden sollten. Sie erhielten alle die Namen südafrikanischer Verteidigungsminister. Die Israel-Boote P 1561–1563/*Jan Smuts, P. W. Botha, Frederick Creswell* kamen zwischen September 1977 und Mai 1978 in Dienst. Die Sandock-Boote P 1564–1568/*Jim Fouche, Frans Erasmus, Oswald Pirow, Frank Chapper, Hendrik Mentz, Kobie Coetzee* zwischen Dezember 1978 und Februar 1983. Abgesehen von leicht modifizierten technischen Daten (62,2 × 7,8 × 2,4 m, 430 t, 4 × 3000-PS-Maybach-Diesel, 32 kn, 1500 sm/30 kn, 2-76-mm-Oto-Melara, 2 × 2-12,7-mm-MG, 6 Gabriel-SSM-Starter, 47 Mann), ist die wesentliche Abweichung gegenüber der israelischen Reshev-Klasse die Verwendung der in Südafrika gebauten, Scorpion genannten Version der israelischen Gabriel II-SSM.

Der Bau der Boote erregte besonders in der Bundesrepublik Aufsehen. Auf Anfrage eines SPD-Abgeordneten im Bundestag antwortete der Parlamentarische Staatssekretär beim Bundesminister für Wirtschaft, M. Grüner, am 7. 12. 77, die Bundesregierung sei »nicht im Besitz von Detailinformationen über die Beschaffenheit der südafrikanischen Schnellboote, insbesondere über deren Vergleichbarkeit mit deutschen Schiffen. Eventuelle Übvereinstimmungen in Abmessungen, Tonnage, Besatzungsstärke und Bewaffnung mit dem deutschen Schnellboot-Typ 143 könnten weder von der Bundesregierung noch von der Lürssen-Werft, die diese Boote entwickelt hat, erklärt werden. Fertigungsunterlagen für den Bau von Schnellbooten seien jedenfalls nicht nach Südafrika geliefert worden« (162).
Vorhanden sind ferner

- ein 1976 fertiggestelltes Versuchsboot (P 1558, 27,0 × 5,3 × 1,7 m, 80 t, 2 Diesel, 1-40-mm, 1 × 2 + 2-20-mm,
- dreißig 5-t/30-kn-Boote mit 3 MG (Y 1001–1030),
- zwei von Groves & Gutteridge, Cowes, gelieferte SAR-Boote (P 1554–1555, 19,5 × 4,9 × 1,5 m, 26 t, 2 × 550-PS-Diesel, 28 kn).

3.129 Surinam

Surinam, das 1975 unabhängig gewordene Niederländisch-Guinea, bestellte im Dezember 1974 beim holländischen Betrieb der Schottelwerft vier Flußpatrouillenboote. Ein 10-m-Boot mit 280-PS-Dorman-8JT-Diesel und 14 kn kam im August 1975 in Dienst. Die größeren Boote RP 201–203/*Bahadoer, Fajablow, Korangon* (12,6 × 3,8 × 1,1 m, 15 t, 280-PS-Dorman-8JT-Diesel, 14 kn, 1-12,7-mm-MG, 4 Mann) kamen im Dezember 1975 bzw. Februar 1976 in Dienst. Im April 1975 erhielt die gleiche Werft den Auftrag für drei mit 2 × 1055-PS-Paxman-12YHCM-Dieseln ausgerüstete 70-t/24-kn-Boote, die 1976 als C 301–303 in Dienst kamen. Sie tragen 3 MG. Schließlich lieferte die holländische Werft De Vries, Aalsmeer, zwischen November 1976 und November 1977 die ebenfalls mit 2 × 1055-PS-Paxman-12YHCM-Dieseln für 17,5 kn ausgerüsteten, 32,02/29,55 × 6,5 × 1,7 m messenden, 127/140 t verdrängenden und mit 2-40-mm-Waffen bewaffneten Patrouillenboote S 401–403 (Sk 86, Bild 137). Da letztere an sich für höhere Geschwindigkeiten ausgelegt sind, scheinen die 17,5 kn für den vorgesehenen Dienst auszureichen.

Sk 86
Surinam-De Vries-Patrouillenboote S 401–403 (De Vries)

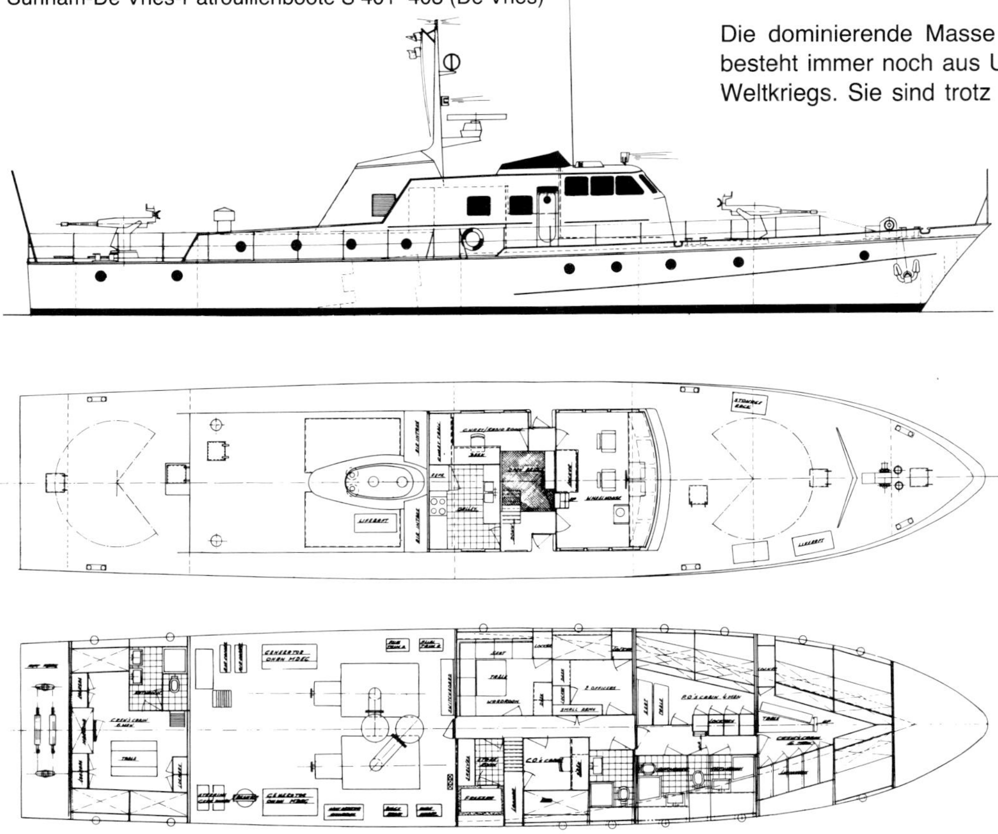

3.130 Syrien

Die syrische Marine verfügt unter Berücksichtigung der Kriegsverluste und neuerer Lieferungen der Sowjet-Union über

- sieben bis acht einsatzfähige Torpedo-Schnellboote des sowjetischen Typs P 4,
- sechs FK-Schnellboote des sowjetischen Typs Komar, Nr. 41–46,
- sechs FK-Schnellboote des sowjetischen Typs Osa I, Nr. 21–26,
- zehn FK-Schnellboote des sowjetischen Typs Osa II,
- sechs Patrouillenboote des sowjetischen Typs Zhuk.

Die drei 1939/40 gebauten U-Jäger des französischen Typs CH, die in den letzten Jahren nur noch als Hulks Verwendung fanden, wurden 1984 ausgemustert.
1985 sollen vier FK-Korvetten des sowjetischen Typs Nanushka II zur Lieferung vorgesehen worden sein.

3.131 Taiwan

Die dominierende Masse der taiwanesischen Seestreitkräfte besteht immer noch aus US-Fahrzeugen der Ära des Zweiten Weltkriegs. Sie sind trotz entsprechender Erhaltungsmaßnahmen überaltert und abgefahren. Ersatz ist nach der politischen Hinwendung der USA nach China problematisch, zumal auch andere Industriestaaten im Hinblick auf ihre Relation zu China mit Waffenlieferungen sehr zurückhaltend sind.
An älteren Beständen sind vorhanden

- die 1969 von den USA erhaltenen PTC 35–36 des US-AVR-Typs (19,3 × 5,7 × 1,4 m, 32 t, 2 × 650-PS-GM-Diesel, 22 kn, 4 MG, 8 Mann),
- fünfzehn in den endsechziger/Anfang siebziger Jahren gebaute 10,5-t/40-kn-Boote (PB 60–74), die 1-40-mm tragen,
- ein 1969 von der Chien Hwa-Werft gebautes 30-t/21-kn-Boot, PTC 38, das 1-40- und 1-20-mm trägt,

- zehn um 1971 in Taiwan gebaute 30-t-Boote, die 1-40-mm tragen,
- drei ehemalige U-Jäger des US-Typs PC von 1943/44, die im Rahmen des Zolls verwandt werden und 2-20-mm tragen.

Nach dem Ankauf der Lizenz zur Herstellung israelischer Gabriel-SSM (hier Hsiung Feng-SSM genannt) und von Klein-Schnellbooten der israelischen Dvora-Klasse scheint sich ein verstärkter Aufbau von leichten FK-Schnellboot-Verbänden abzuzeichnen. Nachdem die sechs Versuchs-Schnellboote PT 511–516 ausgemustert worden waren, lieferte die Tacoma Boat Building Co. Inc., Washington, im Mai 1978 als Prototyp das FK-Schnellboot PGG 581/*Lung Chiang* (Typ Tacoma-PSSM Mk. 5/koreanische Paek Ku-Klasse, 50,3 × 7,3 × 2,9 m, 218/250 t, CODOG-Antrieb mit 3 × 4600-PS-Avro-Lycoming-TF40A-Gasturbinen + 3 × 1200-PS-GM-12V149TI-Dieseln, 40 kn, 700 sm/40 kn, 1900 sm/20 kn, 1-76-mm-Oto-Melara, 1 × 2-30-mm-Emerlec, 2 MG, 4 Hsiung Feng-SSM-Starter, 34 Mann, Feuerleitung NA10 Mod.O GFCS mit Selenia RAN 11 L/X und IPN 10). Gleichzeitig leistete die Firma Tacoma Unterstützung beim Bau des Schwesterboots PGG 582/*Sui Chiang* bei der China Shipbuilding Corp. in Kaohsiung. Ursprünglich waren dreizehn weitere in Taiwan zu bauende Boote geplant. Der Plan wurde jedoch aus Kostengründen und wegen der Unmöglichkeit, amerikanische Harpoon- oder italienische Otomat-SSM zu erhalten, zunächst aufgegeben. Erst neuerdings entstand bei der China Shipbuilding Corp. mit PGG 583 der Prototyp eines von PGG 581 abgeleiteten Fahrzeugs, von dem zunächst sechs Boote vorgesehen sind.

Unter Rückgriff auf die Zusammenarbeit mit Israel entschloß man sich 1979 zu einer ersten Serie von zwölf Booten eines Derivats der israelischen Dvora-Klasse, die das Taiwan Sun Yatsen Scientific Research Institute entwickelt hatte. Das erste Boot, *Tzu Chiang,* wurde 1980 bei der China Shipbuilding Corp. fertiggestellt (21,6 × 5,5 × 1,0 m, 47 t, Leichtmetall-Bootskörper, 2 × 1350-PS-MTU-12V331-Diesel, 36 kn, 700 sm/32 kn, 1-20-mm, 1 × 2 MG, 2 Hsiung Feng-SSM-Starter). Das Boot kam bei den Erprobungen, offensichtlich noch ohne Waffen, auf 45 kn. Daraufhin wurde der als Hai Ou bezeichnete Typ in einer Serie von zunächst 26, später dann 50 Booten geordert. Eine Fortsetzung des Baus dieses einfachen, aber durchaus schlagkräftigen Typs scheint wahrscheinlich.

Für Zollzwecke baute die China Shipbuilding Corp. 1979 drei Patrouillenboote von 26,0 × 5,6 × 2,7 m Hauptabmessungen, die mit 2 MTU-Dieseln und 1-20-mm ausgerüstet sind (*Hai An, Hai Cheng, Hai Ping).* Zwei weitere 70-t-Boote lieferte Halter Marine 1977. Die Bestellung eines FK-Schnellboots des südafrikanischen Typs Jan Smuts/israelisch Reshev bei Sandock, Durban, wurde inzwischen ausgeführt.

3.132 Tansania

Die Marine von Tansania bezieht ihre ausschließlich aus Light Forces bestehenden Seestreitkräfte vorherrschend aus der Sowjet-Union, China und der DDR. Ausgemustert wurden 1982/83:

- die vier 1970/73 von der Sowjet-Union bzw. der DDR gelieferten Torpedo-Schnellboote des sowjetischen Typs P 4, die ohne TR fuhren,
- die drei 1974/75 von der DDR gelieferten Torpedo-Schnellboote des sowjetischen Typs P 6, die ebenfalls ohne TR fuhren,
- ein Patrouillenboot des sowjetischen Typs Poluchat.

Vorhanden und in Fahrt sind

- sieben 1971/72 gelieferte Artillerie-Schnellboote des chinesischen Typs Shanghai II (IW 9861–9867),
- vier 1975 gelieferte Tragflügel-Torpedo-Schnellboote des chinesischen Typs Huchwan (IW 9841–9844),
- vier 1979/81 gelieferte Patrouillenboote des nordkoreanischen Typs Nampo, ein P 6-Derivat mit einer Landungsrampe am Bug,
- zwei 1966/67 gelieferte Patrouillenboote des DDR-Schwalbe-Typs (*Araka, Salaam),*
- die beiden 1967 via Portugal angekauften, in der DDR gebauten 50-t-Patrouillenboote *Rafiki* und *Uhuru* (24,0 × 5,0 × 1,3 m, 1-40-mm, 4 MG),
- vier Ende der sechziger Jahre gelieferte Patrouillenboote des chinesischen Typs Yulin,
- ein 1978 von der Bayerischen Schiffbaugesellschaft gebautes Vermessungsboot, die *Utafiti.*

Für Sansibar lieferte Keith Nelson 1973/74 vier Boote des Vosper Thornycroft-75'-Typs (22,9 x 6,0 × 2,4 m, 70 t, 2 × 900-PS-Diesel, 24,5 kn, 800 sm/20 kn, 2-20-mm, 11 Mann).

3.133 Thailand

Die thailändische Marine ist seit den siebziger Jahren stark bemüht, überalterte Light Forces auszumustern und neue Fahrzeuge mit zum Teil hohem Kampfwert zu beschaffen.

Ausgemustert wurden

- 1976 die 110-t-Torpedoboote *Kantang* und *Klongyai* sowie die 318-t-Torpedoboote *Trad, Phuket, Chumporn,*
- 1978 die 318-t-Torpedoboote *Candaburi, Pattani, Rayona, Surasdra* und das Patrouillenboot CGC 12,
- 1979 das 110-t-Torpedoboot *Sattahib* und der U-Jäger *Thayanghon* (US-PC-Typ),
- 1980/84 die beiden 1954/55 von den USA gelieferten 83'-Coast-Guard-Cutter, der 95'-Coast Guard Cutter T 83, der U-Jäger des Typs US-PC und die *Longlom* des US-PC-Typs.

Damit reduziert sich der Altbestand auf

- fünf 1943 gebaute Patrouillenboote des US-Typs PC (PC 1, 4–7/*Sarasin, Phali, Sugrib, Tongpliu, Linlom*),
- 37 Boote des US-Typs PBR Mk. II aus den Jahren 1967/73,
- drei 1954 gebaute Patrouillenboote des 95' Coast Guard Typs (T 81, 82, 84),
- zehn Boote des US-Typs Swift (T 21–29 + 1 weiteres) aus den Jahren 1967/75.
- zehn Boote des US-Typs PGM aus den Jahren 1966/70 (T 11–19, 110).

An Neubauten entstanden FK- und Artillerie-Schnellboote sowie Patrouillenboote unterschiedlicher Größenordnungen:

Im Juni 1973 wurden bei der Singapore Shipbuilding & Engineering Co. in Lizenz der deutschen Lürssen-Werft drei FK-Schnellboote der auf dem Werfttyp TNC 45 aufbauenden, 1974/75 für Singapore gebauten Sea Wolf-Klasse bestellt. Nr. 1–3/*Prabparapak, Hanhak Sattru, Suphairin* liefen zwischen Juli 1975 und Februar 1976 von Stapel und kamen zwischen Juli 1976 und Februar 1977 in Dienst (45,4 × 7,5 × 2,3 m, 224/

268 t, 4 × 3600-PS-MTU-16V538TB-90-Diesel, 40/37,5 kn, 2000 sm/15 kn, 1-57-mm-L/70-Bofors, 1-40-mm-Bofors, 5 Gabriel-SSM-Starter (1 × 3 + 2 × 1), HSA-WM-28-Feuerleitanlage, 41 Mann).

Am 23. 7. 76 wurden bei Cantiere Navale Breda, Marghera (Venezia), drei Boote des Werfttyps MV 250/Breda BMB 230 bestellt (49,8 × 7,5 × 2,3 m, 4,0 m Seitenhöhe, 235/270 t, 3 × 4500-PS-MTU-20V538TB91-Diesel, Verstellpropeller, 36/38 kn, 2000 sm/15 kn, 650 sm/36 kn, 1-76-mm-Oto-Melara, 1-40-mm-Breda-Bofors, 4 MM-38-Exocet-SSM-Starter, HSA-WM-20-Feuerleitanlage, 45 Mann). Nr. 4–6/*Ratcharit, Witthayakhom, Udomet* liefen zwischen Juli und September 1978 von Stapel und kamen zwischen August 1979 und Februar 1980 in Dienst (163). Sie erhalten derzeit ECM/ESM.

Im November wurden zunächst zwei Boote, 1981 ein drittes Boot des großen Breda-Typs MV 400TH bei Cantiere Navale Breda als Artillerie-Schnellboote bestellt. Technische Einrichtungen zur Anbordgabe von FK-Waffen sind jedoch vorgesehen. Nr. 1–3/*Chonburi, Songkhia, Phuket* liefen zwischen November 1982 und Februar 1983 von Stapel. Sie kamen zwischen Februar und Mai 1983 in Dienst. Mit 60,4/57,5 × 8,8 × 2,0 m, 375/450 t, 3 × 4500/5000-PS-MTU-20V538TB91-Dieseln, 30 kn, 2500 sm/18 kn, 2-76-mm-Oto-Melara, 1 × 2-40-mm-Breda-Bofors, 3 RM-Serie HSA WM 22/61, Elsag Selenia Dando, Lirod Optronic GFCS, 45 Mann) sind die großen Boote vorherrschend für Patrouillenaufgaben vorgesehen.

Am 9. 9. 81 wurde mit der heimischen Ital. Thai Development Co. Ltd. (Samuprakarn) in Bangkok ein Vertrag über den Bau von vier Patrouillenbooten abgeschlossen, die einen auf dem US-PSMM-Typ aufbauenden Bootskörper erhielten. Die Werft baute die Boote in Lizenz und mit Unterstützung von Korea Tacoma. Nr. 4–7/*Sattahib, Klongyai, Takbai, Kantang* wurden zwischen September 1983 und Oktober 1984 geliefert (50,1 × 7,3 × 1,8 m, 270/300 t, 2 × 3400-PS-MTU-16V538TB91-Diesel, 22 kn, 1-76-mm, 1-40-mm, 2-20-mm, 56 Mann). Zwei weitere Boote, Nr. 8–9/*Thepa, Thai Muang,* sind in Fertigung.

Am 9. 5. 83 wurden bei Tacoma in den USA zwei Korvetten des dort für Saudi-Arabien gelieferten Badr-Typs bestellt. Das erste Fahrzeug, die *Ratanakosin,* wurde im Februar 1984 auf Stapel gelegt und soll im Herbst 1986 geliefert werden. Das zweite, die *Sukhuthai,* soll im Frühjahr 1987 folgen. Der Bau eines dritten Bootes soll später in Thailand erfolgen. Sie unterscheiden sich von den saudischen Fahrzeugen u. a. durch Antrieb (4 MTU-Diesel für 29,5 kn) und Bewaffnung (1-76-mm-Oto-Melara, 1-40-mm-Breda-Zwilling, 8 Harpoon-SSM-Starter, Phalanx, 8-fach-Albatros-SAM-Starter, 2 × 3 UTR). Als Besatzung sind 96 Mann vorgesehen.

An Patrouillenbooten entstanden

a) für die Marine 1973/82 bei der Marinewerft Bangkok T 91–97 (36,0 × 5,7 × 1,5 m, 88 t, 2 × 800-PS-MTU-Diesel, 25 kn, 770 sm/20 kn, 2-40-mm, 1-12,7-mm-MG, 21 Mann). Das 1965 gebaute Typboot T 91 hatte nur 31,8 m Länge.

b) für den Fischereischutz bei der Ital. Thai Marine Ltd. 1980/84 T 213–226 (19,5 × 5,3 × 1,5 m, 35 t, Leichtmetallbootskörper, 2 × 650-PS-MTU-Diesel, 25 kn, 1-20-mm, 1-81-mm-Mörser/12,7-mm-MG),

c) für die Seepolizei

- 1975 in Japan *Damrong, Rachanuphat,* 200 BRT, 31 kn, 1-76-mm, 2-20-mm,
- 1978 bei Halter Marine *Phra Ong, Chao Kkamrop, Picharn Pholakit, Ram Inthra* (19,8 × 5,2 × 1,1 m, 34 t, Leichtmetallbootskörper, 2 × 500-PS-GM-12V71-TI-Diesel, 25 kn, 2 MG, 15 Mann),
- 1978/79 in Thailand die Flußpatrouillenboote I–VIII (16,5 × 3,8 m, 18 t, 400 PS, 22 kn, 2 MG),
- 1984 die 400-t-Boote 102–103 mit Dieselantrieb und 1-76-mm.

3.134 Togo

Die Chantiers Navals de L'Esterel, Cannes, lieferte der Republik Togo im Jahre 1976 die Patrouillenboote *Kara* und *Mono* (Bild 138) – (32,0 × 5,8 × 1,6 m, 80/90 t, 2 × 1350-PS-MTU-Diesel, 30 kn, 1500 sm/15 kn, 1-40-mm, 1-20-mm, 17 Mann). Es sind technische Einrichtungen zur Anbordgabe von SS-12-M-SSM-Startern vorhanden.

3.135 Tonga

Das Königreich Tonga stellte am 10. 3. 73 und 10. 5. 76 je ein von Brooke Marine gebautes Patrouillenboot in Dienst. Die Boote P 101–102/*Ngahau Koula* und *Ngahau Silva* gehören zum bewährten 45'-Typ dieser Firma (13,7 × 4,0 × 1,2 m, 15 t, 2 Cummins-V8-Diesel, 21 kn, 800 sm/15 kn, 2-12,7-mm-MG, Decca 101, 7 Mann). Ferner ist ein 10,4-m/8 kn-Boot vorhanden, das auch als königliche Yacht dient.

3.136 Trinidad/Tobago

Die Küstenwache von Trinidad/Tobago ist in den letzten Jahren durch einige Neubauten wesentlich erweitert worden. Aus Altbeständen sind nur noch die 1965 bzw. 1972 fertiggestellten Patrouillenboote *Trinity, Courland Bay, Chaguaramas* und *Bucco Reef* (Vosper-103'-Typ) vorhanden.

Neu beschafft wurden

- 1977 von Tugs and Lighters Ltd., Port of Spain, das Patrouillenboot CG 25/*El Tucuche* (20 t, 20 kn),
- 1977/79 die Patrouillenboote *Sea Spray, Fox* (Fairey Marine-Typ Sword, 15 t, 28 kn, 1 MG) für die Seepolizei,
- 1980 von Watercraft, Shoreham, das Patrouillenboot *Sea Dragon* (15 t, 700-PS-GM-Diesel, 23,5 kn, 2 MG),
- 1982 von Souter, Cowes, die Patrouillenboote CG 27–30/*Plymouth, Caroni, Galeota, Moruga* (19 t, 2 × 650-PS-GM-Diesel, 28 kn, 1 MG), zwei Patrouillenboote des Typs Wasp-20-m (20,1 × 5,0 × 1,5 m, 32 t, GFK-Bootskörper, 2 × 1200-PS-GM-Diesel, 36 kn, 2 MG) und ein Boot des Typs Wasp-14-m (13,5 × 4,2 x 1,2 m, 16 t, 2 × 500-PS-GM-Diesel, 28 kn, 1 MG) für die Seepolizei.

Als erste Fahrzeuge größerer Abmessungen wurden im August 1978 bei der Karlskronavarvet die Patrouillenboote CG 5–6/*Barracuda* (Bild 139), *Cascadura* bestellt, der erste Exportauftrag für den dort entwickelten Typ CG 40 (40,6 × 6,7 × 1,6 m, 200 t, 2 × 3600/4000-PS-Paxman-Valenta-16RP200-Diesel, 27/31 kn, 3000 sm/15 kn, 1-40-mm-Bofors mit Optronic-Feuerleitung, 1-20-mm, Radar Decca TM 1226, 22 [+ 9] Mann). Die Boote wurden am 15. 6. 80 fertiggestellt. Die Bootskörper wurden von der schwedischen Spica-Klasse abgeleitet.

3.137 Türkei

An älteren Beständen wurden ausgemustert

- die 1942 gebauten Wachboote MTB 1–4, 6–10,
- die 1947 angekauften, zum englischen Fairmile-B-Typ gehörenden Patrouillenboote AB 1–4, 6–7 (1973),
- die 1964 von der Bundesmarine übernommenen Torpedo-Schnellboote *Dogan* und *Marti* des norwegischen Typs Tjeld (1973).

Damit befinden sich an Altbeständen noch im Einsatz

- die 1953 von den USA übernommenen Patrouillenboote P 1209–1212/LS 9–12 (US Coast Guard 83'-Typ),
- die 1960/62 von Schweers, Bardenfleth, gebauten Patrouillenboote SG 12–16, 18–20 der Seepolizei,
- sechs in den Jahren 1963/65 von Gunderson Bros. Engineering Co., Portland (Or.), und der Marinewerft Gölcük gebaute Patrouillenboote, P 111–116/*Sultanhisar, Demirhisar, Yayhisar, Akhisar, Sivrihisar, Kochisar* des US-PC-Typs,
- acht in den Jahren 1965/68 von der Lürssen-Werft gebaute Torpedo-Schnellboote des deutschen Typs 140/141, P 321–329/*Denizkusu, Atmaca, Sahin, Kartal, Pelikan, Albatros, Simsek, Kasirga.* Vier Boote, *Albatros, Meltem, Pelikan, Simsek,* fuhren ab 1973 vier Penguin-SSM-Starter. Heute sind alle Boote mit Penguin-2-SSM-Startern ausgerüstet. *Meltem* sank im September 1985 nach Kollision mit einem sowjetischen Hilfsschiff.
- vier 1967/68 von den USA zur Verfügung gestellte Patrouillenboote des US-PGM-Typs, P 1221–1224/AB 21–24,
- zwölf 1967/70 in Dienst gestellte, von der Taskizak-Marinewerft gebaute Patrouillenboote, P 1225–1234/AB 25–36,
- zwei 1973 von den USA abgegebene Artillerie-Schnellboote der Asheville-Klasse, P 338–339/*Yildirim, Bora.*

Eine wesentliche Verstärkung erhielten die türkischen Light Forces mit der Überstellung von zehn im Rahmen des am 11. 8. 75 zwischen der Bundesrepublik, Griechenland und der Türkei abgeschlossenen Vertrages als NATO-Militärhilfe abgegebenen Torpedo-Schnellbooten der deutschen Jaguar-Klasse. Die deutschen Boote *Pelikan, Wolf, Pinguin, Löwe, Häher, Storch, Tiger* kamen als P 330–336/*Firtina, Yildiz, Kilic, Kalkan, Mizrak, Tufan, Karayel* in Fahrt, die Boote *Alk, Fuchs* und *Reiher* dienten als Materialreserve für die aktiven Boote. 1983 wurden *Kilic* und *Yildiz,* 1985 *Firtina* als weitere Materialreserve ausgemustert.

Der Zypernkrieg 1975 brachte die Einstellung der bisher sehr großzügig gewährten US-Militärhilfe. Hinsichtlich der hier zu behandelnden Fahrzeuge ist zu erwähnen, daß ein im Zypernkrieg unbeschädigt erbeutetes zypriotisches Torpedo-Schnellboot des sowjetischen Typs P 4 einen Platz im Marinemuseum Istanbul erhielt.

Bereits im August 1973 hatte die Türkei unter Heranziehen eigener und im Rahmen der NATO-Militärhilfe von der Bundesrepublik gewährter Mittel mit der Lürssen-Werft einen Vertrag über die Herstellung von zunächst vier großen FK-Schnellbooten des Typs Jaguar III/FPB 57 abgeschlossen. Das Typboot P 340/*Dogan* (Sk 87, Bild 140) lief am 16. 6. 76 bei Lürssen von Stapel und kam Ende des Jahres in Dienst. Die drei restlichen

Sk 87
Türkische Lürssen/Taskizak-FK-Schnellbote der Dogan-Klasse (Lürssen)

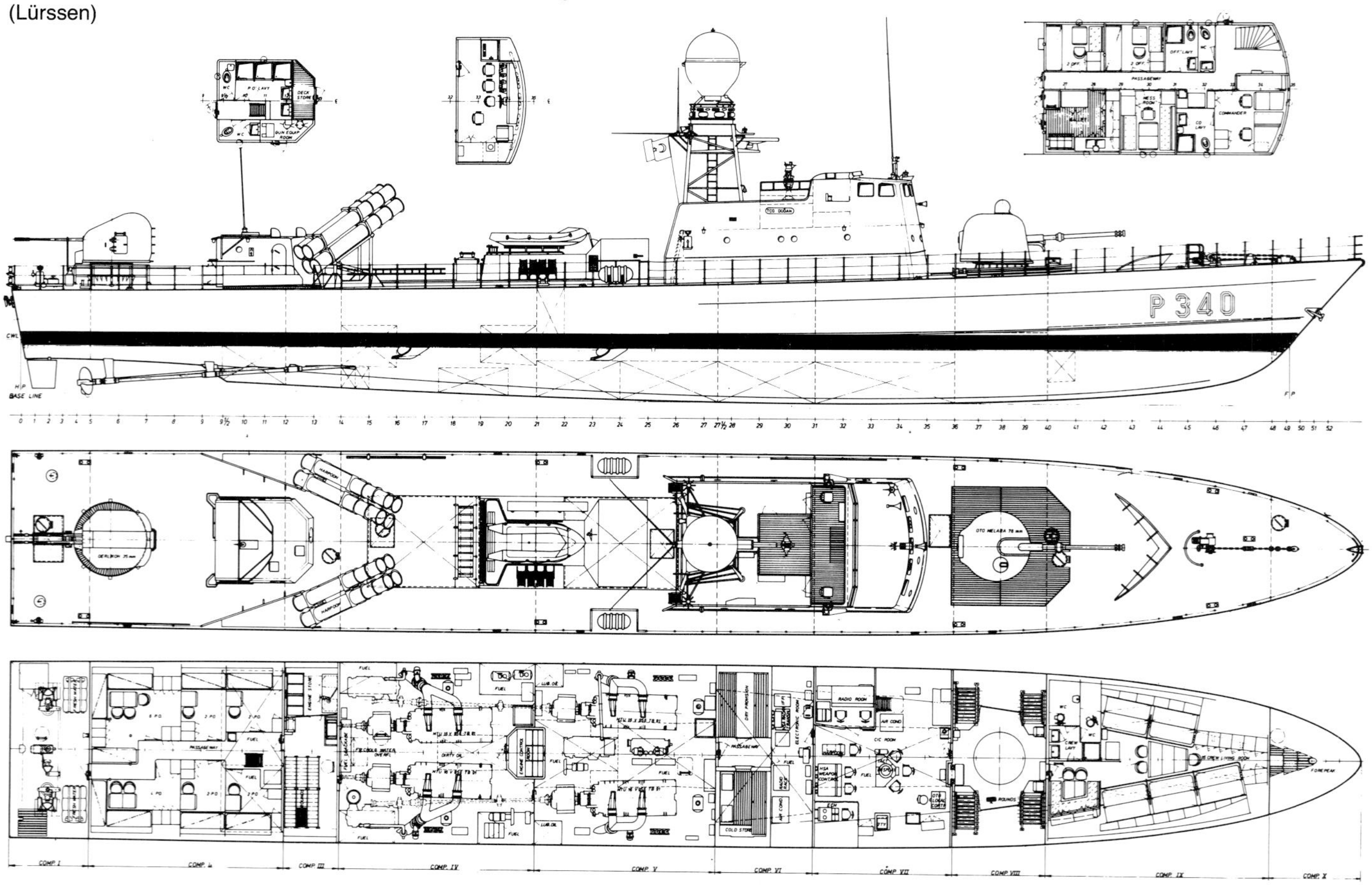

Boote baute die Marinewerft Taskizak mit Unterstützung von Lürssen. P 341/Marti lief am 30. 6. 77 vom Stapel und wurde am 28. 7. 78 in Dienst gestellt. P 342–343/*Tayfun, Volkan* folgten 1979/80. Die Boote haben bei 58,1/54,4 × 7,62 × 2,83 m Hauptabmessungen 353 t Typ- und 398 t Einsatzverdrängung. Vier 4500-PS-MTU-16V956TB91-Diesel bringen sie auf 38,0/36,0 kn. Die Besatzung besteht aus 40 Mann, die Bewaffnung aus 1-76-mm-Oto-Melara, 1 × 2-35-mm-Oerlikon und 2 × 4 Harpoon-SSM-Startern (HSA-WM-28/41-Feuerleitanlage, Decca 1226 usw.). 1983/84 lieferte die Taskizak-Marinewerft mit P 344–345/*Ruzgar, Poyraz* zwei weitere Boote dieses Typs.

1976 lieferte die Taskizak-Marinewerft das Schnellboot *Girne* (58,1 × 7,6 × 2,8 m, 340/395 t, 2 × 4500-PS-MTU-Diesel, 29,5 kn, 4200 sm/16 kn, 1-40-mm, 1 × 2-30-mm, 30 Mann [ggf. 4-53,3-cm-TR]). Es sollte sich um den Prototyp einer auf dem von Lürssen für Spanien entwickelten Typ Lazaga aufbauenden Serie handeln, die dann aber nicht weiter verfolgt wurde. Heute trägt das Boot 3-40-mm und statt der TR zwei Mousetrap-A/S-Werfer und Wasserbomben.

Für die Seepolizei baute die Marinewerft Taskizak 1972/78 mit SG 21–30, 34, 41–47, 49, 50 zwanzig Derivate der dort 1967/70 mit französischer Unterstützung gebauten Patrouillenboote AB 25–36 (40,2 × 6,4 × 1,7 m, 170 t, 2 × 1600-PS-MTU-12V493-Diesel, 22 kn, 2-40-mm, 2 MG).

Schließlich wurde im Mai 1976 bei Abeking & Rasmussen, Lemwerder, ein Boot des dort in Zusammenarbeit mit Sauter entwickelten Multi-Purpose-Typs SAR (33,5 × 8,6 × 1,9 m, 155/170 t, 3 × 4500-PS-SACM-Diesel, 40 kn, 450 sm/35 kn, 2-40-mm, 24 Mann) als SG 61 (Bild 141) bestellt. Dreizehn weitere Boote baute Taskizak seit 1978 nach, SG 62–74. Die Boote sollen im Frieden bei der Seepolizei eingesetzt werden. Im Kriegsfall ist die Unterstellung unter die Marine und die Anbordgabe von TR bzw. FK vorgesehen.

Schließlich erhielten die türkischen Seestreitkräfte im Jahre 1984 eine erhebliche Kampfkraftstärkung durch die Überlassung der Torpedo-Schnellboote *Gepard, Wiesel, Frettchen, Ozelot, Dachs, Hyäne* durch die Bundesrepublik im Rahmen der NATO-Militärhilfe. Sie wurden ohne Bewaffnung und Elektronik geliefert.

3.138 Tunesien

Die tunesische Marine unterhält an Light Forces

- vier 1957/67 von Chantiers de L'Esterel gebaute Patrouillenboote des französischen Typs VC, P 201–204/*Istiqual, Joumhouria, Al Jala, Remada,*
- den 1969 von der Bundesrepublik angekauften U-Jäger P 303/*Sahiet Sidi Youssef* (ex UW 12, Typ US-PC/franz. Le Fougueux),
- die 1970 von Chantiers Navals Franco-Belges (heute SFCN) gelieferten Patrouillenboote P 301–302/*Bizerte, Horria. Das Schwesterboot P 304/Monastir* wurde im März 1975 in Dienst gestellt. Die Boote sind mit SS-12-SSM ausgerüstet.
- acht 1961/63 von Chantiers Navals de L'Esterel gelieferte Patrouillenboote, V 101–108, von denen V 101–106 bei den Seestreitkräften, die zuletzt gelieferten V 107–108 seit 1971 als unbewaffnete Fischereischutzboote eingesetzt sind.

Neu beschafft wurden

- zwei im September 1975 bei Vosper Thornycroft bestellte, Ende Oktober 1977 als P 205–206/*Tazarka, Menzel Bourgiba* (Sk 88, Bild 142) in Dienst gestellte Patrouillenboote von 31,25/29,85 × 6,02 × 1,98 m Hauptabmessungen und 110/120 t Verdrängung, die mit 2 x 2000-PS-MTU-Dieseln 27 kn laufen, 24 Mann Besatzung haben und 2-20-mm tragen.

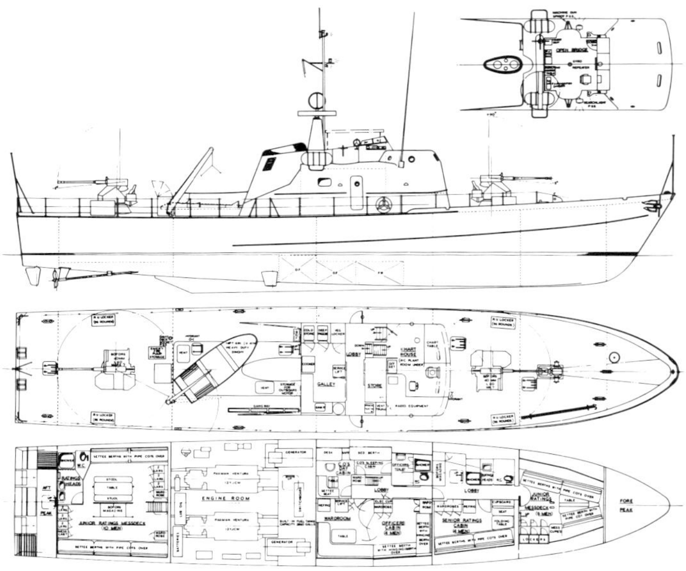

Sk 88
Tunesische Vosper-Patrouillenboote *Bourgiba, Tazarka* (Vosper)

- zwei am 2. 5. 77 im Marinestützpunkt Bizerta übernommene Artillerie-Schnellboote des chinesischen Typs Shanghai II, die als *Gafsah* und *Amilcar* in Dienst kamen.
- vier 1981 von Aresa, Barcelona, für Fischereischutzzwecke gebaute Patrouillenboote (22,65 x 5,2 x 1,7 m, 30/46,8 t, 2 x 1100-PS-GM-16V92TA-Diesel, 25 kn, 1-20-mm, 1-12,7-mm-MG, 9 Mann) – (Sk 89).

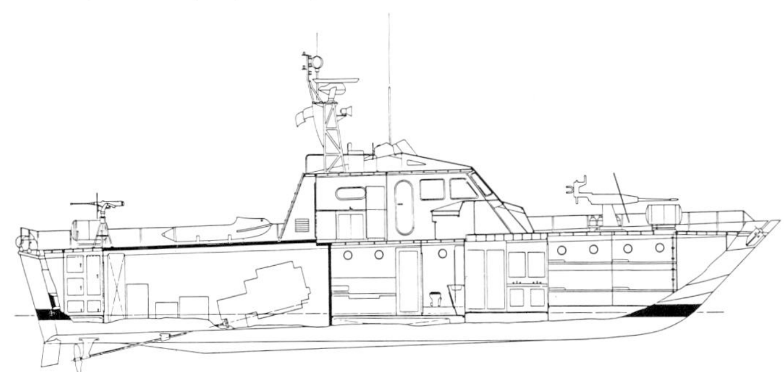

Sk 89
Tunesische Aresa-Patrouillenboote des Typs 230 PVE (Aresa)

Eine gewisse Offensivkapazität brachten erst drei am 27. 6. 81 bei CMN bestellte FK-Schnellboote des Typa La Combattante III M. Das erste Boot wurde im Mai 1982 auf Kiel gelegt (56,65/53,60 × 8,0 × 2,7 m, 420/447 t, 4 × 4000/4800-PS-MTU-20V538TB93-Diesel, 38,5 kn, 2000 sm/15 kn, 1-76-mm, 1 × 2-40-mm-Breda, 2 × 2-30-mm-Oerlikon, 8 MM-40-Exocet-SSM-

Starter, Vega II-System einschl. Triton und Castor II B, CSEE Naja Optronic-Anlage). Sie kamen zwischen Oktober und November 1984 als *La Galite* (Bild 143), *Tunis, Cartharge* in Dienst.

3.139 UdSSR

Obwohl der Ausbau der sowjetischen Marine sich in der letzten Dekade der Ära Gorschkov immer deutlicher auf den Aufbau der Hochseestreitkräfte verlagerte, wurde den Light Forces unverändert hohe Aufmerksamkeit geschenkt. Allein die politischen und geographischen Interessen der Sowjet-Union in Nordmeer, Ostsee, Schwarzem und Mittelmeer sowie in Fernost weisen der Küsten- und Randmeerkriegsführung unverändert jenen hohen Stellenwert zu, den sie im seestrategischen Denken dieses Landes stets hatte. So ist unverkennbar, daß trotz der Hochseerüstung die Zahl der Innovationen bei den Kleinkriegsschiffen unverändert jene Vielfalt aufweist, die in den ersten dreißig Nachkriegsjahren gerade für diesen Bereich charakteristisch war und die sowjetische Marine sowohl bei konventionellen wie unkonventionellen Fahrzeugen zu herausragenden Ergebnissen führte.

Die Bestände an älteren Fahrzeugen wie FK-Schnellboote des Typs Komar, Torpedo-Schnellboote der Typen P 4, P 6, U-Jäger des Typs Kronstadt usw. sind – soweit sie nicht an ausländische Marinen abgegeben wurden – heute restlos ausgemustert. Auch die letzten etwa zwanzig der rund 150 Patrouillenboote des Typs SO I, die heute z. T. noch beim KGB im Einsatz sind, dürften in Kürze ausgemustert werden.

Quantitativ durch Auslandsabgaben und Ausmusterung drastisch reduziert sind auch die Bestände an FK-Schnellbooten der Typen Osa I/II (65/35 Boote) und Torpedo-Schnellbooten des Typs Shershen (10 Boote), die die gleiche Antriebsanlage und Artilleriebewaffnung und fast gleiche Elektronik besitzen. Ihre mit 210/245 bzw. 170 t Einsatzverdrängung relativ geringe Größe schränkt die operativen Möglichkeiten, aber auch die modernen Erfordernissen entsprechenden elektronischen Führungsmittel und Defensivwaffen gegenüber den Entwicklungen einiger westlicher Marinen zu sehr ein. Darüber hinaus erreicht die Masse der in den sechziger und Anfang siebziger Jahren gebauten Boote auch langsam die Grenze der normalen Lebenserwartung. Einen gewissen Engpaß hatten stets die Motoren gebildet, die nach nur 600 Betriebsstunden überholt werden mußten. Eine größere Anzahl ehemaliger Kampfboote der Typen P 6, Komar und Osa I wird noch – mit Radarreflektoren versehen – als Zielschiff verwandt.

Auch die im Rahmen der Küstenüberwachung beim KGB eingesetzten, Mitte der sechziger Jahre gebauten Tragflügelboote des Typs Pchela werden sukzessive ausgemustert. Z. Z. scheinen noch acht Boote im Dienst zu sein. Dem KGB unterstehen auch die etwa 120 seit 1967 gebauten schnellen Patrouillenboote und U-Jäger des Typs Stenka, deren Fertigung mit geringer Baurate weiterläuft; ferner auch die Masse der dreißig ab 1970 gebauten Patrouillenboote der Zhuk-Klasse.

Die Erkenntnis der zunehmend geringer werdenden operativen Einsatzmöglichkeiten konventioneller Torpedo-Schnellboote führte dann auch zum Auslaufen des Baus der Halbtragflügelboote des Typs Turya. Sie werden nur noch für Exportzwecke gebaut. Nach einigen Abgaben an ausländische Marinen dürfte der derzeitige Bestand der sowjetischen Marine bei dreißig Booten liegen. Wenig bedeutsam für die Typentwicklung war ein als Slepen bezeichnetes, 1970 bei der Petrovskyj-Werft in Leningrad gebautes Versuchsboot mit Osa-Rumpfform (39,0 × 8,1 × 1,8 m, 210 t, 3 × 4000-PS-M503A-Diesel, 36 kn). Zunächst mit 1 × 2-57-mm, einem 30-mm-Gatling-CIWS und dem Prototyp des Bass Tilt-Feuerleitgeräts ausgerüstet, diente es der Waffen-/Elektronikerprobung für die U-Jäger des Typs Grisha III. 1975 erhielt das Boot zu Versuchszwecken die 76-mm der späteren Typen Matka und Nanushka III.

Ein neuer Trend in der Ausrüstung der sowjetischen Light Forces kündigte sich ab 1969 mit den von der Petrovskyj-Werft gebauten FK-Korvetten des Typs Nanushka an (Sk 90, Bild 144) – (60,3 × 12,6 × 2,4 m, 780/930 t, 3 × 10 000-PS-Diesel, 30 kn, 900 sm/30 kn, 4500 sm/15 kn, 1 × 2-57-mm, 2 x 3-SS-N9-SSM-Starter, 1 x 2-SA-N4-SAM-Starter, 2 Düppelwerfer), die offiziell als »Kleine FK-Schiffe« bezeichnet werden. Nach insgesamt 17 Neubauten dieses Typs folgten ab 1978 sieben modifizierte, als Nanushka III bezeichnete Fahrzeuge, die bei etwas veränderten Aufbauten statt der 57-mm-Waffen 1-76-mm-Geschütz und zusätzlich für die Nahbereichsverteidigung 1 × 30-mm-Gatling-CIWS erhielten. Sie wurden sowohl in Leningrad als auch im Pazifikraum gebaut. Die anfänglichen Schwierigkeiten mit den für diese Fahrzeuge neu entwickelten Antriebsmotoren konnten überwunden werden. Die Entwicklung dieser Fahrzeuge ging ganz offensichtlich von der Vorstellung aus, einen FK-Träger zu besitzen, dessen Größe, Seefähigkeit und Fahrbereich sowie größere FK-Reichweite einen Verbandseinsatz dort ermöglicht, wo die vorhandenen FK-Schnellboote des Typs Osa durch die Weite des Seeraums, Seegang usw. gehandikapt sind: im Nord- und Mittelmeer sowie im pazifischen Raum. Das vorherrschende ge-

Sk 90
Sowjetische FK-Korvetten der Nanushka-Klasse (Breyer)

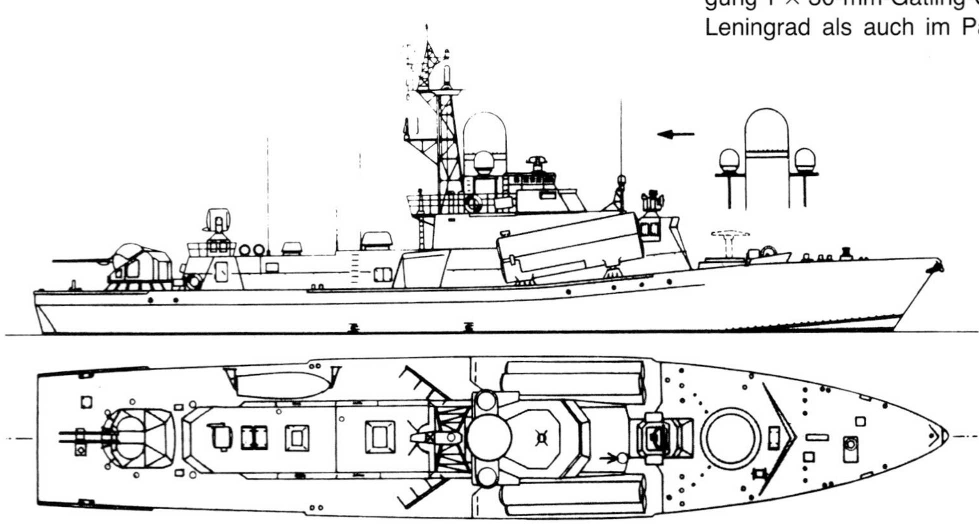

meinsame Auftreten von zwei bis drei dieser Fahrzeuge, z. B. im Mittelmeer, stützt diese Vermutung.
Anfang der siebziger Jahre setzten konzentrierte Planungsarbeiten für die Modernisierung der Light Forces ein. In diesem Zusammenhang entstanden dann sechs unterschiedliche Fahrzeugtypen, die teils in Serie gingen, teils z. Z. noch Einzelgänger sind: 1978 tauchten fast gleichzeitig ein größerer, mit konventionellem Verdrängungsbootskörper versehener Typ, Tarantul, und ein kleinerer, vorn mit einem Tragflügel versehener Typ, Matka, auf. Die z. Z. zwölf Tarantul I und II (Bild 145) wurden bei der bewährten Petrovskyj-Werft gebaut. Die technischen Daten (56,5 × 10,5 × 2,5 m, 600 t Einsatzverdrängung, CODAG-Antrieb mit 2 × 15 000-PS-GT und 2 × 1000-PS-Dieseln, 36 kn, 1-76-mm, 2 × 30-mm-Gatling-CIWS, 2 × 2-SS-N2c-SSM-Starter, 1 × 4-SA-N5-SAM-Starter, 50 Mann) weisen sie als kampfstarke Waffenträger für den Einsatz in erweiterten Küsten- und Randmeergebieten aus. Die neueste Version, Tarantul II, erhielt leicht modifizierte Aufbauten mit einem großen Radom und statt der SS-N2c die SS-N22.
Die als Ergänzung der Tarantul zum Einsatz im engeren Küstenvorfeld gebauten Matka (Bild 146), von denen heute sechzehn Fahrzeuge im Einsatz sind, entstanden bei der Izhora-Werft in Leningrad. Die technischen Daten lauten 40,0 × 7,7 × 1,8 m, 200/255 t, 3 × 5000-PS-M504-Diesel, 40 kn, 1-76-mm, 1 × 30-mm-Gatling-CIWS, 2 × 1-SS-N2c-SSM-Starter, 30 Mann. Der von den Osa abgeleitete Bootskörper erhielt – ähnlich dem Typ Turya – in Höhe des 76-mm-Turms einen halbgetauchten Tragflügel, der das Vorschiff bei höheren Geschwindigkeiten anhebt und selbsttätig stabilisiert. Die dadurch verringerte Verdrängung reduziert zwangsläufig den Widerstand bei höheren und hohen Fahrtstufen. Da die Schlagkraft dieser Boote jedoch gegenüber neueren westlichen Entwicklungen um 50 % geringer ist, scheint der Bau dieses Typs, der offensichtlich einmal die Osa ersetzen sollte, eingestellt worden zu sein. Die Ausrüstung der polnischen und der DDR-Marine mit Booten des Typs Tarantul läßt darauf schließen, daß dieser Typ innerhalb der nächsten Dekade verstärkt das Rückgrat der FK-tragenden leichten Seestreitkräfte der Warschauer-Pakt-Staaten wird.

Sk 91
Sowjetisches Tragflügel-FK-Schnellboot *Sarancha* (Breyer)

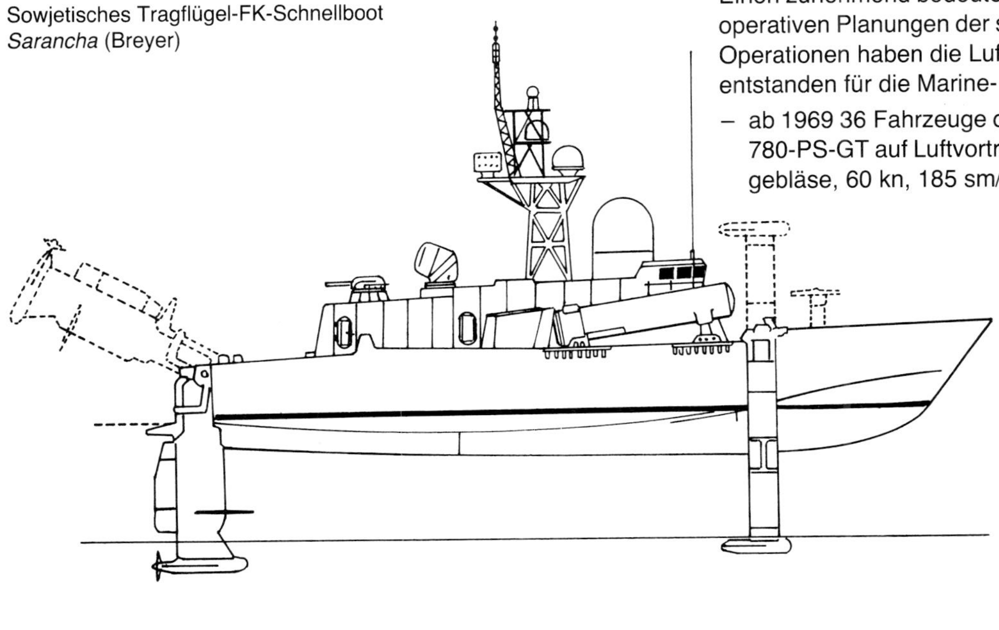

Das 1975 bei Petrovskyj gebaute Tragflügel-FK-Schnellboot *Sarancha* (Sk 91, Bild 147)–(45,0 × 10,2 × 2,4 m, 280/320 t, 2 x 11000-PS-Nk12-GT-Antriebsanlage + Marschdiesel, 45 kn, 1 x 30-mm-Gatling-CIWS, 2 × 2-SS-N9-SSM-Starter, 1 × 2-SA-N4-SAM-Starter, 35 Mann) ist vorn mit halb- und achtern mit vollgetauchten Tragflügeln versehen und weicht damit deutlich von den Halbtragflügelboots-Konstruktionen Turya und Matka ab. Hier handelt es sich offensichtlich um eine Versuchen und Entwicklungsarbeiten dienende Konstruktion (164). Gleiches gilt für

- den 1977 erstmals gesichteten U-Jäger *Babochka* (Bild 148, 50,0 × 8,5 × 2,5 m, 440 t Einsatzverdrängung, CODAG-Antrieb mit 3 × Nk12-GT + Marschdiesel, 45 kn, 2 × 30-mm-Gatling-CIWS, 2 × 4-40,6-cm UTR, 45 Mann),
- die sechs seit 1983 erstmals beobachteten U-Jäger der Muravey-Klasse (38,6 × 7,6 × m, 250 t Einsatzverdrängung, Diesel, kn, 1-76-mm, 1 x 30-mm-Gatling-CIWS, UTR).

Für U-Jagdzwecke sind z. Z. noch 55 U-Jäger des 1961/68 gebauten Typs Poti im Einsatz. Diese Fahrzeuge sollen offensichtlich sukzessive durch den ab 1977 im Serienbau befindlichen Typ Pauk abgelöst werden, von dem z. Z. 15 Fahrzeuge im Einsatz sind. Die unter Verwendung des Bootskörpers der Tarantul gebauten Pauk kommen bei 58,5 × 9,4 × 2,5 m Hauptabmessungen auf 580 t Einsatzverdrängung. Vier 5000-PS-Diesel vermitteln ca. 34 kn. Die Bewaffnung besteht aus 1-76-mm, 1-30-mm-Gatling-CIWS, 1 × 4-SA-N5-SAM-Starter, 4-40,6-cm-UTR, 2 RBU 1200-A/S-Werfer, Wabos sowie einem am Heck angeordneten Schleppsonargerät.
Interessant zu erwähnen, daß die Matka mit den Osa- und die Pauk mit den Tarantul-Bootskörpern die Tradition der sowjetischen Marine fortsetzen, im Groß-Serienbau herzustellende bewährte Bootskörperkonstruktionen mit veränderten Aufbauten, Waffen und sonstigen technischen Einrichtungen unterschiedlichen Verwendungszwecken zuzuführen.
Die Zahl der 1967/74 gebauten Flußkanonenbote des Typs BK/Shmel (Bild 149) wird heute mit 85 angenommen, die zum Teil als Reserve aufliegen. Seit 1981 befinden sich vierzehn auf pazifischen Werften gefertigte Boote des Typs Yaz auf dem Amur im Einsatz (400 t Einsatzverdrängung, 1-120-mm-Panzergeschütz, 2 × 30-mm-Gatling-CIWS).
Einen zunehmend bedeutender werdenden Stellenwert bei den operativen Planungen der sowjetischen Marine für amphibische Operationen haben die Luftkissenfahrzeuge. In schneller Folge entstanden für die Marine-Infanterie

- ab 1969 36 Fahrzeuge des Typs Gus (21,4 × 7,3 m, 27 t, 2 x 780-PS-GT auf Luftvortriebspropeller, 1-780-PS-GT auf Hubgebläse, 60 kn, 185 sm/50 kn, 230 sm/43 kn, 4 Mann Besatzung, Zuladung 25 Mann Truppen und Ausrüstung), deren Serienbau offensichtlich abgeschlossen ist,
- ab 1970 17 Fahrzeuge des Typs Aist (Bild 150)–(47,8 × 17,5 m, 250 t, 2 × 12 000-PS-GT-Anlage auf vier Hubgebläse und vier Luftvortriebspropeller in Doppeltandemanordnung, 80 kn, 350 sm/60 kn, 2 × 2-30-mm-Gatling-CIWS,

10 Mann Besatzung, Zuladung vier leichte Panzer und 50 Mann),
- ab 1975 17 Fahrzeuge des Typs Lebed (25,0 × 11,0 m, 87 t, 2 × Al-20-GT für Hubgebläse und zwei Mantelring-Luftvortriebspropeller, 70 kn, 150 sm/60 kn, 1 MG, Zuladung zwei leichte Panzer oder 120 Mann mit Ausrüstung usw.). Dieser Typ ist auch mit zwei Fahrzeugen auf den beiden großen Landungsunterstützungsschiffen des Typs *Ivan Rogov* eingeschifft (165).

In jüngerer Zeit wurden drei weitere Typen, die Utenok(80 t)-, die Tsaplya(100 t)- und die Pomornik-Klasse gemeldet. Letztere kommt bei rd. 56 × 22 m Hauptabmessungen auf 350 t und erreicht mit 3 Turboprop-Triebwerken am Heck über 50 kn (Bild 150 a).

Der hohe Stand der Luftkissenfahrzeugtechnik in der Sowjet-Union und die schnelle Umsetzung militärischer Forderungen in die Realität lassen es nicht ausgeschlossen erscheinen, daß in absehbarer Zeit auch Kampf-Luftkissenfahrzeuge in Erscheinung treten. Im Hinblick auf den geringen Fahrbereich der Hovercraft dürften jedoch für Kampfaufgaben auf den reinen See-Einsatz beschränkte Seitenwandgeräte erwartet werden – eine Entwicklung, mit der die Sowjets bemerkenswerterweise im militärischen Bereich noch nicht hervorgetreten sind.

Generell ist festzustellen, daß nicht zuletzt bei den sowjetischen Light Forces die früher vorherrschende Neigung zur Quantität durch geringere Stückzahlen bei erheblich höherer Qualität abgelöst wurde.

3.140 Ungarn

1968 war die Marine als Teilstreitkraft aufgegeben worden. Im Rahmen des Heeres sind jedoch neben 15 kleinen Flußpatrouillenbooten und 26 Minensuchbooten noch zehn bei Brodotechnika, Belgrad, gebaute 65-t-Flußpatrouillenboote vorhanden (2 × 260-PS-Diesel, 15 kn, 1 × 3 + 1 × 2-20-mm-Hispano-Suiza).

3.141 Uruguay

Trotz des zunehmenden Flottenengagements der übrigen südamerikanischen Staaten zeigt sich die uruguayische Marine weiterhin recht zurückhaltend. An Altbeständen sind noch vorhanden

Sk 92
Uruguay-CMN-Patrouilenboote der 15 De Noviembre-Klasse (CMN)

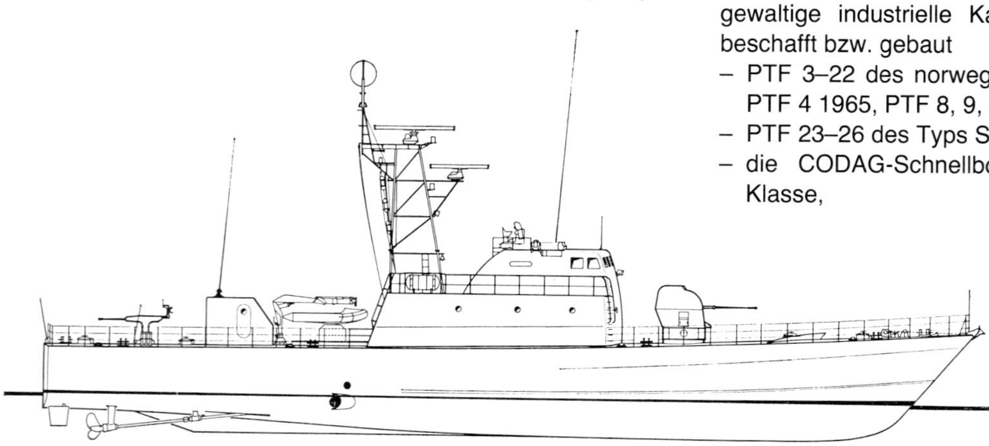

- die 1935 gebaute, jetzt als Vermessungsboot fahrende *Salto,*
- das 1944 gebaute Patrouillenboot PR 10/*Colonia* (US-AVR-Typ),
- das 1954 unter Military Defence Assistance Program in den USA für Frankreich gebaute KM-Boot *Karguerite* (ex US MSC 94), das 1969 als Patrouillenboot *Rio Negro* übernommen wurde,
- das 1957 von der Krögerwerft gebaute Patrouillenboot PR 11/*Carmelo,*
- das 1968 von Sewart Seacraft gebaute Patrouillenboot PR 12/*Paysandu.*

1979 wurden bei CMN drei Boote des französischen Typs Vigilante (Sk 92) bestellt, die 1980 von Stapel liefen und am 25. 3. 81 geschlossen als 5–7/15 *De Noviembre,* 26 *De Augusto, Comodore Coe* (Bild 151) in Dienst kamen (41,8/38,90 × 6,7 × 1,6 m, 175/200 t, 2 × 2700-PS-MTU-16V538TB91-Diesel, 32/30 kn, 2400 sm/15 kn, 1-40-mm-Bofors, 1-20-mm-Oerlikon, Decca TM 1226C, 1229, CSEE-Naja-Optronic-Feuerleitgerät, 28 Mann).

3.142 USA

Konventionelle und Tr.Fl.-Boote

Dreißig bzw. 38 Jahre nach Kriegsende 1945 tauchten noch einmal PT-Boote der US Navy aus dem Zweiten Weltkrieg in Meldungen auf:
- 1975 entschloß man sich, PT 619 und PT 796 nach umfangreichen Instandsetzungen als Museumsstücke in der »Battleship Cove« in Fall River neben dem Schlachtschiff *Massasuchetts,* dem Zerstörer *Joseph P. Kennedy Jr.,* dem U-Boot *Lionfish* und einem japanischen Kleinst-U-Boot aufzustellen (166),
- 1983 wurden die 63 während des Krieges im Rahmen der Lend-Lease-Lieferungen an die Sowjet-Union abgegebenen Boote PT 265, 267–271, 273, 274, 276, 289, 290, 292–294, 414, 416, 420–422, 428, 435–437, 440, 502, 505–508, 514, 552, 626–630, 632–650, 652–656, 738, 741, 747, 749, 753–755 als »ausgemustert« erklärt (167). Ordnung muß sein! Die Sowjets hatten sie bei den Nachkriegs-Rückgabe-Aktionen als »unbrauchbar und ausgemustert« erklärt.

Die den Jahren zwischen den beiden Weltkriegen entsprechende Nachkriegslethargie der US Navy im Schnellbootbau wurde dann jäh durch die Lageveränderung in Kuba und den Vietnamkrieg beendet. Plötzlich brauchte man große Mengen Light Forces – und wieder einmal bewiesen die USA ihre gewaltige industrielle Kapazität. In kürzester Frist wurden beschafft bzw. gebaut
- PTF 3–22 des norwegischen Typs Nasty/Tjeld, von denen PTF 4 1965, PTF 8, 9, 14, 15, 16 1966 verlorengingen,
- PTF 23–26 des Typs Sewart Seacraft Osprey,
- die CODAG-Schnellboote PGM 84–101 der Asheville-Klasse,
- rund 200 PCF des Typs Swift von der Sewart Seacraft Inc., Berwick, von denen sieben im Vietnam-Einsatz verlorengingen, sechs an die Philippinen und 107 Boote 1968/70 im Rahmen der »Operation ACTOV« an Vietnam abgegeben wurden.

– über 500 Flußpatrouillenboote des Typs PBR, von denen 293 im Rahmen der »Operation ACTOV« an Südvietnam abgegeben wurden, sowie eine Vielzahl Flußkampffahrzeuge unterschiedlicher Bauarten.

Mit dem Abschluß des Vietnam-Engagements setzte dann erneut der große »Kehraus« an Light Forces ein:
Aus der Reihe PTF 3–22 wurden PTF 13 1972, PTF 3, 6, 7, 12 1977, PTF 18, 19 1980 und PTF 5, 10, 11, 17, 20–22 1981 ausgemustert. Sieben dieser Boote wurden u. a. per Inserat in der »Internationalen Wehrrevue« von einem privaten Anbieter zum Kauf ausgeschrieben (168).

PTF 23–26 wurden 1979/80 ausgemustert, nachdem PTF 25 noch 1978 zu GT-Versuchen gedient hatte.

Die siebzehn Boote der Asheville-Klasse, die in den sechziger Jahren im Hinblick auf die Lage in Kuba gebaut wurden, sind zwar noch alle existent, sie wurden aber in den siebziger Jahren auf die »disposal list« gesetzt und teils anderen Verwendungen zugeführt, teils vorübergehend oder endgültig an fremde Marinen abgegeben. So gingen
- PG 85/*Gallup* und PG 90/*Canon* 1981 an Taiwan,
- PG 86/*Antelope* und PG 88/*Crockett* 1977 an die Environment Protection Agency,
- PG 92–93/*Tacoma, Welch* und PG 99/*Beachon,* PG 101/ *Green Bay* 1983/84 an Kolumbien,
- PG 94/*Chehalis* 1975, PG 98/*Grand Rapids* 1977 und PG 100/*Douglas* 1979 an das Naval Ship Research and Development Center (heute *Athena I – II),*
- PG 94/*Defiance* und PG 97/*Surprise* 1973 an die Türkei,
- PG 96/*Benicia* 1971 an Südkorea.

Zwei Boote dienten 1981 zur Schulung saudischen Marinepersonals für die im Rahmen des »Saudi-Arabian Naval Expansion Program (SNEP)« in den USA gebauten FK-Schnellboote.
Das Schicksal der zahlreichen PCF und PBR ist kaum nachzuweisen. Neben den genannten Abgaben in Südvietnam 1969/70 wurden andere Boote dieser Typen, die z. T. ohne US-Kenn-Nummern gebaut wurden, an Thailand, Israel, Türkei und Kambodscha abgegeben. Zur Zeit sind in der US Navy noch vorhanden
- drei PCF Mk. 1 und zwei PCF Mk. 2,
- vier PBR Mk.1 und 35 PBR Mk. 2.

Sie werden u. a. von der US Naval Reserve Force benutzt.
1972/73 wurden Ersatzboote für den Typ PCF zum Einsatz bei der US Naval Reserve Force geordert.
Es bauten
- Sewart Seacraft, Berwick, zwei Boote des Typs PB Mk. 1 (19,8 × 4,9 × 1,5 m, 26,9/36,3 t, 3 × 1200-PS-GM-8V71TI-Diesel, 30 kn, 1-40-mm, 1 × 2 + 4 × 1-20-mm bzw. 12,7-mm-MG),
- Peterson Builders, Sturgeon Bay, zwanzig Boote des Typs PB Mk. 3 (19,8 × 5,5 × 1,8 m, 31,5/41,25 t, 3 × 1200-PS-GM-8V71TI-Diesel, 30 kn, Bewaffnung wie oben). Bei diesen Booten wurde das Steuerhaus seitlich versetzt an Stb angeordnet, um bei Bedarf zusätzliche Waffen unterbringen zu können. Einige dieser Boote erhielten zu Versuchszwekken zwei bzw. vier norwegische Penguin Mk. 2-SSM-Starter auf dem Achterdeck (Bild 152).

Der Typ PB Mk. 2 wurde nicht realisiert.

1983/84 kaufte die US Navy eine unbekannte Anzahl leichter Patrouillenboote des Typs Raider für Raideinsätze der Marines (Bild 153, 7,0 × 2,26 × 0,86 m, 2,0/2,955 t, 2 × 140-PS-Outborder, 40 kn voll beladen, 30 kn Dauergeschwindigkeit, 170 bzw. 220 sm, 2-12,7-mm-MG, 2-7,62-mm-MG, 1-40-mm-Granatwerfer, 3 Mann). Die »Boston-Whaler« genannte Bootskörperkonstruktion besteht aus einem zweischaligen Glasfaserrumpf mit Schaumzwischenlage. Sie hält extreme Belastungen aus.
Von den Versuchs-Tragflügelbooten der sechziger/Anfang siebziger Jahre fiel PGH 2/*Tucumcari,* das auch den europäischen NATO-Partnern vorgestellt worden war, Ende 1972 nach schweren Schäden durch Grundberührung aus und wurde 1973 außer Dienst gestellt. PGH 1/*Flagstaff* und AGEH 1/ *Plainview* wurden nach Abschluß der Erprobungen ausgemustert. PCH 1/*High Point* wurde 1975 vorübergehend bei der Coast Guard eingesetzt und sollte am 30. 9. 78 gestrichen werden. Obwohl das Verteidigungsministerium keinen Anlaß sah, das Boot weiter in Dienst zu halten, bewilligte der Kongreß von sich aus weitere Mittel. So dient das Boot heute noch Spezialaufgaben.
Einen recht dornenvollen Weg nahm dann das Patrol Hydrofoil Missile (PHM), das, wie bereits eingehend in Band 3 dargestellt, als NATO-Entwicklung von der US Navy unter Beteiligung der Bundesrepublik Deutschland (Entwicklungskostenanteil 80 Mio. DM) und Italiens vorangetrieben worden war und einen späteren Beitritt anderer NATO-Marinen offenhielt. Die Bundesrepublik schloß am 30. 4. 74 mit Boeing einen Pauschalvertrag über 3,9 Mio. Dollar für die erste Entwicklungsphase der deutschen Variante. Italien erklärte, vier Boote kaufen zu wollen. Basis des gemeinsamen Entschlusses war die Erkenntnis, daß konventionelle Schnellboote als wirksames Seekriegsmittel mit hoher Geschwindigkeit und starker Bewaffnung bei hohem Seegang gefechtsmäßig behindert sind:

Große Stampf-, Schlinger- und Rollbewegungen sowie durch Seegang bewirkte vertikale und laterale Beschleunigungen der Boote beeinträchtigen die Konzentrationsfähigkeit der Besatzung, die Leistungsfähigkeit des Waffensystems und damit die Bootsoperation bis hin zur Unwirksamkeit. Nach eingehenden Untersuchungen unterschiedlicher Systeme in den USA, Kanada und Italien entschied man sich für den Tragflügelboots-Entwurf der Firma Boeing mit vollgetauchten Tragflügeln und permanenter elektronisch gesteuerter Lagekontrolle, der eine Seefähigkeit und Plattformstabilität erwarten ließ, die nur mit ganz erheblich größeren konventionellen Bootsformen zu erreichen ist. Als besonders vorteilhaft wurde angesehen, daß für die Tragflügel- und Steuerungseinrichtungen zahlreiche bewährte Komponenten von Boeing-Flugzeugen des Typs 747 adaptiert werden konnten (hydraulische Stellmotoren zum Ein- und Ausklappen der Tragflügel, für die Verriegelung der Tragflügel in der Endlage, für die Bewegung der Tragflügel-Steuerungsklappen, für das Drehen der vorderen Tragflügelstütze zum Steuern in der Schwebefahrt usw.
Als hinsichtlich der Realisierung des Projekts innerhalb der drei beteiligten Nationen Verzögerungen auftraten, gaben die USA im Oktober 1971 bekannt, daß sie beabsichtigen, mit der Boeing Company auf eigene Rechnung einen Dreiphasenvertrag über die Entwicklung und den Bau des PHM abzuschließen. Dieser beinhaltete
- einen 42,6-Mio.-Dollar-Entwicklungsauftrag,
- die von Dezember 1972 bis März 1975 laufende Prototypbauphase für zwei Boote,
- den Serienbau durch die US Navy – und ggf. auch anderer NATO-Staaten – mit der Boeing Company als Leitfirma.

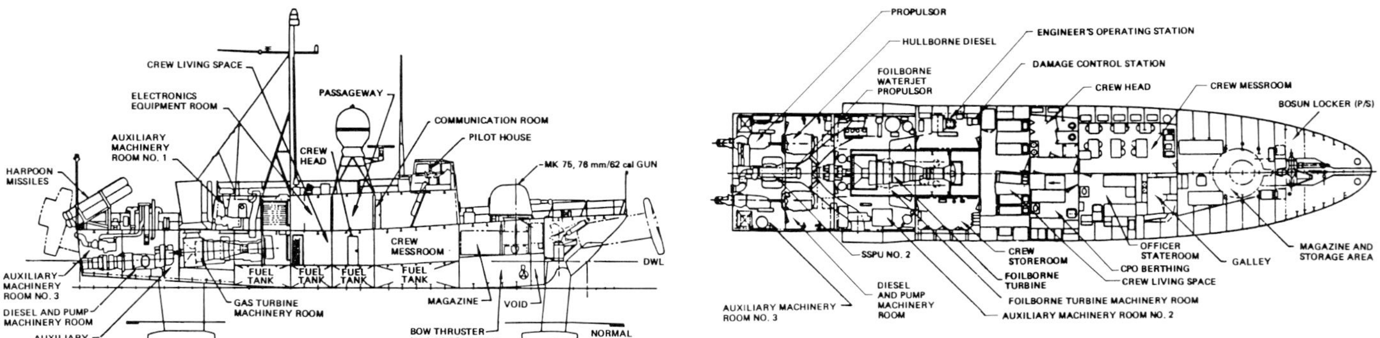

Sk 94
US Boeing-Tragflügel-FK-Schnelboote des Typs PHM (Raumaufteilung) (Boeing)

Die Prototypboote PHM 1–2/*Pegasus* (ursprünglich Delphinus), *Hercules* (Sk 93, 94) wurden in das Forschungs- und Entwicklungsprogramm des Haushalts 1973 eingestellt. Über die bereits in Band 3 genannten technischen Daten hinaus seien erwähnt: Der Bootskörper ist in sechs wasserdichte Abteilungen unterteilt (Haupt- und Hilfsantrieb in den beiden hinteren, davor Besatzungsräume, vordere Abteilungen für die 76-mm-Oto-Melara einschließlich Munition sowie Mechanismus für das Ein- und Ausfahren des vorderen Tragflügels). Das Deckshaus enthält OPZ, Navigations-, Fernmelde- und Feuerleiteinrichtungen, darunter das für die beiden Prototypboote von LITEF, Freiburg, gelieferte Trägheitsnavigationssystem PL 41, mit dem auch die Schnellboot-Klassen 143 und 148 der deutschen Bundesmarine ausgerüstet sind (s. Abschnitt 3.033). Die General Electric-LM-2500-GT treibt mit 17250 PS über zwei Reduktionsgetriebe ein zweistufiges Aerojet-Wasserstrahltriebwerk an und bringt das Fahrzeug in der Schwebefahrt auf 48 kn. Zwei auf mit Steuer- und Umkehrdüsen versehene Wasserstrahlaggregate arbeitende 800-PS-MTU-8V331TC80-Diesel vermitteln 12 kn Marsch- und Manövrierfahrt im Schwimmzustand. Die Fahrbereiche betragen 700 sm/40 kn resp. 1700 sm/9 kn. Die elektrische Energie erzeugen je zwei ME831-800-GT von AiResearch und 250-KVA-400 Hz-450-V-Westinghouse-Generatoren.
Neben MTU und LITEF waren an ausländischen Zulieferern beteiligt: die Zahnradfabrik Friedrichshafen für die Bootsgetriebe, Kaeser Klimatechnik, Philips Elektronik Industrie mit dem Kommunikationssystem MCS 200, AEG-Telefunken mit der Integration der Feuerleitanlage. Als Feuerleitanlage wurden für *Pegasus* die Mk. 94-Anlage (Sk 95), für alle Folge-

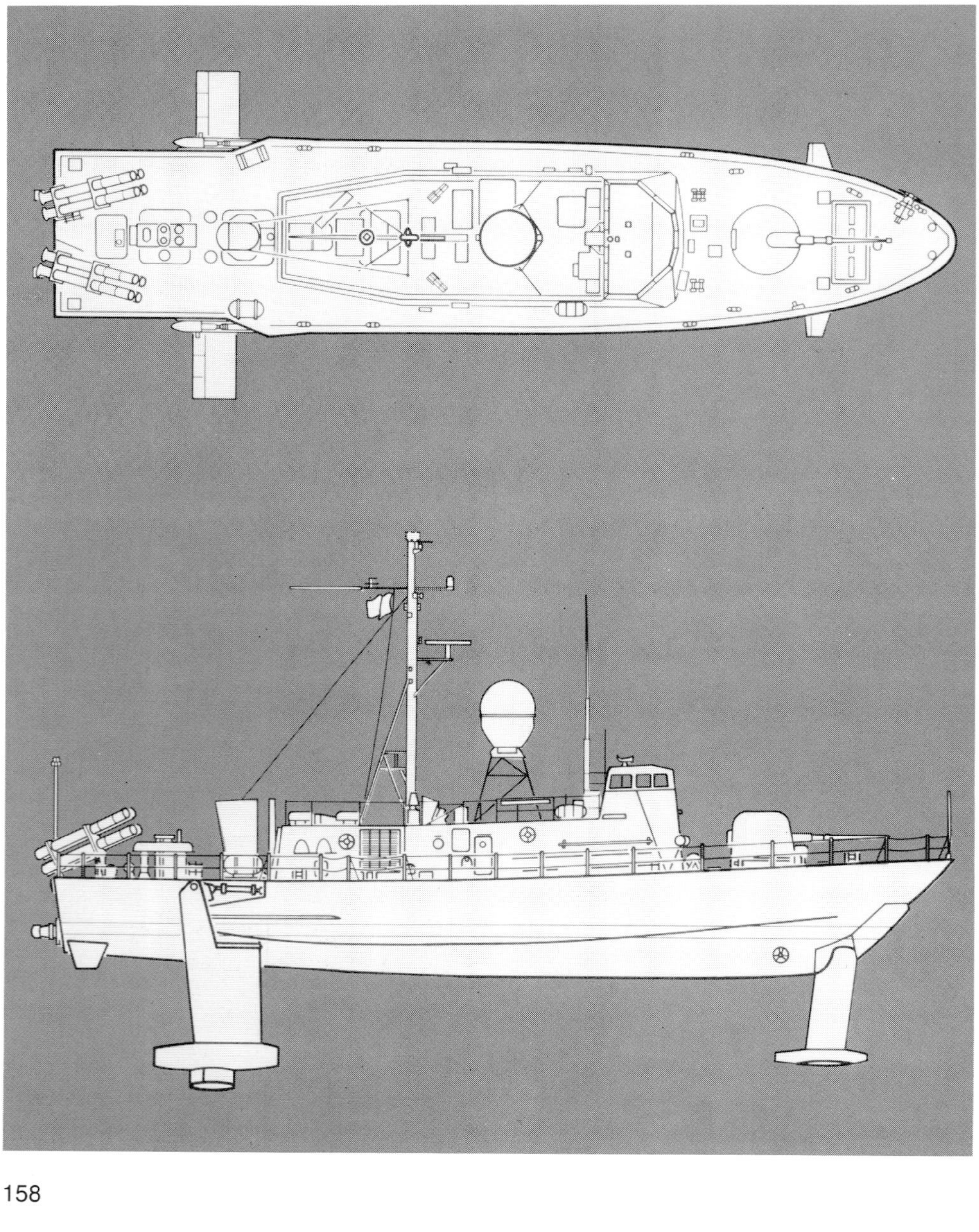

Sk 93
US Boeing-Tragflügel-FK-Schnellboote des Typs PHM (Seiten- und Draufsicht) (Boeing)

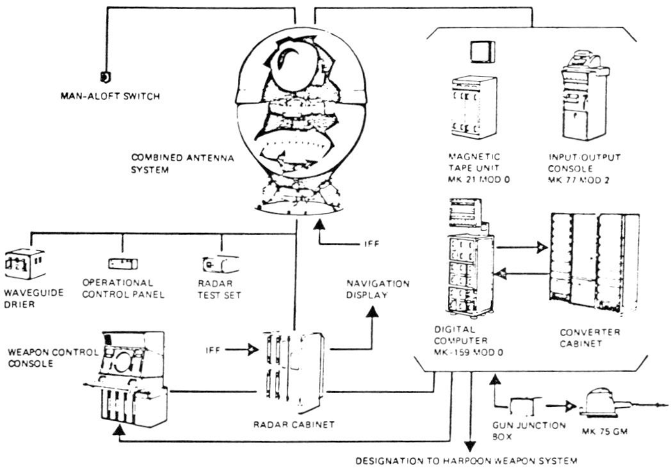

Sk 95
Schema der Mk 94-Feuerleitanlage für das *US* PHM 1/*Pegasus* (Archiv Verfasser)

boote die Mk. 92-Anlage, die amerikanische Version der von HSA entwickelten WM-28-Anlage gewählt. Die Feuerleitanlage Mk. 94 kann im Track-While-Scan-Betrieb gefahren werden, wobei gleichzeitig zwei Ziele verfolgt und zwei bekämpft werden können. Da die FK-Reichweite größer als die Radarreichweite ist, ist Zielanweisung durch Mittler (third party targeting) vorgesehen. Die Funkanlage ermöglicht konventionellen und Satellitenfernmeldeverkehr. Suchradar ist das SPS-63-Gerät. Die Besatzung besteht aus 4 Offizieren und 17 Mann. Im Schwebezustand werden 32 % des Auftriebs vom Bug- und 68 % vom Hecktragflügel aufgebracht (Canard-Prinzip). Die Stützen der Tragflügel wurden so ausgelegt, daß sie einem 20"-Baumstamm standhalten sollten. Höhenmesser, Schiffskreisel und Beschleunigungsmesser geben permanent Fahr- und Lagedaten in einen Rechner, der mittels elektrohydraulischen Servosystemen automatisch die Klappen an den Hinterkanten der Tragflügel verstellt. Die vorderen und achteren Klappen verstellen die Steigung und steuern die Höhe, die hinteren alleine bewirken die Schlingerdämpfung und stabilisieren Richtungswechsel. Mit Hilfe der automatischen Steuerung und der seitlich drehbaren Bugstrebe dreht das Fahrzeug unter Einnahme einer Innenneigung mit 6°/s. Die Notstop-Fähigkeit von 4–5 Bootslängen ist ohne nachteilige Wirkung auf die Besatzung.

PHM 1/*Pegasus* wurde am 10. 5. 73 »auf Kiel gelegt« und lief am 9. 11. 74 »von Stapel«. Am 14. 2. 75 begannen die See-Erprobungen von Seattle aus, am 25. 2. 75 erfolgte die erste Schwebefahrt (Bild 154). Am 22. 4. 75 absolvierte das Boot erstmals See 5 mit kurzer, steiler See und bis zu 3 m Wellenhöhe. Bis Mitte September 1975 hatte das Boot bereits 59 See-Erprobungen mit 399 Gesamtfahrstunden, 139 Schwebefahrstunden und 228 Austauchvorgängen absolviert. Beim Start wurden bis etwa 35 kn Fahrt 3 m Tragflügeltauchtiefe gefahren, bis man bei ruhiger See auf 1 m, im Seegang auf 2,5 m Tauchtiefe ging.

Im Oktober 1975 verlegte das Boot zu den Bewertungs-Erprobungen der US Navy von Seattle nach San Diego, wobei die 1225 sm lange Strecke mit einer Kraftstoffversorgung in See innerhalb von 32 Stunden zurückgelegt wurde.

PHM 2/*Hercules* wurde am 30. 5. 74 begonnen, doch wurde der Bau wegen der Kostenexplosion im August 1975 ausgesetzt, als das Boot zu etwa 41 % fertiggestellt war. Dann sollte der Bau mit Mitteln des Haushalts 1976 fortgesetzt werden, doch führte eine genaue Überprüfung des Programms durch die Marine dazu, daß am 6. 4. 77 die Streichung des Baus aller vorgesehenen Boote – außer dem bereits fertigen PHM 1/*Pegasus* – beschlossen wurde. Dieses Boot sollte als Hochgeschwindigkeitsversuchsboot dienen. Der Rumpf von PHM 2 wurde abgebaut. Knapper werdende Mittel, Rißbildungen an den Tragflügeln von PHM 1, Probleme mit den Wasserstrahlpumpengehäusen, Empfindlichkeit bei kleinen Schäden sowie die Anfang 1977 getroffenen Entscheidungen Italiens und der Bundesrepublik Deutschland, aus Kostengründen aus dem Projekt auszusteigen, dürften auf diese Entscheidung Einfluß genommen haben. Unterschwellig mag auf militärischer Seite der US Navy nach der Beendigung des Vietnamkrieges auch eine gewisse Ratlosigkeit vorhanden gewesen sein, wie diese Boote in das auf weltweite Einsätze ausgelegte Gesamtkonzept der US-Marine einzugliedern seien (169).

Auf energischen Druck des Kongresses, der die bereits investierten erheblichen Entwicklungskosten in Höhe von 400 Mio. DM letztlich sinnvoll nutzen wollte, mußte sich der US-Verteidigungsminister dann jedoch entschließen, 272,7 Mio. Dollar für die an den ursprünglichen Planungen noch fehlenden fünf Boote anzusetzen, um einen kompletten Sechs-Boote-Verband für taktisch-operative Übungen zu erhalten. Am 20. 10. 77 wurde mit Boeing der Vertrag über den Bau von PHM 2–6/*Hercules, Taurus, Aquila, Aries* (Bild 155), *Gemini* abgeschlossen. Die Firma hatte ihrerseits zwischenzeitlich entsprechende Vorarbeiten zur Kostensenkung und technischen Verbesserung getroffen. Durch konstruktive Vereinfachungen und erhebliche Steigerung des Einsatzes mechanischer Schweißtechnik kam man bei den fünf Booten gegenüber PHM 1 auf 49 % weniger Einzelteile, 59 % weniger Schweißnähte und 9 % geringeres Gewicht. Das Material der Tragflügel, Tragflügelstützen und Wasserstrahlpumpengehäuse wurde verbessert und die Tragflügel und ihre Stützen wurden weniger kompliziert, dafür aber schwerer, als bei PHM 1 ausgeführt, um die Belastungs- und Ermüdungscharakteristik zu verbessern.

PHM 2–6 kamen zwischen dem 10. 1. 81 und dem 15. 1. 83 in Dienst. Ab Herbst 1982 wurde der geschlossene Verband in Key West, Florida, stationiert (170, 171, 172, 173, 174, 175, 176).

Die Kutter der US Coast Guard

An älteren Beständen existieren

- 53 Boote des 1960/70 gebauten 83'-Typs (Point-Klasse): 83302, 83311, 83312, 83314, 83318, 83332–83379. 83301, 83308, 83314 u. 83318 wurden 1984 ausgemustert, die restlichen fehlenden Boote waren 1965 zur US Navy überführt worden und in Vietnam eingesetzt. Sie wurden 1969/70 im Rahmen der »Operation ACTOV« an Süd-Vietnam übergeben.
- 22 Boote des 1953/59 gebauten 95'-Typs (Cape-Klasse): 95300, 95302–95307, 95309–95313, 95316, 95317, 95319–95322, 95324, 95326, 95328, 95332. Die fehlenden elf sowie weitere speziell für den Export gebaute Boote

wurden an Äthiopien, Haiti, Iran, Saudi-Arabien, Südkorea und Thailand abgegeben. Ursprünglich ab 1974/75 zur Ausmusterung vorgesehen, wurden alle Boote ab Sommer 1977 für eine weitere Einsatzzeit von rund zehn Jahren grundlegend modernisiert (neue Motoren, Elektronik, Wohneinrichtungen usw.).

Im Jahre 1984 wurde bei Bollinger Machine Shop and Shipyard, Lockport (La) mit der WPB 1301-Klasse eine 16 Boote umfassende Neubauserie geordert (33,5 × 6,4 × 2,2 m, 161 t Einsatzverdrängung, 2 × 1675-PS-Paxman-Diesel über Sammelgetriebe auf eine Welle, 26 kn, 2-20-mm, 2 MG, 20 Mann). Bei diesen Fahrzeugen handelt es sich um eine den Coast Guard-Erfordernissen angepaßte Version des von Vosper 1974/75 für Venezuela gelieferten 110'-Typs (Constitucion-Klasse). Vosper liefert neben dem Entwurf auch Propeller, Ruder- und Flossenstabilisierungsanlage. Das erste Boot, wurde im August 1985 abgeliefert. Die weiteren folgten gemäß Vertrag im 45-Tage-Takt.

Luftkissenfahrzeuge

In den letzten gut zwanzig Jahren haben die USA für die Entwicklung eines großen Seitenwandgeräts (SES) über 400 Mio. Dollar ausgegeben. In Band 3 wurden bereits vorgestellt

- das von der Aerojet General Corp. entwickelte und von der Tacoma Boatbuilding Co. gebaute SES-100A (24,3 × 12,7 m, 100 t Leergewicht, 4 × 3140-PS-Avco Lycoming-TF35-GT auf zwei Wasserstrahlantriebe und Hubgebläse, 80 kn, 10 t Nutzlast),
- das von der Bell Aerospace entwickelte, von der Livingstone Shipbuilding Corp. gebaute SES-100B (23,68 × 10,67 m, 105 t Leergewicht, 3 × 4500-PS-Pratt & Whitney-FT12AG-GT auf zwei Superkavitations-Verstellpropeller, 3 × 500-PS United Aircraft-ST6J70-GT auf Hubgebläse, 80 kn, 10 t Nutzlast)

sowie die 1975/76 fertiggestellten, für amphibische Operationen vorgesehenen Luftkissenfahrzeuge (ACV)

- Jeff A von Aerojet General Corp. (29,3 × 14,63 m, 157 t Bruttogewicht, 54 t Nutzlast, 4 × 3750-PS-Avco-Lycoming-T40-GT auf vier ummantelte Luftvortriebspropeller, 2 × 3750-PS-Avco Lycoming-T40-GT auf 2 × 4 Hubgebläse, 50 kn, 200 sm/50 kn, 6 Mann),
- Jeff B von Bell Aerospace (26,5 × 14,3 m, 164 t Bruttogewicht, 60 t Nutzlast, 6 × 3800-PS-Avco Lycoming-T40-GT auf zwei ummantelte Luftvortriebspropeller und 4 Hubgebläse, 50 kn, 200 sm/50 kn, 6 Mann).

Ende 1976 erhielt die Firma Rohr Marine, die im Verlauf des SES-100-Projekts an die Stelle der Aerojet General Corp. getreten war, den Auftrag zum Entwurf des 3000-t-3K-SES. Die Entwicklung dieses Projekts stagnierte bis 1979 aus technischen und finanziellen Gründen, und schließlich wurde das Programm abgebrochen. SES-100A und SES-100B wurden stillgelegt, doch gelang es der Marine, mit den restlichen Mitteln ein stark reduziertes Programm aufrechtzuerhalten. Der Trend richtete sich auf ein 1000/1500-t-Fahrzeug, das als Maximum dessen angesehen wurde, was man ohne Vorstoß in technisches Neuland erreichen konnte. Danach wurde es auch um dieses Projekt ruhig.

Die Firma Bell Aerospace Textron war jedoch nach Erteilung des 3K-SES-Auftrags an Rohr an der weiteren Entwicklung von SES interessiert und tat sich zur Konstruktion kommerziell verwendbarer Fahrzeuge mit der Firma Halter Marine zusammen. Dementsprechend wurde in New Orleans die gemeinsame Firma Bell Halter gegründet und auf der Basis der SES-100B-Erfahrungen der Entwurf eines Advanced Patrol Boat (APB) vorangetrieben. Dabei handelte es sich um ein von einem Luftkissen getragenes Schwebe-Schnellboot mit zwei starren Seitenrümpfen (Katamaran), die auch bei Schwebefahrt leicht ins Wasser tauchen, um den Wirkungsgrad des Vortriebs und den Schwebezustand durch einen gewissen dynamischen Auftrieb zu verbessern. Das zwischen den Rümpfen befindliche tragende Luftkissen wird vorn und achtern durch Schürzen abgeschlossen.

Im Oktober 1978 kam das Versuchsboot BH 110 bei der Halter-Werft Chalmette zu Wasser (Länge über alles 33,5 m, Breite 11,9 m, Höhe bei Schwebefahrt 8,5 m, Tiefgang bei Schwebefahrt 1,4 m, Höhe bei Verdrängungsfahrt 6,9 m, Tiefgang bei Verdrängungsfahrt 2,4 m, Höchstverdrängung 140 t, Normalverdrängung 109 t, Leergewicht 82 t, Deckshöchstlast 50 t, Decksfläche für Zuladung 155 m^2, Kraftstoff 11730 l, Besatzung 4 Mann, Vortrieb 2 × 1335-PS-Detroit-16V149TI-Diesel auf 2 × 107-cm-Unterkavitations-Propeller, Hubwerk 2 × 445-PS-Detroit-8V92TI-Diesel auf 2 × 102-cm-Sheldon-DwDI490-Klasse IV-Hubgebläse).

Das Boot war weitgehend aus handelsüblichen Bauelementen erstellt und von vornherein so ausgelegt, daß der Einbau alternativer An- und Vortriebssysteme möglich war (Diesel, GT, Verstellpropeller, Superkavitationspropeller, Wasserstrahlantrieb). Die Rümpfe, deren Innenwände stark nach oben innen geneigt sind, um dem Boot bei der Fahrt im Verdrängungszustand guten Auftrieb zu geben, sind als Schweißkonstruktion aus LM 5086H111, das Deckshaus und die nichttragenden Schotte aus A1 6061 gefertigt. Die Bug- und Heckschürze, die aus neoprenbeschichtetem Nylongewebe mit einer Zugfestigkeit von 154 kp/cm Breite bestehen, lassen sich beim schwimmenden Fahrzeug instandsetzen und austauschen. Die Neoprenbeschichtung ermöglicht die Instandsetzung mit Klebern, die bei Zimmertemperatur abbinden. Das Gesamtgewicht des Schürzenmaterials liegt bei 2,9–3,1 kg/m^2. Die Bugschürze besteht aus einzelnen »Fingern«, d. h. Schleifen aus elastomerbeschichteten Nylongeweben. Bei hoher Fahrt entstehen peitschenartige Bewegungen, die dazu führen, daß sich die Beschichtung allmählich vom Gewebe löst. Erfahrungen mit SES-100B und den im Ärmelkanal im Passagierdienst eingesetzten englischen Hovercraft des Typs SR-N4 ließen bei der angestrebten Geschwindigkeit von 40 kn eine Lebensdauer von rund 350 Stunden erwarten, während die Gesamtlebensdauer der Schürze auf 3000 Betriebsstunden geschätzt wurde. Die Heckschürze besteht aus zwei Schichten beschichteten Nylongewebes mit flachen Endkappen an jedem Ende. Ihre Abnutzung ist gering.

Im November 1978 begannen die Werfterprobungen. Die Ergebnisse waren ermutigend. Die Marschhöchstfahrt betrug bei glatter See 40 kn bei Schwebe- und 19 kn bei Verdrängungsfahrt. Bei See 3 kam man auf 33 resp. 15 kn und bei Höchstfahrt im Schwebezustand auf einen Fahrbereich von 500 sm (10).

Bild 131
Singapore Hong Leong-Lürssen-FK-Schnellboot der Sea-Wolf-Klasse (Singapore Shipbuilding)

Bild 133
Singapore/Singapore Shipb. & Eng.-Patrouillenboot PT 1 der Seepolizei (Singapore Shipbuilding)

Bild 132
Singapore/Singapore Shipb. & Eng.-Patrouillenboot der Swift-Klasse (Singapore Shipbuilding)

Bild 134
Spanisches Lürssen-Artillerie-Schnellboot *Lazaga* (Lürssen)

Bild 135
Spanisches Lürssen-Artillerie-Schnellboot *Barcelo* (Lürssen)

Bild 136
Spanisches Esterel-Patrouillenboot *Aguila* (Esterel)

Bild 137
Surinam-De Vries-Patrouillenboot S 401 (De Vries)

Bild 138
Togo-Esterel-Patrouillenboote *Kara* und *Mono* (Esterel)

Bild 139
Trinidad/Tobago-Karlskronavarvet-Patrouillenboot *Barracuda* (Karlskronavarvet)

Bild 140
Türkisches Lürssen-FK-Schnellboot *Dogan* (Lürssen)

Bild 141
Türkisches A&R-Artillerie-Schnellboot des Typs SAR (A&R)

Bild 142
Tunesisches Vosper-Patrouillenboot *Menzel Bourgiba* (Archiv Verfasser)

Bild 143
Tunesisches CMN-FK-Schnellboot *La Galite* (CMN)

Bild 147
Sowjetisches Tragflügel-FK-Schnellboot *Sarancha* (BMVg)

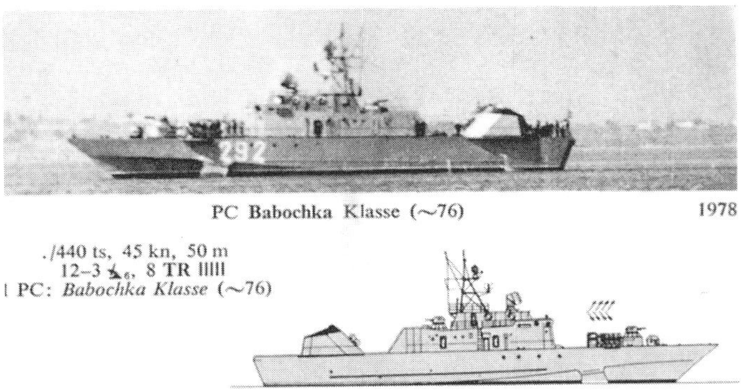

Bild 148
Sowjetischer Tragflügel-U-Boot-Jäger *Babochka* (Breyer)

Bild 150
Sowjetisches Luftkissenfahrzeug des Typs Aist (BMVg)

Bild 151
Uruguay-CMN-Patrouillenboot *Comodore* Coe (CMN)

Bild 144
Sowjetische FK-Korvette der Nanushka-Klasse (BMVg)

Bild 145
Sowjetische FK-Korvette der Tarantul-Klasse (BMVg)

Bild 146
Sowjetisches FK-Schnellboot der Matka-Klasse (Archiv Verfasser)

Bild 149
Sowjetisches Flußpatrouillenboot des Typs Shmel 1975 bei Wien im Ehrengeleit des österreichischen Patrouillenboots *Niederösterreich* (H. Stockinger)

Bild 152
US PB Mk. I mit Penguin-SSM-Startern (Peterson Builders)

Bild 153
US Patrouillenboot Typ Raider für Spezialaufgaben (Archiv Verfasser)

Bild 155
US Boeing-Tragflügel-Schnellboot PHM 5/*Aries* (Boeing)

Bild 156
US Coast Guard-Bell Halter WSES 1/USCG *Dorado* (Archiv Verfasser)

Bild 154
US Boeing-Tragflügel-Schnellboot PHM 1/*Pegasus* (Boeing)

Bild 157
US Bell Halter Versuchsboot SES 200 (Archiv Verfasser)

Bild 158
Venezolanisches Artillerie-Schnellboot *Patria* (Vosper)

Bild 159
Venezolanisches Vosper-FK-Schnellboot *Federacion* (Vosper)

Bild 161
Projekt PAC 37 der Deggedorfer Eisenwerke (DEW/R. Ciecior)

Bild 162
Schnellboot-Typ SAR 33 von Abeking & Rasmussen (A&R)

◄
Bild 160
Vereinigte Arabische Emirate – Lürssen-FK-Schnellboot *Baniyas* (Lürssen)

Bild 163
Projekt einer 67-m-Korvette der Brooke Marine Ltd. (Brooke)

Bild 164
Französisches Chantiers Navals de L'Esterel-Patrouillenboot des Typs 21 für den französischen Zoll (Esterel)

Bild 165
Französisches Chantiers Navals de L'Esterel-Patrouillenboot Typ 27 für den französischen Zoll (Esterel)

Bild 168
Boeing-Tragflügelboot Typ Jetfoil
als Off-Shore-Anlagen-Überwachungsboot (Boeing)

Bild 166
Französisches Chantiers Navals de L'Esterel-Patrouillenboot Typ 30 für das französische Ministère des Affaires Maritimes (Esterel)

Bild 167
Französisches Chantiers Navals de L'Esterel-FK-Schnellboot-Projekt 42 ME (Esterel)

Bild 169
Boeing-Tragflügelboot Typ Jetfoil als Patrouillenboot mit 1 × 2-30-mm-Emerlec (Boeing)

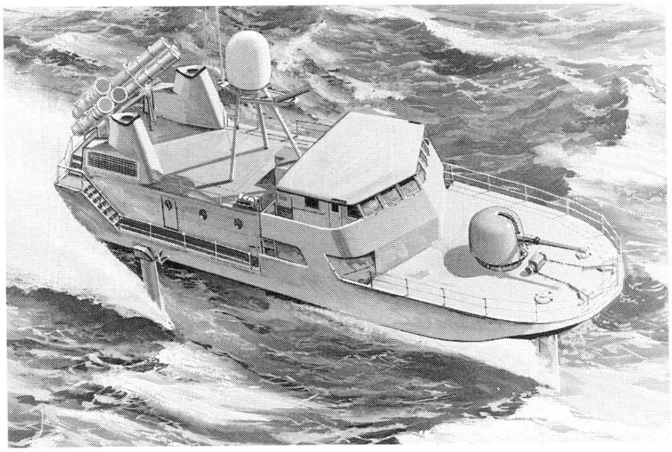

Bild 170
Boeing-Tragflügelboot Typ Jetfoil mit 1-76-mm und 6 Harpoon-SSM-Startern (Boeing)

Bild 171
Katamaran der Cougar Holdings Ltd. mit hoher Fahrt (Archiv Verfasser)

Bild 174
Rodriguez-Patrouillenboot von 20,1 m Länge (Rodriguez)

Bild 172
SES-Projekt der Le Comte-Holland BV (Le Comte)

Bild 173
Schnellboot-Projekt der holländischen De Schelde/Nevesbu (De Schelde)

◀ Bild 175
Italienisches CNR-Versuchs-Schnellboot *Saettia* (CNR)

Bild 176
Chinesische Export-Schnell- und Patrouillenboote (aus 185)

Nach Abschluß aller Werfterprobungen führte die US Navy im Februar/März 1980 im Zusammenwirken mit der Coast Guard intensive Erprobungen mit dem Fahrzeug durch. Nach Fertigstellung der einwandfreien Funktion und Einsatzfähigkeit bis See 4 wurde das Fahrzeug im September 1980 von der Marine als SES 110BH angekauft und zu weiteren gemeinsamen Erprobungen an die Coast Guard verchartert. Dort wurde das Fahrzeug offiziell als WSES 1/USCG *Dorado* (Bild 156) in Dienst gestellt. Nach erfolgreichen Einsätzen im Golf von Mexico wurde das Boot am 15. 12. 81 außer Dienst gestellt und an die Navy zurückgegeben.

Die Coast Guard bestellte im Juni 1982 drei Fahrzeuge dieses Typs im Wert von 14 Mio. Dollar bei der Bell Halter Inc., New Orleans (La.), die zwischen Oktober 1982 und Juni 1983 als WSES 2–4/*Sea Hawk, Shearwater, Pertel* in Dienst kamen und von Key West aus in der Karibik operieren (33,52 × 11,88 m, 150 t normales Bruttogewicht, 35 t normale Nutzlast, 2 x 1300-PS-SACM-175V12RVR-Diesel auf Festpropeller, 32/30 kn, 2 × 380-PS-GM-8V92N-Diesel auf Hubgebläse).

Die US Navy ließ den Prototyp zwischen Dezember 1981 und August 1982 von der Bauwerft durch Einbau einer Mittelsektion von 15,25 m verlängern, um durch Verringerung des L/B-Werts des Luftkissens zu höherer Geschwindigkeit zu kommen. Im September 1982 wurde das in SES-200 umbenannte Fahrzeug wieder von der Marine übernommen (Bild 157, 48,77 × 11,88 m, 198 t normales Bruttogewicht, 70 t normale Nutzlast, 2 × 1350-PS-GM-16V149TI-Diesel für Vortrieb auf zwei Propeller, 2 × 450-PS-GM-8V92TI-Diesel für Hubgebläse, 32 kn, 2950 sm/30 kn, 13 Mann). Das Fahrzeug bewältigte die Fahrt von New Orleans zum SES-Versuchszentrum in Patuxent River, Maryland, im Nonstop und ohne Kraftstoffübernahme in 2 ¾ Tagen mit 23,4 kn Durchschnittsgeschwindigkeit (9).

Zwischenzeitlich sind die Arbeiten in den USA so weit fortgeschritten, daß die US Navy den systematischen Serienbau von SES und ACV eingeleitet hat:

- Mitte 1984 wurden bei der Rohr Marine Industry, National City (Cal.), 18 SES-Patrouillenboote bestellt (23,93 × 10,7 × 0,9 m, ca. 120 t, Vortrieb 2 × 1825-PS-Detroit-Allison-16V149TIR-Diesel auf 2 Wellen für über 35 kn, Hubgebläse 2 × Detroit-Allison-8V92TA-Diesel).
- Am 5. 6. 81 erhielt Bell Aerospace Textron einen 171,5-Mio.Dollar-Vertrag für die langfristigen Konstruktionsvorarbeiten zum Bau von Landing Craft Air Cushion (LCAC), für die die gut fünfjährigen Erfahrungen mit JEFF-A und JEFF-B zugrunde gelegt wurden. Die technischen Daten: 26,8 × 14,3 m, 87,2 t Leergewicht, 170 t Einsatzgewicht, 4 × 3750-PS-Avco-Lycoming-TF40B-GT auf Mantelring-Luftvortriebspropeller und Hubgebläse, 50 kn, 300 sm/35 kn, 5 Mann Besatzung, 60 t Zuladung. Im Haushalt 1982 wurden LCAC 1–3, im Haushalt 1983 LCAC 4–9, im Haushalt 1984 LCAC 10–15 und im Haushalt 1985 LCAC 16–24 bewilligt. Vom Haushalt 1986 an soll der Serienbau mit 12 Booten/Jahr bis zur Fertigstellung von insgesamt 108 Fahrzeugen anlaufen. Dementsprechend wurde bei Halter Marine in New Orlans eine spezielle Fertigungsstraße zum Bau der Fahrzeuge eingerichtet. Das erste Boot wurde am 14. 12. 84 an die Navy ausgeliefert.

3.143 Venezuela

Die im Herbst 1960 beschafften, für den Einsatz in der Schmuggel-Patrouille vorgesehenen zehn U-Jäger des aus dem Zweiten Weltkrieg stammenden US-PC-Typs wurden 1976/77 ausgemustert. Damit sind im Bereich der Nationalgarde (Küstenwache) nur noch wenige Boote älteren Datums in Dienst

- ein 43-t/30-kn-Boot,
- *Golfo de Carico, Rio Santo Domingo* (Ankaufboote unbekannter Herkunft),
- *Rio Altagracia, Rio Manzanare* (12 kn),
- acht 1954 von Chantiers Navals de L'Esterel gelieferte Boote,
- zwölf 1971/76 von Chantiers Navals de L'Esterel gelieferte Patrouillenboote (26,8 × 5,0 × 1,5 m, 2 × 1650-PS-MTU-Diesel, 30 kn, 1-20-mm, 1 MG, 12 Mann). Als Namen für die erste Lieferung wurden *Rio Meta, Rio Portuguesa* und *Rio Uribante* bekannt.

Weitere zehn Patrouillenboote für die Nationalgarde wurden im Mai 1973 bei der italienischen Firma I.N.M.A., La Spezia, bestellt. Sie kamen 1974/75 als A 7414–7423/*Rio Orinoco, Rio Cuyuni, Rio Ventuari, Rio Caparo, Rio Tucuyo, Rio Venamo, Rio Limon, Rio San Juan, Rio Turbio, Rio Torres* in Fahrt (28,3 × 4,8 × 1,6 m, 48 t, 2 × 1100-PS-MTU-12V493TY-Diesel, 31 kn). Weitere 16 Boote gleichen Typs wurden mit Hilfe der Konstruktionswerft bei Dianca, Puerto Cabello, in Auftrag gegeben. Das erste dieser Boote lief bereits im März 1974 von Stapel. In Dienst kamen A 7423–7427, 7628–7639/*Rio Escalante, Rio Capanaparo, Rio Yuruari, Rio Caura, Rio Motatan, Rio Grita, Rio Yuruan, Rio Bocono, Rio Neveri, Rio Caroni, Rio Guanare, Rio Guainia, Rio Guaicaipuro, Rio Tamanaco, Rio Manaure, Rio Ara.*

1984 folgten von Bertram Yacht, Miami, a) zwölf Boote der Punta-Klasse (11,4 × 3,2 × 1,2 m, 15 t, 2 × 550-PS-GM-V882-Diesel, 28 kn, 2 MG, 4 Mann), die als A 8201–8212/*Punta Barima, Punta Mosquito, Punta Mulatos, Punta Perret, Punta Cardon, Punta Playa, Punta Makoya, Punta Moron, Punta Unare, Punta Ballena, Punta Macuro, Punta Mariusa* in Dienst kamen, b) von Bertram Yacht zwölf Boote der Lago-Klasse (12,9 × 3,9 × 1,8 m, Outborder, 30 kn), die als A 6901–6904, 7918–7921, 7929, 8223 in Dienst kamen und c) von Monark (USA) fünfzehn 0,5-t/30-kn-Boote, zehn 1,5-t/30 kn-Boote und zwölf 15-t/28 kn-Boote.

Die Seestreitkräfte Venezuelas erhielten eine wesentliche Verstärkung durch die im April 1972 für rund 34 Mio. DM bestellten, 1974/75 von Vosper Thornycroft gelieferten Artillerie- bzw. FK-Schnellboote *Constitucion, Independencia, Patria* (Bild 158), *Federacion* (Bild 159), *Libertad, Victoria* (36,88 × 7,16 × 1,73 m, 125/150 t, Stahlrumpf mit sieben durch Leichtmetallschotte abgeteilten, wasserdichten Abteilungen, 2 × 3600-PS-MTU-16V538TB90-Diesel, 29/31 kn, 18 Mann). Die ersten drei Boote tragen eine 76-mm-Oto-Melara, die letzteren drei 1-40-mm und 2 Otomat-SSM-Starter. Das Bordnetz 440V60Hz wird von 2 × 125KW-Generatoren mit 6-zyl.GM-Dieseln gespeist. Zwei Transformatoren speisen das gesonderte 115-V-Netz des Feuerleitsystems (177, 178, 179, 180). 1985 wurden bei Picchiotti, Viareggio, fünf Patrouillenboote für die Küstenwache bestellt (Sk 95 a, 42,8/38,0 × 8,0 × 1,7 m, 268 t, 2 × 2100-PS-MTU-Diesel, 24 kn). Die Realisierung scheint jedoch z. Z. noch offen.

3.144 Vereinigte Arabische Emirate

Der Zusammenschluß der Emirate Abu Dhabi, Ajman, Dubai, Fujairah, Ras al Khaimah, Sharjah, Umm al Qaiwan zu den »Vereinigten Arabischen Emiraten« (United Arab Emirates) führte auch zur Zusammenfassung der Seestreitkräfte und Küstenwachen. Aufgrund der Vereinbarungen vom 6. 5. 76 und 1. 2. 78 entstand das Hauptquartier der Streitkräfte in Abu Dhabi. Es existieren ausschließlich Schnell- und Patrouillenboote, die teils der Marine, teils der Küstenwache unterstellt sind. Von den in Band 3 erwähnten Fahrzeugen sind noch vorhanden

- die 1967/70 von Nelson, Bembridge, gebauten Patrouillenboote P 401–406/*Dhafeer, Ghadunfar, Hazza, Durgham, Timsah, Murayjib,* die seit 1977 bei der Seepolizei im Einsatz sind,
- die 1968/69 von Nelson, Bembridge, gebauten Patrouillenboote P 561–563/*Kawab, Thoaban, Baniyas.*

Neu beschafft wurden

- 1974/75 von Fairey Marine sechs GFK-Patrouillenboote des Typs Spear (9,1 × 2,75 × 0,89 m, 4,3 t, 2 × 145-PS-Perkins-T6-354-Diesel, 26 kn, 2 MG, 3 Mann) für die Seepolizei,
- 1974/75 von Cheverton, Cowes, zwei Patrouillenboote, *Al Shaheen, Al Aqab* (15,2 × 4,3 × 1,4 m, 20 t, 2 × 425-PS-GM-Diesel, 23 kn, 1 MG, 8 Mann) für die Küstenwache von Sharjah,
- 1974/76 von Vosper Thornycroft sechs Rundspant-Patrouillenboote mit Stahlbootskörper, P 1101–1106/*Ardhana, Zurara, Radoom, Al Ghullan, Murban, Ghanadhah* (33,52 × 6,4 × 1,6 m, 110/140 t, 2 × 2700-PS-Paxman-Valenta-Diesel, 29 kn, 1800 sm/14 kn, 1 × 2-30-mm, 1-20-mm, 27 Mann),
- 1975 von Cheverton, Cowes, A 271–272 (8,2 × 2,7 × 0,8 m, 3,3 t, 1 × 150-PS-Lister-RMW3-Diesel, 8 kn),
- 1975 von Camcraft fünf Patrouillenboote, (23,4 × 5,5 × 1,5 m, 70 t, 2 × 700-PS-GM-Diesel, 25 kn, 1 × 2-20-mm), Nr. 21–25,
- 1978 sechs 18,3-m-Patrouillenboote aus den USA,
- 1978 vier 6,1-m-Boote,
- 1979/81 von Lürssen sechs FK-Schnellboote des Typs TNC 45: 4501–4506/*Baniyas* (Sk 96, Bild 160), *Rodqm, Shaheen, Sagar, Tarif* (44,9/42,3 × 7,0 × 2,5 m, 231/259 t, 4 × 3900-PS-MTU-Diesel, 41,5/38,5 kn, 1500 sm/16 kn, 1-76-mm-Oto-Melara, 1 × 2-40-mm, 3 MG, 4 MM-40-Exocet-SSM-Starter, 36 Mann),
- 1979/83 von Watercraft siebzehn GFK-Patrouillenboote des Typs P 1200 (11,9 × 4,1 × 1,1 m, 10 t, 2 × 210-PS-Caterpilar-Diesel, 21 kn, 300 sm/20 kn, 2 MG, 5 Mann),
- 1983 von Watercraft neun Patrouillenboote des Typs 45'-Mk. 2 (13,9 × 4,3 × 1,4 m, 11 t, 2 × 650-PS-MAN-D254MLE-Diesel, 23/26 kn, 2 MG, 5 Mann),
- ein Patrouillenboot des Fairey Marine-Typs Interceptor.

Sk 95 a
Venezolanisches
42,2-m-Picchiotti-Patrouillenboot
(Picchiotti)

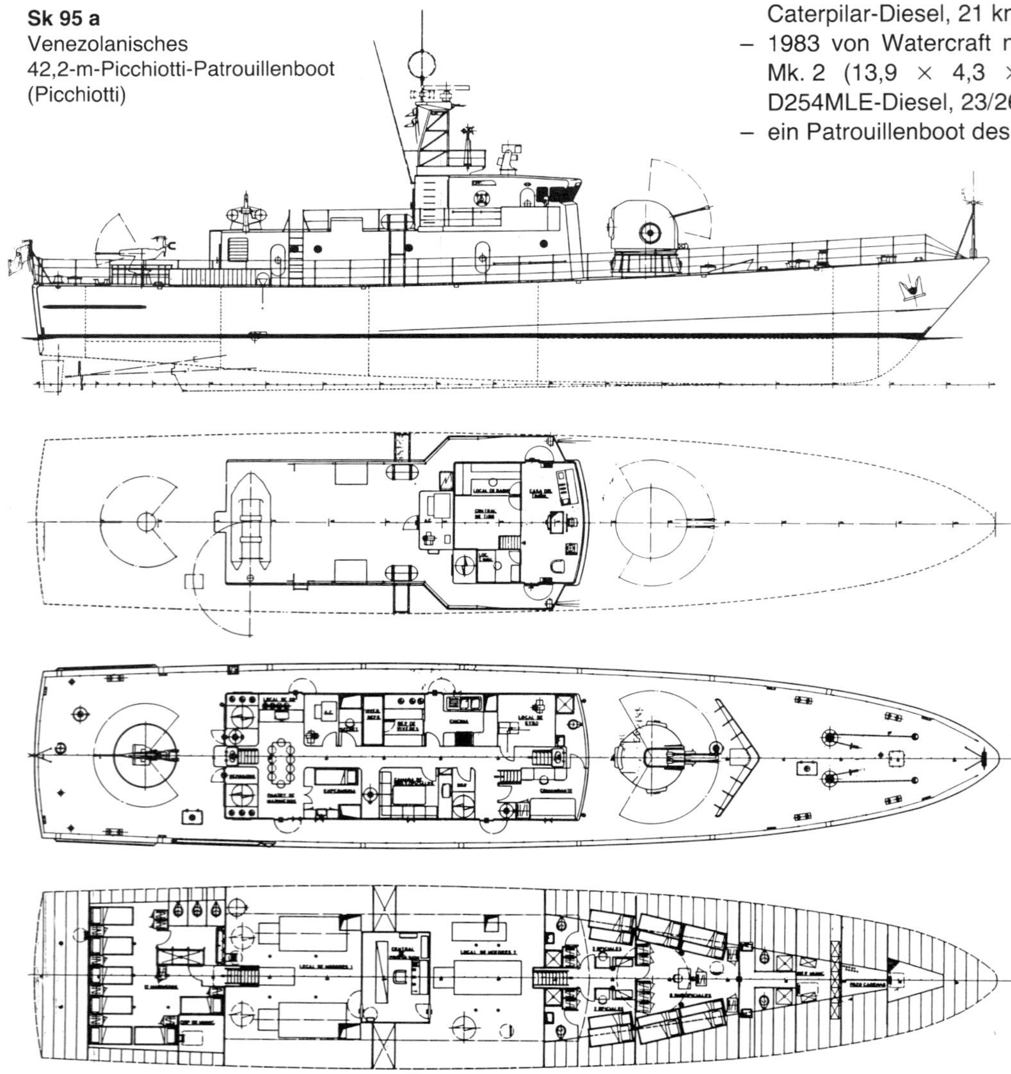

3.145 Vietnam

Der Bestand Vietnams an Kleinkriegsschiffen ist nach dem Zusammenlegen der nord- und südvietnamesischen Verbände wenig übersichtlich. Aus südvietnamesischen und US-Beständen ist nach dem Abzug der US-Streitkräfte aus Vietnam und der Kapitulation Saigons erhebliches Material zurückgelassen worden. Nach einer zeitgenössischen Meldung (MRS 75/373) wurden beim Abzug der USA «Hunderte von Kriegsschiffen aller Art«, vorherrschend jedoch Patrouillenboote und Flußkampfschiffe, übernommen, die sich entsprechend einem Aufruf mit weißen Fahnen vor den Küsten und auf den Binnengewässern stellten. Andere Fahrzeuge flüchteten nach Thailand und den Philippinen, wo sie teils von den USA zurückgenommen und

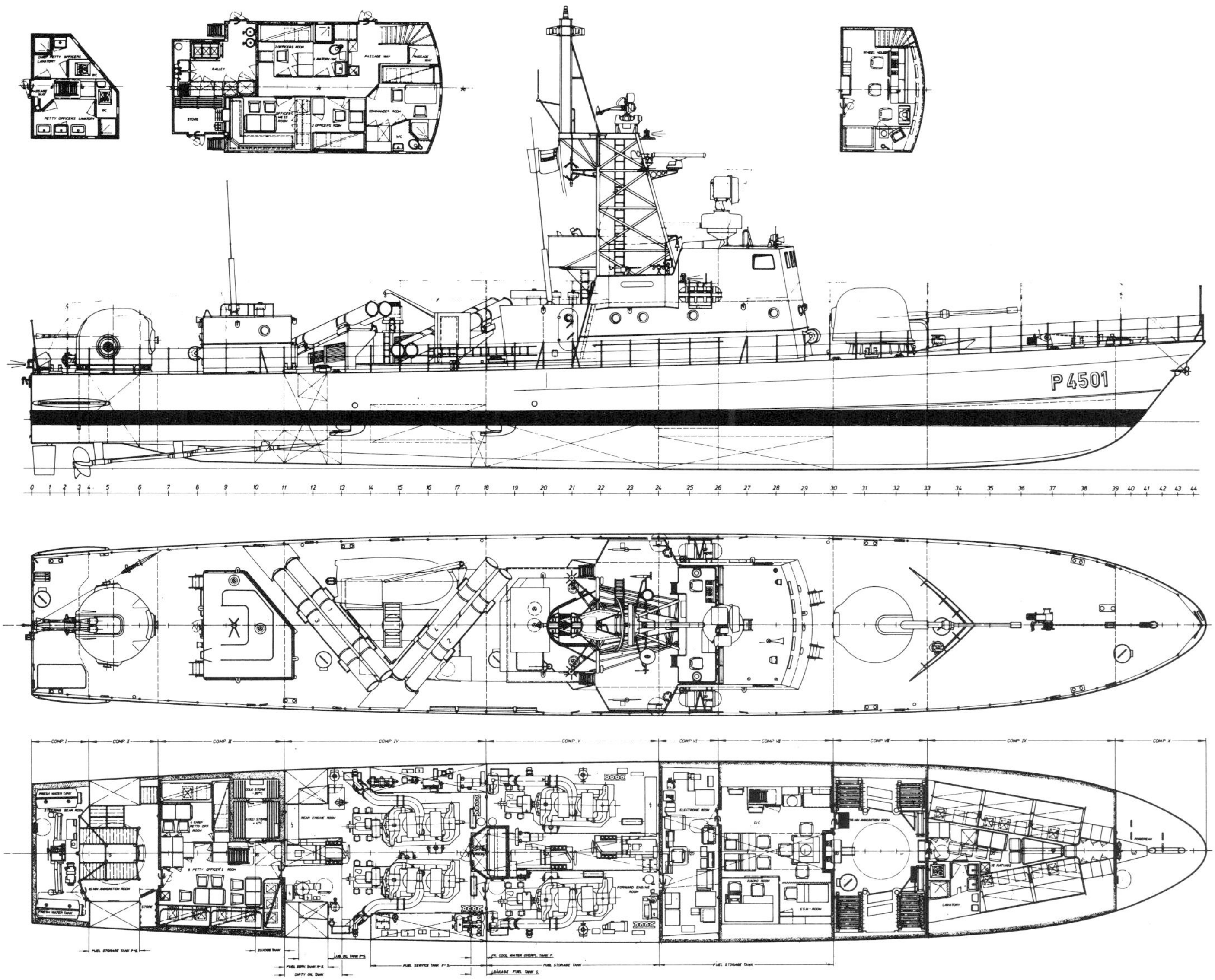

Sk 96
Vereinigte Arabische Emirate-Lürssen-FK-Schnellboote der Baniyas-Klasse (Lürssen)

diesen Marinen übergeben, teils zum Schrottpreis angekauft wurden. Andererseits dürfte aber auch der Mangel an Ersatzteilen zu einem schnellen Abbau dieser Bestände geführt haben.

Neuere Flottenlisten geben als verfügbar, aber nicht unbedingt einsatzfähig an

- vier FK-Schnellboote des sowjetischenTyps Komar,
- neun Torpedo-Schnellboote des sowjetisch/chinesischen Typs P 6,
- drei Torpedo-Schnellboote des sowjetischen Typs P 4,
- zwei Patrouillenboote des sowjetischen Typs Poluchat,
- acht Artillerie-Schnellboote des chinesischen Typs Shanghai II,
- vierzehn Artillerie-Schnellboote des chinesischen Typs Shantou,
- 25 Patrouillenboote des US Coast Guard 83'-Typs,
- 99 Patrouillenboote des US-Swift-Typs,
- zwei Patrouillenboote des DDR-Bremse-Typs,
- 275 Patrouillenboote des US-PBR-Typs und eine große Zahl weiterer Flußkampffahrzeuge aller Art.

Als im aktiven Dienst befindlich werden angesetzt

- sechs 1977/83 gelieferte Patrouillenboote des sowjetischen Typs PO 2,
- sechs 1978/79 gelieferte Patrouillenboote des sowjetischen Typs Zhuk,
- fünfzehn 1963/67 gelieferte Patrouillenboote des US-Typs PGM 59,
- acht 1980/83 gelieferte Patrouillenboote des sowjetischen Typs SO I,
- sechzehn 1973/83 gelieferte Torpedo-Schnellboote des sowjetischen Typs Shershen,
- acht 1979/81 gelieferte FK-Schnellboote des sowjetischen Typs Osa II,
- zwei Patrouillenboote des sowjetischen Typs Poluchat.

3.146 Virgin Islands

Die Küstenwache unterhält ein 1980 von Brooke Marine geliefertes Boot des 40'-Typs, *Virgin Clipper* (12,2 × 3,7 × 1,2 m, 15 t, 2 × 185-PS-Diesel, 22 kn, 4 Mann) und zwei von der Coloso Boat Co. gebaute 7-m-Boote.

3.147 Zaire

Die Marine/Küstenwache von Zaire besteht z. Z. ausschließlich aus Light Forces, die aus dem westlichen und östlichen Ausland geliefert wurden. Ausgemustert wurden 1984
- die sechs 1971 beschafften 33-t/25-kn-Boote des Sewart Seacraft Comercial Cruiser-Typs,
- vier von China gelieferte Tragflügel-Schnellboote des Typs Huchwan.

Vorhanden sind
- vier 1971/74 gekaufte Patrouillenboote des US-Typs Swift,
- neunundzwanzig 1974/81 in Frankreich gebaute 7,5-m-Boote,
- vier 1974 von Nordkorea gelieferte Torpedo-Schnellboote des dortigen Typs P 4,
- vier 1976 (2) und 1978 (2) gelieferte Artillerie-Schnellboote des chinesischen Typs Shanghai II.

3.148 Zypern

Von den sechs 1962 bzw. 1965 von der Sowjet-Union erhaltenen Torpedo-Schnellbooten des Typs P 4 geriet ein Boot 1974 im Rahmen der türkischen Besetzung des Nordteils in türkische Hand. Es wird im Marinemuseum Istanbul gezeigt. Die übrigen gingen 1974 in den Kämpfen verloren oder wurden ausgemustert. Darüber hinaus waren drei Torpedo-Schnellboote des jugoslawischen Typs 101 und drei ehemals deutsche R-Boote des Weltkriegs vorhanden. Alle diese Fahrzeuge sind teils verloren, teils ausgemustert. Zwei moderne, bei Chantiers Navals de L'Esterel bestellte FK-Schnellboote konnten mangels Mitteln nicht abgenommen werden und wurden von Griechenland angekauft. So beschränkt sich der Bestand heute auf drei 1982/83 von Chantiers de L'Esterel gelieferte Patrouillenboote
- die 17,7-m-Boote *Aphrodite, Kimon,*
- ein Boot (32,1 × 6,5 × 0,9 m, 96 t, 2 × 1900-PS, 30 kn), das als *Salamis* in Fahrt kam.

4 Projekte und Fahrzeuge, die mit unterschiedlicher Bewaffnung/Ausrüstung gebaut werden

Die einschlägige Industrie – aber auch Einzelpersonen – arbeiten weltweit permanent an Projekten für Schnell- und Patrouillenboote aller Art. Gleichzeitig werden immer wieder vorhandene Entwürfe weiterentwickelt und hinsichtlich Antrieb, Ausrüstung und Bewaffnung den Wünschen tatsächlicher oder potentieller Auftraggeber angepaßt. Es würde zu weit führen, den Versuch zu wagen, das gesamte Spektrum dieser Arbeiten darstellen zu wollen. Einige Projekte sind und bleiben nur mehr oder minder „artist impressions", andere werden nicht veröffentlicht. Schließlich würde es auch den Rahmen dieses Buches sprengen, wenn bei dem zur Verfügung stehenden Material nicht eine gewisse auswählende Beschränkung erfolgen würde.

4.1 Deutsche Arbeiten

4.11 Das Tragflügelboot-Projekt von Dr. Ing. Schlör
(Sk 97, DBP beantragt)

Dr. Schlör ging bei seinem Fahrzeug von der Erkenntnis aus, daß 1. konventionelle Schnellbootformen eine vom Seegang abhängige Geschwindigkeit haben, 2. Tragflügelboote diesen Nachteil zwar nicht haben aber bei starren Flügeln infolge ihrer Konstruktion und des Tiefgangs im Schwimmzustand Liegeplatzschwierigkeiten haben, während Tragflügelboote mit aus- und einklappbaren Tragflügeln vor und nach der Schwebefahrt zum Aus- und Einbringen der Tragflügel im Schwimmzustand fahren müssen. Ziel der Schlör'schen Konstruktion ist es, durch eine tauch- und auftauchfähige Zusatzkörper-Anordnung an ein starres Tragflügelsystem die für die oben genannten Tragflügelboote zutreffenden Nachteile zu vermeiden. Der für Gleitfähigkeit bei ruhiger See ausgebildete Bootskörper (1) wird getragen durch die strömungsgünstig gestalteten Stützen (3) achtern und die Mittelstütze (4) im Vorschiff. Die Stützen tragen für die ausgetauchte Gleitfahrt die Tragflächen (5) im Vorschiff und (5.1) im Achterschiff. An den Seitenenden der Tragflächen (5) sind beidseitig spindelförmige Auftriebskörper (2) angeordnet, die geflutet und/oder gelenzt werden können. Mit Hilfe dieser Konstruktion können die Schwimmlagen (A) bei Verdrängungsfahrt, (B) bei aufgetauchtem Auftriebskörper (2) und (C) bei Gleitfahrt mit ausgetauchtem Bootskörper (1) gefahren werden. Für das Weg- und Austauchen sind in den spindelförmigen Auftriebskörpern (2) Tauchzellen (11) und Trimmzellen achtern (9) und vorne (10) angeordnet, wobei die Trimmzellen sowohl bei Gleitfahrt (C) als auch bei Austauchen der Auftriebskörper (2) für die statische Schwimmlage (B) die Gleichgewichtslage steuern. Bei weggetauchten Auftriebskörpern (2) in der Gleitlage (C) wird die Tiefenlage der Tragflächen und der gefluteten Auftriebskörper (2) durch die Höhenruder (7) achtern und (6) an der vorderen Tragfläche (5) geregelt und das System gleichzeitig dynamisch stabilisiert, da eine rasch wirkende, den Seegangsverhältnissen entsprechende dynamische Stabilisierung

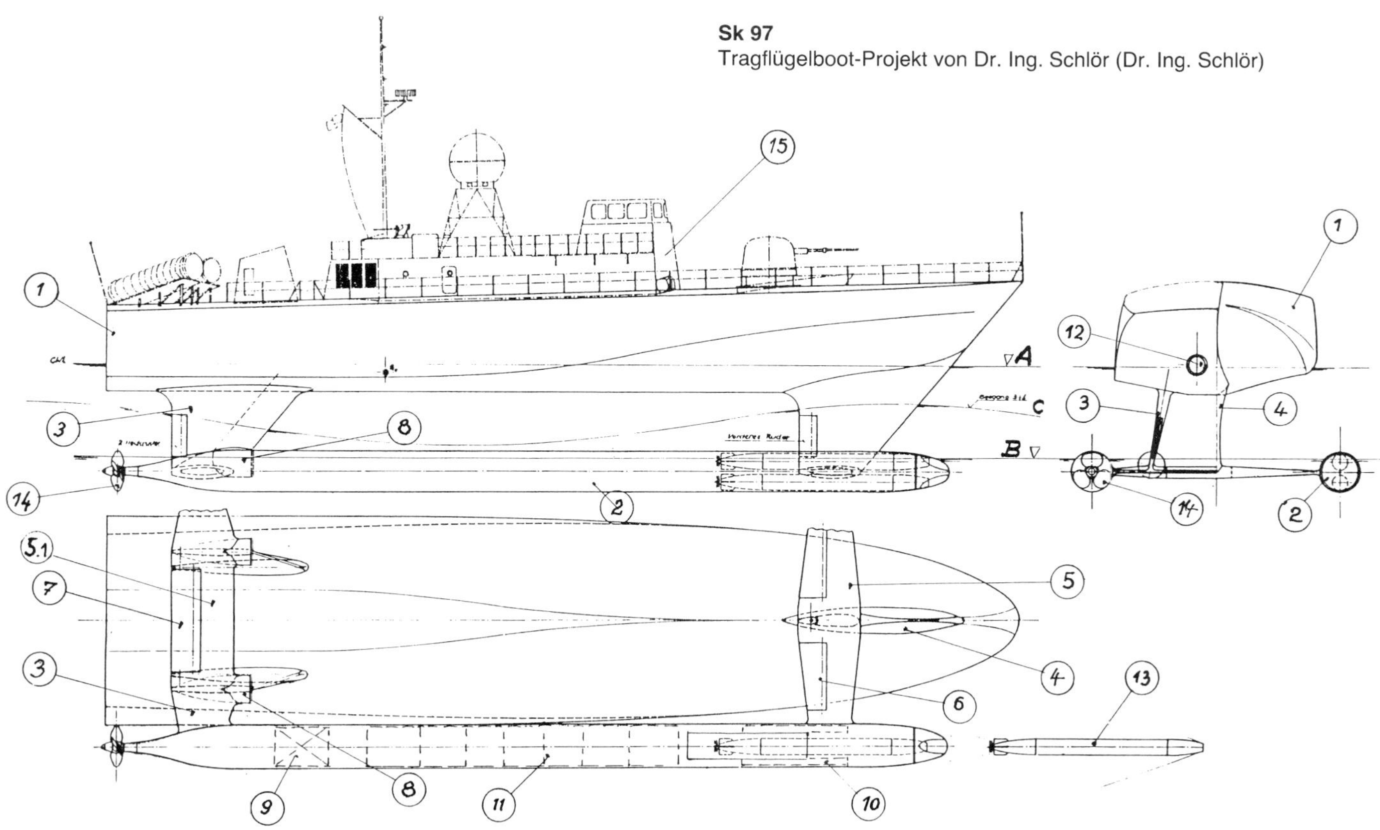

Sk 97
Tragflügelboot-Projekt von Dr. Ing. Schlör (Dr. Ing. Schlör)

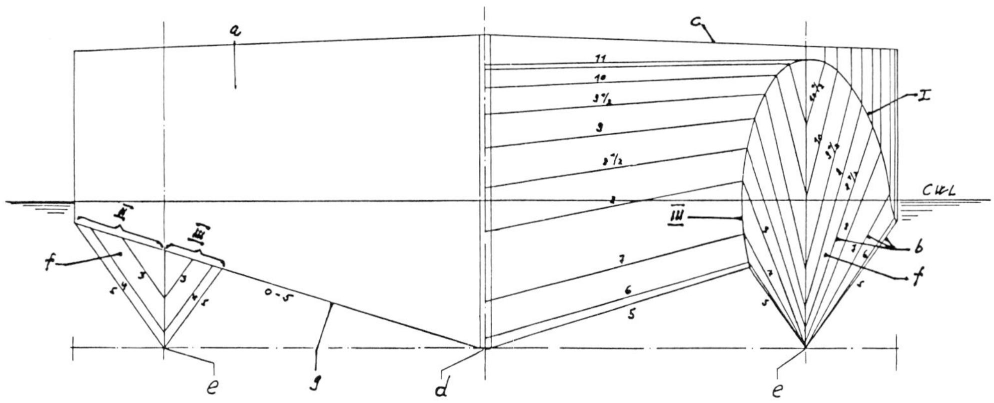

Sk 98
Spantenriss des Projekts PAC der Deggendorfer Eisenwerke: Deep-V-Form mit Doppelkielen im Vorschiffsbereich (DEW/R. Ciecior)

durch Fluten oder Lenzen der Auftriebskörper (2) infolge der Zeitabhängigkeit der Lenz- und Flutvorgänge zu träge ist. Das Kurshalten im Schwimmzustand (A) und in der Gleitfahrt (C) erfolgt durch die in den Stützen (3) und (4) angeordneten Seitenruder. Die Propulsion erfolgt bei Normalfahrt durch im Bootskörper angeordnete Diesel, die über Getriebe die achtern an den spindelförmigen Auftriebskörpern (2) befindlichen Verstellpropeller (14) antreiben. Für die Höchst/Gleitfahrt (C) erfolgt der Antrieb durch im Bootskörper angeordnete Wasserstrahldüsen (12), wobei die Strahlpumpen durch eine GT hoher Leistung angetrieben werden. Zur Reduzierung der Ansaugleistung wird unter Nutzung des bei Höchstfahrt hohen Staudrucks das Strahlantriebswasser durch Auffangtrichter (8) aufgenommen und hochgedrückt. Gemäß dem Gesetz, daß die Steighöhe des Strahlwassers in den achteren Stützen (3) vom Auffangtrichter (8) bis zur Strahlpumpe im Boot (1) vom Quadrat der Fahrgeschwindigkeit und der Dichte des Wassers bestimmt ist, bestimmt die Höhendifferenz gleichzeitig den Beginn der Gleitfahrt. Da der Eintauchvorgang der Auftriebskörper (2) im Hinblick auf die Wechselwirkung von statischer Stabilität (Verdrängungslage B) in die dynamische Stabilität (Lage C) nur bei Fahrt automatisch gesteuert erfolgt, läßt der Vorteil des starren Tragflügelsystems, ohne Stillstand des Bootes von der Verdrängungsfahrt (A) in den Gleitzustand des Tragflügelsystems (C) übergehen zu können, dieses System nach Auffassung des Erfinders besonders geeignet für Marinefahrzeuge erscheinen. Die Auftriebskörper (2) sind auch geeignet, im Bugteil Torpedos o.ä. (13) abschußbereit aufzunehmen. Das Laden würde im statischen Schwimmzustand (B) bei aufgetauchten Auftriebskörpern (2) über entsprechende Vorrichtungen erfolgen. (181)

4.12 Das Projekt PAC der Deggendorfer Werft und Eisenbau GmbH

Die DWE, die das Know-how des Kleinkriegsschiffbaus von der aufgelösten Mainzer Ruthof-Werft übernommen hatte, beschäftigte sich ab 1978 intensiver mit dem Studium von Schnell- und Patrouillenbooten. Man konzentrierte sich in umfangreichen Studien und Modellversuchen auf eine unkonventionelle Form und bemühte sich in längeren Versuchsreihen besonders um die Optimierung des Seeverhaltens und der Geschwindigkeit im Seegang. In vierjähriger Arbeit entstand eine Deep-V-Form mit Doppelkielen im Vorschiffsbereich (Sk 98, PES = planing effect ship), die dem Boot ein bemerkenswert weiches Seeverhalten vermittelte. Im August 1981 wurde diese Form patentiert. Auf der Basis dieses Konzepts entstanden dann die Entwürfe PAC 37 und PAC 47, die vorherrschend auf die jüngeren Marinen Afrikas und Südostasiens abzielten. Das Projekt PAC 37 (Sk 99, Bild 161) kam bei 37,5/32,6 × 10,5 × 1,9 m Hauptabmessungen und 4,4 m Seitenhöhe auf ca. 270 t. Als Antrieb war eine breite Palette von Motoren vorgesehen, die in einem Raum angeordnet waren (drei Motoren) und in der Gesamtleistung zwischen 8250 und 15 300 PS lagen. Sie sollten über Winkelgetriebe auf Festpropeller arbeiten und das Boot auf bis zu 40 kn bringen. Für den Einsatz auf flachen Gewässern sollte ein Wasserstrahlantrieb vorgesehen werden (Sk 100). Je nach Wunsch des Auftraggebers konnten auf dem Vorschiff eine 57- oder 76-mm-SK bzw. ein 35-40-mm-Zwilling und achtern 35-40-mm, FK oder ein leichter Hubschrauber vorgesehen werden. Auch eine A/S-Version mit einem Sonar und AEG-SUT- bzw. Mk.32-A/S-Torpedos wurde angeboten. Hinsichtlich der elektronischen Ausrüstung arbeitete DEW mit HSA u. Thomson/CSF zusammen.
Der größere Typ PAC 47 kam bei 47,55/42,6 × 10,5 ×2,27 m Hauptabmessungen und 4,8 m Seitenhöhe auf etwa 440 t Einsatzverdrängung (187).
Die Firma hat zwischenzeitlich ihr Engagement auf dem militärischen Sektor aufgegeben und das Patent an den Erfinder, Rolf Ciecior, zurückgegeben.

4.13 Der Typ SAR von Abeking & Rasmussen

Der von der Hydroengineering S.A. und Abeking & Rasmussen entwickelte Typ SAR 33 wurde 1976/78 von A & R als Prototyp und in den Folgejahren in 25 weiteren Exemplaren als Lizenzbau von der türkischen Marinewerft Taskizak gebaut. Eingehende Erprobungen zeigten, daß das aufgrund seiner Gesamtkonzeption als Knickspanter (Bild 162) kostengünstig herzustellende Fahrzeug je nach Auslegung der Antriebsleistung 38-42 kn erreicht und auch unter ungünstigen Verhältnissen ein bemerkenswertes Seeverhalten ausweist. Die bisher gebauten Boote des Typs SAR 33 (Sk 101) wurden von der Türkei und Libyen ausschließlich in der Küstenwachversion mit leichten Maschinenwaffen zum Einsatz gebracht. Sk 102 zeigt das Boot mit 2-76-mm-Oto-Melara, Sk 103 mit 1-76-mm, 1 × 2-30-mm, MM 38-SSM-Startern und HSA-Feuerleitanlage. Der Basistyp SAR 33 mißt 34,6 m über alles, 33,0 m über Deck, 29,5 m in der Wasserlinie, 8,6 m maximale Breite, 7,9 m Breite im Deck, 3,75 m Seitenhöhe und 1,85 m Tiefgang. Die Version SAR 35

Sk 99

Projekt PAC der Deggendorfer Eisenwerke (DEW/R. Ciecior)

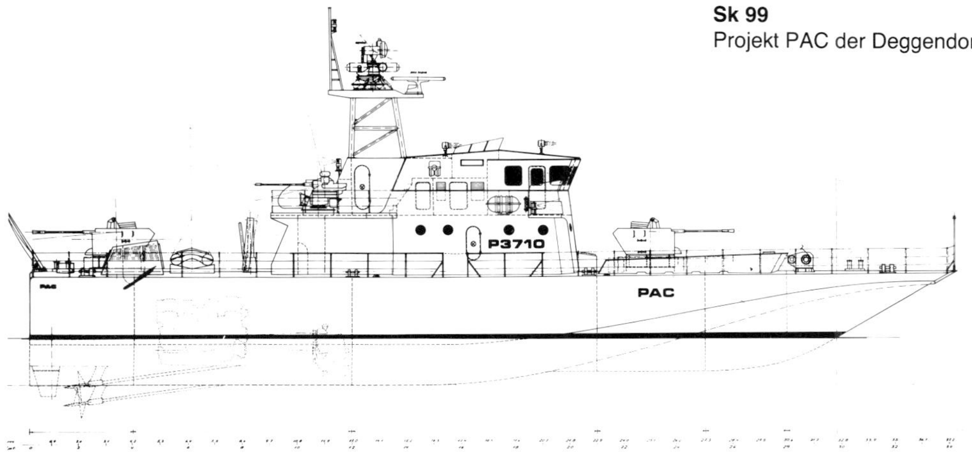

Main particulars:

Length overall	app. 37,50 m
Length wl	32,60 m
Beam mld	10,50 m
Depth mld	4,40 m
Draught without propellers	1,90 m
Draught with propellers	3,22 m
Displacement	app. 270 t.

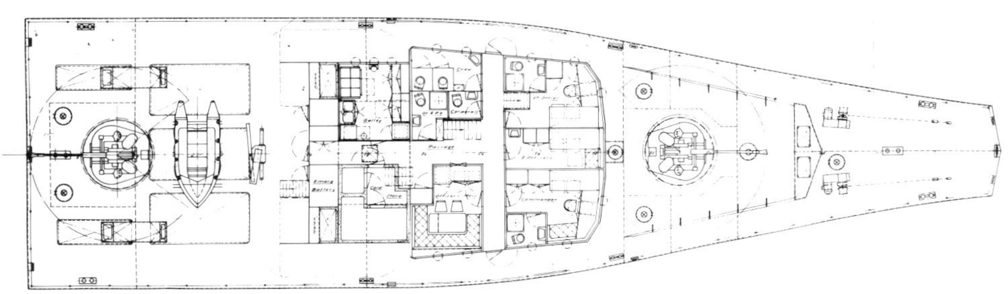

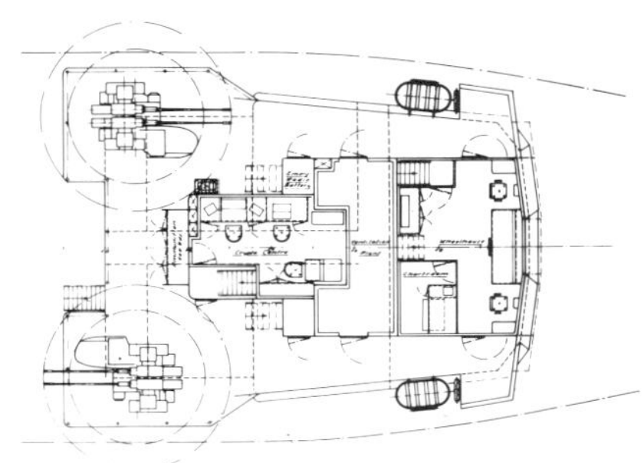

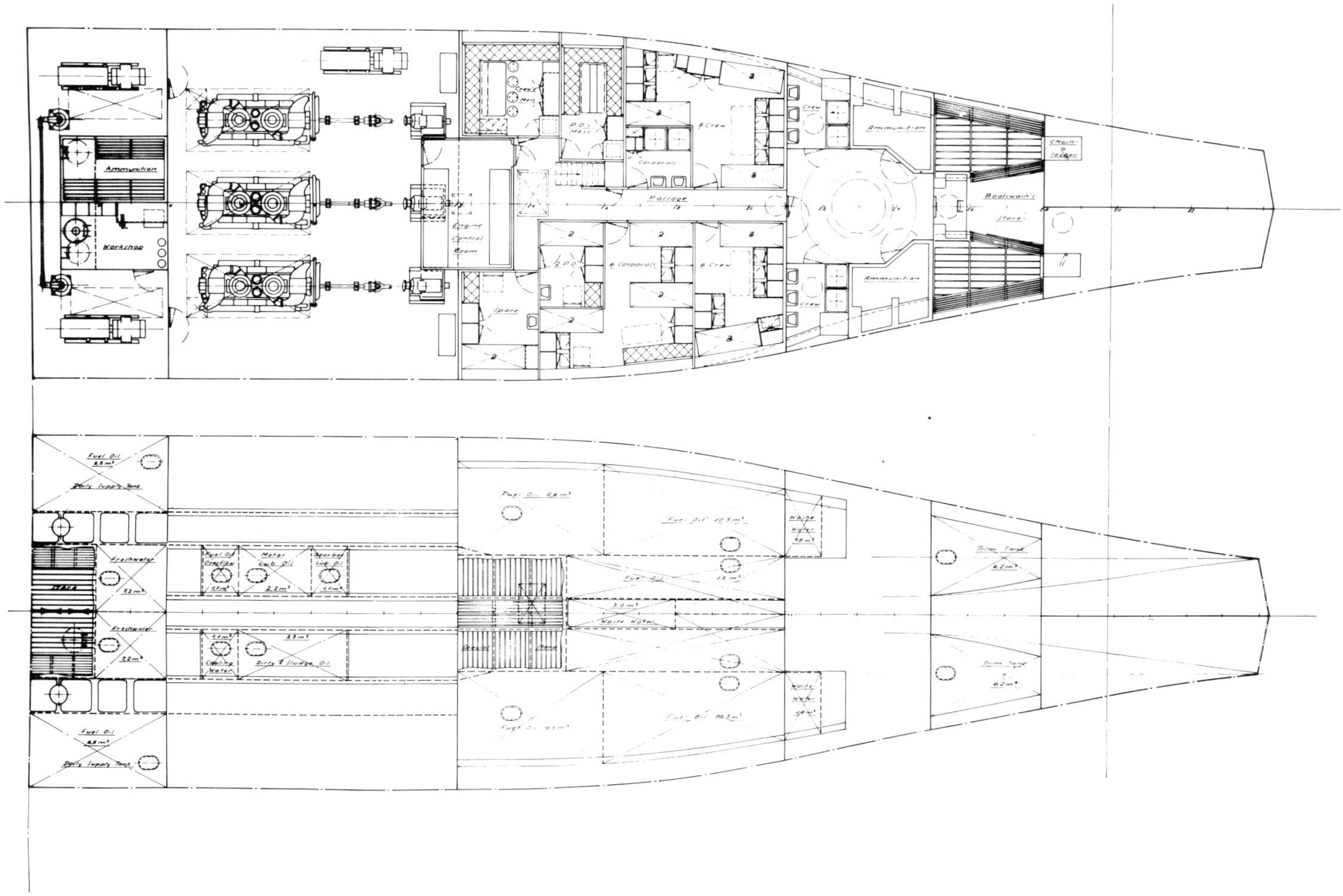

Sk 100
Kampfversion des Projekts PAC 37 der Deggendorfer Eisenwerke mit Wasserstrahlantrieb (DEW/R. Ciecior)

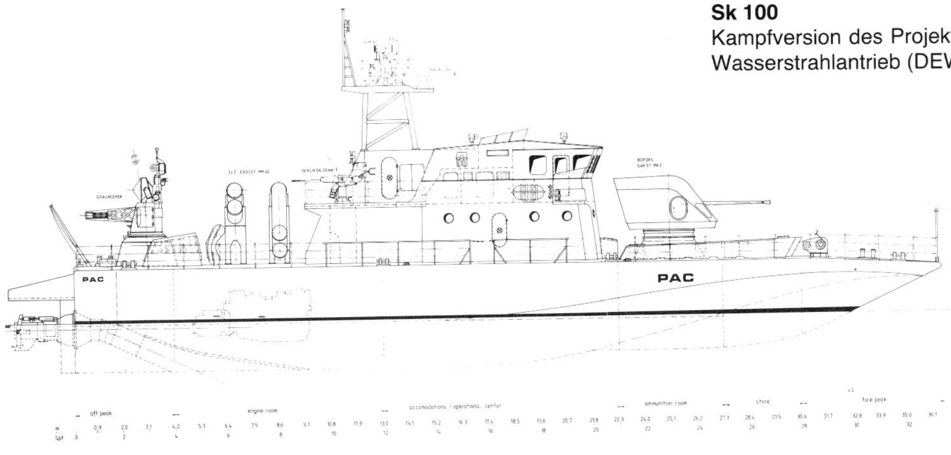

GENERAL DIMENSIONS		Hauptabmessungen		
LENGTH OVERALL	ABT	Länge über alles	ca.	39,25 m
LENGTH, CWL		Länge, CWL		32,60 m
BREADTH MOULDED		Breite auf Spant		10,50 m
DEPTH MOULDED		Seitenhöhe		4,40 m
DRAUGHT LOADED	ABT	Tiefgang beladen	ca.	2,10 m

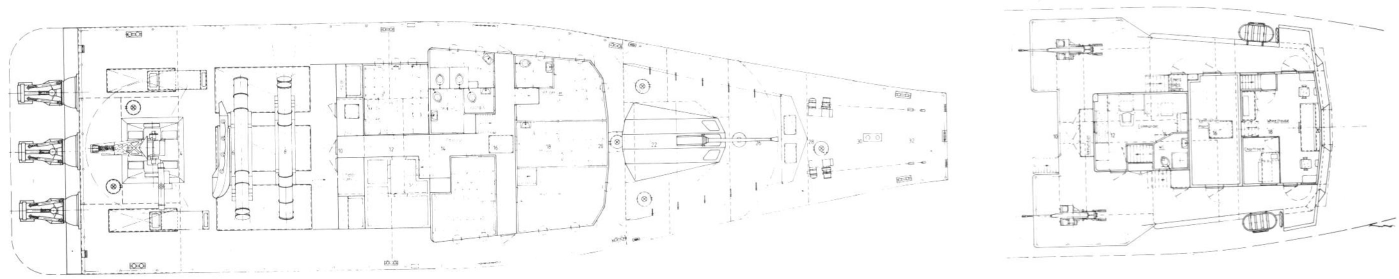

Sk 102
Schnellboottyp SAR 33 von A&R mit 2-76-mm-Oto-Melara (A&R)

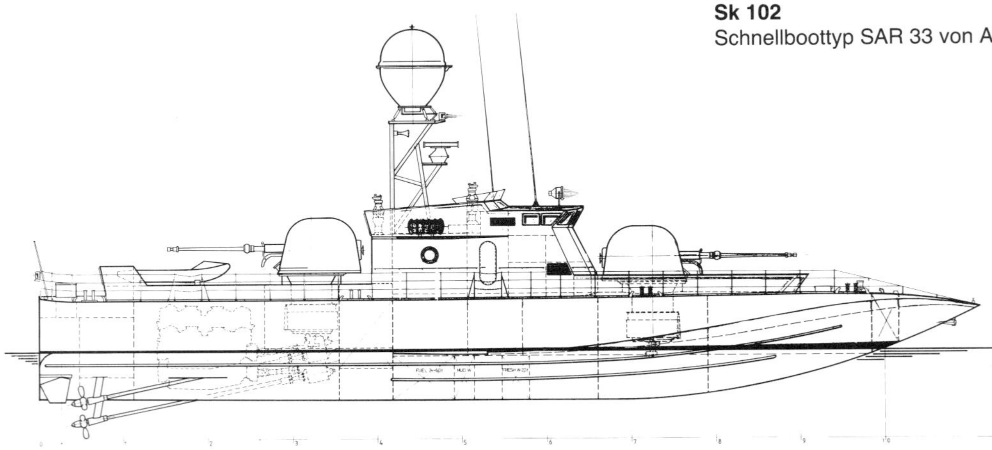

Sk 103
Schnellboottyp SAR 33 von A&R mit 1-76-mm,
1 × 2-30-mm und 4 MM-38-Exocet (A&R)

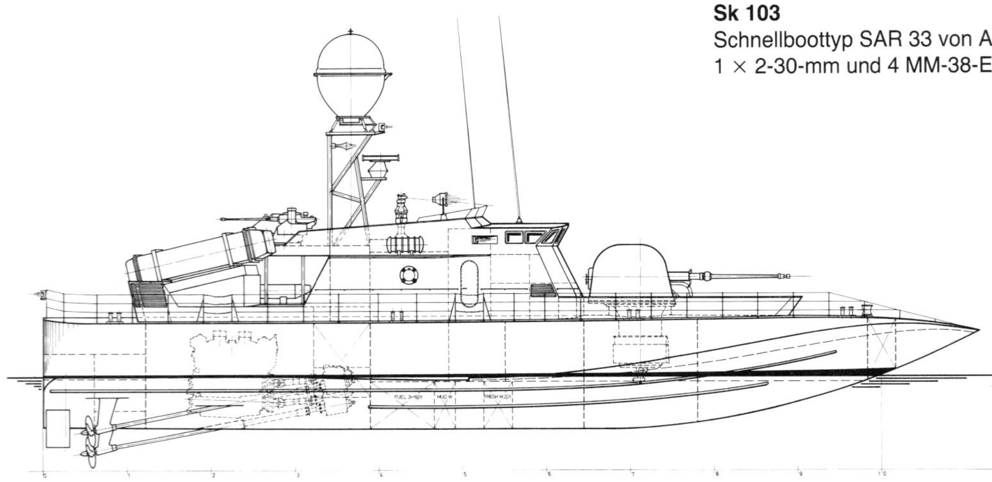

Sk 101

Schnellboottyp SAR von Abeking & Rasmussen (A&R)

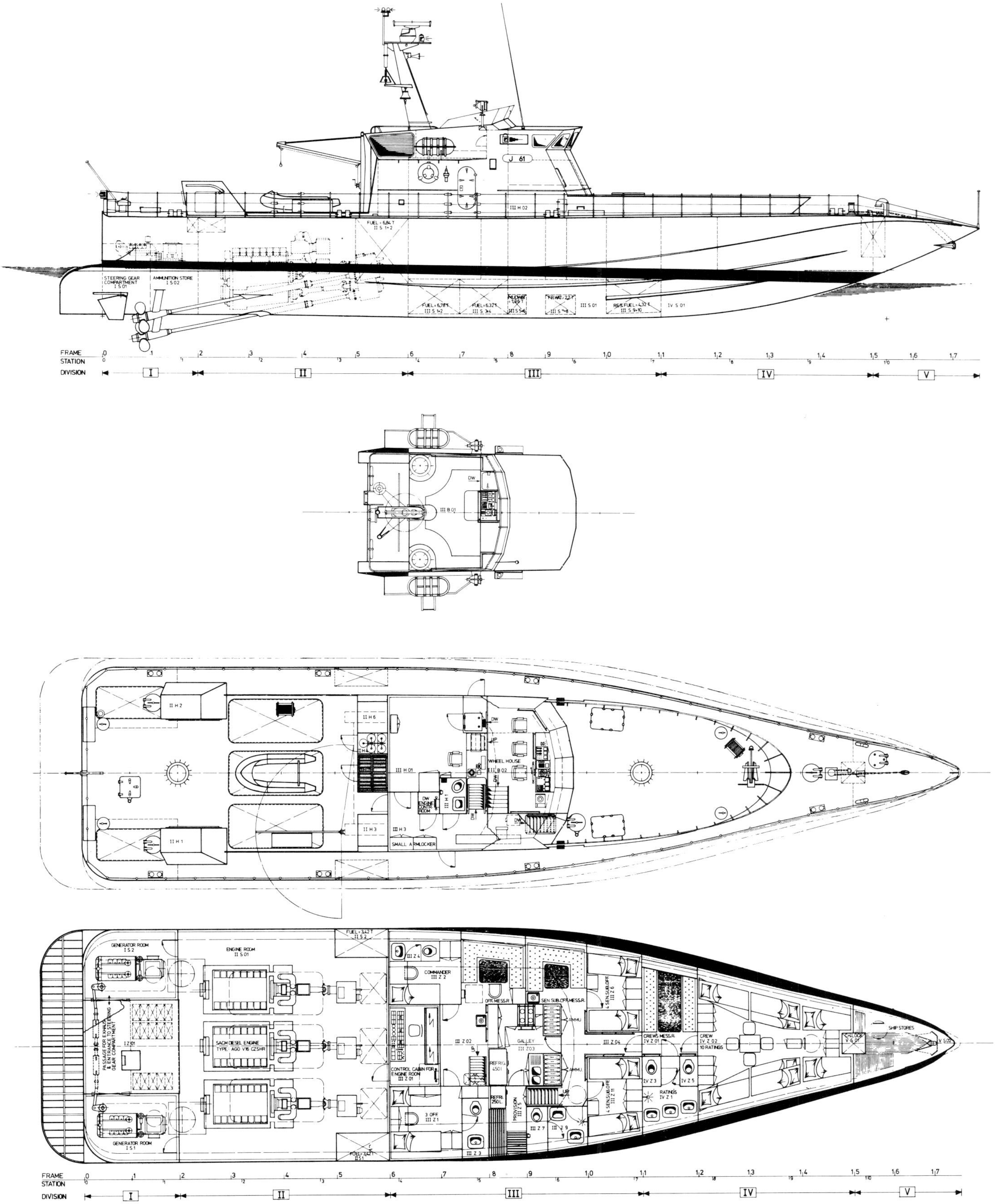

ist bei gleicher Breite auf 35,2/31,0 m Länge gebracht. Sk 104 zeigt eine Ausführung mit 1 × 2-40-mm, 1 × 2-30-mm, 4 MM-40-Exocet-SSM-Startern und HSA-Feuerleitanlage, Sk 105 zeigt die auf 38,0/34,5 m gebrachte Version SAR 38 oben als Kampfboot mit 1 × 2-40-mm + 1 × 40-mm, 4 MM-40-Exocet-SSM-Startern, HSA-Feuerleitanlage und unten als Aufklärungsboot mit 2 × 2-30-mm und einer Hubschrauberplattform. Falls ein Operieren auf extrem flachen Gewässern erforderlich ist, wird der Typ SAR 38 mit 39,4/34,5 m Länge und 1,85 m Tiefgang auch mit einem dieselgetriebenen Rocketdyne-Wasserstrahlantrieb geliefert (Sk 106). Schließlich zeigt Sk 107 (s. vorderes Vorsatzblatt) das Projekt des auf 43,0/39,5 × 9,0 m gebrachten Typs SAR 43 als Vierwellenboot mit Kraftwerksteilung 2 × 2 Motoren.

4.14 Projekte der Fr. Lürssen-Werft

Die Vegesacker Lürssen-Werft hält ein breites Spektrum an Patrouillenbooten und Schnellbootprojekten bereit, deren Grundformen den jeweiligen Wünschen der Auftraggeber entsprechend abgewandelt werden. Für einen erheblichen Teil dieser Grundformen wurden Baulizenzen an ausländische Marinen bzw. Werften vergeben. So z.B. für

- FPB 28 an Indonesien
- TNC 36 an Dänemark und Spanien
- FPB 38 an Malaysia

Sk 104
Schnellboottyp SAR 35 von A&R mit 1 × 2-40-mm, 1 × 2-30-mm und 4 M-38-Exocet-SSM (A&R)

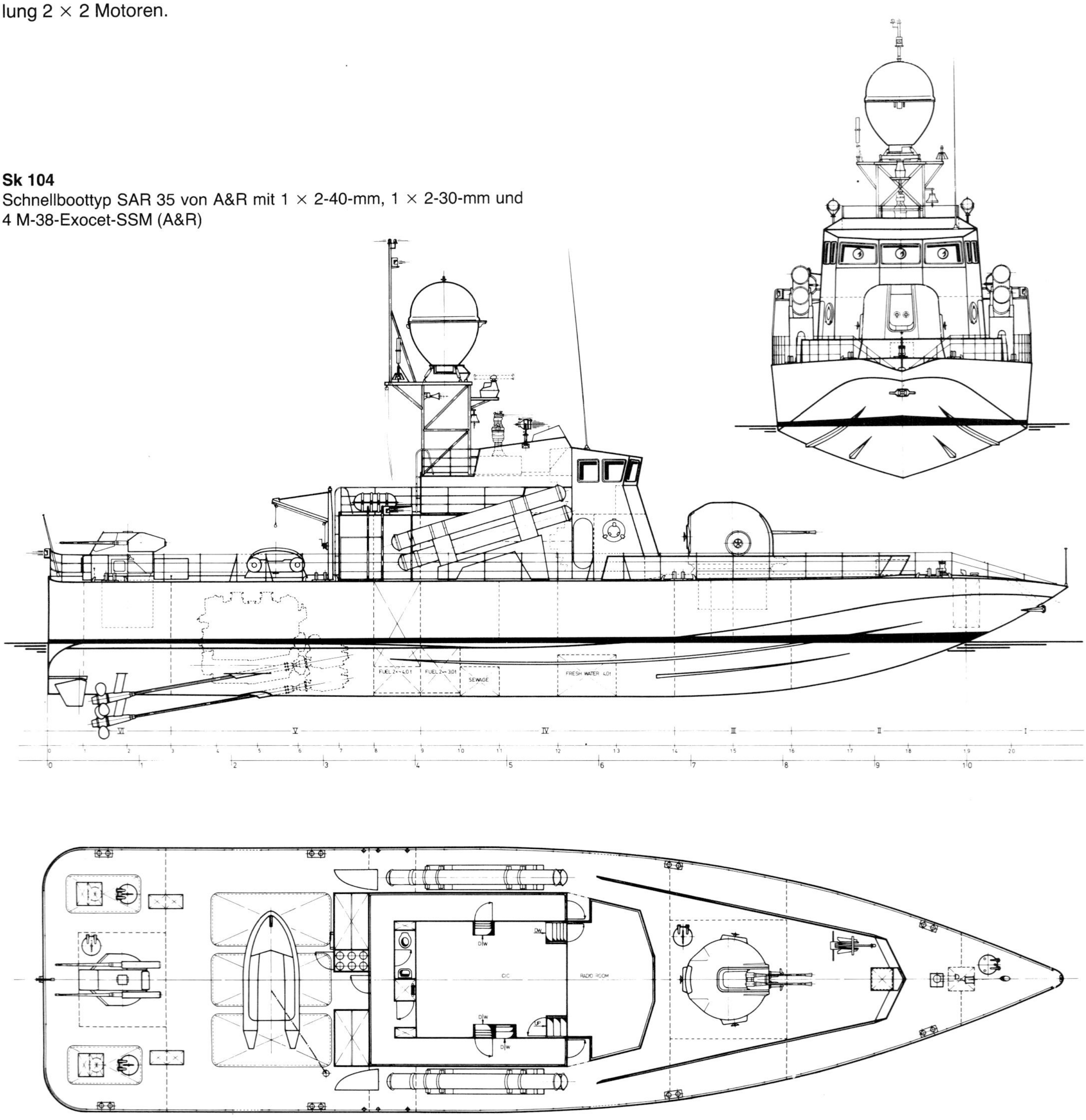

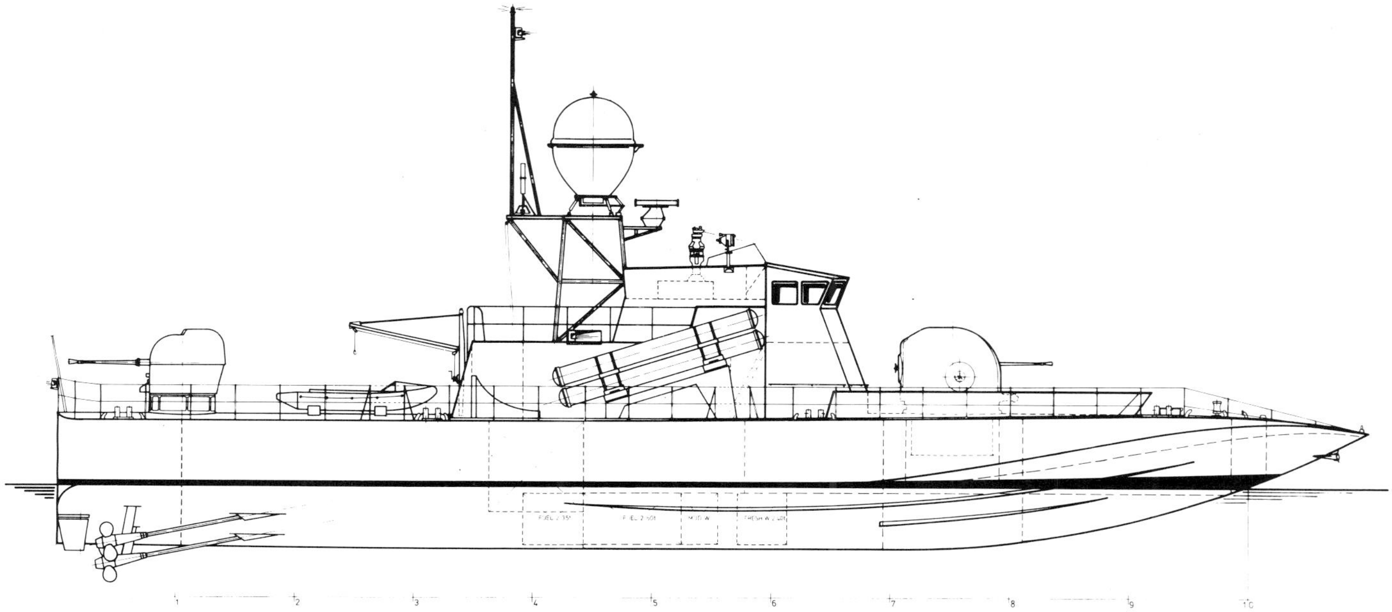

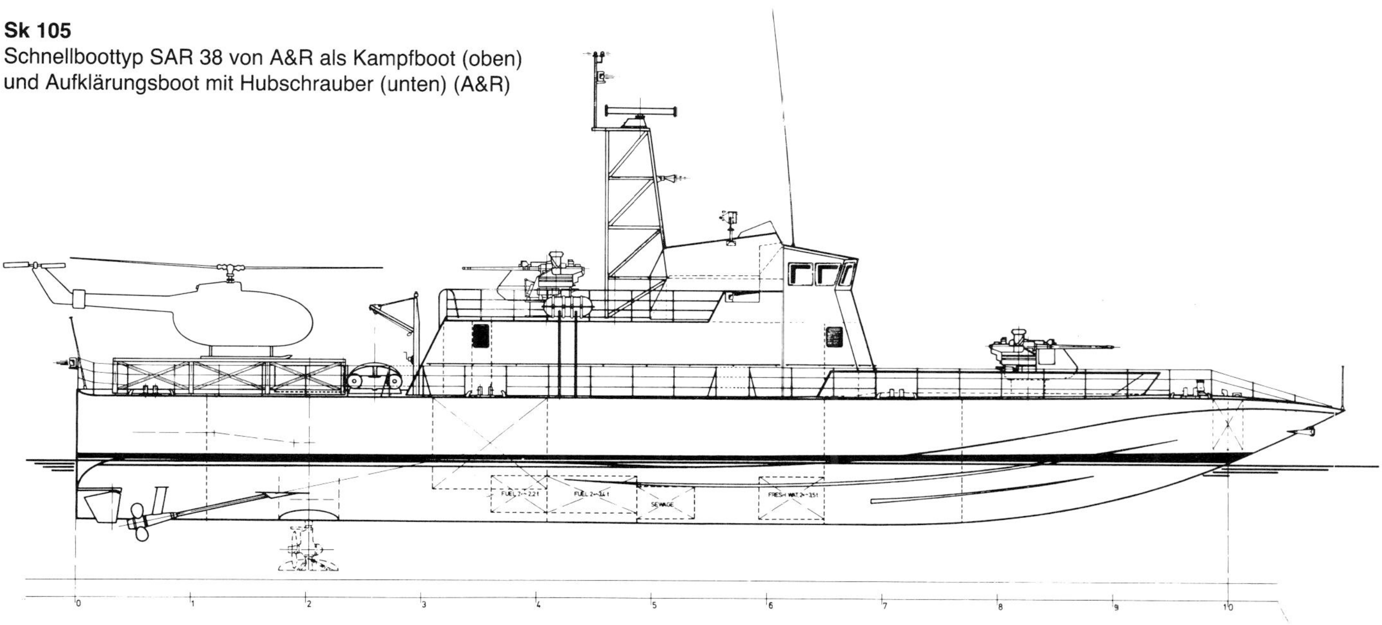

Sk 105
Schnellboottyp SAR 38 von A&R als Kampfboot (oben) und Aufklärungsboot mit Hubschrauber (unten) (A&R)

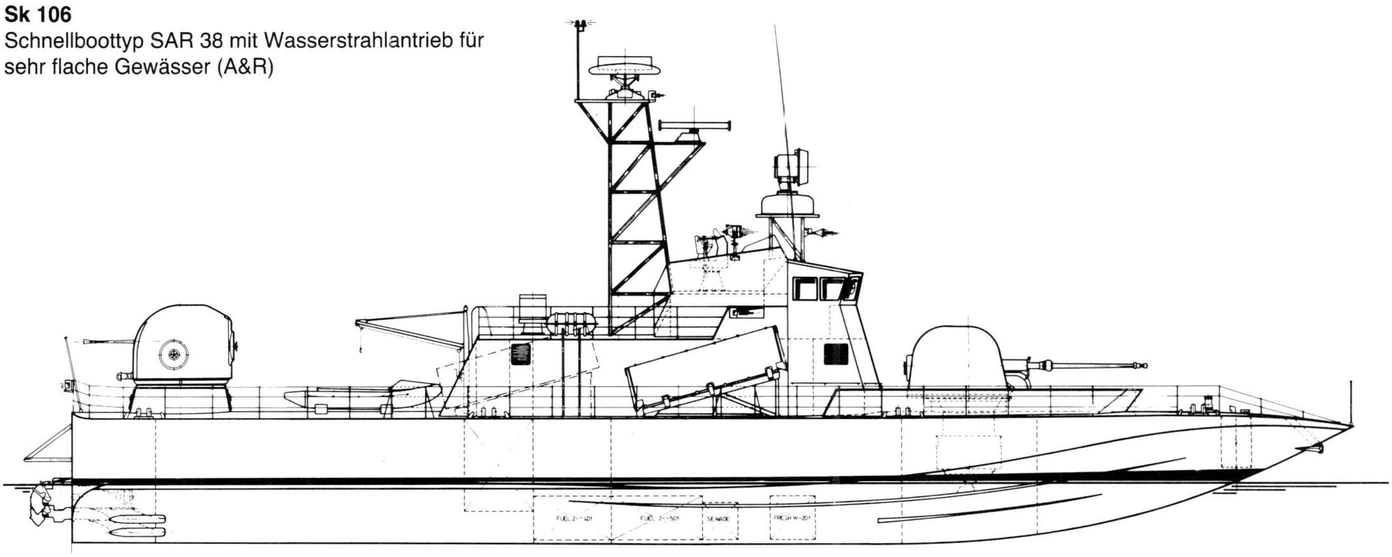

Sk 106
Schnellboottyp SAR 38 mit Wasserstrahlantrieb für sehr flache Gewässer (A&R)

- TNC 42 an Schweden (Spica-Klasse)
- TNC 45 an Argentinien, Dänemark, Frankreich, Singapore
- FPB 45 an Malaysia
- PB 57 an Spanien und Indonesien
- FPB 57 an Türkei

Darüber hinaus hat man in den letzten Jahren werftseitig dem Trend nach größeren Fahrzeugen Rechnung getragen, der sich aus den Forderungen nach großer Reichweite, bordgestütztem Hubschrauber und komplexen Waffensystemen gegen Luft-, Über- und Unterwasserziele ergibt. Da man im Zuge der Sicherung der 200-sm-Wirtschaftszone auf längere Sicht mit Überwachungsfahrzeugen bis zu 1000 t Verdrängung rechnen muß, die bei rationellstem Materialeinsatz Mehrzweckaufgaben zu erfüllen haben, entstanden – teilweise aufgrund entsprechender ausländischer Anfragen – einige interessante Korvetten-Projekte:

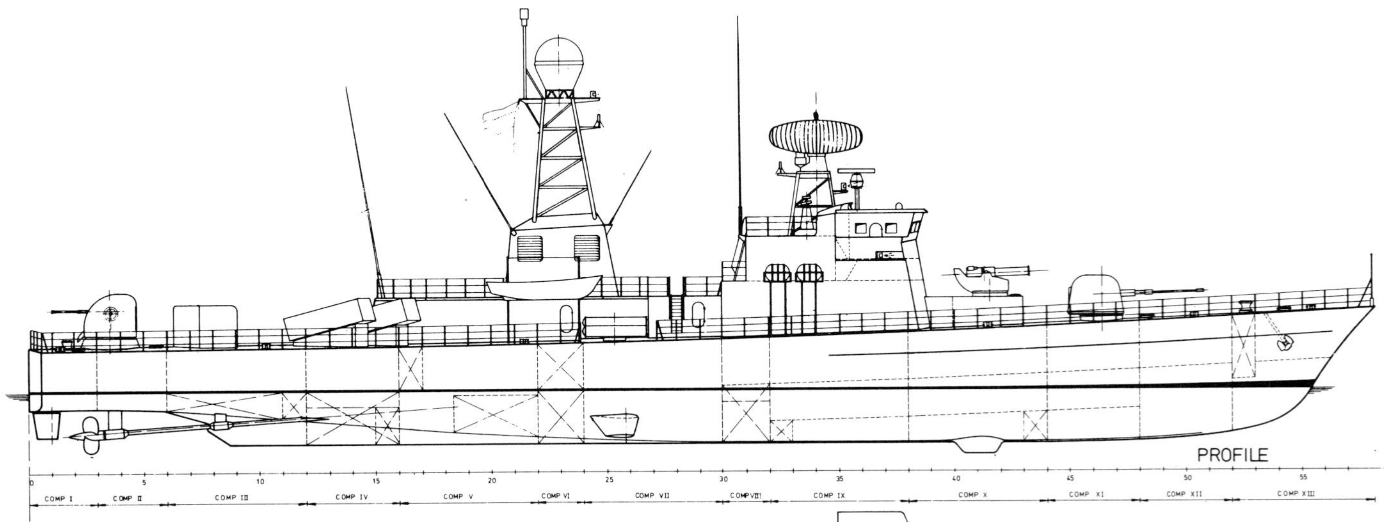

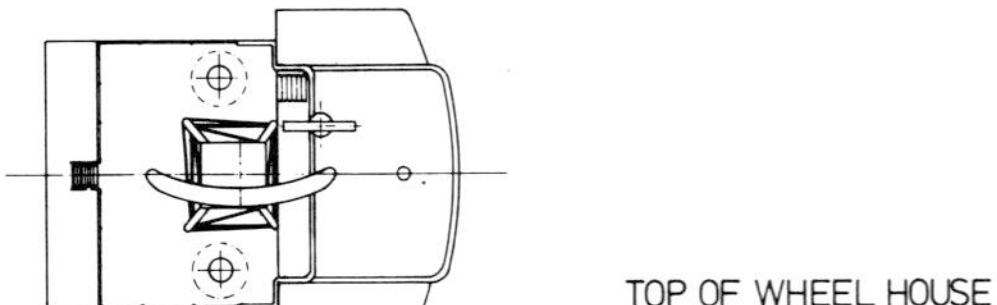

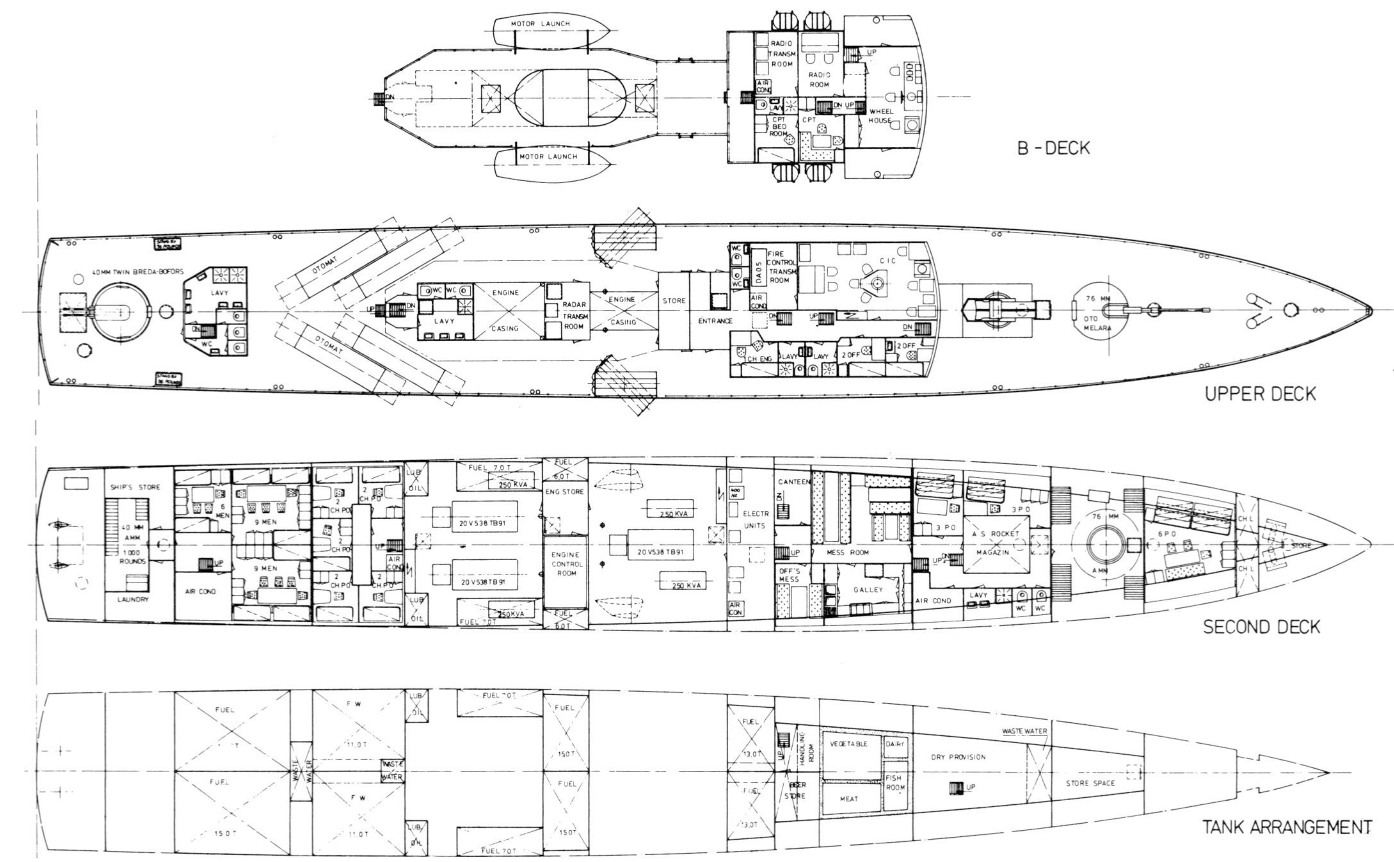

Sk 108
Projekt Korvette C 71 der Fr. Lürssen Werft (Lürssen)

- die Korvette C 71 (Sk 108): 71,5/66,4 × 9,09 m, 5,41 m Seitenhöhe, 595/669 t, 3 × 4500-PS-Diesel, 28/30,5 kn, 4000 sm/17 kn, 1-76-mm-Oto-Melara, 1 × 2-20-mm-Breda, 1-375-mm-Bofors-A/S-Raketenwerfer, 4 Otomat-SSM-Starter, 2 × 3-Mk.32-UTR, HSA-WM-28/41-Feuerleitanlage, Atlas ASO4-4-Sonar, 52 Mann,
- die Korvette C 83 (Sk 109): 83,0/78,1 × 10,5 m, 6,3 m Seitenhöhe, 995/1157 t, 30 200-PS-CODAG-Antrieb, 35,5/33,5 kn, 1-76-mm-Oto-Melara, 1 × 2-40-mm-Breda, 2 × 2-30-mm-Emerlec, 2 × 3-Mk.32-UTR, HSA-WM-28/41-Feuerleitanlage, Atlas ASO-4-2-Mod.-Sonar, 52 Mann,
- die Korvette C 84 (Sk 110): 84,1/78,0 × 10,6 m, 7,4 m Seitenhöhe, 1030/1160 t, 12 800-PS-Dieselanlage, 25 kn, 7500 sm/16 kn, 1 × 2-40-mm, PANDA-SSEE-Feuerleitanlage, Bordhubschrauber mit Hangar, 75 + 8 Mann Besatzung,
- die Korvette C 90 (Sk 111): 90,0/84,0 × 11,5 m, 8,7 m Seitenhöhe, 1320/1450 t, 12 620-PS-Dieselanlage, 26,5 kn, 4500 sm/12 kn, 1-100-mm-Creuzot-Loire, 1-57-mm-Bofors, 2 × 2-30-mm-Emerlec, 4 MM-38-Exocet-SSM-Starter, 1 × 2-375-mm-Bofors-A/S-Raketenwerfer, PEAB-9LV450-Feuerleitanlage, HSA-DA-08/1-Überwachungsradar, Atlas-DSQS-21C-Sonar, 118 Mann.

Wenn auch die letzten Fahrzeuge bereits deutlich über den hier anzusprechenden Themenkreis hinausgehen, so verdeutlichen sie doch den allgemeinen Trend der Größensteigerung vom Schnellboot zur Korvette und das allmähliche Heranwachsen der Korvette an die Fregatte. Es ist als sicher anzusehen, daß sich diese Entwicklung in den nächsten Jahren fortsetzen wird.

Sk 109
Projekt Korvette C 83 der Fr. Lürssen Werft (Lürssen)

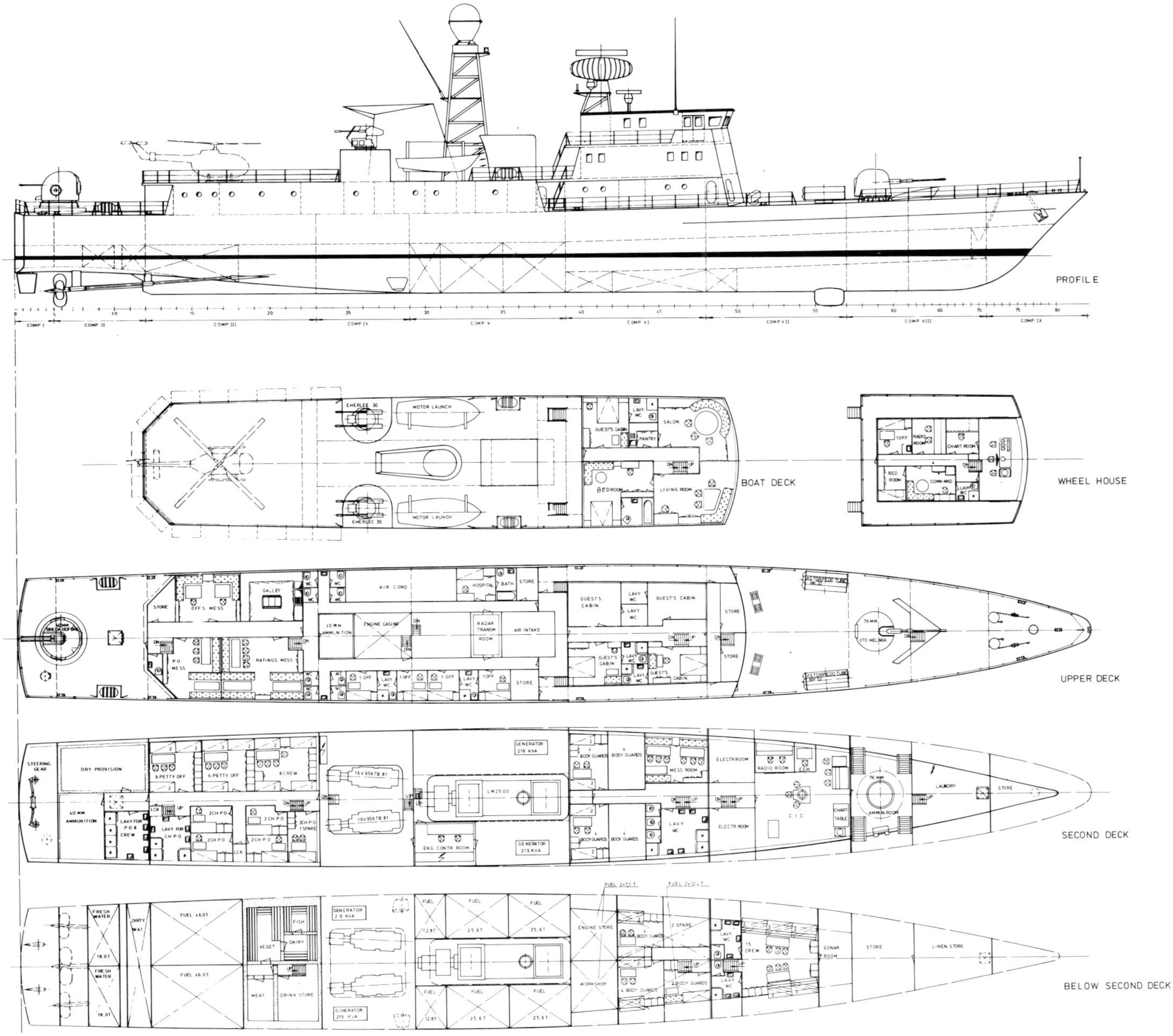

Sk 110
Projekt Korvette C 84 der Fr. Lürssen Werft (Lürssen)

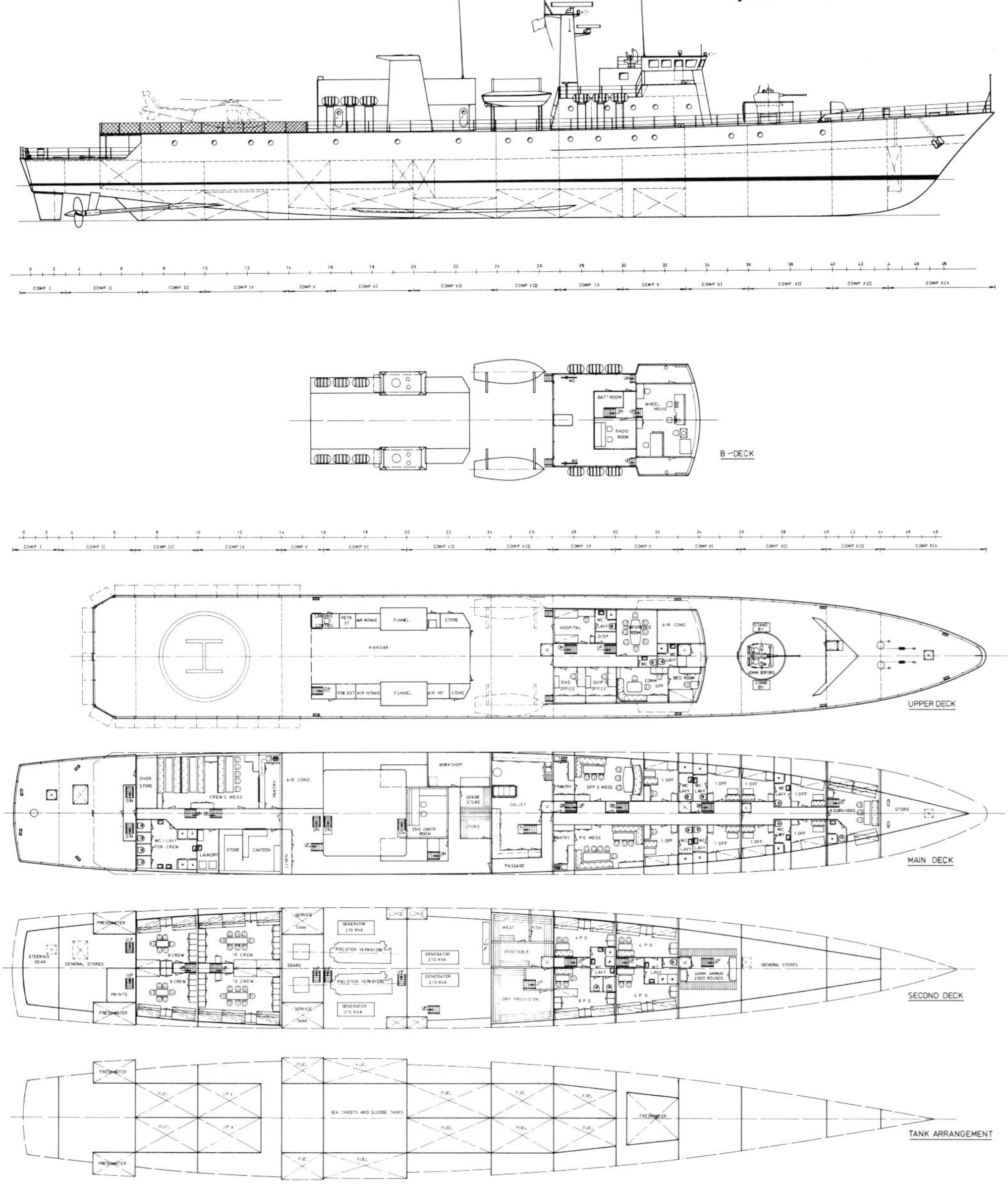

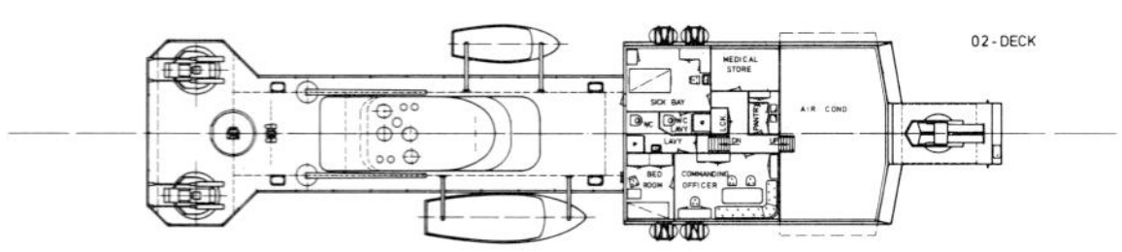

Sk 111
Projekt Korvette C 90 der Fr. Lürssen Werft (Lürssen)

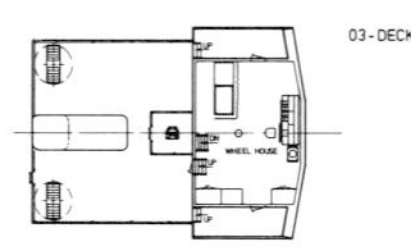

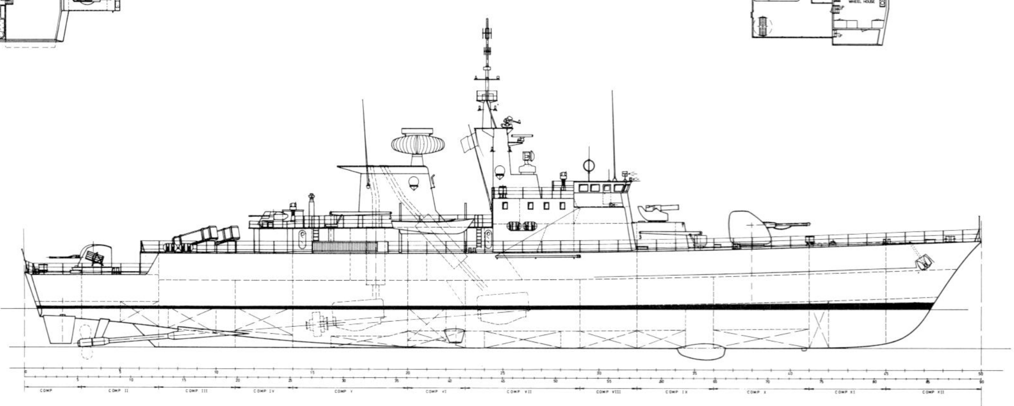

Sk 111
Projekt Korvette C 90 der Fr. Lürssen Werft (Lürssen)

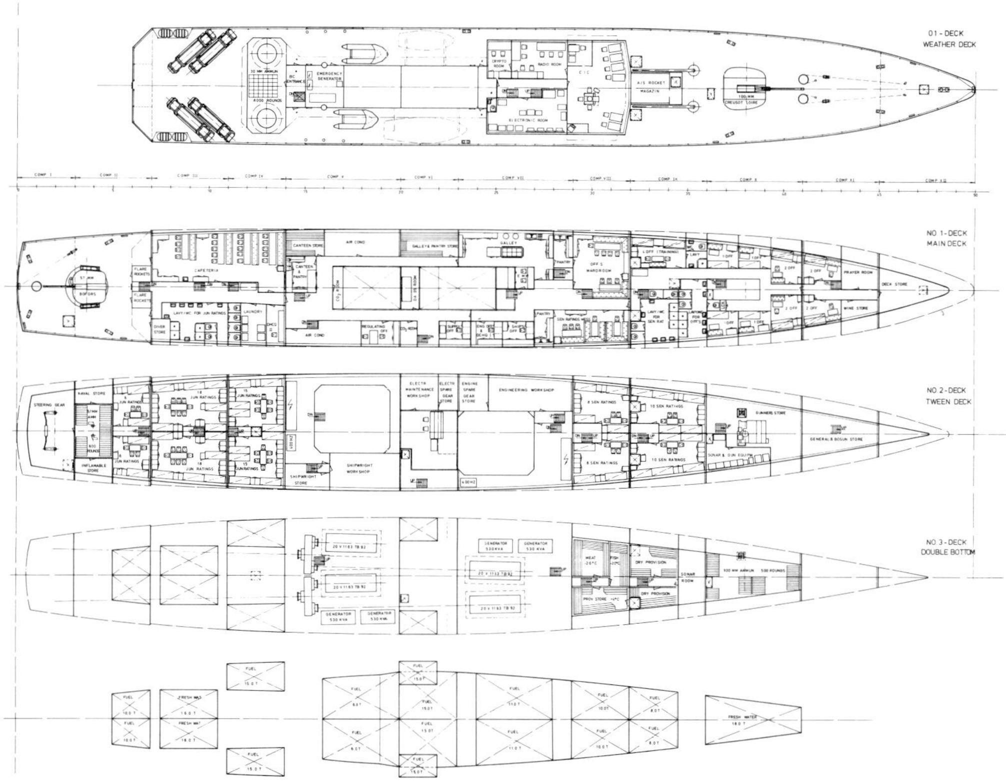

Sk 112
Projekte für Patrouillen- und Überwachungsfahrzeuge der Blohm & Voss AG (B&V)

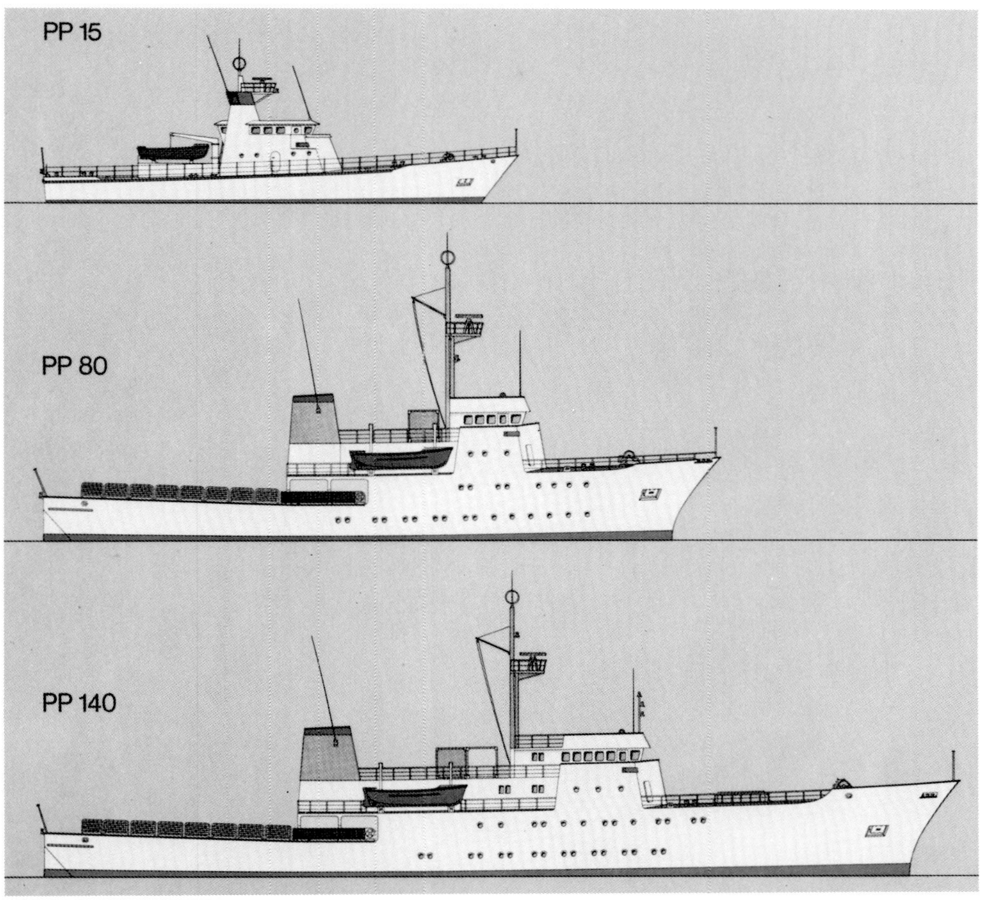

4.15
Projekte der Blohm & Voss AG

Wenngleich die deutsche Großwerft Blohm & Voss nach dem Bau der argentinischen Patrouillenboote (s. Abschnitt 3.009) ausschließlich im Fregattenbau engagiert war, so konnte sie sich gedanklich dem weltweiten Trend nach Patrouillen- und Überwachungsfahrzeugen nicht entziehen. Derzeit werden drei Größenordnungen angeboten (Sk 112):

	PP 15	PP 80	PP 140
Länge über alles (m)	38,00	53,00	73,00
Länge in der Wasserlinie (m)	35,00	50,00	70,00
Breite auf Spanten (m)	7,10	11,00	11,00
Seitenhöhe (m)	4,00	6,80	6,80
Tiefgang (m)	2,30	4,00	4,30
Max. Dauergeschwindigkeit (kn)	22–28	18–20	18–20
Fahrbereich (sm)	2000	4000	5000
Besatzung	23	25	40

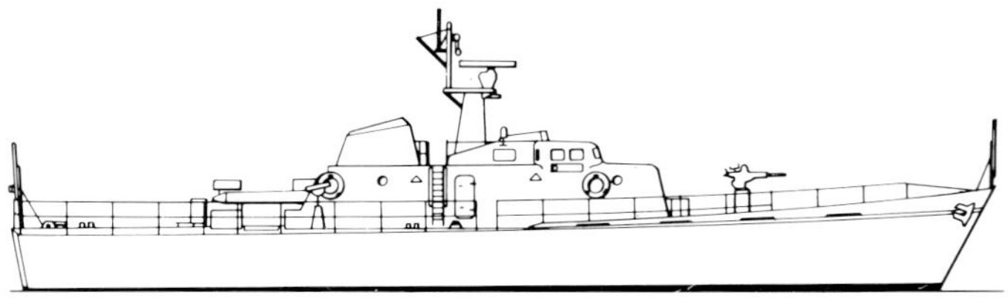

Sk 113
Projekt eines 33-m-Patrouillenboots von Brooke Marine Ltd. (Brooke)

4.2 Englische Arbeiten

4.21 Projekte der Brooke Marine Ltd.

Ähnlich der deutschen Lürssen-Werft ist auch die englische Brooke Marine Ltd. in der gesamten Breite des Schnell- und Patrouillenbootbaus engagiert. Aus dem vielfältigen Programm, das auch sehr kleine Fahrzeuge einschließt, seien vorgestellt:

- 33-m-Patrouillenboot (Sk 113): 32,62/30,48 × 6,10 × 1,6 m, 135 t,
- 37,5-m-Patrouillenboot (Sk 114): 37,50/34,75 × 6,86 × 1,77 m, 164/184 t, 2 MTU-12V538TB92-Diesel, 25,5/27,5 kn,
- 42-m-Patrouillenboot (Sk 115): 42,00/38,5 × 7,80 × 2,20 m, 230/250 t, 2 MTU-20V538TB93-Diesel, 30/32,5 kn,
- 53,5-m-Kampfboot (Sk 116): 53,5/48,5 × 9,50 × 2,2 m, 375/404 t, 3 Paxman-18RP200-Diesel, 36/40 kn, 1-76-mm, 1 × 2-30-mm, 2 × 4 SSM-Starter, 36 Mann,
- 67-m-Korvette (Sk 117, Bild 163): 67,00/62,2 × 9,75 m, 5,71 m Seitenhöhe, 542 t Typverdrängung, 4 × 3250/3900-PS-Diesel auf zwei Wellen und Verstellpropeller, 31/33 kn, 1-76-mm, 1 × 2-30-mm, 4 MM-38-Exocet-SSM-Starter, 1 × 2-375-mm-Bofors-A/S-Raketenwerfer, Plessey AWS2-Überwachungsradar, Selenia-Orion-RTN10X-Tracking-Radar, Plessey-MS26-Sonar, 70 Mann,
- 70-m-Korvette (Sk 118): 70,0/64,0 × 10,3 × 2,75 m, 650 t, 4 Paxman-Valenta-18CM-Diesel, 29/31 kn, 3300 sm/15 kn, 1-76-mm-Oto-Melara, 1 × 2-40-mm-Bofors, 1 × 2-30-mm-Emerlec, 4 MM-38-Exocet-SSM-Starter, 2 × 3-Mk.32-UTR, 57 Mann,
- 70-m-Überwachungsschiff (Sk 119, s. Seite 186): 70,0/64,0 × 10,3 × 2,75 m, 650 t,
- 80-m-Überwachungsschiff (Sk 120): 80,0/75,0 × 12,25 × 3,25 m, 1150 t.

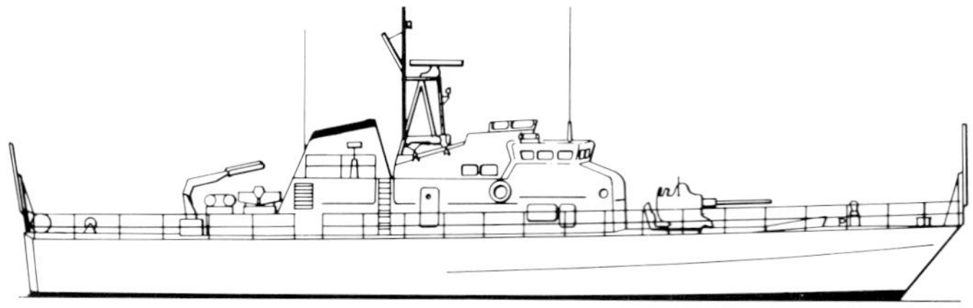

Sk 114
Projekt eines 37,5-m-Patrouillenboots von Brooke Marine Ltd. (Brooke)

4.22 Projekt de ABMTM

Die ABMTM entwickelte aus der für Mexico gebauten Azteka-Klasse den Typ Mk.2C, der mit 2 Paxman-Valenta-Dieseln für 30 kn ausgerüstet ist und einen Fahrbereich von 1000 sm/17 kn erreicht (Sk 121, s. Seite 186).

Sk 115
Projekt eins 42-m-Patrouillenboots von Brooke Marine Ltd. (Brooke)

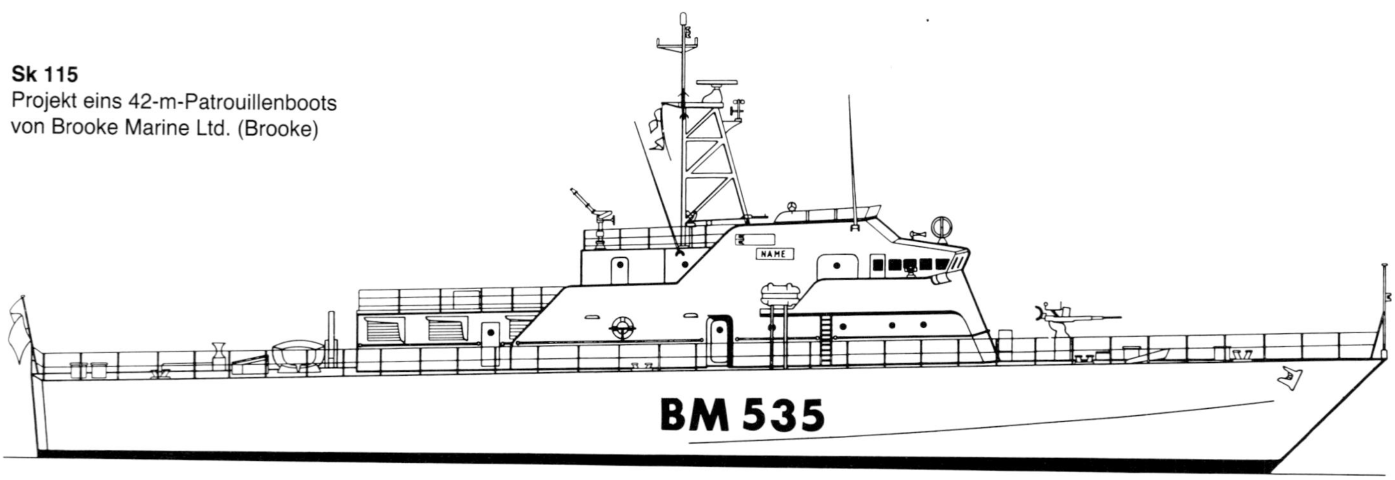

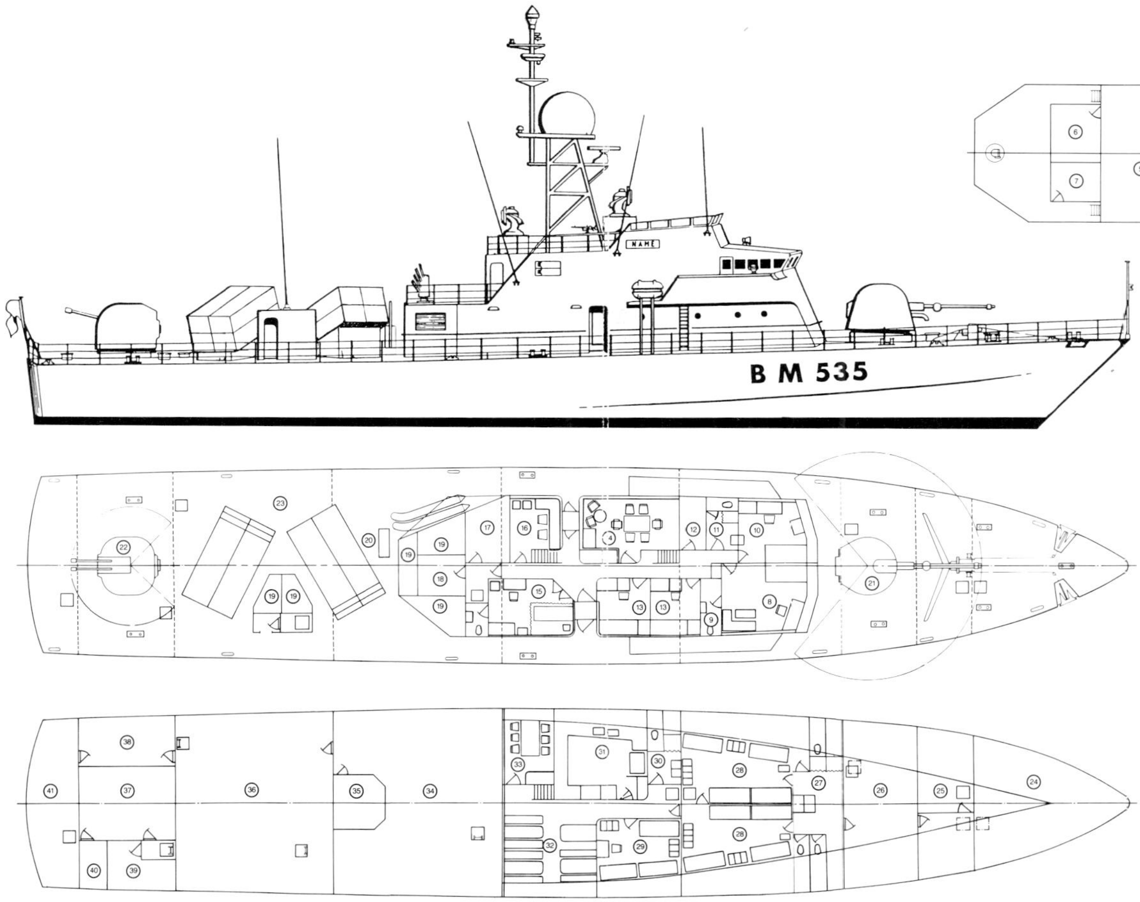

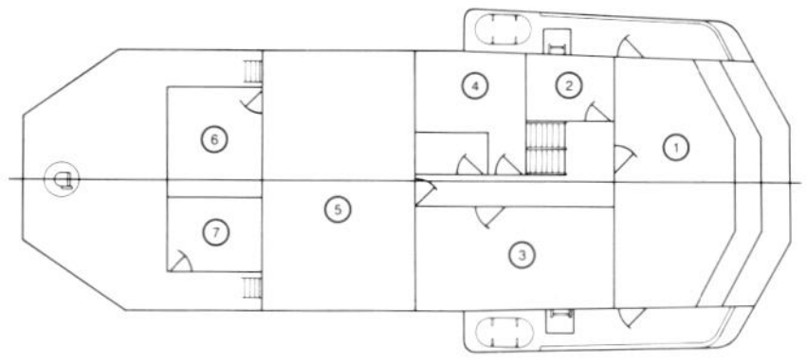

1 Enclosed Bridge
2 Annexe
3 Tracker Radar Equipment Room
4 Radio Room
5 Operations Room
6 Radar Room
7 Emergency Generator
8 C.O's Cabin
9 C.O's Toilet
10 1 Officer
11 Officer's Toilet
12 Damage Control
13 2 Officers
14 Wardroom
15 Sick Bay
16 Ships Office
17 A.C. Equipment
18 Missile Power Room
19 Engine Room Vent
20 Hydraulic Crane
21 Oto Melara 7616Z Gun
22 Breda 40L 70 Gun
23 8 Exocet MM40 Missiles
24 Fore Peak
25 Laundry
26 Forward Gun Bay
27 Junior Ratings' Toilet
28 8 Junior Ratings
29 6 Senior Ratings
30 Senior Ratings' Toilet
31 Galley*
32 Junior Ratings' Mess
33 Senior Ratings' Mess
34 Forward Machinery Room
35 Machinery Control Room
36 Aft Machinery Room
37 Aft Gun Bay
38 Workshop
39 Naval Store
40 Gun Equipment Room
41 Aft Peak

Sk 116
Projekt eines 53,5-m-Kampfboots von Brooke Marine Ltd. (Brooke)

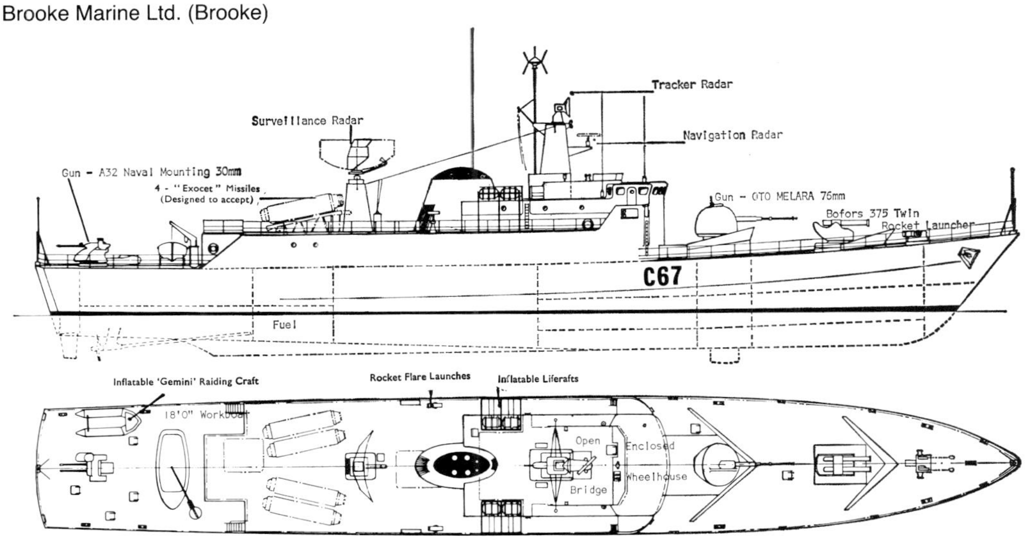

Sk 117
Projekt eines 67-m-Korvette
von Brooke Marine Ltd. (Brooke)

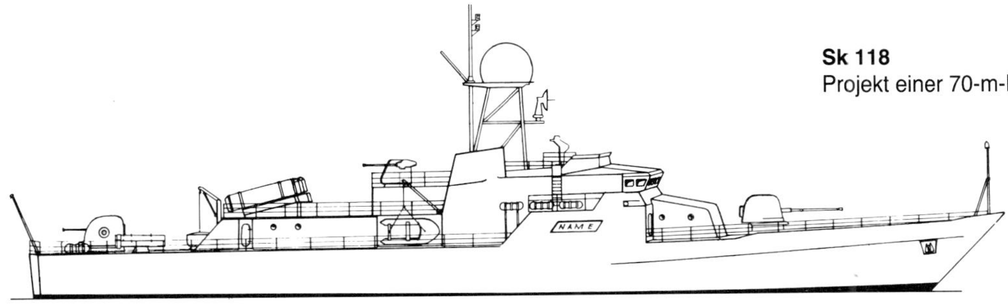

Sk 118
Projekt einer 70-m-Korvette von Brooke Marine Ltd. (Brooke)

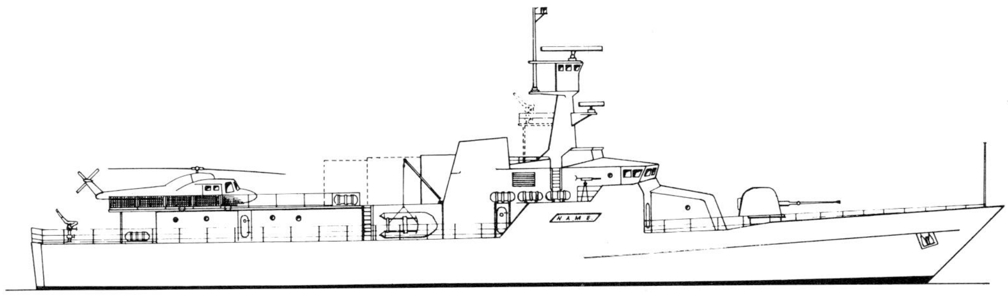

Sk 119
Projekt eines
70-m-Überwachungsschiffs
von Brooke Marine Ltd. (Brooke)

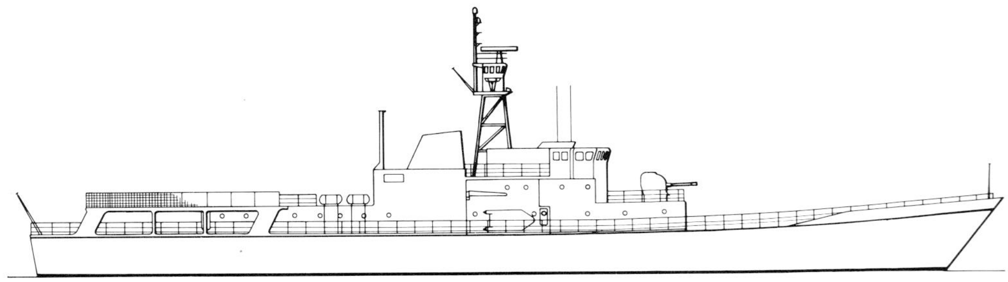

Sk 120
Projekt eines
80-m-Überwachungsschiffs
von Brooke Marine Ltd. (Brooke)

Sk 121
Projekt eines
Kampf/Patrouillenboots der
ABMTM (ABMTM)

4.3 Französische Arbeiten

4.31 Projekte der Chantiers Navals de L'Esterel

Aus der breiten Angebotspalette der Chantiers Navals de L'Esterel (Sk 122) wurden einige realisierte Fahrzeuge bereits bei den auftraggebenden Ländern vorgestellt. Zu nennen sind noch

- der Typ 21 (Bild 164): 21,25 × 4,8 × 1,4 m, 32 t, 2 × 750-PS Diesel, 28,5 kn, 500 sm/15 kn, 1-12,7-mm-MG, 8 Mann,
- der Typ 27 (Bild 165): 26,8 × 5,0 × 1,55 m, 47 t, 2 × 950-PS-Diesel, 30 kn, 700 sm/15 kn, 1-20-mm, 9 Mann),
- der Typ 30 (Bild 166): 30,3 × 5,8 × 1,7 m, 69 t, 2 × 1960-PS-Diesel, 34 kn, 1200 sm/15 kn, 2-20-mm, 10 Mann,
- der Typ 35 ME: 35,0 × 7,8 × 1,95 m, 155 t, 2 × 4080-PS-Diesel, 34 kn, 750 sm/15 kn, 1-57-mm-Bofors, 4 Otomat- bzw. Exocet-SSM-Starter, NAJA-Optronic-Feuerleitanlage, Thomson-CSF-Triton-Überwachungsradar,
- der Typ 42: 42,2 × 7,8 × 19,5 m, 180 t, 2 × 4080-PS-Diesel, 34 kn, 1800 sm/15 kn, 21 Mann, der alternativ als FK-Träger MH oder Artillerie/FK-Träger MO bzw. ME (Bild 167) ausgeführt werden kann. Der Typ ME erreicht mit 3 × 4080-PS 38 kn.

4.32 Das Projekt NES 200 der Direction Technique des Constructions Navals

Das in Abschnitt 2.152 erwähnte interministerielle französische Seitenwandgerät-Projekt NES 200 kommt bei 49,6 m Länge über alles, 44,8 m Länge zwischen den Loten, 13,00 m Breite, 3,00 m Tiefgang im Schwimm- und 1,1 m Tiefgang im Schwebezustand auf 250 t Maximal- und 220 t mittleres Gewicht. Im Schwimmzustand sollen mit 2 × 1000-PS-Dieseln und Wasserstrahlantrieb 12 kn, im Schwebezustand mit 2 × 4000-PS-Dieseln und KAMEWA-Wasserstrahlantrieb 7/S62/6 bei See 2 40 kn erreicht werden. Ausrüstungsmäßig sind zwei Versionen vorgesehen:

- eine U-Jagdversion mit Dauphin-II-Hubschrauber (incl. HS-12-Sonar und U-Jagdraketen), 1 × 2-30-mm, 1 × 3-UTR, Triton-TD-Überwachungsradar (Sk 123, s. nächste Seite),
- eine Kampfversion mit Hubschrauber Dauphin II (einschl. AS-15-FK), 4 MM-40 o.ä. SSM-Startern, 1 × 2-30-mm, Triton-TD-Überwachungsradar, Castor-IIB-Feuerleitanlage (Sk 124, s. nächste Seite).

Sk 122
Projekte der Chantiers Naval de L'Esterel (Esterel)

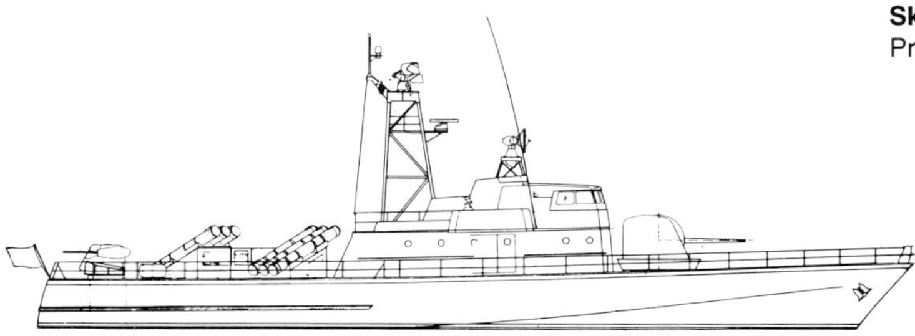
type 42 ME

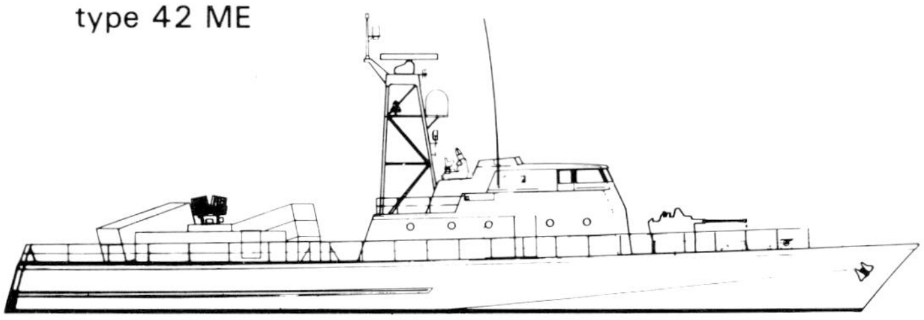
type 42 MO

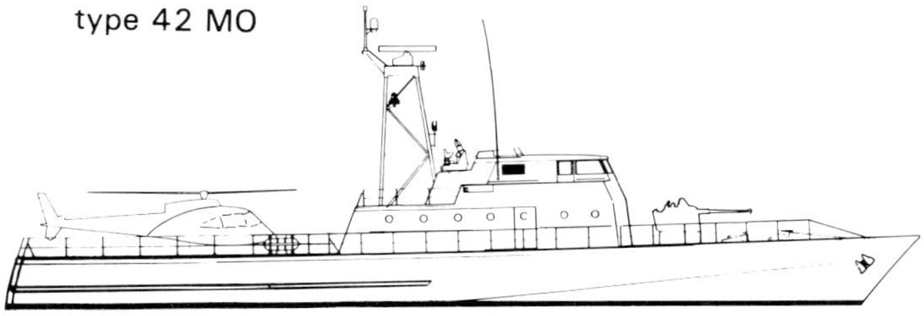
type 42 H

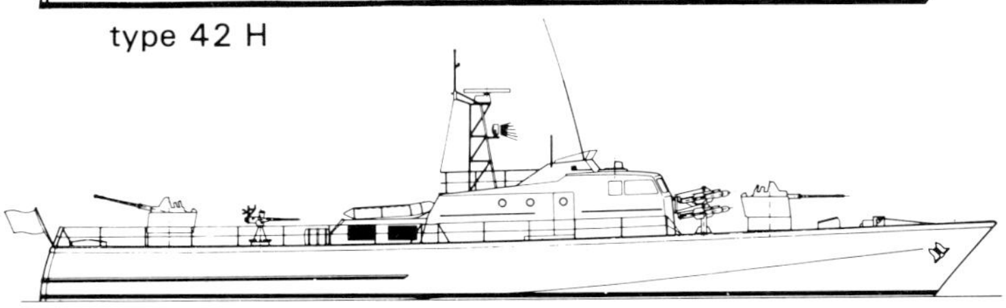
type 42

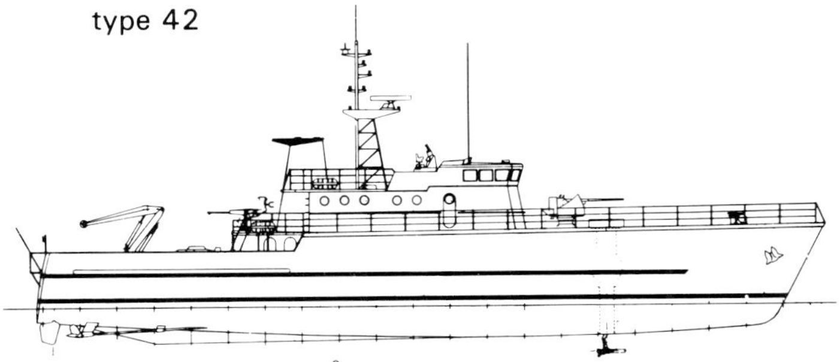
type 42 PCM

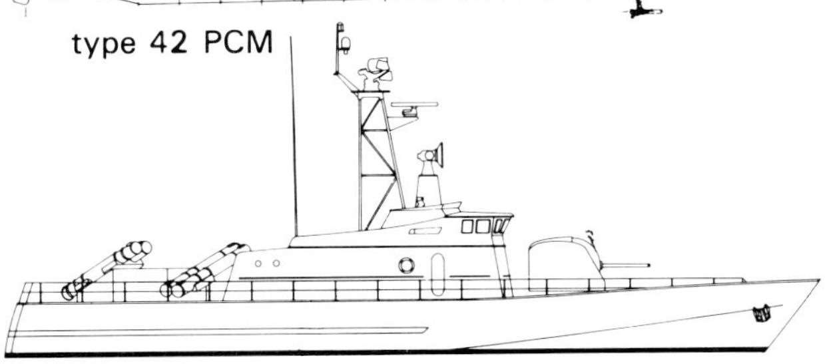
type 35 ME

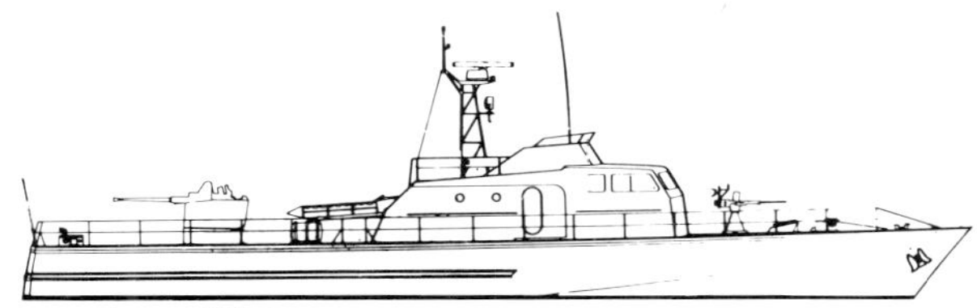
type 32 L

type 32

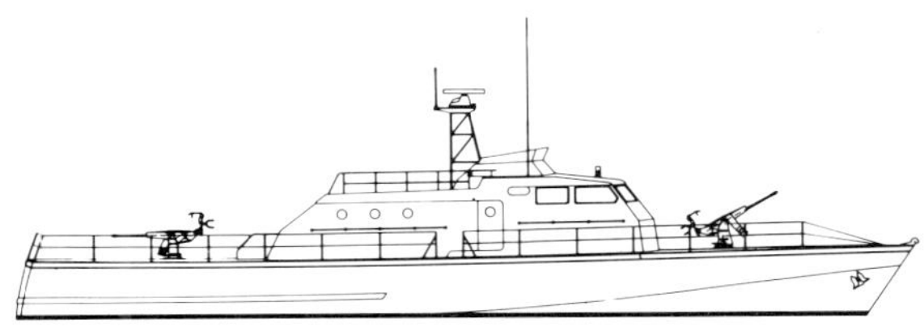
type 30

type 28

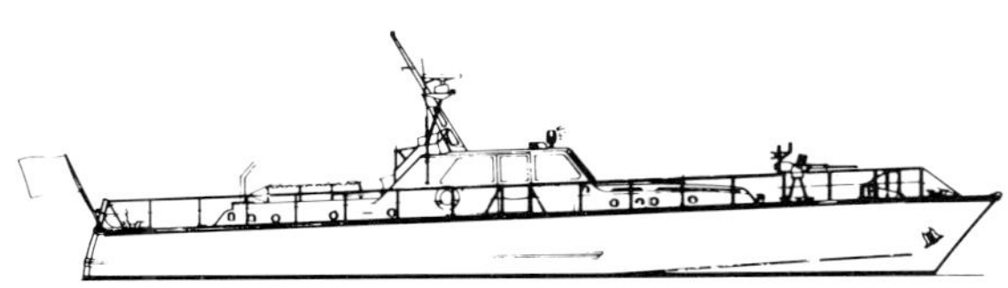
type 27

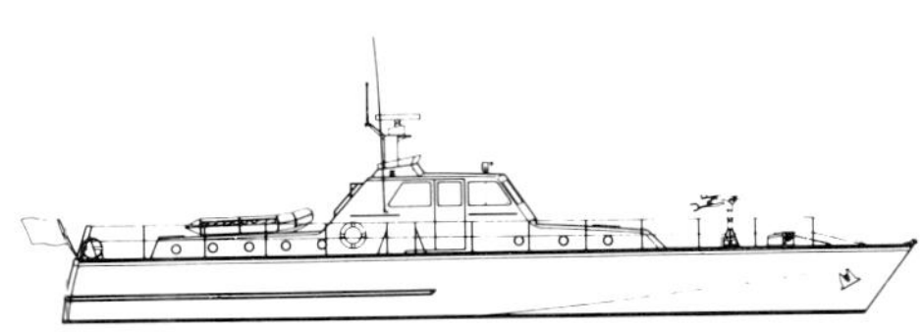
type 21

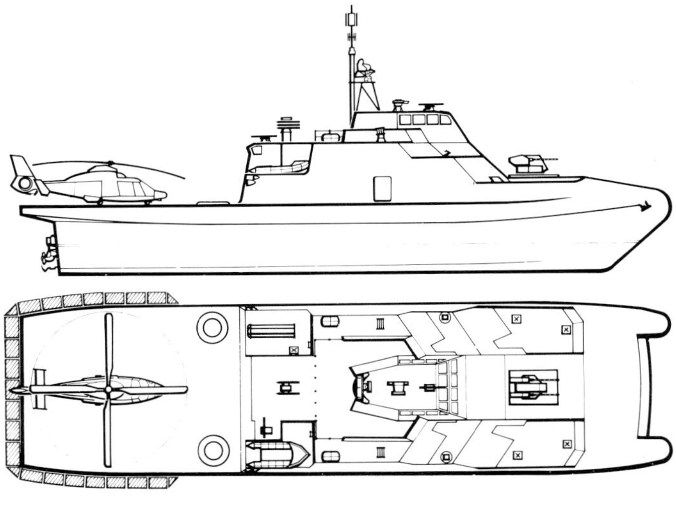

Sk 123
Interministerielles französisches Projekt NES 200 als U-Jagd-Version (DTCN)

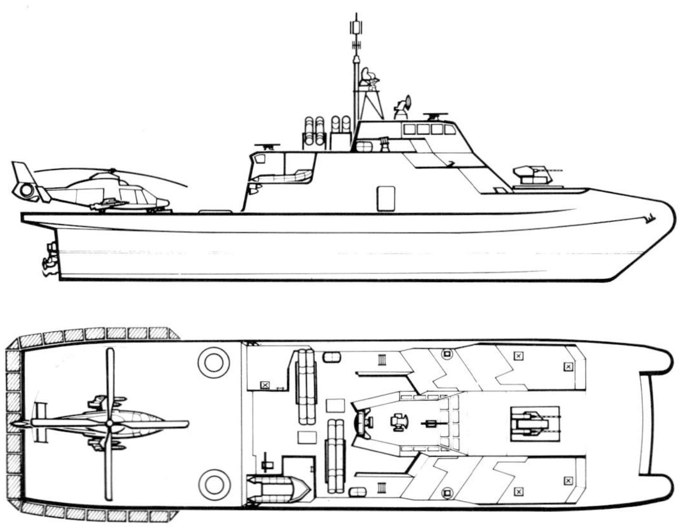

Sk 124
Interministerielles französisches Projekt NES 200 als Kampf-(FK)-Version (DTCN)

Sk 125
Patrouillenboot CAT 2000 der Cougar Holdings Ltd. als Abfang- und Patrouillenversion (Cougar)

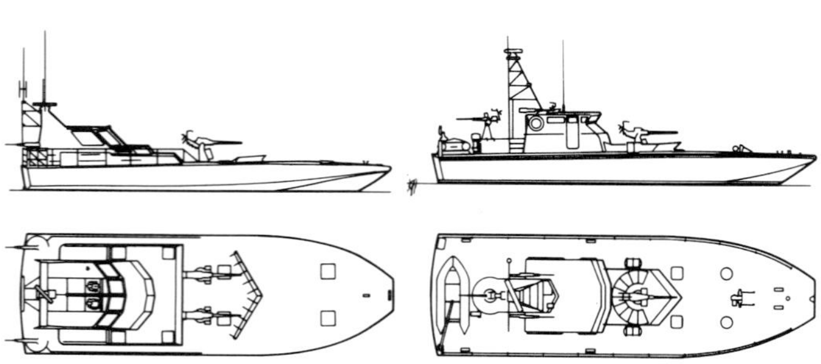

4.4 US-Arbeiten

4.41 Projekte der Boeing Aerospace

Die Firma Boeing bietet ihren im zivilen und militärischen Einsatz vielfach bewährten Tragflügelbootstyp Jetfoil u.a. an als
- Off-Shore-Anlagen-Überwachungsboot (Bild 168),
- Patrouillenboot mit 1 × 2-30-mm-Emerlec (Bild 169),
- Kampfboot mit 1-76-mm-Oto-Melara und 6 Harpoon-SSM-Startern (Bild 170).

4.42 Projekte der Cougar Holdings Ltd.

Die Cougar Holdings hat sich auf ein sehr breites Spektrum relativ kleiner, äußerst schneller Patrouillenboote mit Katamaran-Bootskörperformen spezialisiert. Als Beispiel sei der Typ CAT 2000 kurz vorgestellt (Sk 125): 20,0 × 6,0 × 1,5 m, 40 t, 2 × 2000-PS-MTU-12V396-Diesel, 50 kn, 2-20-mm). Einige Cougar-Typen kommen auf bis zu 80 kn (Bild 171).

4.43 Projekt der Dravo Steelship Corporation

Die Dravo Steelship Corp., Pine Bluff, Arkansas, bietet ein 56-m/386-t-Artillerie-Schnellboot Typ N 49 an, das 2-76-mm-Oto-Melara und 1-40-mm-Bofors trägt und mit vier 5000-PS-MTU-20V538TM92-Dieseln eine Dauerhöchstfahrt von 35 kn erreicht. Der Fahrbereich beträgt 1700 sm/35 kn (Sk 126).

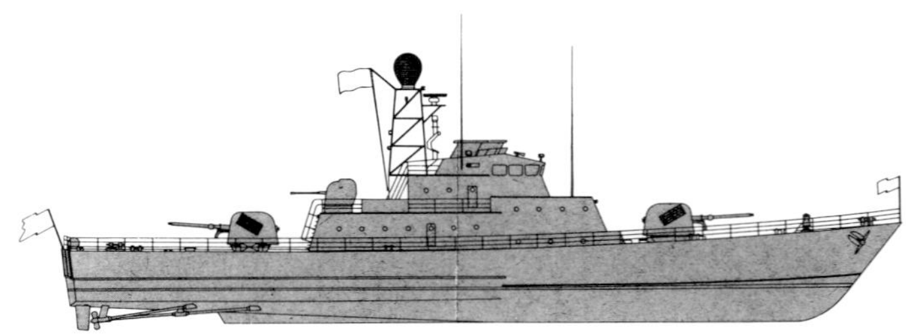

Sk 126
Projekt eines 56-m/386-t-Artillerie-Schnellboots der Davro Steelship Corp. (Davro)

4.5 Holländische Arbeiten

4.51 Projekt der Le Comte-Holland BV

Die holländische Le Comte-Holland BV berichtete dem Verfasser im November 1985, daß sie in Kürze ein 26-m-SES zu bauen beabsichtigt (Bild 172), dessen »Finger« der Firma patentiert sind.

Sk 127
Schnellboot-Projekt der holländischen De Schelde/Nevesbu (De Schelde)

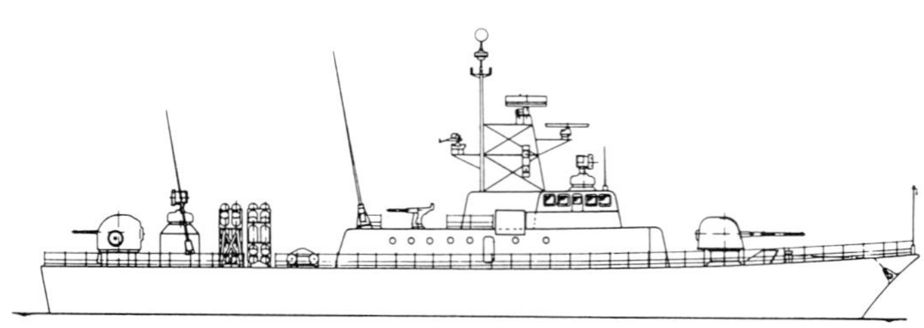

4.52 Projekt der Koninklijke Maatschappij »De Schelde«/ Nevesbu

Die »Royal Schelde« bietet ein FK-Schnellboot an, das die Firma in Zusammenarbeit mit dem Konstruktionsbüro NEVESBU, Den Haag, entwickelte (Sk 127, Bild 173): 57,4 × 8,1 m, 440 t, Dreiwellen-CODAD- bzw. Zweiwellen-CODOG-Antrieb, 40 kn, 1-76-mm-Oto-Melara, 1-40-mm, 8 Harpoon-SSM-Starter, neuzeitliche Feuerleitung und Elektronik nach Wahl des Auftraggebers.

4.6 Italienische Arbeiten

4.61 Projekt der Cantieri Baglietto, Varazze

Die Cantieri Baglietto, die in den zwanziger und dreißiger Jahren im italienischen Schnellbootbau eine herausragende Stellung innehatten, bieten ein Dreiwellen-FK-Schnellboot mit 47,0 × 7,5 m Hauptabmessungen an (Sk 128, s. hinteres Vorsatzblatt).

4.62 Projekte der Crestitalia, Ameglia

Crestitalia begann 1961 im Werk Como mit dem Bau von GFK-Booten aller Abmessungen und stellte innerhalb von zehn Jahren 20 000 Boote von 4-11 m Länge her. 1971 wurde eine neue Fertigungsstätte in Ameglia errichtet (La Spezia). Heute werden 19 verschiedene Basismodelle zwischen 3,8 und 32 m Länge angeboten. Hervorhebenswert sind

– der Typ MV 55 (Sk 129): 16,5 × 5,2 m, 2 × 1100 PS, 40 kn, 2-20-mm,

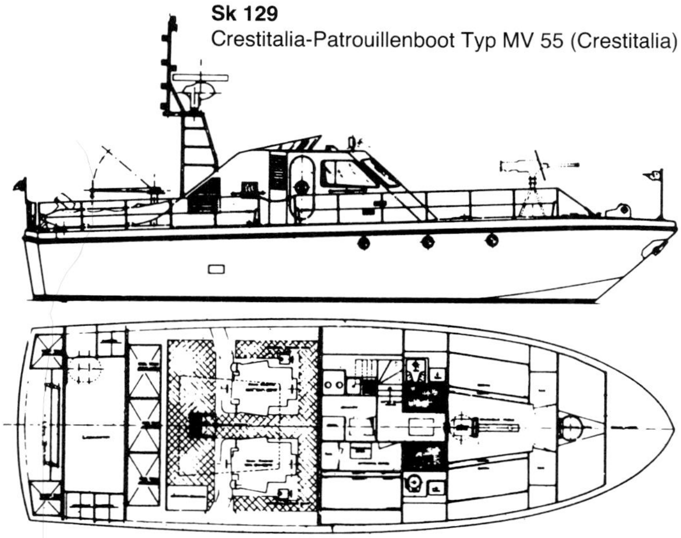

Sk 129
Crestitalia-Patrouillenboot Typ MV 55 (Crestitalia)

– der Typ MV 70 (Sk 130): 21,0 × 5,3 m, 2 × 1600 PS, 38 kn, 1 × 2-30-mm, 2-20-mm,
– der Typ MV 120 (Sk 131): 36,4 × 7,0 m, 2 × 3000-PS, 35 kn

4.63 Projekte der Rodriquez Cantiere Navale

Die auf den Bau von Tragflügelboote mit halbgetauchten Tragflügeln spezialisierte Rodriquez-Werft bietet an

a) Tragflügelboote von
22,2 m Länge, 32 t und 32,4 kn (Typ RHS 70)
28,7 m Länge, 70 t, 32,5 kn (Typ RHS 150)
31,2 m Länge, 90 t, 35 kn (Typ RHS 160)
35,8 m Länge, 125 t, 34 kn (Typ RHS 200)

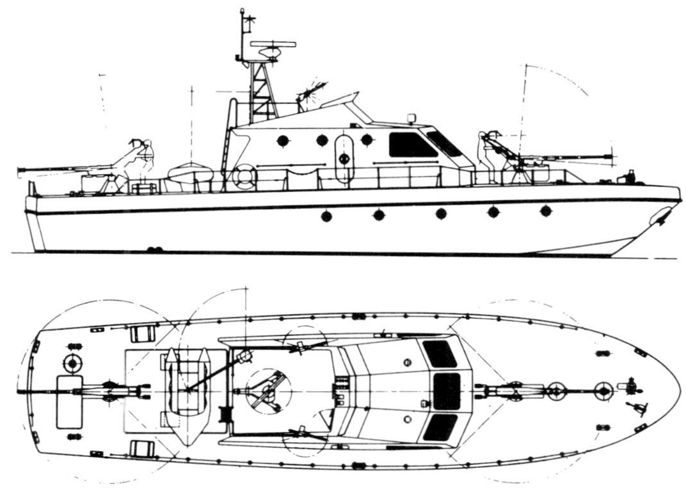

Sk 130
Crestitalia-Patrouillenboot MV 70 (Crestitalia)

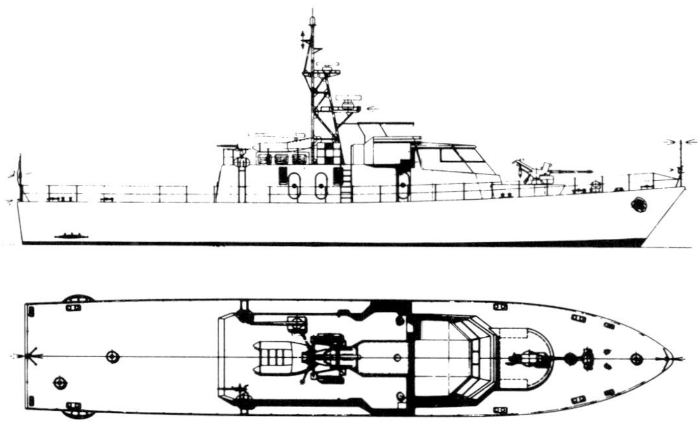

Sk 131
Crestitalia-Patrouillenboot Typ MV 120 (Crestitalia)

b) konventionelle Patrouillenboote von
13,5 m Länge, 14 t, 24/26 kn,
16,8 m Länge, 24 t, 26/28 kn,
20,1 m Länge, 42 t, 30 kn (Sk 132, Bild 174)

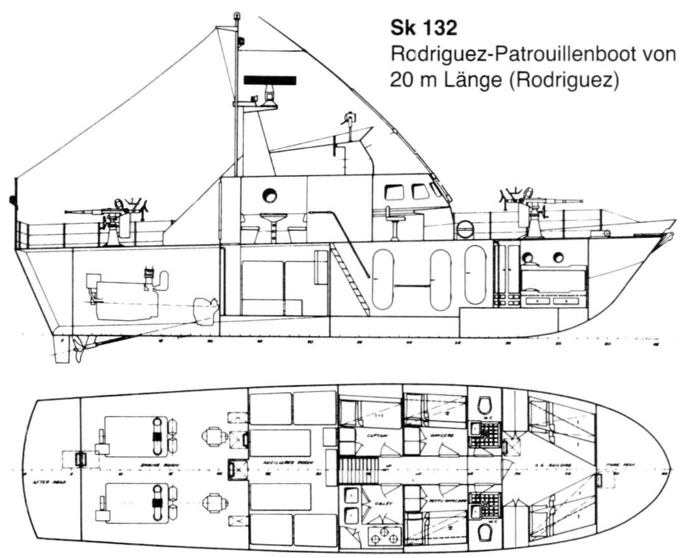

Sk 132
Rodriguez-Patrouillenboot von 20 m Länge (Rodriguez)

4.64 Projekte der Cantieri Navali Riuniti

Die CNR trat jüngst mit dem offensichtlich als »private venture« gebauten 370-t-Schnellboot *Saettia* hervor (Sk 133, Bild 175), das im Dezember 1984 vom Stapel lief und 1985 mit den Erprobungen begann. Der flache, mit stark reduzierten Aufbauten versehene Bootskörper besitzt bei 5.4 m Seitenhöhe zwei Decks und ist in zehn wasserdichte Abteilungen unterteilt. Die Basisversion wird mit 4 × 4200-PS-MTU-16V538TB93-Dieseln für 40 kn angeboten. Auf Wunsch sind auch vier MTU-20V538TB93-Diesel für gut 42 kn und eine CODOG-Anlage mit einer GE/Fiat LM2500-Gasturbine und zwei MTU-12V396TC82-Dieseln möglich. Elektronik und Bewaffnung können nach spezifischen Forderungen ausgelegt werden.

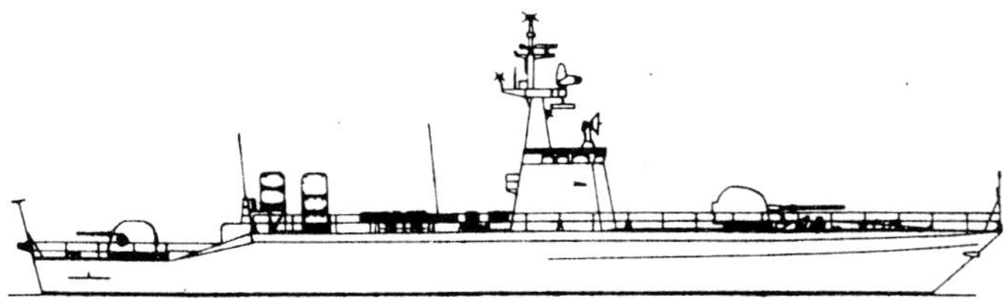

Sk 133
Italienisches CNR-Versuchs-Schnellboot *Saettia* (CNR)

4.7 Griechische Arbeiten

4.71 Projekte der Hellenic Shipyard, Scaramanga

Die griechische Hellenic Shipyard, die in den letzten Jahren über Lizenzbauten ein beachtliches Know-how im Schnell- und Patrouillenbootbau erworben hat, trat jüngst mit zwei Projekten hervor (188):

- ein 25-m-Schnellboot mit zwei MTU-12V396TB93-Dieseln (Sk 134),
- ein 31-m-Patrouillenboot (Sk 135).

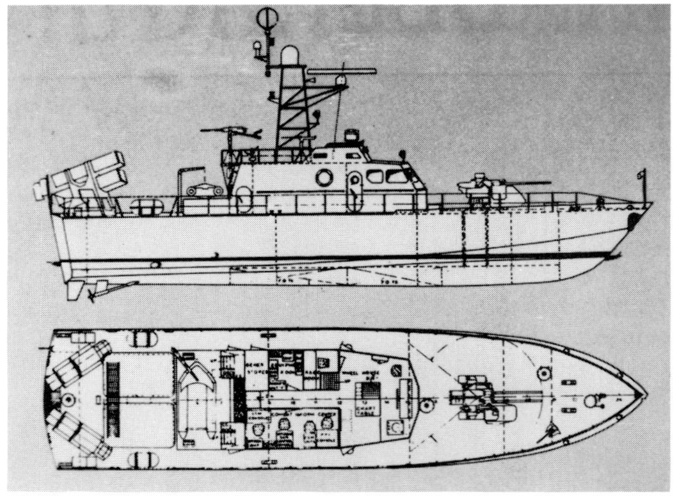

Sk 134
Griechisches Hellenic Shipyrd-Schnellboot-Projekt (aus 188)

Sk 135
Griechisches Hellenic Shipyard-Patrouillenboot-Projekt (aus 188)

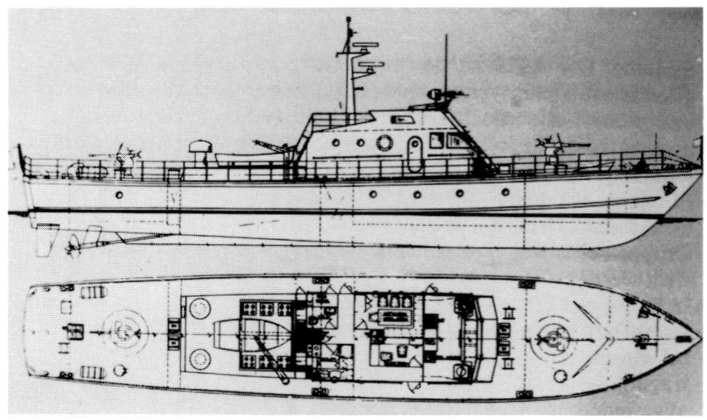

5 Bauleistungen der Werften ab 1974

Die Bauleistungen der Werften wurden nach den neuesten Flottenlisten zusammengestellt. Nicht enthalten sind a) kleinere unbewaffnete Polizei-, Zoll- usw.-Boote, b) die Produkte der Werftindustrie der Sowjetunion, Chinas, der DDR und Nordkoreas und c) zahlreiche kleinere Fahrzeuge, bei denen der Hersteller nicht ermittel werden konnte.

Akerboom, Leiden, Niederlande
1983 2-55-t-Ptr.Boote für Kenia

Ailsa Shipbuilding Co.Ltd., Troon, Großbritannien
1973/74 11-130/150-t-Ptr.Boote für Mexico (Entwurf T.T.Boat Design, Bembridge, GB)

Aresa, Barcelona, Spanien
1977 1-16,4-t-Ptr.Boot für Spanien
1978/83 23-21-t-Ptr.Boote für Spanien
1979 4-20-t-Ptr.Boote für Guinea-Bissau
1981/82 4-23-m-Ptr.Boote für Tunesien

Arminiuswerft, Bodenwerder, BRD
1078/79 5-33-t-Ptr.Boote für Saudi-Arabien (PLan Bayerische Schiffbau-Gesellschaft, Erlenbach)

Arsenal de Alfeite, Portugal
1974/75 6-45-t-Ptr.Boote für Portugal

Abeking & Rasmussen, Lemwerder, BRD
1975/76 2-90-t-Ptr.Boote für Nigeria
1976/78 1-155/170-t-Ptr.Boot für Türkei (Typ SAR)

Asenav, Valdivia, Chile
1982/83 12-14-t-Ptr.Boote für Chile

Auroux, Ateliers et Chantiers, 33120 Arcachon, Frankreich
1975/76 2-115/130-t-Ptr.Boote für Frankreich (Typ Patra)
1977/78 2-115/130-t-Ptr.Boote für Elfenbeinküste (Typ Patra)
1980/81 2-115/148-t-Ptr.Boote für Mauretanien (Typ Patra)

Baglietto S.p.A., 17019 Varazze, Italien
1976/78 10-44-t-Ptr.Boote für Algerien (Typ 20GC)
1976/78 6-91-t-Ptr.Boote für Algerien (Typ Mangusta)

Bazan, Empresa Nacional, 55 Castellana, 28046 Madrid, Spanien
mit **Betrieben in El Ferrol, Cartagena, San Fernando (Cadiz)**
1974/78 5-275/398-t-S-Boote für Spanien (Typ Lürssen FPB 57)
1975/77 5- /135-t-S-Boote für Spanien (Typ Lürssen TNC 36)
1977/81 3- /150-t-S-Boote für Mauretanien (Typ Lürssen TNC 36)
1978/82 10-280-t-Ptr.Boote für Spanien
1979/82 4-85-t-Ptr.Boote für Spanien
1980/82 4-355/420-t-FK-S-Boote für Marokko (Typ Lürssen FPB 57)
1981/83 3-116/131-t-Ptr.Boote für Kongo
1981/83 5-767/910-t-Ptr.Boote für Argentinien
1984/86 2-374-t-Boote auf eigene Rechnung

Bayerische Schiffbaugesellschaft, Erlenbach, BRD
1977/78 1-33-t-Ptr.Boot für Tansania
1978/79 20-33-t-Ptr.Boote für Saudi-Arabien

Bergens Mekaniske Verksteder, Bergen, Norwegen
1975/81 10-135/150-t-FK-S-Boote für Norwegen
1976/82 11-125/150-t-FK-S-Boote für Schweden

Bertram, Miami, Florida, USA
1974 4-8-t-Ptr.Boote für Jordanien (Typ Enforcer)
1974 4-8-t-Ptr.Boote für Haiti (Typ Enforcer)
1974 2-6,5-t-Ptr.Boote für Jordanien
1980 20-8-t-Ptr.Boote für Ägypten (Typ Enforcer)
1980 12-11,4-m-Ptr.Boote für Venezuela
1983 10-12,9-m-Ptr.Boote für Venezuela

Blohm & Voss, Hamburg, BRD
1972 20-81-t-Ptr.Boote für Argentinien

Boeing Marine Systems, PO Box 3707, Seattle, Wa 98 124, USA
1973/82 6-218/240-t-Tr.Fl.FK-S-Boote für USA (Typ PHM)
1978 1-115-t-Tr.Fl.Ptr.Boot für Großbritannien (Typ Jetfoil 929)
1980/84 3-115-t-Tr.Fl.Ptr.Boote für Indonesien (Typ Jetfoil 929)

Bollinger, Lockport, USA
1984/86 16-161-t-Ptr.Boote für US Coast Guard

Breda, Cantiere Navale, Venedig, Italien
1978/79 3-235/270-t-FK-S-Boote für Thailand
1981/84 3-375/450-t-S-Boote für Thailand (Typ MV 400 TH)
1982/86 4-600/673-t-FK-S-Boote für Irak

British Hovercraft Corporation, East Cowes, Isle of Wight, GB
1974/75 4-50-t-LK-Fahrzeuge für Iran (Typ BH 7 Mk 5)
1980/83 8-11-t-LK-Fahrzeuge für Saudi-Arabien (Typ SR-N6)
1982/84 8-17-t-LK-Fahrzeuge für Saudi-Arabien (Typ SR-N6 Mod 8)
1984/85 6-17-t-LK-Fahrzeuge für Kuwait (Typ SR-N6 Mod?)

Brooke Marine, Lowestoft, Suffolk, Großbritannien
1973/74 2-120/145-t-Ptr.Boote für Nigeria
1973/75 4-105/155-t-Ptr.Boote für Neuseeland
1973/76 2-15-t-Ptr.Boote für Tonga
1974/77 4-125/160-t-Ptr.Boote für Oman

1976/77 2-120/145-t-Ptr.Boote für Nigeria
1977/79 1-160/220-t-Ptr.Boot für Australien
1980 1-15-t-Ptr.Boot für Virgin Islands
1980/81 1-165/200-t-Ptr.Boot für Barbados
1981/83 2-165/200-t-Ptr.Boote für Algerien

Camcraft, New Orleans, USA
1974/75 3-100-t-Ptr.Boote für El Salvador
1975 5-70-t-Ptr.Boote für Vereinigte Arabische Emirate

Camper & Nicholson, Großbritannien
1974 1-40-t-Ptr.Boot für Senegambia

Cantieri Navali Riuniti (CNR), Ancona u. Muggiano, Italien
1977/81 4-550/630-t-FK-S-Boote für Libyen
1977/84 6-59/63,5-t-Tr.Fl.FK-S-Boote für Italien (Typ US Tucumcari)
1979/84 6-605/685-t-FK-S-Boote für Ecuador
1982/86 2-605/685-t-FK-S-Boote für Irak
1983/85 1-370-t-Boot auf eigene Rechnung

Celaya, Bilbao, Spanien
1981/82 2-22-t-Ptr.Boote für Senegambia

Chang Wah, Kowloon, Hongkong
1980/81 10-86-t-Ptr.Boote für Hongkong
1984/85 15-95-t-Ptr.Boote für Hongkong

Cheverton, Cowes, Isle of Wight, England
1974/75 2-20-t-Ptr.Boote für Vereinigte Arabische Republik
1975 2-3,3-t-Ptr.Boote für Vereinigte Arabische Republik
1975 8-3,5-t-Ptr.Boote für Oman
1975 2-50-t-Ptr.Boote für Sabah
1976 1-12,3-t-Ptr.Boot für Bahrain
1976/77 3-3,3-t-Ptr.Boote für Bahrain
1976/77 5-17,5/22-t-Ptr.Boote für Sri Lanka
1980 1-22-t-Ptr.Boot für Gilberts
1982 2-25-t-Ptr.Boote für Kenia
1984 1-24-t-Ptr.Boot für Malediven

China Shipbuilding Corporation, Kaohsiung, Taiwan
1978/79 1-240-t-FK-S-Boot für Taiwan (Plan Tacoma)
1979 3 Zollboote für Taiwan
1979/82 50-45-t-FK-S-Boote für Taiwan (Derivat israel. Dvora)

Colombo Dockyard, Sri Lanka
1980/83 11-40-t-Ptr.Boote für Sri Lanka
1981/82 4-21-t-Ptr.Boote für Sri Lanka
1982/86 5-330-t-Ptr.Boote für Sri Lanka

Constructions Mecaniques de Normandie (CMN), Cherbourg, Frankr.
1975/77 2-115/130-t-Ptr.Boote für Frankreich (Typ Patra)
1975/76 6-88-t-Ptr.Boote für Marokko (Typ P 92)
1975/78 12-250/275-t-FK-S-Boote für Iran (Typ Combattante II)
1976/77 8-90-t-Ptr.Boote für Saudi-Arabien (Typ P 92)
1976/77 4-360/425-t-FK-S-Boote für Griechenland (Typ Combattante III B 1)
1978/84 10-310/334-t-FK-S-Boote für Libyen (Typ Combattante IIG)
1979/81 3-376/447-t-FK-S-Boote für Nigeria (Typ Combattante IIIB)
1979/81 3-175/200-t-Ptr.Boote für Uruguay (Typ Vigilante)
1979/81 7-59/71-t-Ptr.Boote für Indonesien
1980/83 3-395/432-t-FK-S-Boote für Quatar (Typ Combattante IIIM)
1981/85 3-420/447-t-FK-S-Boote für Tunesien (Typ Combattante IIIM)
1983/86 8-400/476-t-Ptr.Boote für Frankreich

Le Comte, Vianen, Niederlande
1976/77 20-15-m-Ptr.Boote für Niederlande
1980/82 1-30-t-Ptr.Boot für Oman
1981 1-30-t-Ptr.Boot für Guinea-Bissau

Crestitalia, 19031 Ameglia (La Spezia), Italien
1979/80 18-23-t-Ptr.Boote für Pakistan
1980 6-9-m-Ptr.Boote für Libanon
1981/82 6-33-t-Ptr.Boote für Ägypten

Dianca, Porto Cabella, Venezuela
1975/79 16-43-t-Ptr.Boote für Venezuela (Plan I.N.M.A.)

Djupviks Varvet, Schweden
1979/81 5-37-t-Ptr.Boote für Schweden
1983/85 3-50-t-Ptr.Boote für Schweden

Dobreta-Werft, Turun, Rumänien
1980/83 19-39-t-Tr.Fl.-S-Boote für Rumänien (Typ chin.Huchwan)

Downcraft, Wroxham, England
1977 30-4-t-Ptr.Boote für Ägypten

R. Dunston Ltd., Hessle, England
1973/77 4-150/187-t-Ptr.Boote für Großbritannien

Chantiers Navals de L'Esterel, BP 10, 06321 Cannes-la Bocca, Frankreich
1971/76 12-45-t-Ptr.Boote für Venezuela
1973/74 1-45-t-Ptr.Boot für Frankreich
1974 1-80-t-Ptr.Boot für Spanien
1975 2-80/115-t-FK-S-Boote für Griechenland (urspr. Zypern)
1975/81 17-45/55-t-Ptr.Boote für Indonesien (Typ Tourmaline)
1976 2-80-t-Ptr.Boote für Togo
1977/78 1-160-t-FK-S-Boot für Gabun
1978/79 1-56-t-Ptr.Boot für Guinea
1979/80 2-100-t-Ptr.Boote für Frankreich
1982 2-17,7-m-Ptr.Boote für Zypern
1982/84 4-28-m-Ptr.Boote für Nicaragua
1983 1-96-t-Ptr.Boot für Zypern

Fairey Marine Ltd., Cranford Lane, Heston, Middleesex, TW5 9NQ, England
1973/74 2 Typ Spear für Indonesien
1974 1 Typ Huntsman für Anguila
1974 1 Typ Spear für St. Kitts

1974 2 Typ Huntress für Senegambia
1974 1 Typ Spear für Senegambia
1974/75 6 Typ Spear für Abu Dhabi (VAR)
1974/75 2 Typ Spear für Bahrain
1974/75 6 Typ Spear für Venezuela
1974/77 25 Typ Spear für Quatar
1974/77 4 Typ Lance für Senegambia
1975 2 Typ Interceptor für Quatar
1975/76 4 Typ Spear für Dem.Volksrepublik Jemen
1975/76 1 Typ Interceptor für Dem.Volksrepublik Jemen
1975/80 3 Typ Tracker für Bahrain
1976 1 Typ Tracker für Sierra Leone
1976 1 Typ Interceptor für Kamerun
1976 1 Typ Spear für Malawi
1977/78 3 Typ Tracker für Senegambia
1977/79 2 Typ Sword für Trinidad/Tobago
1978 2 Typ Spear für Ghana
1978 3 Typ Spear für Grenada
1978 1 Typ Tracker für Nigeria
1978 2 Typ Spear für Nigeria
1978 1 Typ Interceptor für Anguila
1978/79 5 Typ Tracker für Dem.Volksrepublik Jemen
1979/80 2 Typ Tracker für Libanon
1980 4 Typ Sword für Bahrain
1980 1 Typ Spear für Pakistan
1981 9 Typ Spear für Hongkong
1982/84 5-34-t-Ptr.Boote für Großbritannien
1984/85 4 Typ Tracker für Quatar
1985 1 Typ Spear für Bahamas
1985/86 3 Typ Protector für Bahamas

Frederikshavn Vaerft A/S, PB 719, 9900 Frederikshavn, Dänemark
1974/76 10-260-t-FK-S-Boote für Dänemark

Fulton Marine
1981/82 6-61/69-t-Ptr.Boote für Indonesien (Typ Lürssen FPB 28)

Van Gangebrugge, Niederlande
1981/82 12-61/69-t-Ptr.Boote für Indonesien (Typ Lürssen FPB 28)

Garden Reach, Calcutta, Indien
1975/81 9-203-t-Ptr.Boote für Indien
1982/83 3-281-t-Ptr.Boote für Indien

Grumman Aerospace Corp., Marketing Marine System, Bethpage, New York 11714 USA/Lantana-Werft, Florida
1978/82 1-71/105-t-Tr.Fl.FK-S-Boot für Israel

Halmatic/Aquarius, Großbritannien
1973/74 1-30-t-Ptr.Boot für Barbados
1973/74 3-11,5-t-Ptr.Boote für Barbados

Hall Russel, Aberdeen, Großbritannien
1982/85 5-600/700-t-Ptr.Boote für Großbritannien/Hongkong

Bell-Halter-Marine, New Orleans, Louisiana, USA
1975/76 3-32-t-Ptr.Boote für Ecuador
1975/76 2-8,5-t-Ptr.Boote für Elfenbeinküste
1975/77 12-26-t-Ptr.Boote für für Saudi-Arabien
1976 2-32-t-Ptr.Boote für Guatemala
1976/77 1-90-t-Ptr.Boot für Guatemala
1977 3-70-t-Ptr.Boote für für Taiwan
1977/78 3-91/110-t-Ptr.Boote für Arabische Republik Jemen
1978 3-34-t-Ptr.Boote für Thailand
1978 1 SES für US Navy
1978/79 1-34-t-Ptr.Boot für Kuwait
1982/83 3-150-t-SES für US Coast Guard
1983/- 90-108 SES-LC für US Navy

Hamelner Schiffswerft, Hameln, BRD
1974/76 2-135/150-t-Ptr.Boote für Philippinen
1975/76 3-135/150-t-Ptr.Boote für Libyen

Harmstorff-Gruppe: Deutsche Industriewerke, Berlin/ Schlichting-Werft, Travemünde, BRD
1980/82 4-200-t-Ptr.Boote für Indonesien

Harris Boat, Newburyport, Massasuchetts, USA
1978 1-7-t-Ptr.Boot an Bermuda

De Havilland, Sidney, Australien
1974/75 5-10,5-t-Ptr.Boote für Philippinen
1975/76 6-15,7-m-Ptr.Boote für Australien
1975/77 6-22/27-t-Ptr.Boote für Indonesien
1978 1-27-t-Ptr.Boot für Salomonen
1979/81 6-27-t-Ptr.Boote für Burma
1979 6-27-t-Ptr.Boote für Singapore

Hellenic Shipyard, Scaramanga, Griechenland
1974/81 4-39-t-Ptr.Boote für Griechenland (Plan A & R)
1977/80 11-75/85-t-Ptr.Boote für Griechenland (Plan A & R)
1977/81 6-330/430-t-FK-S-Boote für Griechenland (Plan CMN)

Hip Hing Chung, Hongkong
1975 1-18,5-t-Ptr.Boot für Hongkong

Hollming, Rauma, Finnland
1985/86 2-28/38-t-Ptr.Boote für Finnland

INMA, La Spezia, Italien
1973/74 10-65-t-Ptr.Boote für Venezuela

Intermarine,Sarzana, Italien
1977 1-65/90-t-Ptr.Boot für Gabun
1980 1-65/90-t-Ptr.Boot für Gabun
1980/81 15-21-t-Ptr.Boote für Nigeria

Israel Shipyard/Israel Aircraft Industries, Haifa, Israel
1971/76 6-415/450-t-FK-S-Boote für Israel
1975/77 3-415/450-t-FK-S-Boote für Südafrika
1975/80 4-415/450-t-FK-S-Boote für Israel
1980/- 6-500-t-FK-S-Boote für Israel
1981/83 1-71/105-t-Tr.Fl.FK-S-Boot für Israel (Plan Grumman Aerospace)
1984/86 1-Tr.Fl.FK-S-Boot für Israel

Ital. Thai Development Co. Ltd., Bangkong, Thailand
1980/84 14-35-t-Ptr.Boote für Thailand
1982/86 6-270/300-t-FK-S-Boote für Thailand (Plan Korea Tacoma)

James & Stone, Brightlingsea, Großbritannien
1972/81 8-70-t-Ptr.Boote für Großbritannien

Karlskronavarvet, Karlskrona, Schweden
1971/76 12-190/230-t-FK-S-Boote für Schweden
1977/79 4-240-t-FK-S-Boote für Malaysia
1978/80 3-50-t-Ptr.Boote für Liberia
1978/80 2-200-t-Ptr.Boote für Trinidad/Tobago
1978/81 2-280-t-Ptr.Boote für Schweden
1980 1-53-t-Ptr.Boot für Oman
1980/82 2-80-t-Ptr.Boote für Oman (Typ CG 29)
1982/85 2-340-t-FK-S-Boote für Schweden
1985/- 4-360-t-FK-S-Boote für Schweden
1986/- 4-240-t-FK-S-Boote für Malaysia (zzt offen)
1986/- 7-300-t-FK-S-Boote für Dänemark (Typ Standardflex [dän.])

Korea Shipbuilding & Engineering Co., Pusan, Südkorea
1973 30-t-Ptr.Boote für Südkorea
1973/75 32-70/80-t-Ptr.Boote für Südkorea
1973/78 36-80-t-Ptr.Boote für Südkorea
1979/80 4-280-t-Ptr.Boote für Südkorea
1980/81 3-510-t-Ptr.Boote für Südkorea

Korea Tacoma Marine Industry, Chinhae/Masan, Südkorea
1973/75 32-115/144-t-Ptr.Boote für Südkorea
1976/78 4-240/270-t-FK-S-Boote für Südkorea (Derivat US Asheville)
1977/80 4-280-t-FK-S-Boote für Indonesien (Typ US PSMM)

Krögerwerft, Rendsburg, BRD
1972/77 3-375/398-t-FK-S-Boote für BRD
1979/84 3-375/391-t-FK-S-Boote für BRD

J. Lamont, Greenoch, Großbritannien
1974/76 5-130/150-t-Ptr.Boote für Mexiko (Plan T.T.Boat Design)

Laivateollisuus, Turku, Finnland
1980/81 1-60-t-Ptr.Boot für Finnland
1980/87 4-50/60-t-Ptr.Boote für Finnland

F. Lürssen, Bremen-Vegesack, BRD
1972/77 7-390/398-t-FK-S-Boote für BRD
1973/74 2-230-t-S-Boote für Argentinien (Typ FPB 45)
1973/75 1-275/398-t-Ptr.Boot für Spanien (Typ Jaguar III)
1974/76 1-135-t-S-Boot für Spanien (Typ TNC 36)
1975/77 1-353/398-t-Fk-S-Boot für Türkei (Typ FPB 57)
1975/77 3-255-t-FK-S-Boote für Ecuador (Typ TNC 45)
1978/79 2-234/269-t-Ptr.Boote für Ghana (Typ PB 45)
1978/81 2-323/389-t-Ptr.Boote für Ghana (Typ PB 57)
1979/81 6-231/259-t-FK-S-Boote für Vereinigte Arab. Emirate (Typ TNC 45)
1979/81 2-170/180-t-Ptr.Boote für Bahrain (Typ FPB 38)
1979/84 7-375/391-t-FK-S-Boote für BRD
1979/81 3-403/444-t-FK-S-Boote für Nigeria (Typ FPB 57)
1980/81 12-61/69-t-Ptr.Boote für Indonesien (Typ FPB 28)
1980/84 6-252/275-t-FK-S-Boote für Kuwait (Typ TNC 45)
1981/84 2-369/425-t-S-Boote für Kuwait (Typ FPB 57)
1982/84 2-231/259-t-FK-S-Boote für Bahrain (Typ TNC 45)
1983/84 2-347/416-t-S-Boote für Indonesien (Typ FPB 57)
1985/- 2-600-t-FK-S-Boote für Bahrain (Typ 62 001)

Mac Laren, Niteroi, Brasilien
1978/81 10-45-t-Ptr.Boote für Chile
1981/82 2-25-t-Ptr.Boote für Chile
1981/82 7-43-t-Ptr.Boote für Peru

Magnum Marine, 2900 Northeast 188 Street, North Miami Beach, Florida 33180, USA
1977/78 27-8,3-m-Ptr.Boote für Kuwait

Mako Marine, Florida, USA
1978 1-1-t-Ptr.Boot für Bermuda
1981 1-1-t-Boot für Bermuda

Malaysia Shipyard & Engineering Co.
1980/83 6-100/125-t-Ptr.Boote für Malaysia (Plan Vosper Singapore)

Marcelo, Manila, Philippinen
1975/- 25-22-t/46-kn-Ptr.Boote für Philippinen

Marinewerft Burma
1982/83 3-128-t-Ptr.Boote für Burma

Mitsubushi, Shimonoseki, Japan
1974/75 1-100-t-S-Boot für Japan

Monark, Monticello, Arkansas, USA
1980/81 9-9-t-Ptr.Boote für Haiti

Müller AG, Spiez, Schweiz
1981/83 10-5,9-t-Ptr.Boote für Schweiz

Neoziah-Werft, Syros, Griechenland
1975 2-40-t-Ptr.Boote für Griechenland

North Queensland Engineers & Agents Pty.Ltd., Cairns, Australien
1974/85 14-160/220-t-Ptr.Boote für Australien (Plan Brooke Marine)

PAL, Surabaya, Indonesien
1984/85 18-61/69-t-Ptr.Boote für Indonesien (Typ Lürssen FPB 28)
1984/- 8-115-t-Tr.Fl.Ptr.-Boote für Indonesien (Boeing Jetfoil)
1984/- 6-410-t-Ptr.Boote für Indonesien (Typ LürssenFPB 57)

Penang-Werft, Malaysia
1980/82 9-112-t-Ptr.Boote für Malaysia (Plan Brooke Marine)

Perriere, Lorient, Frankreich
1983/84 2-380/422-t-Ptr.Boote für Frankreich (Unterauftrag)

Peterson Builders Inc., Sturgeon Bay, Wisconsin, USA
1973/77 20-28,6/37,4-t-Ptr.Boote für Iran
1976/77 20-22-t-Ptr.Boote für Iran
1975/85 20-28/37-t-Ptr.Boote für USA (Typ PBM Mk III)
1977/82 9-320/384-t-FK-S-Boote für Saudi-Arabien

Picchiotti, Viareggio, Italien
1981/83 1-240-t-Ptr.Boot für Seschellen
1985/- 5-268-t-Ptr.Boote für Venezuela?

Plascoa, Cannes, Frankreich
1985/86 2-23-m-Ptr.Boote für Djibouti

Phoenix Marine, Florida, USA
1981/82 4-8-m-Ptr.Boote für Bahamas

RAMTA Systems & Structures, Beer-Schewa, Israel (Tochter der Israel Aircraft Industries)
1977/80 ca. 50-25/35-t-Ptr.Boote Typ Dabur für Israel, Argentinien, Nicaragua, Sri Lanka, Taiwan
ca. 10 Patrouillenboote Typ Dvora für Israel

Repola, Rauma, Finnland
1982/84 2-28/38-t-Ptr.Boote für Finnland

Rohr Marine Industry, National City (Cal.), USA
1984/- 18-150-t-SES für USA

Ruthoff-Werft, Mainz, BRD
1974/76 2-160-t-Ptr.Boote für Ghana

Sandock, Durban, Südafrika
1977/83 5-415/450-t-FK-S-Boote für Südafrika (Plan Israel Shipy.)

Sauter, Cowes, Isle of Wight, Großbritannien
1981 1-16-t-Ptr.Boot für Trinidad/Tobago
1981 2-36,5-t-Ptr.Boot für Belize
1982 4-19-t-Ptr.Boote für Trinidad/Tobago
1982 2-32-t-Ptr.Boote für Trinidad/Tobago
1983 2-34-t-Ptr.Boote für Bahrain
1983 3-7,3-t-Ptr.Boote für Bahrain
1983 2-36,3-t-Ptr.Boote für Bahrain
1984- 3-103-t-Ptr.Boote für Bahrain

Scott, Lithgow, Großbritannien
1974/76 5-130/150-t-Ptr.Boote für Mexico (Plan T.T.Boat Design)

Sewart Seacraft, Morgan City, USA
1974 1-107-t-Ptr.Boot für Jamaica
1974/84 42-28/37-t-Ptr.Boote für Philippinen
1975/76 2-37-t-Ptr.Boote für USA

Société Francaise de Constructions Navales (SFCN), Villeneuve, Frankreich (früher Chantiers Navales Belge)
1974 1-240-t-Ptr.Boot für Senegambia
1974/75 1-250-t-Ptr.Boot für Tunesien
1975/76 1-250-t-Ptr.Boot für Kamerun (Typ PB 48)
1975/77 2-375/445-t-Ptr.Boote für Marokko (Typ PR 72)
1976 1-235-t-Ptr.Boot für Elfenbeinküste
1977 1-240-t-Ptr.Boot für Senegambia
1976/81 6-470/560-t-FK-S-Boote für Peru (Typ PR 72P)
1980/81 5-156-t-Ptr.Boote für Indonesien
1980/81 1-416/451-t-Ptr.Boot für Senegambia
1981/83 1-270/310-t-Ptr.Boot für Kamerun
1984 1-33/36-t-Ptr.Boot für Malawi

SIMA, Callao, Peru
1973/76 1-130-t-Ptr.Boot für Peru
1978/81 5-130-t-Ptr.Boote für Peru

Singapore Shipbuilding & Engineering Ltd., 7 Benoi Road, Singapore 2262 (früher Hong Leong Lürssen)
1973/75 3-224/268-t-FK-S-Boote für Singapore (Typ Lürssen TNC 45)
1973/75 3-63-t-Ptr.Boote für Malaysia
1974/77 3-225/260-t-FK-S-Boote für Thailand (Typ Lürssen FPB 45)
1975/77 6-225/252-t-Art.S-Boote für Malaysia (Typ Lürssen FPB 45)
1980/81 12-45-t-Ptr.Boote für Singapore
1980/83 12-194/221-t-Ptr.Boote für Malaysia (Typ Lürssen FPB 38)
1983/84 12-20-t-Ptr.Boote für Singapore

Sumidagawa, Japan
1974 2-280-t-Ptr.Boote für Philippinen
1982 1-160-t-Ptr.Boot für Bangladesh
1982/83 1-280-t-Ptr.Boot für Indien

Staatswerft Bangkok, Thailand
1973/82 7-88-t-Ptr.Boote für Thailand

Swallow-Craft, Pusan, Südkorea
1979/87 8-32-t-Ptr.Boote für Indien

Swiftship, Morgan City, USA
1973 3-30-t-Ptr.Boote für Haiti (1976 gekauft)
1974/75 1-90/118-t-Ptr.Boot für Gabun
1975/76 1-11-t-Ptr.Boot für Liberia
1975/76 2-38-t-Ptr.Boote für Liberia
1976/77 4-118-t-Ptr.Boote für Äthiopien
1977/78 3-118-t-Ptr.Boote für Burma
1977/80 5-36,6-t-Ptr.Boote für Honduras
1977/80 3-103-t-Ptr.Boote für Honduras
1979 5-36,5-t-Ptr.Boote für Costa Rica
1979 1-103-t-Ptr.Boot für Costa Rica
1981/82 2-103-t-Ptr.Boote für Columbien
1981/82 2-35-t-Ptr.Boote für Panama
1983/84 1-36,3-t-Ptr.Boot für Antigua/Barbuda
1983/84 1-33-t-Ptr.Boot für Dominica
1983/84 1-19,8-m-Ptr.Boot für St. Lucia
1984/85 1-36,5-t-Ptr.Boot für Guinea
1984/85 9-28,3-m-Ptr.Boote für Ägypten
1985/86 2-42,7-m-Ptr.Boote für Jamaica
1985/86 1-19,8-t-Ptr.Boot für Dominikanische Republik

Tacoma Boatbuilding Co.Inc., Tacoma, Washington, USA
1974/76 4-240/270-t-FK-S-Boote für Südkorea
1977/78 1-240/270-t-FK-S-Boot für Taiwan
1979/82 4-720/820-t-FK-S-Boote für Saudi-Arabien
1984/87 2- - /800-t-FK-S-Boote für Thailand

Taskizak Marinewerft, Türkei
1972/78 20-170-t-Ptr.Boote für Türkei
1975/76 1-340/395-t-Ptr.Boot für Türkei (Typ Lürssen FPB 57)
1975/85 5-353/398-t-FK-S-Boote für Türkei (Typ Lürssen FPB 57)
1976/85 13-155/170-t-FK-S-Boote für Türkei (Typ SAR von A & R)
1980/- 12-155/170-t-FK-S-Boote für Libyen (Typ SAR von A & R)

Tito-Werft, Kraljevica, Jugoslawien
1977/79 6-250-t-FK-S-Boote für Jugoslawien
1973/85 9-120-t-Ptr.Boote für Jugoslawien
1980/- 10-500-t-Ptr.Boote für Jugoslawien
1984/- 4-250-t-FK-S-Boote für Libyen (Typ Rade Koncar)?

Vosper-Thornycroft Ltd., Vosper House, Southampton Road, Paulsgrove, Portsmouth PO6 4QA, Großbritannien
1973/74 4-70-t-Ptr.Boote für Tansania (Keith Nelson)
1973/76 6-110/140-t-Ptr.Boote für Quatar
1974//75 6-115/150-t-FK- und Art.S-Boote für Venezuela
1974/76 6-110/175-t-Ptr.Boote für Vereinigte Arab. Emirate
1975/80 2-740/850-t-Ptr.Boote für Nigeria (Vosper Mk 3-Korvette)
1976/77 1-110-t-Ptr.Boot für Guyana
1976/77 2-110-t-Ptr.Boote für Tunesien
1977/78 2-110-t-Ptr.Boote für Bahamas
1977/78 3-30-t-Ptr.Boote für Bahamas
1978/82 6-312/350-t-FK-S-Boote für Ägypten
1980/84 3-310/365-t-FK-S-Boote für Oman
1981 1-70-t-Ptr.Boot für St. Vincent
1984/86 2-310/400-t-FK-S-Boote für Kenia

Vosper Private Ltd., 200 Tanjong Rhu Road, 1543 Singapore
1972/77 14-6,5-t-Ptr.Boote für Kuwait
1973/79 5-25-t-Ptr.Boote für Kuwait
1974/75 4-45-t-Ptr.Boote für Oman
1974/75 3-10-t-Ptr.Boote für Brunei
1974/75 3-30/38-t-Ptr.Boote für Brunei
1974/76 1-21-t-Ptr.Boot für Kuwait
1975 2-150-t-Ptr.Boote für Philippinen
1977 2-32-t-Ptr.Boote für Bahrain
1977 3-6,3-t-Ptr.Boote für Bahrain
1977/78 2-31-t-Ptr.Boote für Brunei
1977/78 1-45-t-Ptr.Boot für Oman
1978/79 3-150-t-FK-S-Boote für Brunei
1979/81 4-25-t-Ptr.Boote für Oman
1983/84 2-210-t-Ptr.Boote für Bangladesh

De Vries, Aalsmeer, Niederlande
1976/77 3-127-t-Ptr.Boote für Surinam

Wärtsilä Shipyard, Helsinki, Finnland
1980/86 4-280/300-t-FK-S-Boote für Finnland (4 weitere vorgesehen)

Watercraft, Shoreham, Großbritannien
1979/83 17-9-t-Ptr.Boote für Vereinigte Arab. Emirate
1980 7-12,5-t-Ptr.Boote für Quatar
1980 1-15-t-Ptr.Boot für Trinidad/Tobago
1981 3-16-t-Ptr.Boote für Oman
1983 9-11-t-Ptr.Boote für Vereinigte Arab. Emirate
1983/84 1-80-t-Ptr.Boot für Oman
1985/86 14-80-t-Ptr.Boote für Großbritannien
1986/- 14-80-t-Ptr.Boote für Oman

Westermoen/Westermarin, Mandal/Alta, Norwegen (früher Batservice Verft A/S)
1978/79 4-125/150-t-FK-S-Boote für Norwegen (Plan Bergens Mek.Verk.)
1979/80 5-125/150-t-FK-S-Boote für Schweden (Plan Bergens Mek.Verk.)

Whangarey Engineering & Construction Co.Ltd., Auckland, Australien
1983/84 4-92/105-t-Ptr.Boote für Neuseeland

Aus der Vielzahl einschlägige Fahrzeuge anbietender bzw. projektierender Firmen seien weiter genannt
- Aerojet General, Surface Effects Division, Tacoma, Washington 98422 USA
- Ateliers et Chantiers du Havre, 30 Rue J.J. Pousseau, Le Havre, Frankreich
- Bell Aerospace, PO Box 29307, New Orleans, Louisiana, 70129 USA
- Bell Aerospace of Canada, PO Box 160, Grand Bend, Ontario, Canada
- Boelverf N.V.S.A., 2690 Temse, Belgien
- Direction des Constructions Navales, BP 1, 75200 Paris
- Korneuburg-Werft AG, Korneuburg, Österreich
- Marinetechnik Planungsgesellschaft mbH, Postfach 701249, 2000 Hamburg 70
- Messerschmitt-Bölkow-Blohm, Hamburg
- Rhein-Flugzeugbau GmbH, Flugplatz, 4050 Mönchengladbach
- Rohr Industries Inc., Chula Vista, California 92012, USA
- SEDAM, 80 Avenue de la Grande Armee, Paris 17
- Sewart Seacraft Division, Teledyne Inc., Berwick, Louisiana, USA
- Supramar AG, Denkmalstraße, Luzern, Schweiz
- Yarrow Ltd., Scotstoun, Glasgow G 14 OXN, England

Als Zulieferer treten u.a. folgende *europäische* Firmen immer wieder in Erscheinung

1. *für Antriebe*
- Motoren- und Turbinen-Union Friedrichshafen GmbH, 7990 Friedrichshafen
- Paxman Diesels Ltd., PO Box 8, Colchester, Essex CO1 2HW England
- Société Alsacienne de Constructions Mécaniques de Mulhouse, 1 rue de la Fouderie, 68054 Mulhouse, Frankreich

2. *für Waffen*
- Aerospatiale, Div. engins tactiques, 2 rue Béranger, 92322 Béranger, Frankreich
- Bofors Ordnance Division, Box 500, 569180 Bofors, Schweden
- Breda Meccanica Bresciana, Via Lunga 2, 25100 Brescia, Italien

- A.S. Kongsberg Vapenfabrikk, Defence Products Div. PO Box 25, 3601 Kongsberg, Norwegen
- Oerlikon-Bührle AG, Zürich, Schweiz
- Otomat/Engins Matra, Avenue Louis Bréguet, 78140 Nelizy, Frankreich
- OTO Melara S.p.A., 19100 La Spezia, Italien
- Saab Missiles A/B, 58188 Linköping, Schweden
- ferner auch bei europäischen Schnellbooten Emerson Electric Company, 8100 W. Florissant, St. Louis, Missouri, 63136 USA

3. *für Elektronik/Feuerleitanlagen usw.*

- AEG Defence Technology, Theodor-Stern-Kai 1–3, 6000 Frankfurt/Main
- Consorcio Sistemi Navali Selenia Elsag, Via Pamana, 00198 Roma, Italien
- Elac Nautik GmbH, Postfach 2520, 2300 Kiel 1
- Elisa Electronic Systems Ltd., 48 Mivtza Kadesh St., Bene Beraq, 51203 Israel
- Ferranti Computer Systems Ltd., Naval Sales, Western Road, Brachnell, Berkshire, RG12 IRA, England
- Hollandse Signaalapparaten B.V., PO Box 42, 7550 GD Hengelo, Niederlande
- Marconi Radar Systems Ltd., Writtle Road, Chelmsford CM1 3BN, England
- Philipps Elektronikindustrier A/B, Defence Electronics, 17520 Jarfälla 1, Schweden
- Societa di Ellettronica per L'Automazione S.p.A., Corso G. Cesare 294, 10154 Torino, Italien
- Thomson/CSF, Div. System. Electroniques, 116 Av.Aristide Briand, 92223 Bagneux

6 Von der Sowjetunion, China und Nordkorea exportierte Schnell- und Patrouillenboote

Der Export von Kriegsschiffen, speziell von Schnell- und Patrouillenbooten, in alle Welt hat für die Sowjetunion seit langen Jahren einen hohen Stellenwert. Bemerkenswert ist jedoch, daß seit einiger Zeit China und jüngst auch Nordkorea auf diesem Markt Fuß fassen konnten und damit zunehmend in Konkurrenz zur Sowjetunion und den übrigen Industrieländern treten. Während jedoch die Sowjetunion und Nordkorea praktisch nur die für die eigenen Marinen entwickelten Typen exportieren, hat China ein breites Angebot an Fahrzeugen entwickelt, die teils auf in der eigenen Marine vertretenen Versionen aufbauen, teils aber auch speziell für den Export entwickelt wurden.

6.1 Derzeitiger Bestand sowjetischer Schnell- und Patrouillenboote in fremden Marinen

Die Liste schließt nicht die wegen landeseigener Nachbauten und Ausmusterungen unsicheren, insgesamt aber zahlenmäßig nicht geringen aus sowjetischen Lieferungen der Vergangenheit stammenden Boote in der chinesischen und nordkoreanischen Marine ein.

Typ/Land	P4	P6	SOI	Kronstadt	Poti	Poluchat	Zhuk	Stenka	Shershen	Moï	Komar	Osa I/II	Turya	Tarantul	Nanushka
Ägypten	4	22	12	–	–	–	–	–	6	–	4	8	–	–	–
Albanien	8	–	–	2	–	–	–	–	–	–	–	–	–	–	–
Algerien	–	–	–	–	–	–	1	–	–	–	–	11	–	–	4
Angola	–	–	–	–	–	2	2	–	5	–	–	6	–	–	–
Äquat. Guinea	–	1	–	–	–	1	–	–	–	–	–	–	–	–	–
Äthiopien	–	–	–	–	–	1	2	–	–	2	–	4	–	–	–
Benin	2	–	–	–	–	–	4	–	–	–	–	2	–	–	–
Bulgarien	–	–	6	–	3	–	5	–	6	–	–	6	–	–	–
Cambodscha	–	–	–	–	–	–	–	–	–	–	–	1	–	–	–
Cuba	5	6	6	–	–	–	27	2	–	–	5	18	9	–	–
DDR	–	–	–	–	–	–	–	–	18	–	–	15	–	3	–
Finnland	–	–	–	–	–	–	–	–	–	–	–	4	–	–	–
Guinea	–	8	–	–	–	6	–	–	4	–	–	–	–	–	–
Guinea-Bissau	–	4	–	–	–	2	–	–	2	–	–	–	–	–	–
Indien	–	–	–	–	–	5	–	–	–	–	–	16	–	–	3
Indonesien	–	–	–	3	–	–	–	–	–	–	–	–	–	–	–
Irak	–	12	3	–	–	2	5	–	–	–	–	14	–	–	–
Jemen, Arabische Republik	–	–	–	–	–	–	4	–	–	–	–	2	–	–	–
Jemen, Volksrepublik	–	2	2	–	–	1	2	–	–	2	–	8	–	–	–
Jugoslawien	–	–	–	–	–	–	–	–	4	–	–	10	–	–	–
Kap Verden	–	–	–	–	–	–	3	–	3	–	–	–	–	–	–
Kongo	–	–	–	–	–	2	–	–	1	–	–	–	–	–	–
Libyen	–	–	–	–	–	–	–	–	–	–	–	12	–	–	4
Mauritius	–	–	–	–	–	–	2	–	–	–	–	–	–	–	–
Mosambik	–	–	–	–	–	1	5	–	–	–	–	–	–	–	–
Nicaragua	–	–	–	–	–	–	2	–	–	–	–	–	–	–	
Polen	–	–	–	–	–	–	–	–	–	–	–	13	–	2	–
Rumänien	6	–	–	3	3	–	–	–	–	–	–	6	–	–	–
Seschellen	–	–	–	–	–	–	2	–	–	–	–	–	–	–	–
Sierra Leone	–	–	–	–	–	–	1	–	–	–	–	–	–	–	–
Somalia	–	4	–	–	–	5	–	–	–	4	–	2	–	–	–
Syrien	8	–	–	–	–	–	6	–	–	–	6	16	–	–	4
Vietnam	3	–	8	–	–	2	6	–	16	–	4	8	–	–	–
	36	59	37	8	6	30	79	2	65	8	19	181	10	5	15

6.2 Derzeitiger Bestand chinesischer Schnell- und Patrouillenboote in fremden Marinen

	Huchwan	Shanghai I/II	Hegu	Hainan	Yulin	Shantou	Huangfen
Ägypten	–	2	6	8	–	–	–
Albanien	32	6	4	–	–	–	–
Bangladesh	–	8	4	7	–	–	–
Kamerun	–	2	–	–	–	–	–
Kongo	–	3	–	–	4	–	–
Guinea	–	6	–	–	–	–	–
Guinea-Bissau	–	–	–	–	–	2	–
Nordkorea	–	23	–	6	–	8	–
Pakistan	4	12	4	4	–	–	4
Rumänien	3	3	–	–	–	–	–
Sri Lanka	–	6	–	–	–	–	–
Tansania	4	7	–	–	4	–	–
Tunesien	–	2	–	–	–	–	–
Vietnam	–	8	–	–	–	14	–
Zaire	–	4	–	–	–	–	–
	43	92	18	25	8	24	4

Die China Shipbuilding Trading Company, eine Tochterfirma der China State Shipbuilding corp., bietet eine breite Palette von Exportbooten an (Bild 176):

Typ	Länge (m)	Breite (m)	Seitenhöhe (m)	Tiefgang (m)	Verdrängung (t)	Geschwindigkeit (kn) max.	Marsch	Fahrbereich (sm/kn)	Bewaffnung
18	18,70	4,00		1,14	32		20	400/12	1–12,7
24	24,15	4,80	2,85		47	22	20	850/11	1–20
25	25,00	5,00	2,60		56	36	30	500/25	2–20
26 A	25,94	5,90	3,50		92		25	600/14	1–20
26 B	26,40	4,40		1,18	51	26	23	800/12	2–12,7
27	27,00	6,30	3,10		76	36	31	900/11	2 × 2–30, 2 × 2–25
34	34,10	6,70	3,52		135	37	33	1050/18	2 × 2–25, 2–20, Waffenleit
35	35,00	6,00		1,45	116	26	25	800/12	2–20
39	38,75	7,72	4,00		182	38	34	1500/12	2 × 2–40, 2–12,7, Waffenleit
42	42,00	8,00	4,36		265	38	28	1500/14	2 × 2–40, 2 × 2–25,2, 2–14,5, Waffenleit
45	44,50	7,00		1,85	235	28	27	2000/16	2 × 2–40, Waffenleit
48	48,40	8,00	4,40		295	36	27	1500/14	1–76, 2 × 2–40, 2 × 2–14,5, Waffenleit
59 A	59,00	8,00		2,20	440	31	30	2000/16	2 × 2–40, FK, Waffenleit
59 B	59,00	7,20	4,30		370	31	30	2000/14	2–76, 2 × 2–20 oder 3–40, Waffenleit

Einige dieser Fahrzeuge basieren auf Booten der chinesischen Marine, z. B. der Typ 27 = Hegu-Klasse, 59 B = Hainan-Klasse, 39 = chinesische Version der Oso-Klasse (185).

6.3 Derzeitiger Bestand nordkoreanischer Schnell- und Patrouillenboote in fremden Marinen

- Guyana fünf Boote der Sin-Hung-Klasse
- Madagaskar vier Boote der Nampo-Klasse
- Nicaragua zwei Boote der Sin Hung-Klasse
- Tansania vier Boote der Nampo-Klasse
- Zaire vier Boote der P 4-Klasse

7 Gesamtbestand, Verteilung und Wertung

7.1 Gesamtbestand und Verteilung der Boote der einzelnen Marinen

	Korvetten > 500 t		FK-Schnellboote				Torpedo-Schnellboote			Artillerie-Schnellboote			Patrouillenboote				
	mit FK	ohne FK	bis 100 t	100/ 250 t	250/ 350 t	über 350 t	bis 100 t	100/ 250 t	über 250 t	bis 100 t	100/ 250 t	über 250 t	bis 10 t	bis 50 t	bis 100 t	bis 200 t	über 200 t
Ägypten	–	–	18	8	6	–	24	6	–	–	14	8	54	6	35	–	–
Äquatorial-Guinea	–	–	–	–	–	–	1	–	–	–	–	–	–	–	1	–	–
Äthiopien	–	–	–	4	–	–	–	2	–	–	–	–	–	4	3	4	–
Albanien	–	–	4	–	–	–	44	–	–	–	6	2	–	–	1	–	–
Algerien	4	–	–	11	–	–	2	–	–	–	6	–	–	11	6	–	–
Angola	–	–	–	6	–	–	–	5	–	–	–	–	–	–	10	–	4
Anguila	–	–	–	–	–	–	–	–	–	–	–	–	2	–	–	–	–
Antigua/Barbuda	–	–	–	–	–	–	–	–	–	–	–	–	–	1	–	–	–
Argentinien	–	–	–	2	–	–	–	–	–	6	–	–	–	–	19	3	5
Australien	–	–	–	–	–	–	–	–	–	–	22	–	–	6	–	–	–
Bahamas	–	–	–	–	–	–	–	–	–	–	–	–	5	5	3	1	–
Bahrain	2	–	–	–	2	–	–	–	–	–	2	–	11	12	–	3	–
Bangladesh	–	–	4	–	–	–	4	–	–	–	8	7	–	–	–	4	4
Barbados	–	–	–	–	–	–	–	–	–	–	–	–	–	5	–	1	–
Belgien	–	–	–	–	–	–	–	–	–	–	–	–	–	–	–	–	–
Belize	–	–	–	–	–	–	–	–	–	–	–	–	–	3	–	–	–
Benin	–	–	–	–	–	–	2	–	–	–	2	–	–	4	–	–	–
Bermuda	–	–	–	–	–	–	–	–	–	–	–	–	3	–	–	–	–
Bolivien	–	–	–	–	–	–	–	–	–	–	–	–	–	2	–	–	–
Brasilien	–	–	–	–	–	–	–	–	–	–	–	–	–	9	–	6	–
Brunei	–	–	–	3	–	–	–	–	–	–	–	–	3	5	–	–	–
Bulgarien	–	3	–	6	–	–	–	6	–	–	–	–	–	5	–	6	–
Burma	–	–	–	–	–	–	–	–	–	–	–	–	–	6	2	12	–
Cambodscha	–	–	–	–	–	–	–	1	–	–	–	–	28	11	4	–	–
Canada	–	–	–	–	–	–	–	–	–	–	–	–	–	17	5	6	–
Chile	–	–	–	–	–	2	–	4	–	–	–	–	–	20	2	–	1
China	–	–	100	120	–	–	245	–	–	43	308	40	40	40	–	–	20
Columbien	–	–	–	–	–	–	–	–	–	–	4	–	–	–	3	2	–
Costa Rica	–	–	–	–	–	–	–	–	–	–	–	–	3	5	–	1	–
Cuba	–	–	5	18	–	–	11	11	–	–	–	–	4	–	30	6	–
Dänemark	–	–	–	–	10	–	–	6	–	–	–	–	–	–	–	8	–
DDR	3	–	–	15	–	30	18	–	–	–	–	–	–	15	–	–	18
Deutschland, BRD	–	5	–	–	20	20	–	–	–	–	–	–	–	7	–	–	8
Djibouti	–	–	–	–	–	–	–	–	–	–	–	–	–	1	–	–	–
Dominica	–	–	–	–	–	–	–	–	–	–	–	–	–	1	–	–	–
Dominik. Republik	–	–	–	–	–	–	–	–	–	–	–	–	–	5	6	–	3
Ecuador	6	–	–	3	3	–	–	–	–	–	–	–	–	3	3	2	–
Elfenbeinküste	–	–	–	4	–	–	–	–	–	–	–	–	2	–	–	–	–
El Salvador	–	–	–	–	–	–	–	–	–	–	–	–	–	1	3	–	–
Fidschi	–	–	–	–	–	–	–	–	–	–	–	–	–	–	–	–	3
Finnland	–	–	–	5	4	–	–	–	–	7	–	–	9	9	12	6	–
Frankreich	–	–	–	1	–	–	–	–	–	–	–	–	–	1	2	4	10
Gabun	–	–	–	1	–	–	–	–	–	1	–	–	–	–	2	1	–
Ghana	–	2	–	–	–	–	–	–	–	–	–	4	2	–	–	4	–
Gilberts	–	–	–	–	–	–	–	–	–	–	–	–	–	1	–	–	–
Grenada	–	–	–	–	–	–	–	–	–	–	–	–	2	1	–	–	–
Griechenland	–	–	–	2	4	10	–	5	–	1	–	–	–	5	11	–	–
Großbritannien	–	–	–	–	–	–	–	–	–	–	–	–	–	5	22	6	5
Guatemala	–	–	–	–	–	–	–	–	–	–	1	–	–	5	2	–	–
Guinea	–	–	–	–	–	–	–	–	–	11	10	–	–	1	6	–	–
Guinea-Bissau	–	–	–	–	–	–	–	–	–	6	2	–	–	6	2	–	–
Guayana	–	–	–	–	–	–	–	–	–	5	–	–	–	3	–	1	–
Haiti	–	–	–	–	–	–	–	–	–	–	–	–	11	3	–	–	–
Honduras	–	–	–	–	–	–	–	–	–	–	3	–	2	6	–	–	–
Hongkong	–	–	–	–	–	–	–	–	–	–	–	–	24	12	37	–	2
Indien	3	–	–	16	–	–	–	–	–	–	–	–	–	8	5	1	13
Indonesien	–	–	–	–	4	–	–	–	–	–	5	8	2	6	72	34	3

	Korvetten > 500 t		FK-Schnellboote				Torpedo-Schnellboote			Artillerie-Schnellboote			Patrouillenboote				
	mit FK	ohne FK	bis 100 t	100/ 250 t	250/ 350 t	über 350 t	bis 100 t	100/ 250 t	über 250 t	bis 100 t	100/ 250 t	über 250 t	bis 10 t	bis 50 t	bis 100 t	bis 200 t	über 200 t
Irak	6	–	–	8	–	–	4	–	–	–	–	–	–	–	7	–	3
Iran	–	–	–	–	12	–	–	–	–	–	–	–	46	120	–	7	–
Irland	–	–	–	–	–	–	–	–	–	–	–	–	–	–	–	–	–
Island	–	–	–	–	–	–	–	–	–	–	–	–	–	–	–	–	–
Israel	8	–	4	3	12	8	–	–	–	36	–	–	9	4	1	–	–
Italien	–	–	7	–	–	–	–	–	–	2	–	–	–	–	–	–	–
Jamaica	–	–	–	–	–	–	–	–	–	3	1	–	–	–	–	–	–
Japan	–	–	–	–	–	–	5	–	–	–	–	–	–	35	39	2	2
Jemen, Ar. Rep.	–	–	–	2	–	–	–	–	–	–	–	–	–	2	–	3	–
Jemen, Dem. V.Rep.	–	–	–	–	–	–	–	8	–	–	2	–	5	5	3	–	–
Jordanien	–	–	–	–	–	–	–	–	–	–	–	–	14	–	–	–	–
Jugoslawien	–	–	–	10	6	–	–	15	–	–	–	–	–	–	–	16	13
Kamerun	–	–	–	–	1	–	–	–	–	–	2	–	7	1	1	–	1
Kap Verden	–	–	–	–	–	–	–	–	–	–	3	–	–	–	3	–	–
Kenia	–	–	–	7	–	2	–	–	–	–	–	–	–	4	–	–	–
Kiribati	–	–	–	–	–	–	–	–	–	–	–	–	–	1	–	–	–
Komoren	–	–	–	–	–	–	–	–	–	–	–	–	–	2	–	–	–
Kongo	–	–	–	–	–	–	–	–	–	–	4	–	4	–	2	3	–
Korea, Nord	–	–	12	16	–	–	166	3	–	212	15	6	10	–	20	23	19
Korea, Süd	–	–	–	3	8	–	–	–	–	36	33	–	–	–	8	–	7
Kuwait	–	–	–	–	6	2	–	–	–	6	–	–	41	17	–	–	–
Laos	–	–	–	–	–	–	–	–	–	–	–	–	–	–	–	–	–
Libanon	–	–	–	–	–	–	–	–	–	–	–	–	6	5	–	1	–
Liberia	–	–	–	–	–	–	–	–	–	–	–	–	–	6	–	–	–
Libyen	8	1	–	15	10	–	–	–	–	–	12	–	–	1	–	10	–
Madagaskar	–	–	–	–	–	–	–	–	–	1	–	–	–	5	–	–	1
Malawi	–	–	–	–	–	–	–	–	–	–	–	–	6	1	–	–	–
Malaysia	–	–	–	8	–	–	–	–	–	–	21	6	–	–	33	21	–
Malediven	–	–	–	–	–	–	–	–	–	–	–	–	–	3	–	–	–
Mali	–	–	–	–	–	–	–	–	–	–	–	–	3	–	–	–	–
Malta	–	–	–	–	–	–	–	–	–	–	–	–	–	8	7	–	–
Marokko	–	–	–	–	–	4	–	–	–	–	–	2	–	12	7	1	1
Mauretanien	–	–	–	–	–	–	–	–	–	–	3	–	–	2	2	1	–
Mauritius	–	–	–	–	–	–	–	–	–	–	–	–	–	2	–	1	–
Mexico	–	–	–	–	–	–	–	–	–	–	–	–	–	10	6	31	–
Montserrat	–	–	–	–	–	–	–	–	–	–	–	–	–	1	–	–	–
Mosambik	–	–	–	–	–	–	–	–	–	–	–	–	–	6	6	–	–
Neuseeland	–	–	–	–	–	–	–	–	–	–	–	–	–	–	2	8	–
Nicaragua	–	–	–	–	–	–	–	–	–	–	–	–	6	6	6	–	–
Niederlande	–	–	–	–	–	–	–	–	–	–	–	–	–	21	1	–	3
Nigeria	–	4	–	–	–	6	–	–	–	–	–	–	8	23	4	4	–
Norwegen	–	2	–	39	–	–	–	–	–	–	–	–	–	–	–	–	–
Österreich	–	–	–	–	–	–	–	–	–	–	–	–	11	–	1	–	–
Oman	–	–	–	1	–	3	–	–	–	–	4	–	11	13	19	–	–
Pakistan	–	–	4	4	–	–	4	–	–	–	12	4	3	20	–	1	–
Panama	–	–	–	–	–	–	–	–	–	–	–	–	–	6	–	2	–
Papua-Neuguinea	–	–	–	–	–	–	–	–	–	–	–	–	–	–	–	5	–
Paraguay	–	–	–	–	–	–	–	–	–	–	–	–	–	6	–	–	–
Peru	6	–	–	–	–	–	–	–	–	–	–	–	3	17	–	6	6
Philippinen	–	–	–	–	–	–	–	–	–	–	–	–	2	90	–	11	3
Polen	3	–	–	13	–	–	7	–	–	–	–	–	–	15	40	23	–
Portugal	–	–	–	–	–	–	–	–	–	–	–	–	4	–	8	–	10
Quatar	–	–	–	–	–	3	–	–	–	–	–	–	34	7	2	6	–
Rumänien	–	3	–	6	–	–	22	20	–	–	19	–	–	17	18	–	3
Sabah	–	–	–	–	–	–	–	–	–	–	–	–	–	3	3	–	–
Salomonen	–	–	–	–	–	–	–	–	–	–	–	–	–	1	–	–	–
St. Kitts	–	–	–	–	–	–	–	–	–	–	–	–	1	–	–	–	–
St. Lucia	–	–	–	–	–	–	–	–	–	–	–	–	3	1	–	–	–
St. Vincent	–	–	–	–	–	–	–	–	–	–	–	–	2	–	1	–	–
Saudi-Arabien	4	–	–	–	–	9	–	3	–	–	–	–	87	99	9	–	–
Schweden	–	–	–	28	2	4	–	4	–	8	1	–	–	67	5	–	6
Schweiz	–	–	–	–	–	–	–	–	–	–	–	–	10	–	–	–	–
Senegambia	–	–	–	–	–	–	–	–	–	–	–	1	3	9	3	–	3
Seschellen	–	–	–	–	–	–	–	–	–	–	–	–	–	3	–	–	2
Sierra Leone	–	–	–	–	–	–	–	–	–	–	–	–	–	2	–	–	–
Singapore	–	–	–	–	6	–	–	–	–	–	6	–	20	49	4	1	1
Somali	–	–	–	2	–	–	4	–	–	–	4	–	–	–	5	–	–

	Korvetten > 500 t		FK-Schnellboote				Torpedo-Schnellboote			Artillerie-Schnellboote			Patrouillenboote				
	mit FK	ohne FK	bis 100 t	100/ 250 t	250/ 350 t	über 350 t	bis 100 t	100/ 250 t	über 250 t	bis 100 t	100/ 250 t	über 250 t	bis 10 t	bis 50 t	bis 100 t	bis 200 t	über 200 t
Spanien	–	–	–	–	–	–	–	–	–	–	6	6	20	37	11	–	10
Sri Lanka	–	–	–	–	–	–	–	–	–	2	6	–	–	26	–	–	2
Sudan	–	–	–	–	–	–	–	–	–	–	–	–	4	–	7	1	–
Südafrika	–	–	–	–	–	8	–	–	–	–	–	–	30	2	3	5	–
Surinam	–	–	–	–	–	–	–	–	–	–	–	–	1	3	3	3	–
Syrien	4	–	6	16	–	–	7	–	–	–	–	–	–	6	–	–	–
Taiwan	–	–	50	–	2	–	–	–	–	15	–	–	–	19	–	–	3
Tansania	–	–	–	–	–	–	4	–	–	4	7	–	4	3	6	–	–
Thailand	2	–	–	–	6	–	–	–	–	–	–	3	37	35	7	13	15
Togo	–	–	–	–	–	–	–	–	–	2	–	–	–	–	–	–	–
Tonga	–	–	–	–	–	–	–	–	–	–	–	–	1	2	–	–	–
Trinidad/Tobago	–	–	–	–	–	–	–	–	–	2	2	–	–	9	–	4	–
Türkei	–	–	–	8	–	6	–	10	–	–	16	1	–	–	12	36	6
Tunesien	–	–	–	–	–	3	–	–	–	–	2	–	–	12	4	2	4
UdSSR	36	70	–	100	17	–	–	156	1	85	1	–	–	38	–	–	20
Ungarn	–	–	–	–	–	–	–	–	–	–	–	–	15	–	10	–	–
Uruguay	–	–	–	–	–	–	–	–	–	–	–	–	–	1	2	3	1
USA	–	–	–	6	–	–	–	–	–	–	–	–	–	22	53	61	–
Venezuela	–	–	–	3	–	–	–	–	–	–	3	–	37	45	26	–	5
Vereinigt. Ar. Emir.	–	–	–	–	6	–	–	–	–	–	–	–	35	20	5	6	–
Vietnam*	–	–	–	8	–	–	–	16	–	–	–	–	–	6	8	15	8
Virgin Islands	–	–	–	–	–	–	–	–	–	–	–	–	–	1	–	–	–
Zaire	–	–	–	–	–	–	4	–	–	–	4	–	29	4	–	–	–
Zypern	–	–	–	–	–	–	–	–	–	–	–	–	–	2	1	–	–
Gesamt	95	90	214	531	147	91	590	299	1	494	582	98	779	1302	743	458	257
% der Typgruppe	51,35	48,65	21,77	54,02	14,95	9,26	66,29	33,60	0,11	42,08	49,57	8,35	22,01	36,79	21,00	12,94	7,26
ohne China und Nordkorea	95	90	102	395	147	91	179	296	1	239	259	52	729	1262	723	435	218
% der Typgruppe	51,35	48,65	13,88	53,74	20,00	12,38	37,61	62,18	0,21	43,46	47,09	9,45	21,05	37,48	21,48	12,92	6,47

* in Dienst

7.2 Wertung

Analysiert man die obige Liste, so werden einige interessante Fakten erkennbar:
Von den insgesamt erfaßten 6771 Booten entfallen auf

– Korvetten mit FK	1,40 %
– Korvetten ohne FK	1,33 %
– FK-Schnellboote	14,52 %
– Torpedo-Schnellboote	13,14 %
– Artillerie-Schnellboote	17,34 %
– Patrouillenboote	52,27 %

Läßt man aufgrund der dort vorliegenden spezifischen Eigenarten die Marinen Chinas und Nordkoreas mit ihren gewaltigen Kleinbootsbeständen weg, so entfallen von den verbleibenden 5313 Booten auf

– Korvetten mit FK	1,79 %
– Korvetten ohne FK	1,69 %
– FK-Schnellboote	13,84 %
– Torpedo-Schnellboote	8,96 %
– Artillerie-Schnellboote	10,35 %
– Patrouillenboote	63,37 %

Diese sowie die am Ende der Liste aufgeführten realen und prozentualen Daten vermitteln interessante Erkenntnisse:

1. Die zu erwartende Dominanz der mehr oder minder aufwendigen Patrouillenboote für Küstenwach-, Fischereischutz- u. ä. Zwecke einschließlich der Überwachung der Wirtschaftszone. Diese wird in Anbetracht der zunehmenden Wichtigkeit dieser Aufgaben und die allgemeine Kostenlage erhalten bleiben. Der Schwerpunkt dieser Fahrzeuge liegt bei z. Z. 10–50 t, dürfte sich aber auf längere Sicht etwas nach oben verschieben.
2. Unter Ausschluß der Boote Chinas und Nordkoreas zeigt sich deutlich die Dominanz der FK-Schnellboote. Torpedo-Schnellboote treten zunehmend zurück, Artillerie-Schnellboote haben wegen ihrer Doppel-Verwendbarkeit (Kampfaufgaben im Kriege, Wachaufgaben im Frieden) einen unveränderten Stellenwert besonders für kleinere Marinen.
3. Schließt man bei den Korvetten ohne FK die 73-U-Jäger der sowjetischen Marine, die letztlich von der Gesamtauslegung her nicht offensiven Kampfaufgaben dienen, aus, so wird erkennbar, daß die Größenordnung der Korvetten über 500 t bisher im Nachkriegs-Kriegsschiffbau deutlich unterrepräsentiert war und erst als FK-Träger einen völlig neuen Stellenwert gewonnen hat. Da alle diese Fahrzeuge praktisch erst in den letzten zehn Jahren entwickelt wurden, ist mit einem weiteren Anstieg dieser Fahrzeuge zu rechnen.
4. Bei den FK-Schnellbooten liegt der absolute Schwerpunkt z. Z. bei Fahrzeugen zwischen 100 und 250 t. Die Steigerung der Größe in die Bereiche über 250 t und über 350 t innerhalb der letzten Dekade ist jedoch unverkennbar und wird – trotz der Kostenfrage – anhalten. FK-Schnellboote in den Größeordnungen bis 100 t und bis 250 t schließen z. Z. noch eine große Zahl der überalterten Boote der sowjetischen Typen Komar und Osa I/II ein, die noch weltweit gefahren werden, innerhalb der nächsten Jahre jedoch sukzessive ausgemustert werden müssen. Um so bemerkenswerter ist, daß mit der israelischen Dvora und anderen Neuentwicklungen in der kleinen Größenordnung ein neuer Markt entstanden ist, der durchaus einen Stellenwert gewinnen kann. Hier scheint sich erneut die alte Regel des Kriegsschiffbaus zu bestätigen, daß beim »Auswachsen« eines Kriegsschifftyps nach oben von unten ein neuer Typ mit deutlicher Betonung der ursprünglichen Eigenschaften nachwächst.
5. Bei den Torpedo-Schnellbooten der Größenordnungen bis zu 100 t und bis zu 250 t sind noch eine große Zahl überalterter Boote der sowjetischen Typen P 4, P 6 und Shershen enthalten, die weltweit exportiert wurden und in absehbarer Zeit ausgemustert werden dürften. Damit dürfte sich die Zahl der Torpedoträger weiterhin drastisch reduzieren.
6. Bei den Artillerie-Schnellbooten dürften die drei Größenbereiche aufgrund der breiten Verwendungsmöglichkeit dieser Fahrzeuge in Krieg und Frieden in den vorliegenden prozentualen Relationen ebenso erhalten bleiben wie bei den Patrouillenbooten.

Anlage 1

MTU-Motoren für Patrouillen- und Schnellboote (Auswahl)

Typ			Upm	Zylinderanordnung									
				6V		8V		12V		16V		20V	
				kW	PS	kW	PS	kW	PS	kW	PS	kW	PS
331	TC82	1	2180	480	650	640	870	960	1300				
		2	2250	525	715	700	950	1050	1430				
	TC92	1	2200	490	665	650	885	980	1330				
		2	2270	540	735	720	980	1080	1470				
		3	2340	590	800	785	1065	1180	1600				
396	TB83	1	1940	575	780	770	1050	1150	1560	1540	2095		
		2	2000	630	855	840	1140	1260	1710	1680	2285		
	TB93	1	1975	600	815	800	1090	1200	1630	1600	2180		
		2	2040	600	900	880	1200	1320	1800	1760	2400		
		3	2100	720	980	960	1305	1440	1960	1920	2610		
538	TB82	1	1710					1630	2215	2185	2970	2730	3715
		2	1760					1780	2420	2380	3240	2980	4050
	TB91	1	1790					1690	2300	2260	3070	2815	3840
		2	1850					1860	2530	2490	3390	3110	4230
		3	1900					2020	2750	2690	3660	3370	4580
	TB92	1	1790					1880	2555	2510	3410	3135	4265
		2	1850					2080	2830	2770	3770	3460	4705
		3	1900					2250	3060	3000	4080	3750	5100
	TB93	1	1790							2760	3755	3445	4685
		2	1850							3045	4140	3800	5170
		3	1900							3300	4490	4120	5600
956	TB82	1	1455					2300	3130	3070	4170	3830	5210
		2	1500					2520	3430	3360	4570	4200	5710
	TB92	1	1410					2440	3320	3255	4425	4070	5535
		2	1455					2685	3655	3580	4865	4470	6080
		3	1500					2940	4000	3920	5330	4900	6660
1163	TB82	1	1160					2430	3300	3235	4400	4045	5500
		2	1200					2680	3650	3580	4865	4480	6090
	TB92	1	1220					2580	3510	3440	4680	4300	5850
		2	1260					2840	3860	3790	5155	4735	6440
		3	1300					3120	4240	4160	5660	5200	7080
	TB93	1	1220							4895	6655	6120	8325
		2	1260							5390	7330	6735	9160
		3	1300							5920	8050	7400	10060

↑ 1 = Dauerleistung 150 3046/I. DIN 6271
2 = Dauerleistung 150 3046/I. DIN 6271 (2 Stunden innerhalb von 12 Betriebsstunden)
3 = Höchstleistung (½ Stunde innerhalb von 6 Betriebsstunden)

Anlage 2

SACM-Motoren für Patrouillen- und Schnellboote (Auswahl)

Typ		Upm	Zylinderanordnung					
			12V		16V		20V	
			kW	PS	kW	PS	kW	PS
175 BZSHR	1	1560	935	1270				
	2	1610	1030	1400				
	3	1660	1120	1525				
175 RVR	1	1560	1100	1500				
	2	1610	1215	1650				
	3	1660	1325	1800				
195 CZSHR	1	1560	1770	2400	2350	3200	2940	4000
	2	1610	1940	2640	2590	3520	3240	4400
	3	1660	2120	2880	2830	3840	3540	4800
195 RVR	1	1560	1990	2700	2650	3600	3310	4500
	2	1610	2190	2970	2920	3960	3650	4950
	3	1660	2385	3240	3180	4320	3980	5400
240 EZSHR	1	1350			3310	4500	4120	5600
	2	1395			3650	4950	4530	6160
	3	1440			3980	5400	4950	6720
240 RVR	1	1350	3090	4200	4120	5600	5150	7000
	2	1395	3400	4620	4530	6160	5670	7700
	3	1440	3710	5040	4950	6720	6180	8400

↑ 1 = Dauerleistung
2 = Überleistung (2 Stunden innerhalb von 6 Betriebsstunden)
3 = Höchstleistung (½ Stunde innerhalb von 6 Betriebsstunden)

Abkürzungen

MF	Marineforum
TP	Truppenpraxis
WT	Wehrtechnik
IWR	Internationale Wehrrevue
MRS	Marinerundschau
SuH	Schiff und Hafen
SuT	Soldat und Technik
USNIP	US Naval Institute Proceedings

Literatur- und Quellenhinweise

1 Serter, E. H., V-Spant gegen U-Spant, eine vergleichende Untersuchung, IWR 84/463
2 Serter, E. H., Die Rumpfformen von Schnellbooten – eine vergleichende Untersuchung, IWR 81/917
3 Fock,H., Advanced Naval vehicles, Naval Forces 2/83
4 Franz, H., Unkonventionelle Schiffe, Nauticus 1980/53
5 Geddes, Ph. J., Das neue Modul-Tragflügelboot der Boeing Company, IWR 74/758
6 Boehe, R., Moderne Patroler, WT 6-76/737 u. IWR 74/737
7 Boehe, R., Neues vom Hydrofoil und Hovercraft-Markt, MRS 76/780
8 Schertel, H. v., The design and application of hydrofoils and their future prospects, Transactions of the Inst. of Marine Engineers 74/53
9 Blunden, A., Militärische Luftkissenfahrzeuge, IWR 82/1539
10 –, APB – neue Schwebe-Schnellboote von Bell Halter, IWR 78/1477
11 Wood, D., Schwebekatamarane von Hovermarine, IWR 78/1480
12 WT 2/76 und 3/76
13 Fock, H., Neuere Kriegsschiffbauten und Projekte – Die aerodynamischen Bodeneffektgeräte – ein neuer Aspekt zukünftiger Seekriegsführung, Teil 1, Die Arbeiten der Rhein-Flugzeugbau GmbH, MRS 82/16
14 Fock, H., wie 13, Teil 2, Die Arbeiten der Messerschmitt-Bölkow-Blohm GmbH, MRS 82/68
15 Eckelt, L./Lücking, G., Komposit- und Stahlbauweise im Kriegsschiffbau, WT 74/78
16 Fock, H., Materialfragen im neuzeitlichen Kriegsschiffbau, SuT 68/196 u. 266
17 Westphal, H., Kriegsschiffantriebe, WT 5-84/74
18 Boehe, R., Neue Hochleistungsmotoren für Kriegsschiffe, WT 3-76/42
19 Deutschle, R., Amagnetische Motoren, WT 6-76/30
20 Schreier, F., MTU-Antriebsanlagen für Schnellboote der Bundesmarine, IWR 1-74
21 Brisken, R. W., Gasturbinenantriebe für Kriegsschiffe – wirtschaftliche Auswahlkriterien, WT 11-76/51
22 Boehe, R., Moderne Schiffsgasturbine LM 2500, WT 4-76/75
23 Chapman, R., Die neue Schnellboot-Gasturbine Garrett 990, IWR 78/545
24 Wienbreyer, H., Antriebsmaschinen-Kombination auf Kriegsschiffen, WT 5-77/70
25 Fock, H., Schiffstechnik – Schiffsantriebe, SuT 74/500 u. 546
26 Fock, H., Schiffsvortriebe, SuT 76/86 und 136
27 Fock, H., Wasserstrahlantriebe, TP 70/888
28 Krupps u. a., Wasserstrahlantriebe für Hochgeschwindigkeitsfahrzeuge, Hansa 68/2181 u. SuH 68/871
29 Marriot, J., Marinefeuerleitsysteme, WT 4-79/57
30 As, B. O., Auslegung einer modernen Schnellbootfeuerleitzentrale am Beispiel der Philips 9LV200 Mk. 2, IWR 77/81
31 Dorey, A. L., Zehn Jahre FK-Schnellboot-Entwicklung – eine erste Bilanz, IWR 77/75
32 –, Schnellboote der Welt, Teil 1, FK-Schnellboote, IWR 77/85
32a –, Schnellboote der Welt, Teil 2, Kanonen-Schnellboote, IWR 77/1110
33 Beulier, R., Dagaie – ein Schiffs-Düppel-/IR-Täuschungssystem für die achtziger Jahre, IWR 78/1307
34 Brodehl, W., Digitalrechner – Nervenzentrum auf Schiffen
35 Sundaram, G. S., Eloka-Entwicklungen in der BRD, IWR 84/1897
36 Tjardts, J. P., Moderne Marinenavigation, WT 8-82/14
37 Stubbs, R. D. S., Entwicklungstendenzen von Kriegsschiff-Datenverarbeitungsanlagen, IWR 75/54
38 Cunningham, L. M., Marconi-Feuerleitanlage der Serie 810 für Kleinkampfschiffe, IWR 75/373
39 –, Auswahl und Bewertung von Radaranlagen für Kriegsschiffe, IWR 75/525
40 Sundaram, G. S., Elektronische Kampfführung zur See, IWR 76/217
41 Sundaram, G. S., Verbrauchsmittel in der elektronischen Kampfführung, IWR 76/847
42 Moller, R., Marinesystem von Thomson/CSF, IWR 76/847
43 Eustace, H. F., Elektronische Kampfführung zur See, IWR 76/226
44 Katte, H. S., Seeziel-FK, WT 6-76/51
45 Moller, R., Das Seeziel-FK-System Harpoon, IWR 75/61
46 –, Die Seeziel-FK der Familie Exocet, IWR 76/395
47 Richardson, D., Tieffliegende FK – Probleme der Seeverteidigung im Nahbereich, IWR 81/627
48 George, P. J., Endphasenlenkung nicht ganz ohne Probleme, WT 6-77/58
49 Weiss, M., Marinerohrwaffen heute und morgen, WT 2-79/75
50 –, Die Mehrrohrkanone Meroka, ein neues Waffensystem für den Nahbereich, IWR 83/1625
51 Bonsignore, E., Die Nahbereichsabwehr auf Schiffen und Booten, WT 5-81/34
52 Hewish, M., Das 57-mm-Mehrzweck-Schiffsgeschütz Mk 2 von Bofors, IWR 84/1889
53 Weber, A., 76-mm-Kugelsplittermunition, WT 4-84/99
54 –, Seeziel-FK-Abwehr mit dem Zwillingsgeschütz Breda/Bofors 40/70, IWR 74/601
55 George, P. J., Endphasenlenkung, Revolution der Artillerie, WT 3-79/19
56 –, Neuentwicklungen auf dem Torpedosektor, IWR 76/91
57 Ramsauer, U., Torpedoentwicklung in Deutschland, IWR 76/96
58 Boehe, R., Seekriegsmittel heute und morgen, WT 6-76/17
59 Boehe, R., Große Patroler und Korvetten für Randmeere, MRS 75/193
60 Marriot, J., FK-Schnellboote und das Gleichgewicht der Mächte zur See, MRS 79/93
61 Siebert, R., Die Einsatzführungssysteme der Marine, WT 8-84/83
62 Reisch, J., Störungsunempfindliche Informationsübertragungssysteme, WT 4-81/40
63 –, Das Marineführungssystem, WT 10-82/82
64 –, EDV für Marinehauptquartier, WT 3-76/30
65 Happach, E., Die Führung von Seekriegsmitteln – Automatisierte Führungssysteme, eine Herausforderung, MF 76/75
66 Scrivener, D., Zeitgemäße Führung von Seestreitkräften, IWR 74/575
67 Boborykin, A., Hubschrauber gegen Kampfboote, Morskoj Sbornik 4/77-99
68 Droblenkov, V./Jachnenko, J., Die Standkraft eines Kriegsschiffs von den ersten Panzerschiffen bis in die heutige Zeit, Morskoj Sbornik 2-77/93
69 Ives, M., The missile-armed fast patrol boat – has it an Achilles heel?, Navy 5-72/9
70 Bernotut, R., Ergonomie – ein Mittel zur Leistungssteigerung von Mensch-Maschine-Systemen, WT 10-79/26
71 Guthmann, W./Heise, B., Die Logistik in der Marine, WT 2-82/41
72 Tsiporukha, M., MTB Maintenance and Repair, Sov. Mil. Rev. 2-74/28
73 Tsiporukha, M., Technical readiness of MTB, Sov. Mil.Rev. 3-74/13
74 Meshnev, J./Chorkov, G., Der Einfluß von Einsatzstützpunkten und der dort herrschenden Bedingungen auf den Gefechtseinsatz von Schnellbooten, Morskoj Sbornik 8-77/20
75 Geerk, J., Neue Wege in der Ausbildung, Systematisierung des Dienstes auf Schnellbooten, MF 76/150
76 Giermann, G., Auf modernen Systemeinheiten – Ausbildungsaspekte für die Zukunft, WT 75/238
77 Zimmermann, F. P., Die Land-Simulationsanlage der Marinewaffenschule, WT 75/238
78 IWR 75/763
79 MRS 76/602
80 MRS 77/527
81 MRS 77/326
82 MRS 80/428
83 MRS 75/233, 297
84 IWR 76/666
85 MRS 77/527
86 IWR 76/1022
87 IWR 77/830
88 Boehe, R., Dänische Schnellbootklasse Tb 68, MRS 75/129
89 MRS 76/668
90 WT 75/22
91 Bonke/Gerdes/Meyering/Schreiber, Das Projektmanagement für das S-Bootprogramm S 143, MRS 77/569
92 WT 7-84/82
93 IWR 76/1020
94 Schmidt, W., Das Flugkörper-Schnellboot 143, IWR 72/337
95 Boehe, R., Vom Schnellboot S 143 zum Schnellboot S 143 A, MRS 79/255
96 Giermann, C., Militärische Überlegungen zum Waffensystem S 143, WT 2-77/50
97 Boehe, R., Der Weg zum Schnellboot S 143, WT 2-77/53
98 MRS 78/329
99 Sweetmann, B., Der FK-Abwehrflugkörper RAM, IWR 84/173
100 Schäfer, G., Schnellboot 143 A – zügiger Fortschritt, WT 10-79/84
101 Schäfer, G., Schnellboot 143 A – ein Waffensystem ohne Probleme, MRS 82/86
102 Flume, W., Hubschrauber als Waffenträger, WT 11-84/47
103 MRS 76/79
104 MRS 77/41, 86
105 MRS 75/768
106 MRS 77/41
107 WT 12-76
108 MRS 75/557
109 MRS 76/51
110 IWR 75/766
111 WT 10-76/45
112 IWR 74/531
113 IWR 75/104
114 MRS 77/88
115 Manousakis, G. M., Die griechische Marine nach dem Zweiten Weltkrieg 1944–1977, MRS 77/687
116 Manousakis, G. M., Die Schnellboote der griechischen Marine, MRS 80/296
117 MRS 77/261
118 MRS 76/322, 601
119 Telem, Die israelischen FK-Schnellboote im Yom Kippur-Krieg, MRS 78/635
120 Westerlund, K. E., Yom Kippur Kriget – tillsjoess 1973 – segerrikt foer Israel, Sveriges Flotta 4-76/18
121 Jablonsky, W., Die Seekriegsführung im vierten Nahostkrieg, MRS 74/645
122 Erell, Sh., Israeli Saar FPB's pass combat test in Yom Kippur War, USNIP 9-74/115
123 Schofield, B., The naval side of the Yom Kippur War, Navy International 3-75/4
124 Cohen, J. J., Israels missile boats, National Defense 75/295
125 MRS 74/611
126 IWR 73/342
127 Coleman, H. J., Israel shifts toward long-range fleet, Aviat. Week & Space Techn. 3-75/19
128 Cohen, J. J., Reshev Mark II, Shipping World & Shipbuilders 75/317
129 Jablonsky, W., Die Reshev-Klasse der israelischen Marine, MF 76/84
130 MRS 74/611
131 IWR 73/342
132 IWR 75/871
133 MRS 79/708
134 IWR 77/557
135 MRS 77/329, 662, 730
136 WT 77/62
137 IWR 83/915
138 Cao, F., Erprobung der Swordfish, IWR 74/755

139 Schreiber, G., Die italienische Marine im nächsten Jahrzehnt – Perspektiven für die Jahre 1974–1984, MRS 75/1
140 Dicker, R. J. L., An Bord eines Tragflügelbootes der Nibbio-Klasse, IWR 83/1441
141 MRS 84/367
142 Dicker, R. J. L./Mazza, U., Korvetten der Wadi-Klasse von CNR, IWR 80/235
143 MRS 79/54
144 IWR 77/352
145 Boehe, R., Spica-M, die Exportvariante der bewährten Spica-Klasse, MRS 77/196
146 IWR 74/792
147 MRS 75/771
148 MRS 75/49
149 IWR 76/668
150 MRS 76/324
151 IWR 74/806
152 MRS 75/49
153 MRS 77/396
154 MRS 79/274
155 MRS 77/599
156 MRS 76/666
157 Westerlund, K. E., Der Bau der schwedischen S-Bootserien Spica/Norrköping abgeschlossen, MRS 76/776
158 MRS 77/660
159 Dicker, R. J. L., Die Schnellboote der Hugin-Klasse, IWR 79/207
160 Westerlund, K. E., Die ersten schwedischen FK-Schnellboote in Dienst, MRS 79/41
161 Schlatter, W. E., Die Schweizer Marine, IWR 81/1701
162 MRS 78/197
163 MRS 79/267
164 MF 77/86
165 MRS 76/440
166 MRS 75/371
167 Janes Fighting Ships 1985/86-666
168 IWR 84/173
169 Kelly, J. P., Requiem for the PHM-program, USNIP 8-77/79
170 Blunden, A., Aus den Kinderschuhen – westliche Tragflügelboote, IWR 82/155
171 Madden/Salisbury, PHM 1-Pegasus in See-Erprobung, WT 75-588
172 Edgar/Begley, Das NATO-FK-Schnellboot – ein wirtschaftliches Kleinkampfschiff, MRS 77/241
173 Elson, B. M., Sea Trials nearing for patrol hydrofoil, Aviat. Week & Space Techn., 8-75/43
174 Elson, B. M., Future military hydrofoil efforts clouded, Aviat. Week & Space Techn., 11-74/44
175 Ashburn, E. H., Pegasus (PHM 1) – The Patrol Hydrofoil Ship, USNIP 1-77/100
176 Duff, K. M./Schmidt, H./Terry, M. R., The NATO patrol missile hydrofoil (PHM) ship and weapon systems – technical evaluation program, Hovering Craft & Hydrofoil 8/9-72/25
177 IWR 74/574
178 IWR 75/434, 450
179 MRS 75/225
180 Wanner, Die Schnellboot-Flottille Venezuelas wird verstärkt, MRS 75/224
181 Unterlagen Dr.-Ing. Schloer
182 Unterlagen Dipl.-Ing. R. Ciecior
183 MRS 76/397, 673
184 Marine – gestern und heute, Zeitschrift der A. G. für österreichische Marinegeschichte, Heft 2/78
185 Dicker, R. J. L., Chinesische Patrouillenboote für den Exportmarkt, IWR 84/1296
186 Barkmann, M., Die Logistik der deutschen Schnellboote im Zweiten Weltkrieg, TP 86/86
187 Fock, H., The Deggendorfer PAC-Typ Fast Patrol Boat, Military Technology 7-82/66
188 IWR 84/1296

Verzeichnis und Herkunft der Bilder

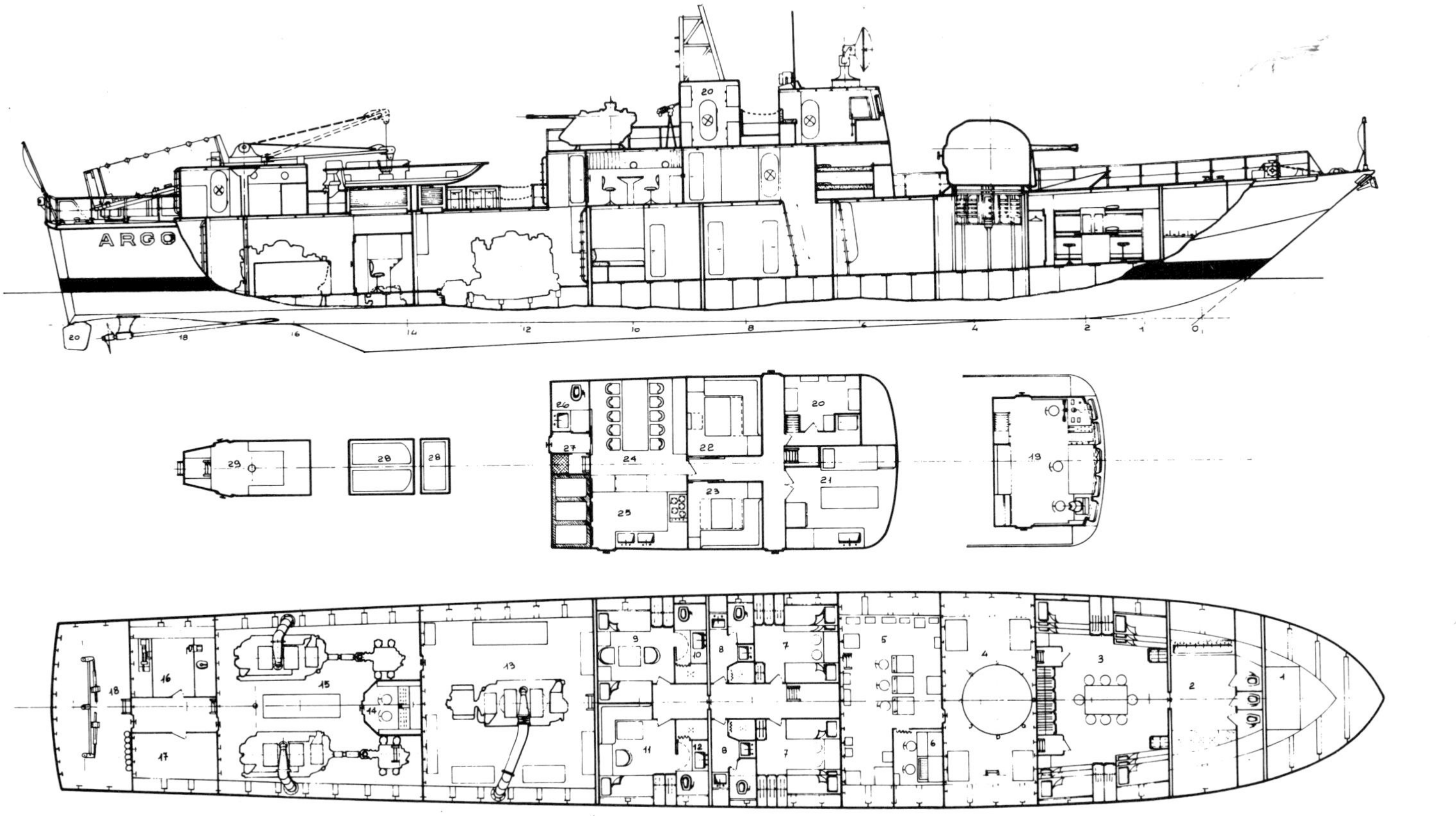

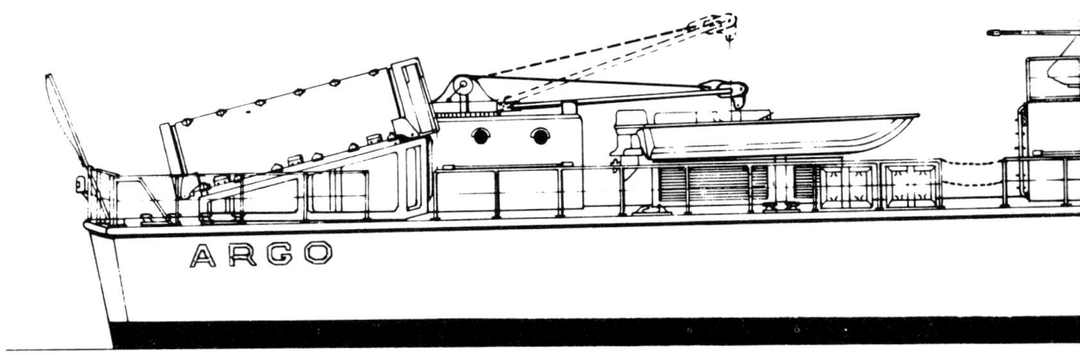

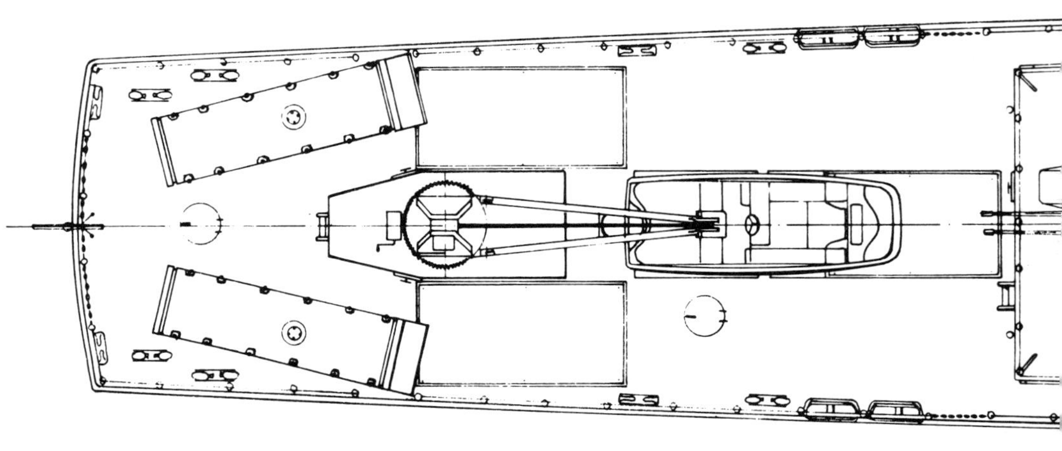

Sk 128
FK-Schnellboot-Projekt der Cantieri Baglietto (Baglietto); s. S. 189